科技部科技基础性工作专项资助
项目名称：青藏高原低涡、切变线年鉴的研编
项目编号：2006FY220300
中国气象局成都高原气象研究所基本科研业务费专项资助
项目名称：2014年高原低涡年鉴的研编
项目编号：BROP201522

青藏高原低涡切变线年鉴 2014

中国气象局成都高原气象研究所
中国气象学会高原气象学委员会 编著

主　编：彭　广
副主编：李跃清　郁淑华
编　委：彭　骏　徐会明　肖递祥　罗　清　向朔育

科学出版社
北　京

内 容 简 介

青藏高原低涡、切变线是影响我国灾害性天气的重要天气系统。本书根据对2014年高原低涡、切变线的系统分析，得出该年高原低涡、切变线的编号，名称，日期对照表，概况，影响简表，影响地区分布表，中心位置资料表及活动路径图，高原低涡、切变线移出高原的影响系统；计算得出该年高原低涡、切变线影响降水的各次高原低涡、切变线过程的总降水量图、总降水日数图。

本书可供气象、水文、水利、农业、林业、环保、航空、军事、地质、国土、民政、高原山地等方面的科技人员参考，也可作为相关专业教师、研究生、本科生的基本资料。

审图号：GS(2009)1573号

图书在版编目(CIP)数据

青藏高原低涡切变线年鉴. 2014 / 中国气象局成都高原气象研究所，中国气象学会高原气象学委员会编著. —北京：科学出版社，2016.3

ISBN 978-7-03-047574-9

Ⅰ. ①青… Ⅱ. ①中… ②中… Ⅲ. ①青藏高原–灾害性天气–天气分析–2014–年鉴 Ⅳ. ①P44-54

中国版本图书馆CIP数据核字(2016)第046613号

责任编辑：罗 吉 许 瑞
责任校对：刘小梅 / 责任印制：肖 兴

科 学 出 版 社 出版
北京东黄城根北街16号
邮政编码：100717
http://www.sciencep.com

北京佳信达欣艺术印刷有限公司 印刷

科学出版社编务公司排版制作
科学出版社发行　各地新华书店经销
*
2016年3月第 一 版　开本：A4（880×1230）
2016年3月第一次印刷　印张：18 1/4
字数：620 000

定价：580.00元

（如有印装质量问题，我社负责调换）

AN

SU

Wolters Kluwer | Lip
Health

前言

高原低涡、切变线是青藏高原上生成的特有的天气系统，其发生、发展和移动的过程中，常常伴随有暴雨、洪涝等气象灾害。我国夏季多发暴雨洪涝、泥石流滑坡灾害，在很大程度上与高原低涡、切变线东移出青藏高原密切相关。高原低涡、切变线的活动不仅影响青藏高原地区，而且还东移影响我国青藏高原以东下游广大地区。高原低涡、切变线是影响我国的主要灾害性天气系统之一。

新中国成立以来，随着青藏高原观测站网的建立，卫星资料的应用，以及我国第一、第二次青藏高原大气科学试验的开展，关于高原低涡、切变线的科研工作也取得了一定的成绩，使我国高原低涡、切变线的科学研究、业务预报水平不断提高，为防灾减灾、公共安全做出了很大的贡献。

为了进一步适应农业、工业、国防和科学技术现代化的需要，满足广大气象台（站）及科研、教学、国防、经济建设等部门的要求，更好地掌握高原低涡、切变线的活动规律，系统地认识高原低涡、切变线发生、发展的基本特征，提高科学研究水平和预报技术能力，做好主要气象灾害的防御工作，在国家科技部的支持下，由中国气象局成都高原气象研究所负责，四川省气象台参加，组织人员，开展了青藏高原低涡、切变线年鉴的研编工作。

经过项目组的共同努力，以及有关省、市、自治区气象局的大力协助，高原低涡、切变线年鉴顺利完成。并且，它的整编出版，将为我国青藏高原低涡、切变线研究和应用提供基础性保障，推动我国灾害性天气研究与业务的深入发展，发挥对国家经济繁荣、社会进步、公共安全的气象支撑作用。

本年鉴由中国气象局成都高原气象研究所、中国气象学会高原气象学委员会完成。

本册《高原低涡、切变线年鉴（2014）》的内容主要包括高原低涡、切变线概况、路径、东移出青藏高原的影响系统以及高原低涡、切变线引起的降水等资料图表。

Foreword

The Tibetan Plateau Vortex (TPV) and Shear Line (SL) are unique weather systems generated over the Qinghai-Xizang Plateau. The rain storms, floods and other meteorological disasters usually occur during the generation, development and movement of the TPV. In China, the regular happening mud-rock flow and land-slip disaster in summer has close relationship with the TPV which moved out of the Plateau. The movements of the TPV and SL not only influence the Qinghai-Xizang Plateau region, but also influence the east vast region of the Plateau. The TPV and SL are two of the most disastrous weather systems that influence China.

After the foundation of P.R.China, the researches on TPV and SL and the operational prediction works have gotten obvious achievements along with the establishment of the observatory station net, the applying of the satellite data, and the development of the first and the second Tibetan Plateau experiment of atmospheric sciences. All these have great contributions to preventing and reducing the happening of the weather disaster and to the public safety.

In order to satisty the modernization demands of the agriculture, industry, national defence and scientific technology, and to meet the requirements of the vast meteorological stations, colleges, national defence administrations and economic bureaus, the Chengdu Institute of Plateau Meteorology did the researches on the yearbook of vortex and shear over Qinghai-Xizang Plateau under the support from the Ministry of Science and Technology of P.R.China. Also,this task is achieved with the helps from the researchers in Sichuan Provincial Meteorology Station. This task improves the understanding of the characteristics of the moving TPV and SL, get thorough recognition of the generation and development of TPV and SL, and improve abilities of the research works and operational predictions to prevent the meteorological disasters.

With the research group's efforts and the great support from related meteorological bureaus of provinces, autonomous region and cities, the *TPV and SL Yearbook* completed successfully. The yearbook offers a basic summary to TPV and SL research works, improves the catastrophic weather research and operational prediction.Also, it is useful to the economy glory, advance of society and public safety.

The *TPV and SL Yearbook 2014* is accomplished by Institute of Plateau Meteorology, CMA, Chengdu and Plateau Meteorology Committee of Chinese Meteolological Society.

The *TPV and SL Yearbook 2014* is mainly composed of figures and charts of survey, tracks, weather systems that move out of the Plateau Vortex and influenced rainfall of TPV and SL.

说　明

本年鉴主要整编青藏高原上生成的低涡、切变线的位置、路径及青藏高原低涡、切变线引起的降水量、降水日数等基本资料。分为两大部分，即高原低涡和高原切变线。

高原低涡指500hPa等压面上反映的生成于青藏高原，有闭合等高线的低压或有三个站风向呈气旋式环流的低涡。

高原切变线指500hPa等压面上反映在青藏高原上，温度梯度小、三站风向对吹的辐合线或二站风向对吹的辐合线长度大于5个经（纬）距。

冬半年指1~4月和11~12月，夏半年指5~10月。

本年鉴所用时间一律为北京时间。

高原低涡

● 高原低涡概况

高原低涡移出高原是指低涡中心移出海拔≥3000m的青藏高原区域。

高原低涡编号是以字母“C”开头，按年份的后两位数与当年低涡顺序两位数组成。

高原低涡移出几率指某月移出高原的高原低涡个数与该年高原低涡个数之比。

高原低涡月移出率指某月移出高原的高原低涡个数与该年移出高原的高原低涡个数之比。

高原东（西）部低涡移出几率指某月移出高原的高原东（西）部低涡个数与该年高原东（西）部低涡个数之比。

高原东（西）部低涡月移出率指某月移出高原的高原东（西）部低涡个数与该年移出高原的高原东（西）部低涡个数之比。

高原东、西部低涡指低涡中心位置分别在92.5°E东、西。

高原低涡中心位势高度最小值频率分布指按各时次低涡500hPa等压面上位势高度（单位为位势什米）最小值统计的频率分布。

● 高原低涡编号、名称、日期对照表

高原低涡出现日期以“月.日”表示。

● 高原低涡路径图

高原低涡出现日期以“月.日”表示。

● 高原低涡中心位置资料表

“中心强度”指在500hPa等压面上低涡中心位势高度，单位为位势什米。

● 高原低涡纪要表

“生成点”指高原低涡活动路径的起始点，因资料所限，故此点不一定是真正的源地。

高原低涡活动的生成点、移出高原的地点，一般精确到县、市。

“转向”指路径总的趋向由偏东方向移动转为偏西方向移动。

“内折向”指高原低涡在青藏高原区域内转向；“外转向”指高原低涡在青藏高原区域以东转向。

● 高原低涡降水

高原低涡和其他天气系统共同造成的降水，仍列入整编。

“总降水量图”指一次高原低涡活动过程中在我国引起的降水总量分布图。一般按0.1mm、10mm、25mm、50mm、100mm等级，以色标示出，绘出降水区外廓线，一般标注其最大的总降水量数值。

“总降水量图”中高原低涡出现日期以“月.日时”表示。

“总降水日数图”指一次高原低涡活动过程中在我国引起的降水总量≥0.1mm的降水日数区域分布图。

高原切变线

● 高原切变线概况

高原切变线移出高原是指切变线中点移出海拔高度≥3000m的青藏高原区域。

高原切变线编号是以字母“S”开头，按年份的后两位数与当年切变线顺序两位数组成。

高原切变线移出几率指某月移出高原的高原切变线个数与该年高原切变线个数之比。

高原切变线月移出率指某月移出高原的高原切变线个数与该年移出高原的高原切变线个数之比。

高原东（西）部切变线移出几率指某月移出高原的高原东（西）部切变线个数与该年高原东（西）部切变线个数之比。

高原东（西）部切变线月移出率指某月移出高原的高原东（西）部切变线个数与该年移出高原的高原东（西）部切变线个数之比。

高原东、西部切变线指切变线中点位置分别在92.5°E东、西。

高原切变线两侧最大风速频率分布指按各时次分别在切变线附近的南、北侧最大风速统计的频率分布。

● 高原切变线编号、名称、日期对照表

高原切变线出现日期以“月.日”表示。

● 高原切变线路径图

高原切变线出现日期以“月.日”表示。

● 高原切变线位置资料表

高原切变线位置一般以起点、中点、终点的经/纬度位置表示。

“拐点”指高原切变线上东、西或北、南二段的切线的夹角≥30°的切变线上弯曲点。

● 高原切变线纪要表

“生成位置”指高原切变线活动路径的起始位置，因资料所限，故此位置不一定是真正的源地。

高原切变线活动的生成位置、移出高原的位置，一般精确到县、市。

“移向”以高原切变线中点连线的趋向。“多次折向”指路径出现在两次以上由偏东方向移动转为偏西方向移动。

“内向反”指高原切变线在青藏高原区域内由偏东方向移动转为偏西方向移动。

“外向反”指高原切变线在青藏高原区域以东由偏东方向移动转为偏西方向移动。

● 高原切变线降水

高原切变线和其他天气系统共同造成的降水，仍列入整编。

“总降水量图”指一次高原切变线过程中在我国引起的降水总量分布图。一般按0.1mm、10mm、25mm、50mm、100mm等级，以色标示出，绘出降水区外廓线，一般标注其最大的总降水量数值。

“总降水量图”中高原切变线出现日期以“月.日时”表示。

“总降水日数图”指一次高原切变线过程中在我国引起的降水总量≥0.1mm的降水日数区域分布图。

目　录 Contents

目 录 Contents

目 录 Contents

目录 Contents

第一部分

高原低涡

Tibetan Plateau Vortex

2014年高原低涡概况

2014年发生在青藏高原上的低涡共有40个，其中在青藏高原东部生成的低涡共有25个，在青藏高原西部生成的低涡共有15个（表1~表3）。

2014年初生成高原低涡出现在2月中旬，最后一个高原低涡生成在12月下旬（表1）。从月季分布看，主要集中在6~8月，约占53%（表1）。移出高原的高原低涡也主要集中在3月和7月，约占44%（表4）。本年度高原低涡生成在2~12月，且各月生成高原低涡的个数差异大，具体见表1。

2014年青藏高原低涡源地大多数在青藏高原东部。移出高原的青藏高原低涡共有9个，其中7个高原低涡生成于青藏高原东部（表4~表6）。移出高原的地点主要集中在甘肃、宁夏、四川，其中甘肃6个，宁夏1个，四川2个（表7）。

本年度高原低涡中心位势高度最小值以584~587、576~579、568~571位势什米的频率最多，约占68%（表8）。夏半年，高原低涡中心位势高度最小值以576~587位势什米的频率最多，约占80%（表9）。冬半年，高原低涡中心位势高度最小值在564~571位势什米内，约占65%（表10）。

全年除影响青藏高原外，对我国其余地区有影响的高原低涡共有21个。其中9个高原低涡造成过程的降水量在50mm以上，造成过程降水量在100mm以上的高原低涡有3个，它们是C1425、C1431、C1433，分别在四川新津、四川马边、四川岳池，造成过程降水量分别为174.0mm、100.7mm、145.0mm，降水日数分别是1天、2天、1天。2014年对我国降水影响较大的高原低涡主要是C1413、C1425、C1433低涡，其中C1413高原低涡引起的降水是影响我国省份最多、范围最广的一次过程。5月28日20时在高原中部安多生成的C1413高原低涡，中心位势高度为580位势什米，低涡形成后向东北移，中心强度增强。30日20时，低涡东移出高原进入宁夏，低涡中心维持在577位势什米。之后低涡继续向东北移并增强，6月1日08时，低涡移入河北，中心强度为571位势什米，而后转向东南移入渤海，1日20时，低涡沿渤海海峡东北移，中心位势强度达569位势什米。2日20时低涡又转为东南移入黄海，低涡增强，中心强度为568位势什米，4日08时，低涡转为东移，中心位势强度维持在568位势什米，之后低涡在日本南部登陆后转为东北移，在5日20时低涡移至日本广岛与四国岛之间海域，之后减弱消失。受其影响，西藏、青海、四川、北京、辽宁、河南、安徽、山东、江苏等部分地区降了大到暴雨，降水日数为1~4天，甘肃、内蒙古、山西、河北、吉林、陕西等部分地区也降了小到中雨，降水日数为1~4天。8月24日08时生成在高原南部当雄的C1433高原低涡，是2014年对我国长江上游地区降水影响最大的高原低涡。低涡形成初期中心位势高度为585位势什米，高原低涡形成后向东移，中心强度不变， 24日20时低涡转为西北移,后继续东移加强，25日08时中心强度为584位势什米，在26日08时低涡又转为西南移，低涡减弱,位势高度为585位势什米。27日08时低涡继续向南，低涡强度减弱，位势高度为586位势什米，27日20时后减弱消失。受其影响，四川降了暴雨到大暴雨，在四川盆地有一个100mm以上的大暴雨中心，降雨日数1~2天。西藏、青海、云南、重庆等部分地区降了中到大雨，降雨日数1~4天。

6月13日08时生成在高原东南部杂多的C1416高原低涡，是2014年对我国青藏高原地区降水影响最大的高原低涡，低涡形成初期中心位势高度为577位势什米，高原低涡形成后向西北行，低涡强度不变，13日20时后转为东南移，低涡减弱，14日08时中心位势高度为578位势什米，后减弱消失。受其影响，西藏、青海、四川部分地区降了暴雨到大暴雨，西藏有一个50mm以上的大暴雨中心，降水日数2天。

表1　高原低涡出现次数

年＼月	1	2	3	4	5	6	7	8	9	10	11	12	合计
2014	0	1	5	5	2	7	5	9	2	2	1	1	40
几率 / %	0.00	2.50	12.50	12.50	5.00	17.50	12.50	22.50	5.00	5.00	2.50	2.50	100

表2　高原东部低涡出现次数

年＼月	1	2	3	4	5	6	7	8	9	10	11	12	合计
2014	0	1	2	3	1	5	4	5	0	2	1	1	25
几率 / %	0.00	4.00	8.00	12.00	4.00	20.00	16.00	20.00	0.00	8.00	4.00	4.00	100

表3　高原西部低涡出现次数

年＼月	1	2	3	4	5	6	7	8	9	10	11	12	合计
2014	0	0	3	2	1	2	1	4	2	0	0	0	15
几率 / %	0.00	0.00	20.00	13.33	6.67	13.33	6.67	26.67	13.33	0.00	0.00	0.00	100

表4　高原低涡移出高原次数

年＼月	1	2	3	4	5	6	7	8	9	10	11	12	合计
2014	0	1	2	1	1	1	2	0	0	1	0	0	9
移出几率 / %	0.00	2.50	5.00	2.50	2.50	2.50	5.00	0.00	0.00	2.50	0.00	0.00	22.50
月移出率 / %	0.00	11.11	22.22	11.11	11.11	11.11	22.22	0.00	0.00	11.11	0.00	0.00	99.99

表5　高原东部低涡移出高原次数

年＼月	1	2	3	4	5	6	7	8	9	10	11	12	合计
2014	0	1	1	1	0	1	2	0	0	1	0	0	7
移出几率 / %	0.00	4.00	4.00	4.00	0.00	4.00	8.00	0.00	0.00	4.00	0.00	0.00	28.00
月移出率 / %	0.00	14.29	14.29	14.29	0.00	14.28	28.57	0.00	0.00	14.28	0.00	0.00	100

表6　高原西部低涡移出高原次数

年＼月	1	2	3	4	5	6	7	8	9	10	11	12	合计
2014	0	0	1	0	1	0	0	0	0	0	0	0	2
移出几率 / %	0.00	0.00	6.67	0.00	6.67	0.00	0.00	0.00	0.00	0.00	0.00	0.00	13.34
月移出率 / %	0.00	0.00	50.00	0.00	50.00	0.00	0.00	0.00	0.00	0.00	0.00	0.00	100

表7 高原低涡移出高原的地区分布

地区 年	青海	甘肃	宁夏	四川	陕西	重庆	贵州	云南	内蒙古	合计
2014		6	1	2						9
出高原率 / %		66.67	11.11	22.22						100

表8 高原低涡中心位势高度最小值频率分布

中心位势高度 / 位势什米	587—584	583—580	579—576	575—572	571—568	567—564	563—560	559—556	555—552	551—548	合计
2014年 / %	28.70	15.74	19.44	8.33	19.44	6.48	0.00	0.00	0.00	1.85	99.98

表9 夏半年高原低涡中心位势高度最小值频率分布

中心位势高度 / 位势什米	587—584	583—580	579—576	575—572	571—568	567—564	563—560	559—556	555—552	551—548	合计
2014年 / %	37.80	20.73	21.95	6.10	13.41	0.00	0.00	0.00	0.00	0.00	99.99

表10 冬半年高原低涡中心位势高度最小值频率分布

中心位势高度 / 位势什米	587—584	583—580	579—576	575—572	571—568	567—564	563—560	559—556	555—552	551—548	合计
2014年 / %	0.00	0.00	11.54	15.38	38.46	26.92	0.00	0.00	0.00	7.69	99.99

高原低涡纪要表

序号	编号	名称	起止日期(月.日)	中心最小位势高度/位势什米	发现点经纬度	移出高原的地点	移出高原的时间	移出高原中心位势高度/位势什米	路径趋向	影响低涡移出高原的天气系统
1	C1401	格尔木, Geermu	2.11~2.12	548	35.4°N,96.0°E	兰州	2.12^{08}	548	东北行移出高原	西风槽
2	C1402	沱沱河, Tuotuohe	3.13	566	33.8°N,91.2°E				东北行	
3	C1403	安多, Anduo	3.19~3.20	566	33.2°N,92.1°E				东北行	
4	C1404	兴海, Xinghai	3.21~3.22	566	35.4°N,100.0°E	绵竹	3.22^{08}	566	东南行转东北行移出高原	西风槽
5	C1405	当雄, Dangxiong	3.23~3.24	571	30.5°N,92.3°E	汉源	3.24^{08}	571	东南行移出高原	西风槽
6	C1406	五道梁, Wudaoliang	3.31~4.1	565	34.8°N,93.7°E				东行	
7	C1407	共和, Gonghe	4.3	568	36.4°N,100.7°E				原地生消	
8	C1408	玛多, Maduo	4.13~4.15	568	35.4°N,97.6°E	山丹	4.14^{08}	570	东北行移出高原	西风槽
9	C1409	阿坝, Aba	4.26	572	33.2°N,102.8°E				原地生消	
10	C1410	安多, Anduo	4.26	575	33.3°N,91.8°E				原地生消	
11	C1411	沱沱河, Tuotuohe	4.27~4.28	576	33.6°N,91.8°E				东南行	
12	C1412	嘉黎, Jiali	5.6	579	30.9°N,93.4°E				原地生消	

高原低涡纪要表（续-1）

序号	编号	名称	起止日期（月.日）	中心最小位势高度/位势什米	发现点经纬度	移出高原的地点	移出高原的时间	移出高原中心位势高度/位势什米	路径趋向	影响低涡移出高原的天气系统
13	C1413	安多，Anduo	5.28~6.5	568	32.8°N,92.3°E	同心	5.30^{20}	577	北行转东北行再转东南行移出高原	西风槽
14	C1414	南木林，Nanmulin	6.6	582	30.0°N,88.7°E				原地生消	
15	C1415	日德，Ride	6.12~6.14	576	35.3°N,101.0°E	景泰	6.13^{08}	576	东北行移出高原	切变流场
16	C1416	杂多，Zaduo	6.13~6.14	577	32.4°N,95.3°E				西北行转东南行	
17	C1417	托勒，Tuole	6.22	580	38.0°N,98.7°E				原地生消	
18	C1418	贵德，Guide	6.24	574	36.4°N,100.9°E				东行	
19	C1419	索县，Suoxian	6.26~6.27	584	33.7°N,91.7°E				东北行	
20	C1420	稻城，Daocheng	6.29	585	29.3°N,100.6°E				原地生消	
21	C1421	久治，Jiuzhi	7.5	583	33.0°N,101.3°E				原地生消	
22	C1422	玛多，Maduo	7.8	580	35.3°N,98.0°E	兰州	7.8^{08}	580	东北行移出高原	切变线
23	C1423	嘉黎，Jiali	7.12~7.13	586	30.0°N,93.0°E				西行	
24	C1424	当雄，Dangxiong	7.14~7.15	584	30.3°N,92.1°E				东行	

高原低涡纪要表（续-2）

序号	编号	名称	起止日期（月.日）	中心最小位势高度/位势什米	发现点经纬度	移出高原的地点	移出高原的时间	移出高原中心位势高度/位势什米	路径趋向	影响低涡移出高原的天气系统
25	C1425	曲麻莱，Qumalai	7.29~8.1	583	34.3°N,94.6°E	岷县	7.31^{20}	584	东行移出高原	切变流场
26	C1426	仁候姆，Renhoumu	8.3	584	33.8°N,98.9°E				原地生消	
27	C1427	杂多，Zaduo	8.7	584	32.7°N,94.4°E				原地生消	
28	C1428	石渠，Shiqu	8.11~8.12	581	32.3°N,98.0°E				东行转东南行	
29	C1429	当雄，Dangxiong	8.14	583	30.3°N,91.5°E				东行	
30	C1430	安多，Anduo	8.16~8.17	581	33.4°N,92.1°E				东北行转东南行	
31	C1431	色达，Seda	8.20~8.21	581	32.5°N,100.2°E				东北行	
32	C1432	杂多，Zaduo	8.21~8.22	582	32.3°N,94.0°E				东南行	
33	C1433	当雄，Dangxiong	8.24~8.27	584	31.1°N,90.9°E				东行转西北行再转东行后转渐西南行	
34	C1434	五道梁，Wudaoliang	8.31~9.2	583	34.9°N,92.1°E				南行转东南行	
35	C1435	双湖，Shuanghu	9.22	579	33.0°N,90.3°E				原地生消	
36	C1436	安多，Anduo	9.25~9.26	578	32.8°N,92.1°E				西北行转东北行	

高原低涡纪要表（续-3）

序号	编号	名称	起止日期(月.日)	中心最小位势高度/位势什米	发现点经纬度	移出高原的地点	移出高原的时间	移出高原中心位势高度/位势什米	路径趋向	影响低涡移出高原的天气系统
37	C1437	巴塘, Batang	10.2	584	30.2°N,97.5°E				原地生消	
38	C1438	治多, Zhiduo	10.27~10.28	571	36.0°N,94.1°E	景泰	10.28^{20}	572	东北行转东南行再转东行移出高原	西风槽
39	C1439	杂多, Zaduo	11.5	573	32.8°N,94.4°E				原地生消	
40	C1440	玉树, Yushu	12.27	566	33.0°N,96.5°E				原地生消	

高原低涡对我国影响简表

序号	编号	简述活动的情况	高原低涡对我国的影响			
			项目	时间（月.日）	概况	极值
1	C1401	高原东北部东北行移出高原	降水	2.11~2.12	青海西、东部，甘肃、宁夏南部和陕西中部地区降水量为0.1~6mm，降水日数为1天	宁夏六盘山 5.4mm（1天）
2	C1402	高原中部东北行	降水	3.13	西藏东部，青海南部、西部个别地区和四川西北部地区降水量为0.1~8mm，降水日数为1天	西藏嘉黎 7.3mm（1天）
3	C1403	高原中部东北行	降水	3.19~3.20	西藏东、东北部与南部个别地区，青海南、东南部，甘肃西部个别地区，四川西北部地区降水量为0.1~17mm，降水日数为1~2天	西藏那曲 16.8mm（2天）
4	C1404	高原东北部东南行转东北行移出高原	降水	3.21~3.22	西藏东北部，青海东、东南部，甘肃南部，四川大部，陕西东南部个别地区和重庆西北、西部地区降水量为0.1~16mm，降水日数为1~2天	青海达日 15.1mm（2天）
5	C1405	高原南部东南行移出高原	降水	3.23~3.24	西藏东、南部，四川南半部、西北、东北部和重庆西半部地区降水量为0.1~19mm，降水日数为1~2天	西藏墨竹工卡 19.0mm（2天）
6	C1406	高原中部东行	降水	3.31~4.1	西藏东北部，青海东、南、中部，甘肃西南部和四川西北部地区降水量为0.1~12mm，降水日数为1~2天	西藏波密 11.8mm（1天）
7	C1407	高原东北部原地生消	降水	4.3	青海东部，甘肃西、南部和四川北部地区降水量为0.1~25mm，降水日数为1天	四川平武 24.6mm（1天）
8	C1408	高原东北部东北行移出高原	降水	4.13~4.15	青海西部个别地区、东部，甘肃中部，宁夏北半部，内蒙古西南部和陕西、山西北部地区降水量为0.1~28mm，降水日数为1~3天	甘肃永登 27.9mm（2天）
9	C1409	高原东部原地生消	降水	4.26	青海东南部，甘肃西南部和四川中、北部地区降水量为0.1~18mm，降水日数为1天	四川金川 17.3mm（1天）

高原低涡对我国影响简表（续-1）

序号	编号	简述活动的情况	高原低涡对我国的影响			
			项目	时间（月.日）	概况	极值
10	C1410	高原中部原地生消	降水	4.26	西藏东北部和青海西南部地区降水量为0.1~3mm，降水日数为1天	青海治多 2.6mm（1天）
11	C1411	高原中部东南行	降水	4.27~4.28	西藏东半部，青海南部，四川北、西北、中、东南、南部和重庆西部降水量为0.1~26mm，降水日数为1~2天	西藏墨竹工卡 25.5mm（1天）
12	C1412	高原南部原地生消	降水	5.6	西藏东、南部地区降水量为0.1~12mm，降水日数为1天	西藏日喀则 11.3mm（1天）
13	C1413	高原中部东北行移出高原转渐东南行入海	降水	5.28~6.5	西藏、河南东北部，青海东、南部，甘肃中部、南部，陕西西南部，四川西北部，内蒙古东南部，山西北半部、中部，河北大部，北京，辽宁，山东，江苏，上海，吉林南部，安徽北、东部和浙江北部地区降水量为0.1~75mm，降水日数为1~4天。其中安徽、山东、河南、江苏有成片降水量大于25mm的降水区，降水日数为1~4天	山东日照 72.8mm（2天）
14	C1414	高原西南部原地生消	降水	6.6	西藏东部和青海西南部个别地区，降水量为0.1~10mm，降水日数为1天	西藏林芝 9.3mm（1天）
15	C1415	高原东北部东北行移出高原	降水	6.12~6.14	青海东半部、西南部，甘肃中、南半部，宁夏、陕西、山西大部和四川北半部地区降水量为0.1~42mm，降水日数为1~3天。其中四川西北部和青海东南部有成片降水量大于25mm的降雨区，降水日数为2~3天	四川炉霍 41.7mm（2天）
16	C1416	高原东南部西北行转东南行	降水	6.13~6.14	西藏东半部，青海西、南部，甘肃西南部个别地区和四川西北部地区降水量为0.1~65mm，降水日数为1~3天。其中西藏、青海、四川有成片降水量大于25mm的降水区，降水日数为2天	西藏比如 62.2mm（2天）
17	C1417	高原东北部原地生消	降水	6.22	青海东、东北、东南、南部，甘肃中、西南部和四川西北部地区降水量为0.1~14mm，降水日数为1天	四川色达 13.4mm（1天）

高原低涡对我国影响简表（续-2）

序号	编号	简述活动的情况	高原低涡对我国的影响			
			项目	时间（月.日）	概况	极值
18	C1418	高原东北部东北行	降水	6.24	青海东部，甘肃中部、南半部，内蒙古西南部，宁夏大部和四川北部地区降水量为0.1~30mm，降水日数为1天	青海湟中 29.7mm（1天）
19	C1419	高原中部东北行	降水	6.26~6.27	西藏东北部，青海南半部和四川西北部个别地区降水量为0.1~27mm，降水日数为1~2天	青海湟中 26.3mm（1天）
20	C1420	高原东南部原地生消	降水	6.29	西藏东部，四川中部、南半部，云南北部和贵州西部个别地区降水量为0.1~85mm，降水日数为1天。其中四川云南有成片降水量大于25mm的降水区，降水日数为1天	云南华坪 82.2mm（1天）
21	C1421	高原东部原地生消	降水	7.5	西藏东部，青海东、南部，甘肃西南部和四川西北部地区降水量为0.1~15mm，降水日数为1天	四川新龙 14.4mm（1天）
22	C1422	高原东北部东北行移出高原	降水	7.8	青海东北、东、东南、南、西南、中部，甘肃、宁夏南半部和四川北部地区降水量为0.1~55mm，降水日数为1天。其中青海、甘肃和宁夏有成片降水量大于25mm的降水区，降水日数为1天	宁夏海原 51.1mm（1天）
23	C1423	高原南部西行	降水	7.12~7.13	西藏中部地区降水量为0.1～49mm，降水日数为1～2天	西藏拉萨 48.2mm（2天）
24	C1424	高原南部东行	降水	7.14~7.15	西藏东半部，青海南部，四川西部和云南西北部地区降水量为0.1~55mm，降水日数为1~2天。其中西藏、四川有成片降雨量大于25mm的降水区，降水日数为2天	西藏林芝 50.2mm（2天）
25	C1425	高原东部东行移出高原	降水	7.29~8.1	西藏东半部，青海东北、东、东南、南、西南部，甘肃南半部，宁夏南部个别地区，陕西、重庆西南部，四川大部，贵州西北部个别地区和云南西北、东北部地区降水量为0.1～175mm，降水日数为1～3天。其中四川有成片降水量大于50mm的降水区，降水日数为2～3天	四川新津 174.0mm（1天）

高原低涡对我国影响简表（续-3）

序号	编号	简述活动的情况	高原低涡对我国的影响			
			项目	时间（月.日）	概况	极值
26	C1426	高原东部原地生消	降水	8.3	青海东南部,甘肃西南部和四川西北部地区降水量为0.1~23mm，降水日数为1天	青海清水河 22.6mm（1天）
27	C1427	高原中部原地生消	降水	8.7	西藏东半部，青海南部和四川西北部地区降水量为0.1~24mm，降水日数为1天	西藏那曲 23.6mm（1天）
28	C1428	高原东部东南行	降水	8.11~8.12	西藏东半部，青海、甘肃南部，陕西西南部个别地区和四川大部地区降水量为0.1~75mm，降水日数为1~2天。其中西藏、四川有成片降水量大于25mm的降雨区，降水日数为2天	四川稻城 74.1mm（2天）
29	C1429	高原南部东行	降水	8.14	西藏东半部和四川西部地区降水量为0.1~37mm，降水日数为1天。其中西藏有成片降水量大于25mm的降水区，降水日数为1天	西藏尼木 36.3mm（1天）
30	C1430	高原中部东北行转东南行	降水	8.16~8.17	西藏东半部，青海南半部，甘肃西南部个别地区和四川西北、中、北部地区降水量为0.1~31mm，降水日数为1~2天	西藏那曲 30.7mm（2天）
31	C1431	高原东部东北行	降水	8.20~8.21	西藏东半部，青海西南、南、东南、东部，甘肃南部和四川西北、中、北、西部地区降水量为0.1~105mm，降水日数为1~2天。其中青海、甘肃、四川有成片降水量大于25mm的降雨区，降水日数为1~2天	四川马边 100.7mm（2天）
32	C1432	高原中部东南行	降水	8.21~8.22	西藏东半部，青海东南、南、西南部，甘肃西南部，四川大部地区降水量为0.1~55mm，降水日数为1~2天。其中西藏、青海、四川有降水量大于25mm的降水区，降水日数为1~2天	四川白玉 50.8mm（2天）
33	C1433	高原南部东行转西北行再转东行后转渐西南行	降水	8.24~8.27	西藏东半部，青海、陕西南部，甘肃西南部，四川和重庆、云南西北部地区降水量为0.1~145mm，降水日数为1~4天。其中四川有成片降水量大于50mm的降雨区，降水日数为1~2天	四川岳池 145.0mm（1天）

高原低涡对我国影响简表（续-4）

序号	编号	简述活动的情况	高原低涡对我国的影响			
			项目	时间（月.日）	概况	极值
34	C1434	高原北部南行转东南行	降水	8.31~9.2	西藏东半部，青海西南部和四川西北部地区降水量为0.1~31mm，降水日数为1~3天	西藏安多 30.4mm（3天）
35	C1435	高原中部原地生消	降水	9.22	西藏中部和青海西部地区降水量为0.1~7mm，降水日数为1天	青海沱沱河 6.3mm（1天）
36	C1436	高原中部西北行转东北行	降水	9.25~9.26	西藏东北、中部，青海南部和四川西北部地区降水量为0.1~38mm，降水日数为1~2天	西藏比如 37.7mm（2天）
37	C1437	高原东南部原地生消	降水	10.2	西藏东部和四川西部地区降水量为0.1~2mm，降水日数为1天	四川理塘 1.7mm（1天）
38	C1438	高原北部东北行转东南行再转东行移出高原	降水	10.27~10.28	西藏东北部，青海东、南部，甘肃中、南半部，宁夏，内蒙古西南部，山西北、西南部，陕西大部和四川西北、北部地区降水量为0.1~24mm，降水日数为1~2天	陕西留坝 23.2mm（1天）
39	C1439	高原中部原地生消	降水	11.5	西藏东北部、青海南部个别地区降水量为0.1~3mm，降水日数为1天	西藏索县 2.4mm（1天）
40	C1440	高原东部原地生消	降水	12.27	青海东南部，甘肃西南部个别地区和四川西北部地区降水量为0.1~2mm，降水日数为1天	西藏久治 1.4mm（1天）

2014年高原低涡编号、名称、日期对照表

未移出高原的高原东部涡	未移出高原的高原西部涡	移出高原的高原低涡
⑥ C1406五道梁，Wudaoliang	② C1402沱沱河，Tuotuohe	① C1401格尔木，Geermu
3.31~4.1	3.13	2.11~2.12
⑦ C1407共和，Gonghe	③ C1403安多，Anduo	④ C1404兴海，Xinghai
4.3	3.19~3.20	3.21~3.22
⑨ C1409阿坝，Aba	⑩ C1410安多，Anduo	⑤ C405当雄，Dangxiong
4.26	4.26	3.23~3.24
⑫ C1412嘉黎，Jiali	⑪ C1411沱沱河，Tuotuohe	⑧ C1408玛多，Maduo
5.6	4.27~4.28	4.13~4.15
⑯ C1416杂多，Zaduo	⑭ C1414南木林，Nanmulin	⑬ C1413安多，Anduo
6.13~6.14	6.6	5.28~6.5
⑰ C1417托勒，Tuole	⑲ C1419索县，Suoxian	⑮ C1415日德，Ride
6.22	6.26~6.27	6.12~6.14
⑱ C1418贵德，Guide	㉔ C1424当雄，Dangxiong	㉒ C1422玛多，Maduo
6.24	7.14~7.15	7.8
⑳ C1420稻城，Daocheng	㉙ C1429当雄，Dangxiong	㉕ C1425曲麻莱，Qumalai
6.29	8.14	7.29~8.1
㉑ C1421久治，Jiuzhi	㉚ C1430安多，Anduo	㊳ C1438治多，Zhiduo
7.5	8.16~8.17	10.27~10.28

2014年高原低涡编号、名称、日期对照表（续1）

未移出高原的高原东部涡		未移出高原的高原西部涡
㉓ C1423嘉黎，Jiali	㉛ C1431色达，Seda	㉝ C1433当雄，Dangxiong
7.12~7.13	8.20~8.21	8.24~8.27
㉖ C1426仁候姆，Renhoumu	㉜ C1432杂多，Zaduo	㉞ C1434五道梁，Wudaoliang
8.3	8.21~8.22	8.31~9.2
㉗ C1427杂多，Zaduo	㊲ C1437巴塘，Batang	㉟ C1435双湖，Shuanghu
8.7	10.2	9.22
㉘ C1428石渠，Shiqu	㊴ C1439 杂多，Zaduo	㊱ C1436安多，Anduo
8.11~8.12	11.5	9.25~9.26
	㊴ C1440 玉树，Yushu	
	12.27	

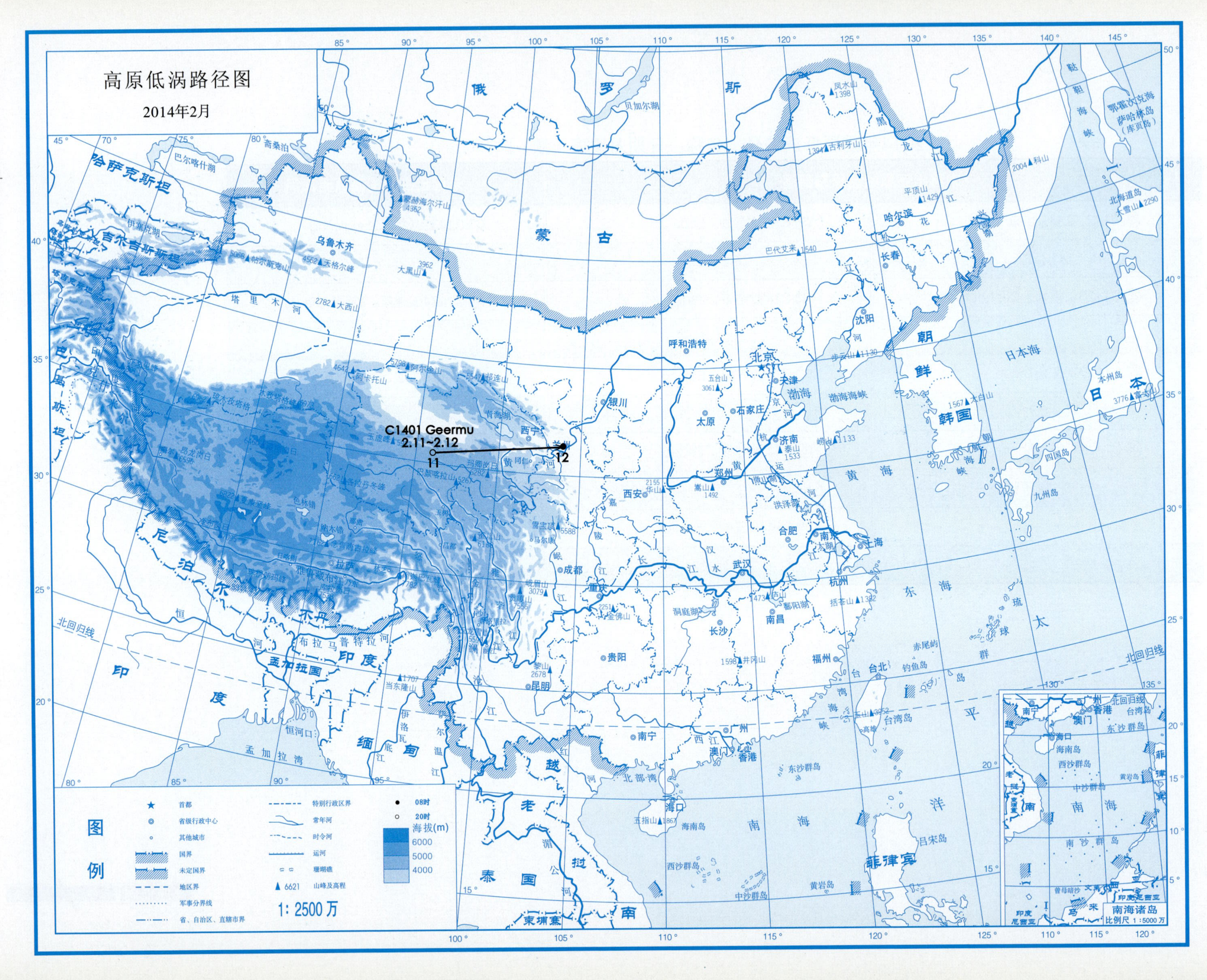

高原低涡路径图
2014年2月
C1401 Geermu
2.11~2.12
11
12
图例
首都
省级行政中心
其他城市
国界
未定国界
地区界
军事分界线
省、自治区、直辖市界
特别行政区界
常年河
时令河
运河
珊瑚礁
山峰及高程
08时
20时
海拔(m)
6000
5000
4000
1: 2500 万
俄
罗
斯
蒙
古
哈萨克斯坦
吉尔吉斯斯坦
印
度
尼
泊
尔
不丹
孟加拉国
缅
甸
老
挝
越
南
泰
国
柬埔寨
菲律宾
朝
鲜
韩国
日
本
乌鲁木齐
呼和浩特
北京
天津
银川
西宁
太原
石家庄
济南
西安
郑州
合肥
南京
上海
杭州
武汉
成都
重庆
长沙
南昌
福州
台北
贵阳
昆明
南宁
广州
香港
澳门
海口
沈阳
长春
哈尔滨
渤海
黄
海
东
海
日本海
南
海
太
平
洋
南海诸岛
比例尺 1:5000 万

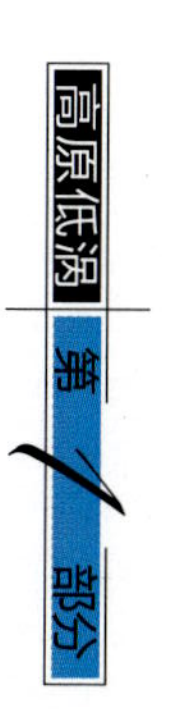
高原低涡
第1部分

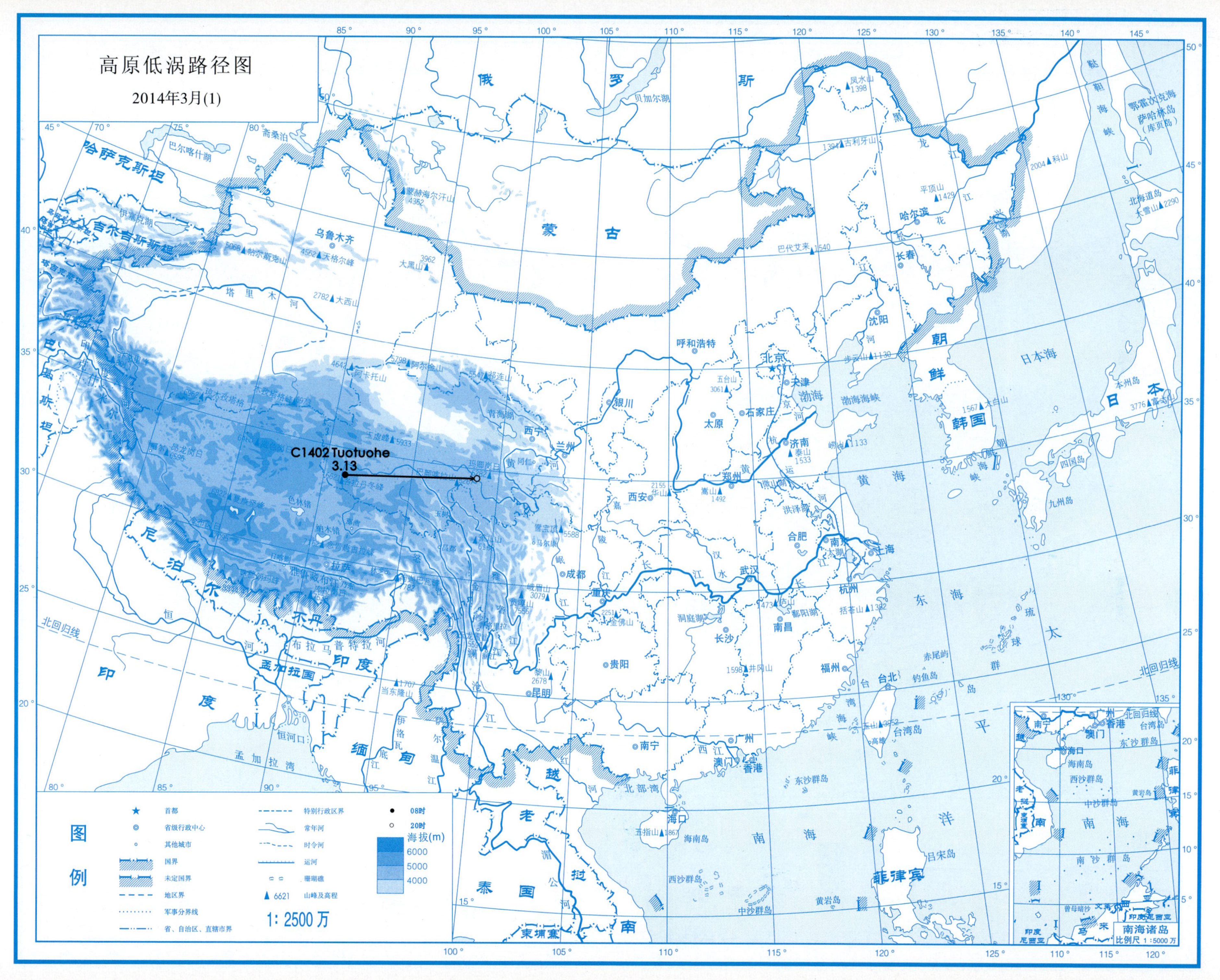
高原低涡路径图
2014年3月(1)
C1402 Tuotuohe
3.13
图例
首都
省级行政中心
其他城市
国界
未定国界
地区界
军事分界线
省、自治区、直辖市界
特别行政区界
常年河
时令河
运河
珊瑚礁
6621 山峰及高程
08时
20时
海拔(m)
6000
5000
4000
1: 2500 万
南海诸岛
比例尺 1:5000 万

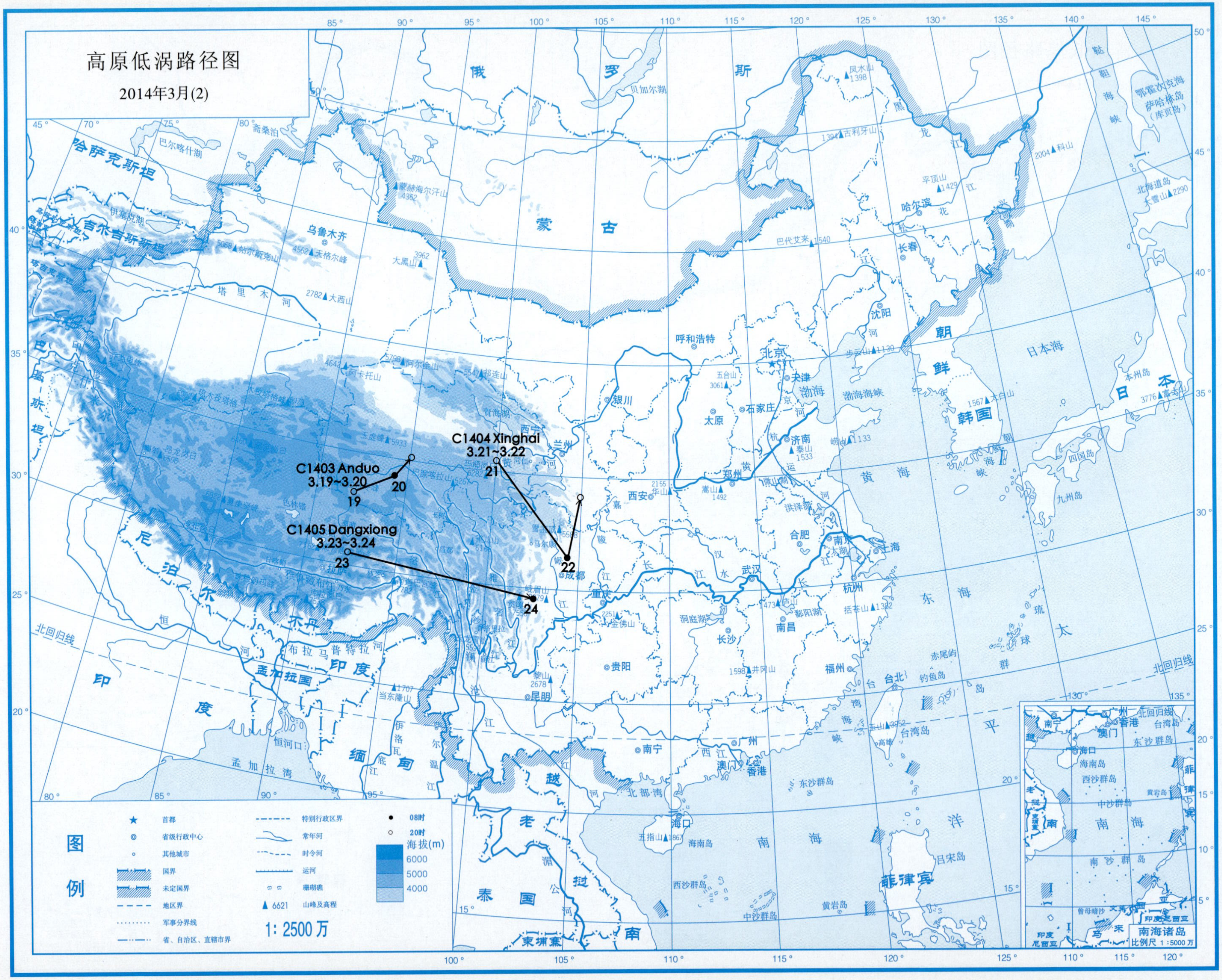
高原低涡路径图
2014年3月(2)
C1403 Anduo
3.19~3.20
19
20
C1404 Xinghai
3.21~3.22
21
22
C1405 Dangxiong
3.23~3.24
23
24
图例
首都
省级行政中心
其他城市
国界
未定国界
地区界
军事分界线
省、自治区、直辖市界
特别行政区界
常年河
时令河
运河
珊瑚礁
6621 山峰及高程
08时
20时
海拔(m)
6000
5000
4000
1: 2500万
南海诸岛
比例尺 1:5000万

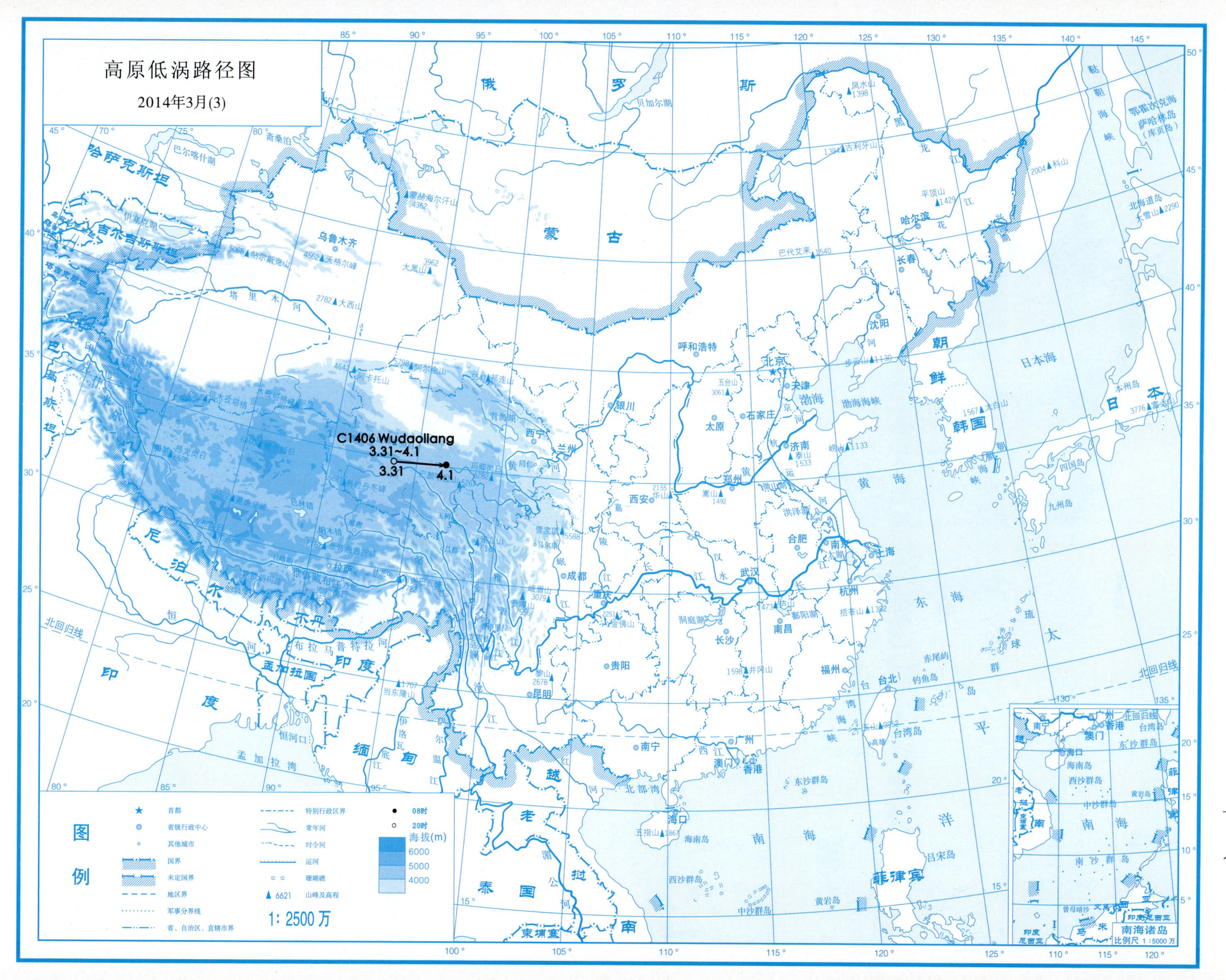
高原低涡路径图
2014年3月(3)
C1406 Wudaoliang
3.31~4.1
3.31
4.1
图例
首都
省级行政中心
其他城市
国界
未定国界
地区界
军事分界线
省、自治区、直辖市界
特别行政区界
常年河
时令河
运河
珊瑚礁
山峰及高程
08时
20时
海拔(m)
6000
5000
4000
1: 2500 万
南海诸岛
比例尺 1:5000 万
北回归线

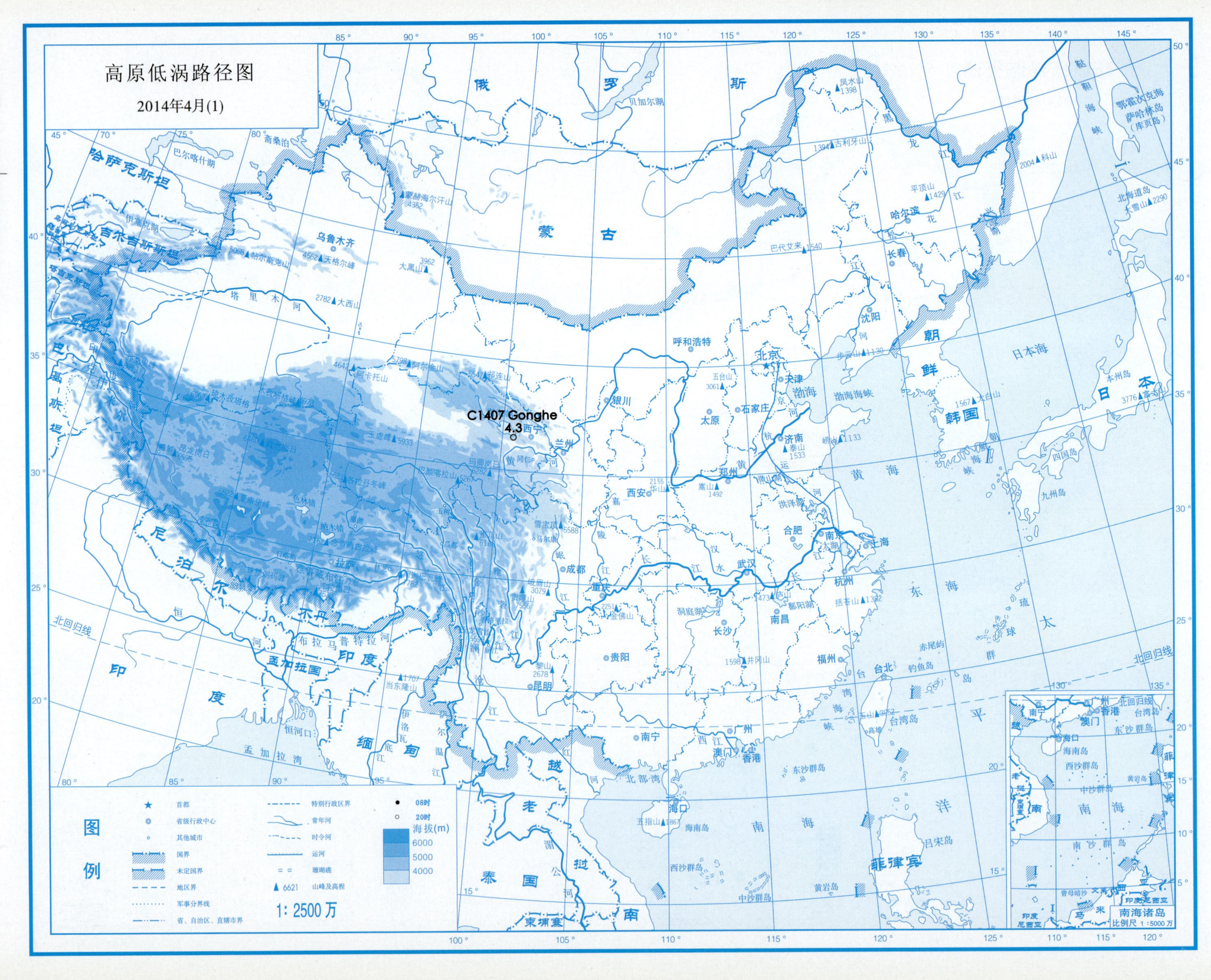

高原低涡路径图
2014年4月(1)
C1407 Gonghe
4.3
图例
首都
省级行政中心
其他城市
国界
未定国界
地区界
军事分界线
省、自治区、直辖市界
特别行政区界
常年河
时令河
运河
珊瑚礁
6621 山峰及高程
08时
20时
海拔(m)
6000
5000
4000
1: 2500万
南海诸岛
比例尺 1:5000万

高原低涡路径图
2014年4月(2)
13
14
15
C1408 Maduo
4.13~4.15
C1409 Aba
4.26
C1410 Anduo
4.26
图例
08时
20时
海拔(m)
6000
5000
4000
1:2500万

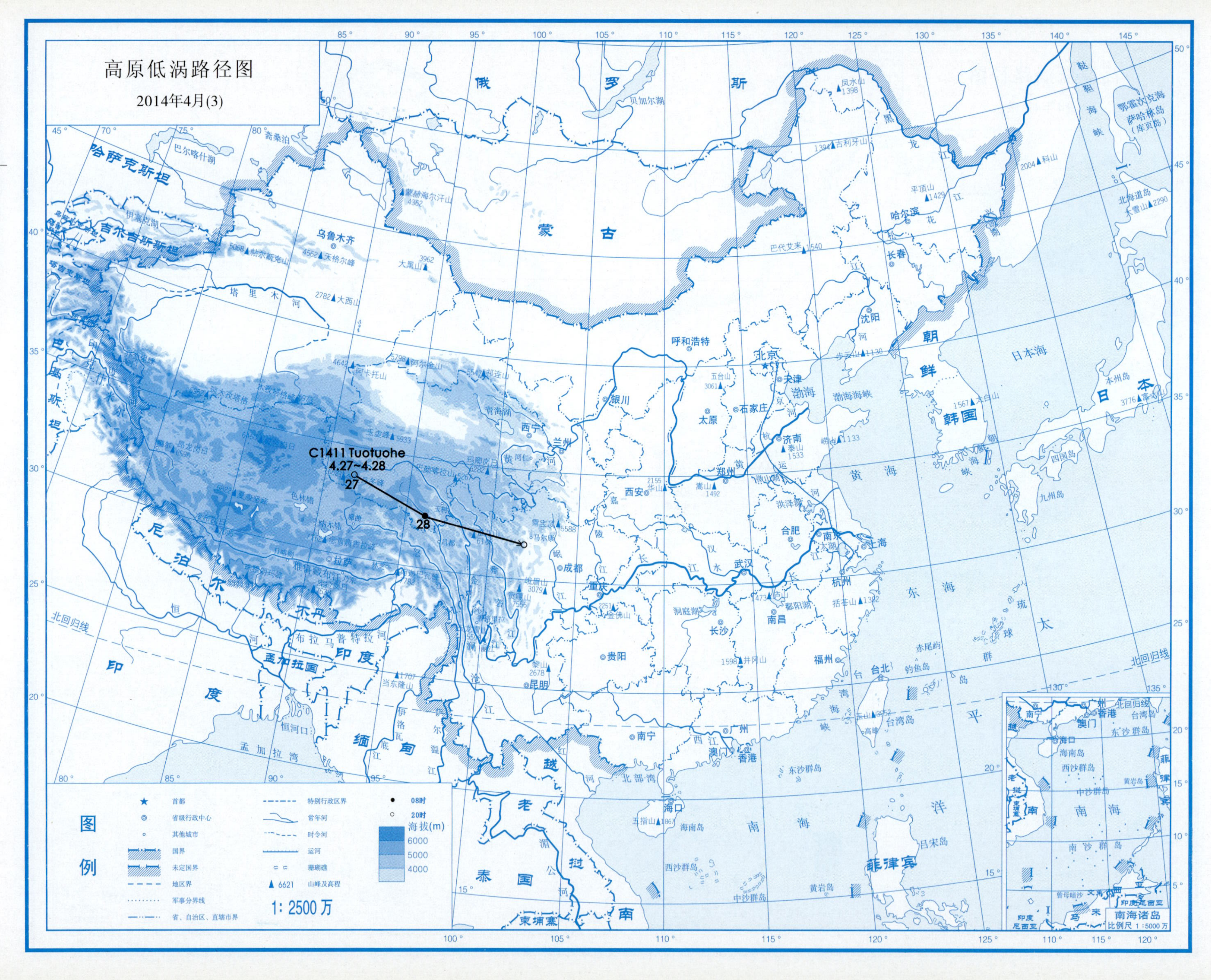
高原低涡路径图
2014年4月(3)
C1411 Tuotuohe
4.27~4.28
27
28
图例
首都
省级行政中心
其他城市
国界
未定国界
地区界
军事分界线
省、自治区、直辖市界
特别行政区界
常年河
时令河
运河
珊瑚礁
6621 山峰及高程
08时
20时
海拔(m)
6000
5000
4000
1: 2500 万
南海诸岛
比例尺 1:5000 万

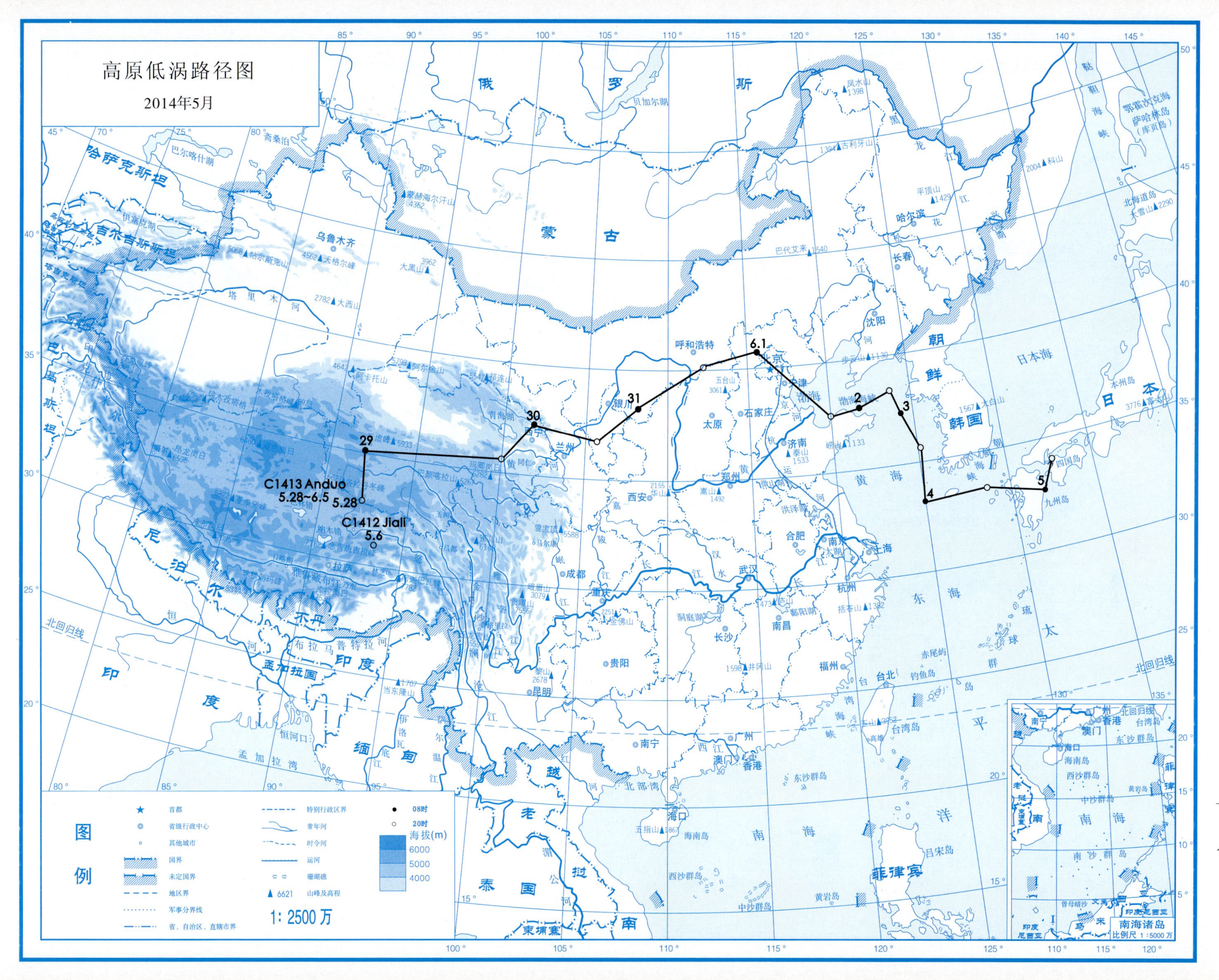
高原低涡路径图
2014年5月
C1413 Anduo
5.28~6.5
5.28
C1412 Jiali
5.6
29
30
31
6.1
2
3
4
5
图例
首都
省级行政中心
其他城市
国界
未定国界
地区界
军事分界线
省、自治区、直辖市界
特别行政区界
常年河
时令河
运河
珊瑚礁
6621 山峰及高程
08时
20时
海拔(m)
6000
5000
4000
1: 2500万
南海诸岛
比例尺 1:5000万

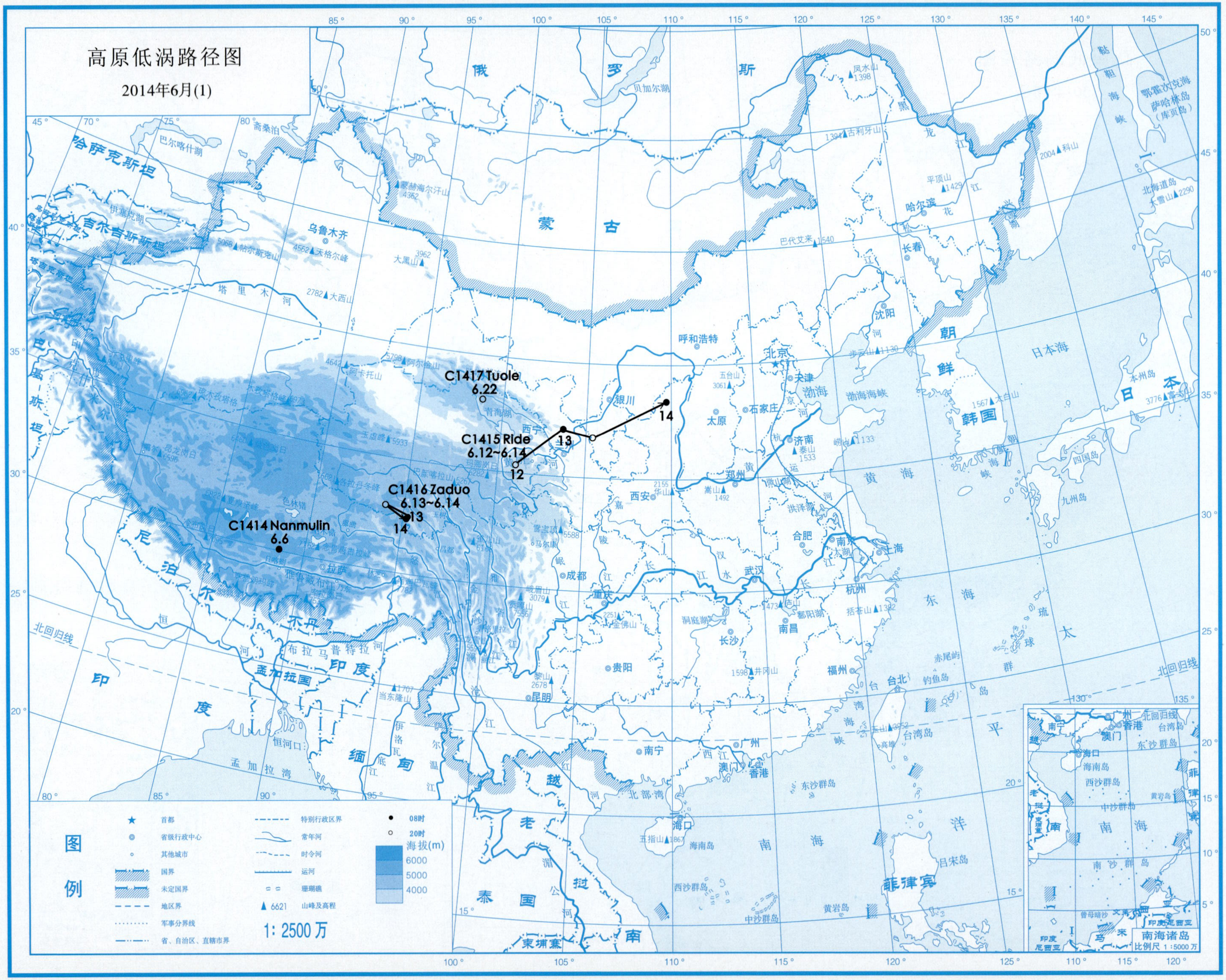
高原低涡路径图
2014年6月(1)
C1414 Nanmulin
6.6
C1416 Zaduo
6.13~6.14
13
14
C1415 Ride
6.12~6.14
12
13
14
C1417 Tuole
6.22
图例
首都
省级行政中心
其他城市
国界
未定国界
地区界
军事分界线
省、自治区、直辖市界
特别行政区界
常年河
时令河
运河
珊瑚礁
6621 山峰及高程
08时
20时
海拔(m)
6000
5000
4000
1: 2500万
南海诸岛
比例尺 1:5000万

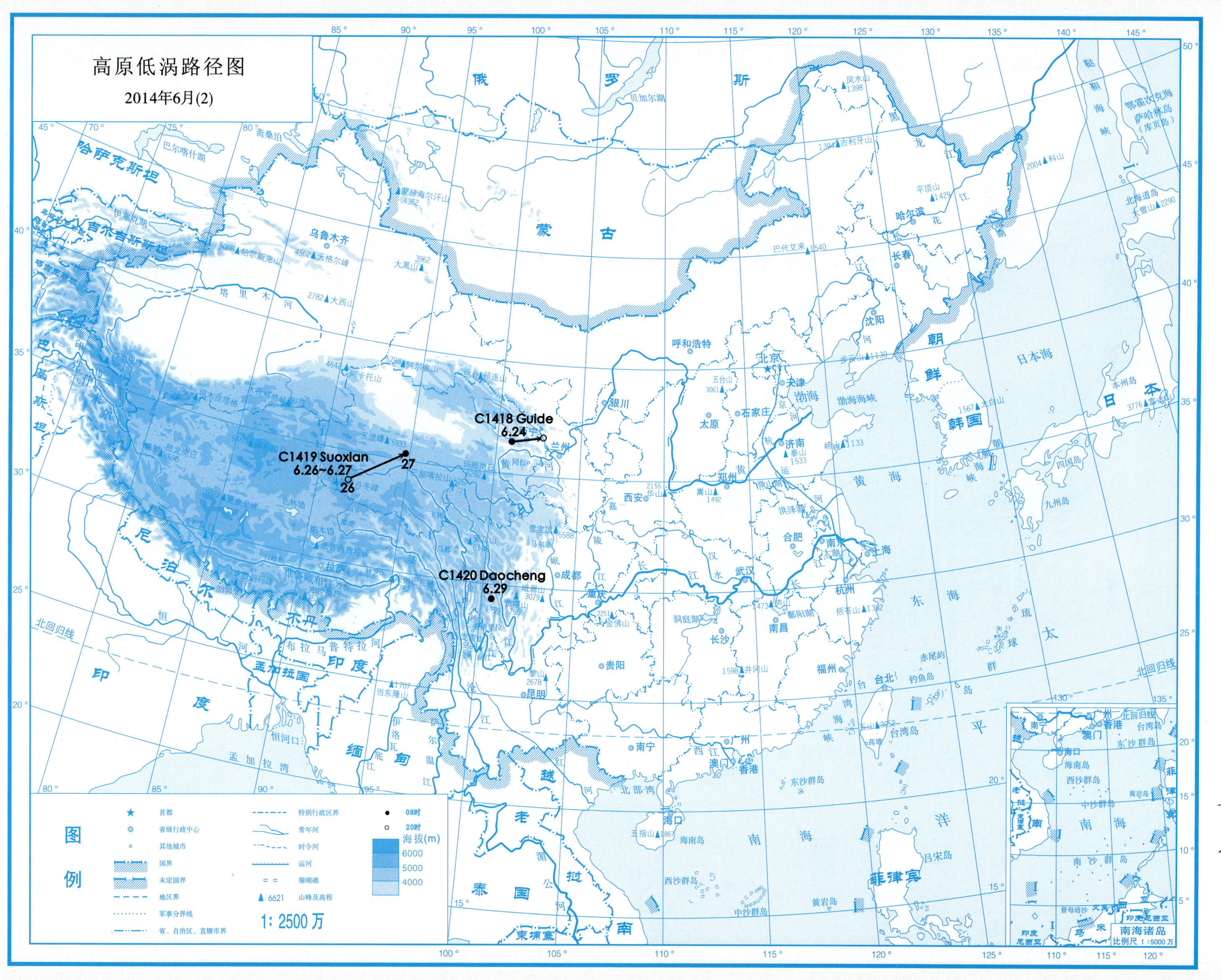
高原低涡路径图
2014年6月(2)
C1418 Guide
6.24
C1419 Suoxian
6.26~6.27
26
27
C1420 Daocheng
6.29
图例
首都
省级行政中心
其他城市
国界
未定国界
地区界
军事分界线
省、自治区、直辖市界
特别行政区界
常年河
时令河
运河
珊瑚礁
6621 山峰及高程
08时
20时
海拔(m)
6000
5000
4000
1:2500万
南海诸岛
比例尺 1:5000万

高原低涡路径图

2014年7月(1)

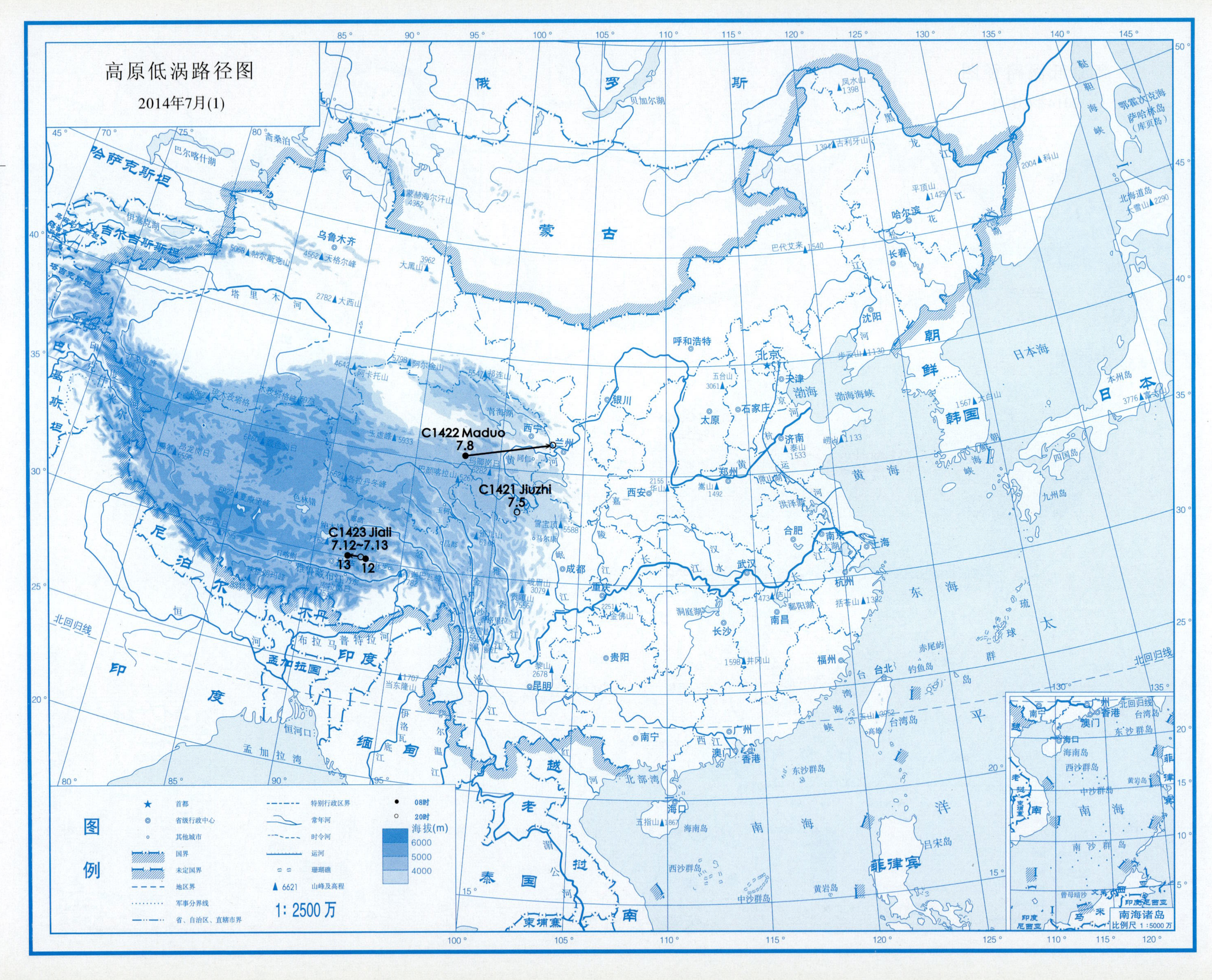

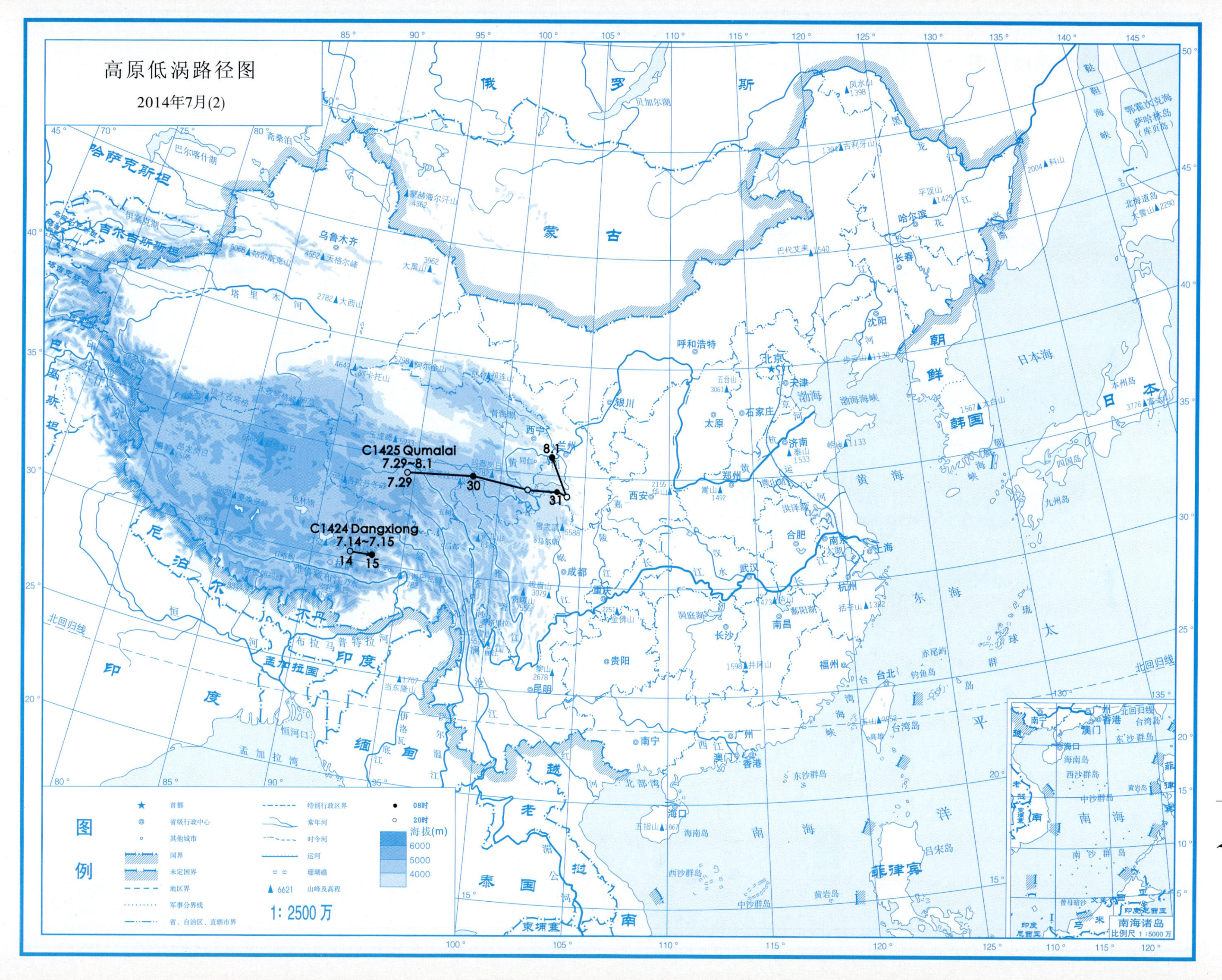
高原低涡路径图
2014年7月(2)
C1425 Qumalai
7.29~8.1
7.29
30
31
8.1
C1424 Dangxiong
7.14~7.15
14
15
图例
首都
省级行政中心
其他城市
国界
未定国界
地区界
军事分界线
省、自治区、直辖市界
特别行政区界
常年河
时令河
运河
珊瑚礁
山峰及高程
08时
20时
海拔(m)
6000
5000
4000
1: 2500万
南海诸岛
比例尺 1: 5000万

高原低涡路径图

2014年8月(1)

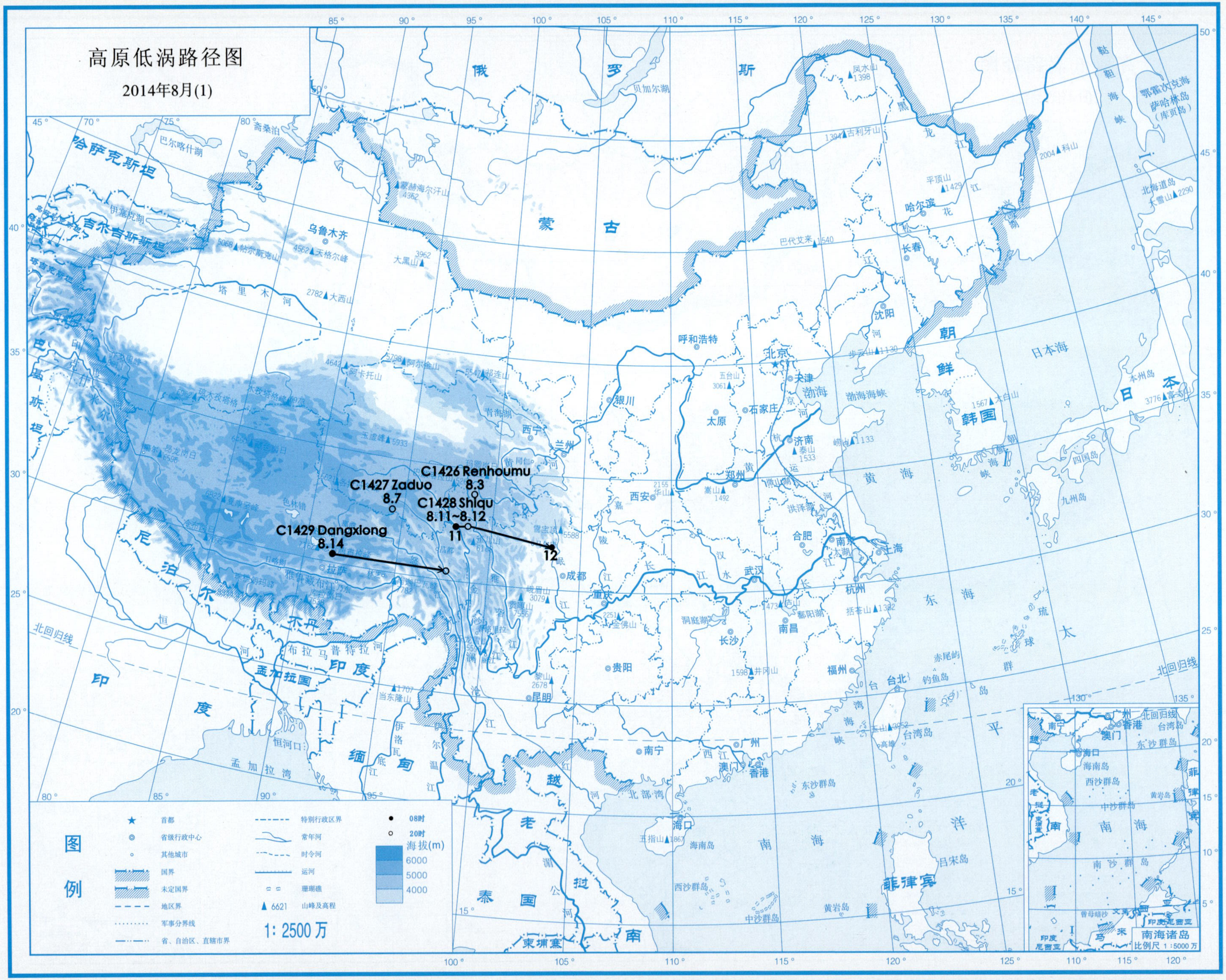
C1426 Renhoumu
8.3
C1427 Zaduo
8.7
C1428 Shiqu
8.11~8.12
11
12
C1429 Dangxiong
8.14
图例
首都
省级行政中心
其他城市
国界
未定国界
地区界
军事分界线
省、自治区、直辖市界
特别行政区界
常年河
时令河
运河
珊瑚礁
6621 山峰及高程
08时
20时
海拔(m)
6000
5000
4000
1: 2500万
南海诸岛
比例尺 1:5000万

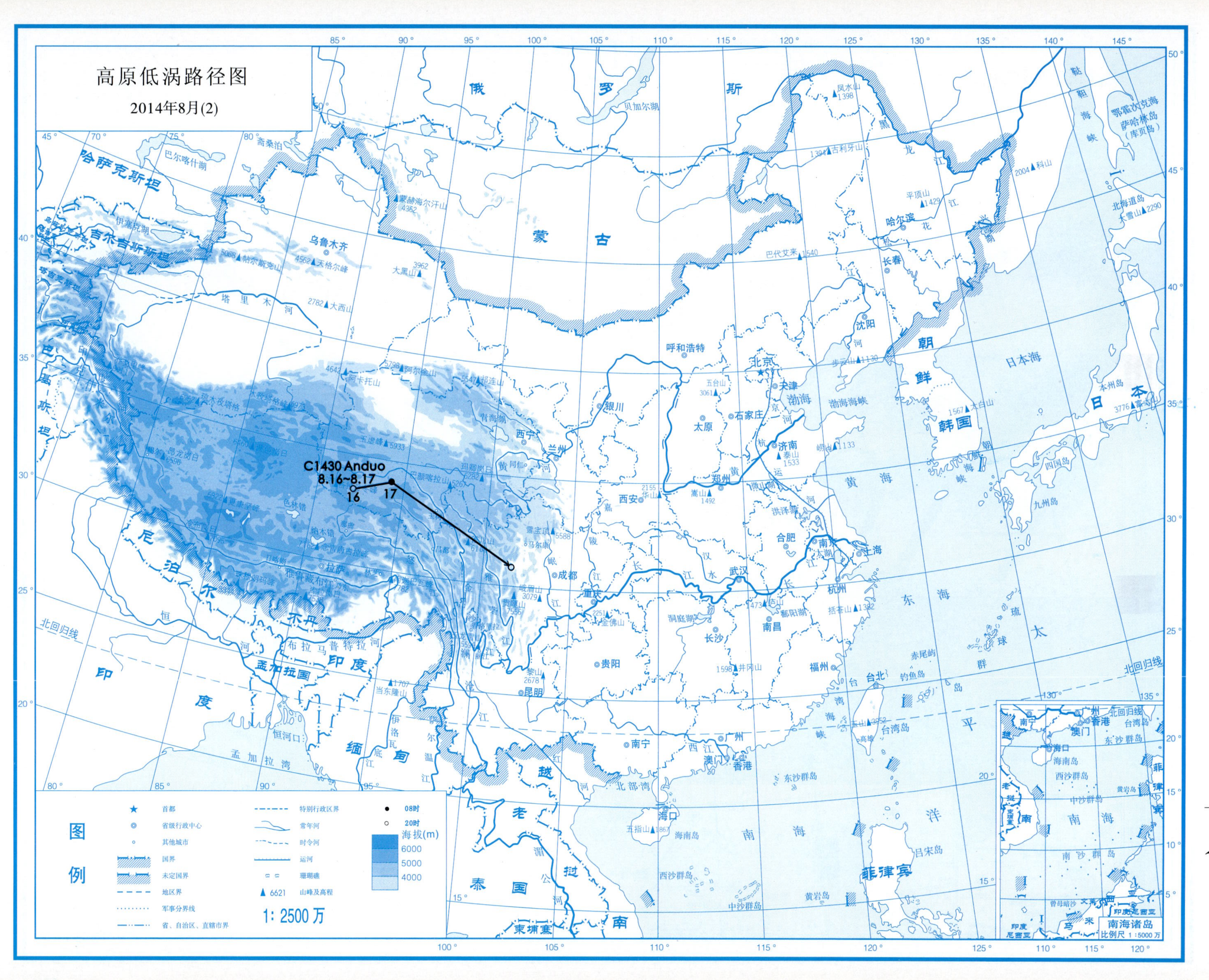
高原低涡路径图
2014年8月(2)
C1430 Anduo
8.16~8.17
16
17
图例
首都
省级行政中心
其他城市
国界
未定国界
地区界
军事分界线
省、自治区、直辖市界
特别行政区界
常年河
时令河
运河
珊瑚礁
6621 山峰及高程
08时
20时
海拔(m)
6000
5000
4000
1: 2500万
南海诸岛
比例尺 1:5000万

高原低涡路径图

2014年8月(3)

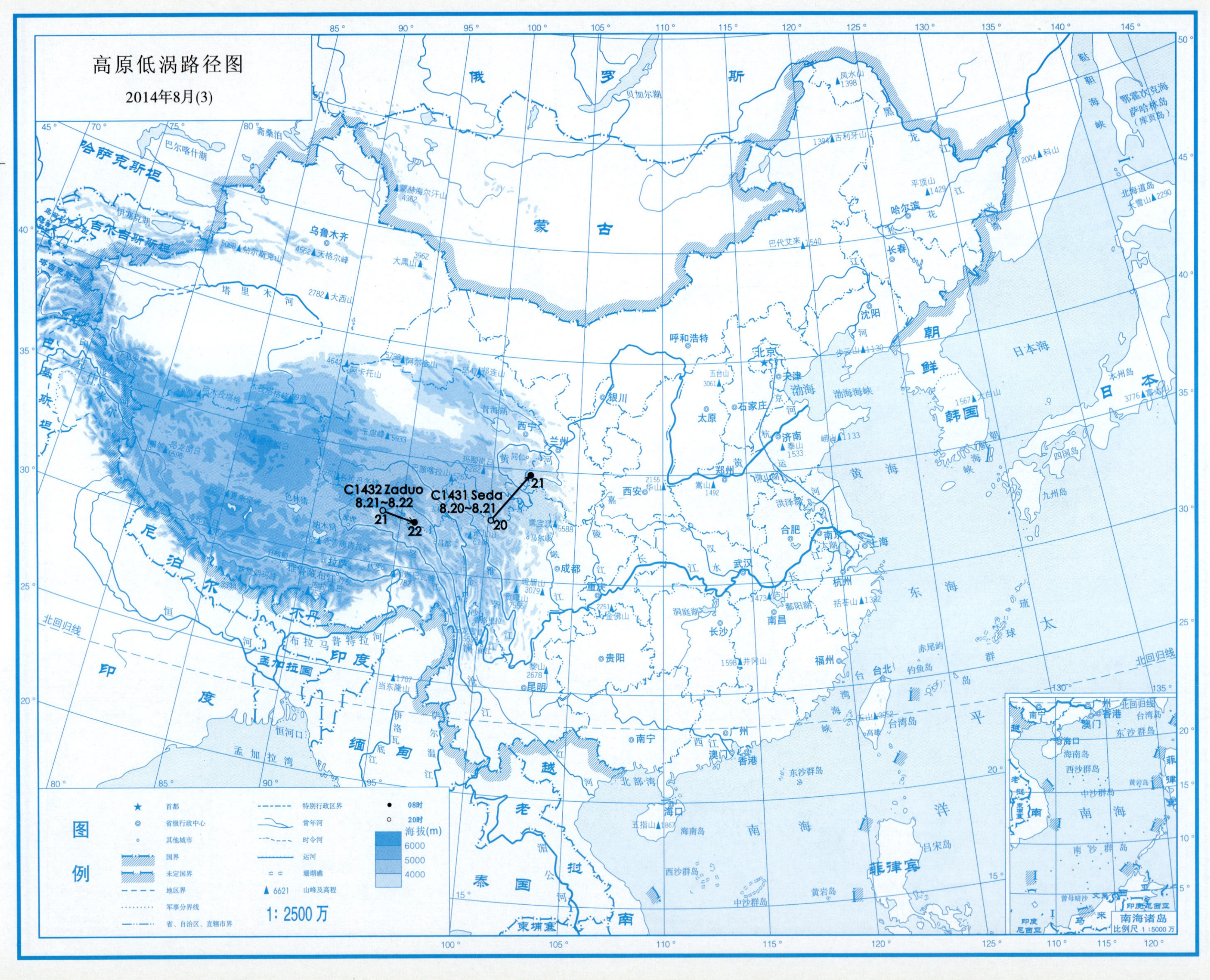

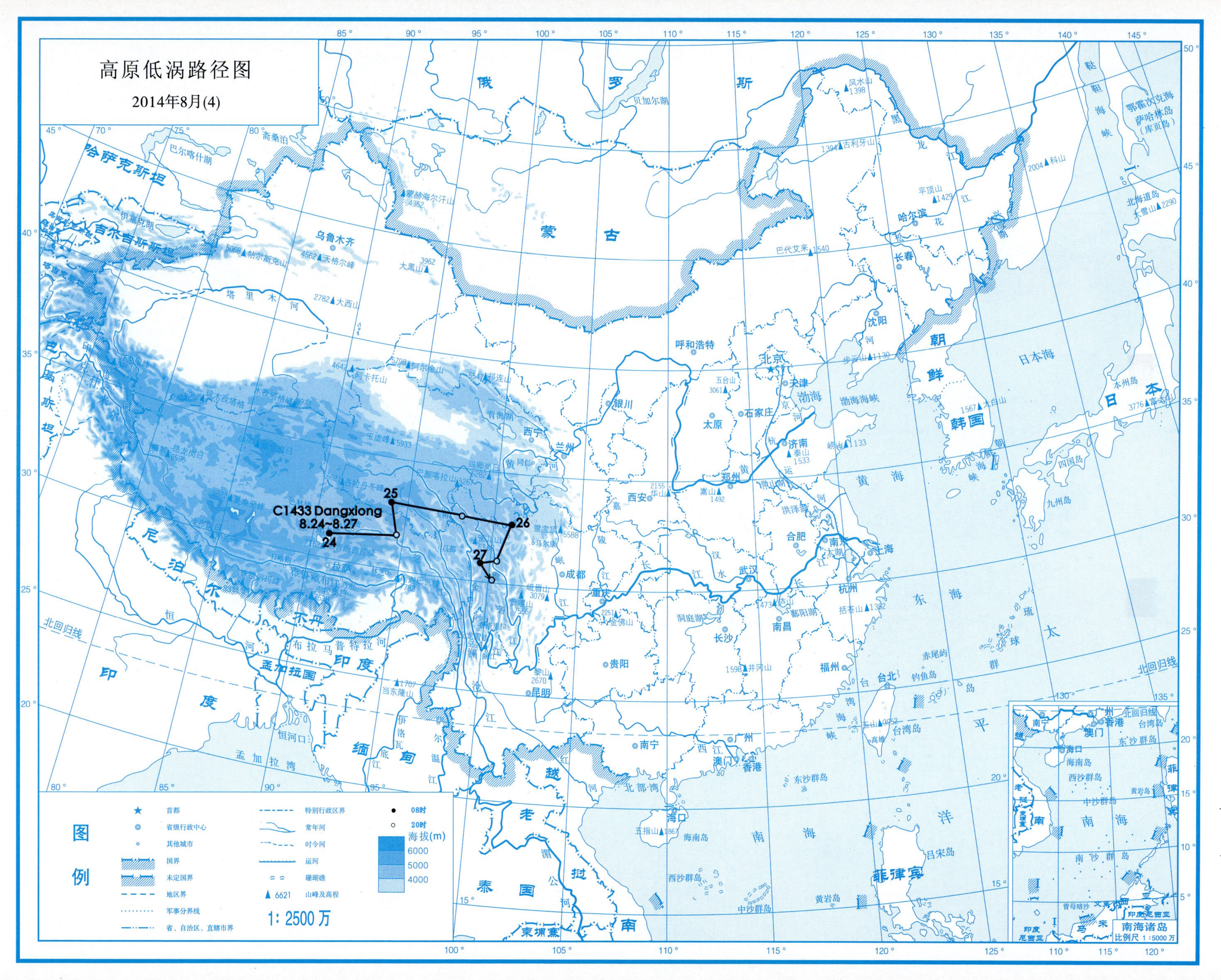
高原低涡路径图
2014年8月(4)
C1433 Dangxiong
8.24~8.27
24
25
26
27
图例
首都
省级行政中心
其他城市
国界
未定国界
地区界
军事分界线
省、自治区、直辖市界
特别行政区界
常年河
时令河
运河
珊瑚礁
6621 山峰及高程
08时
20时
海拔(m)
6000
5000
4000
1: 2500万
南海诸岛
比例尺 1:5000万

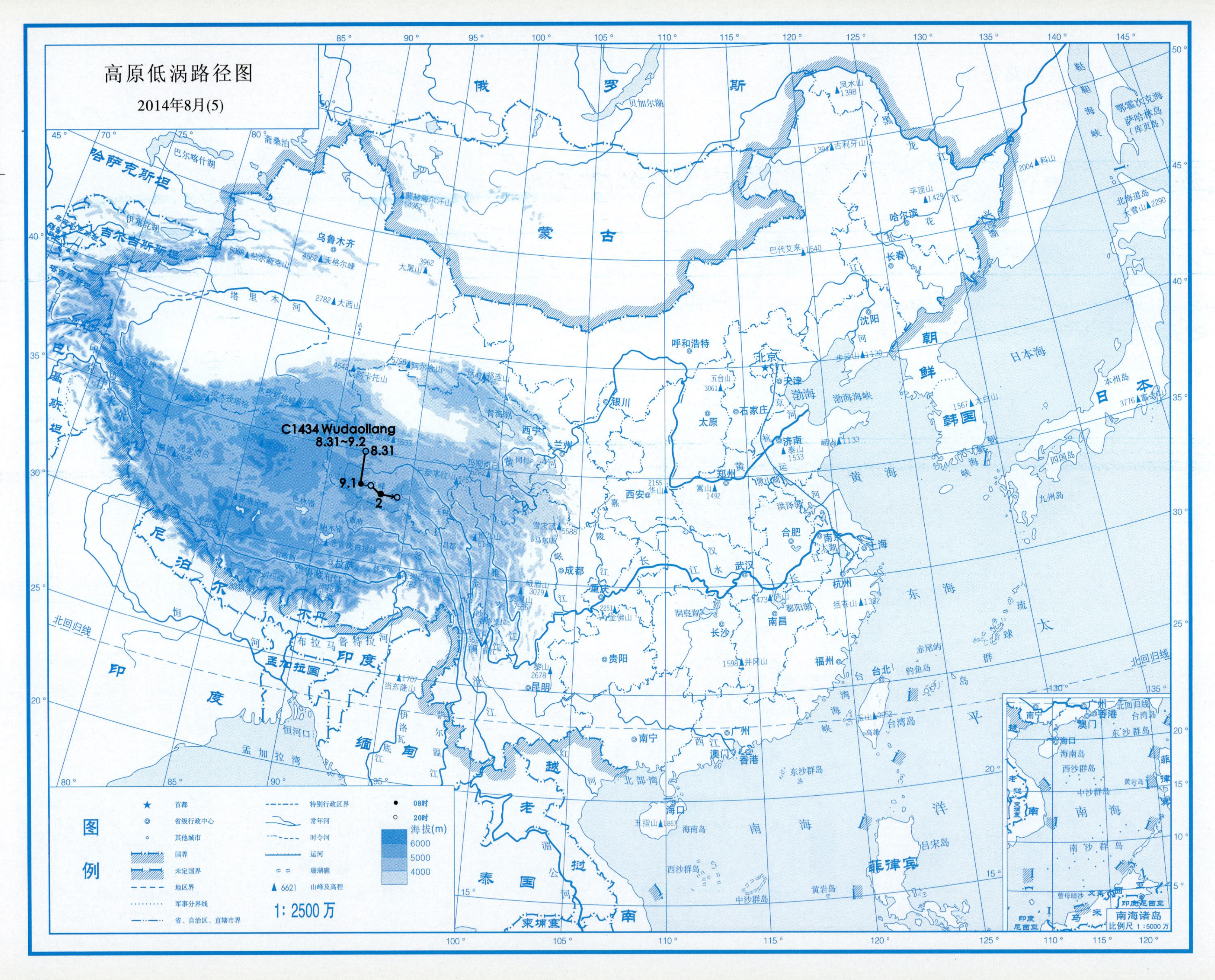
高原低涡路径图
2014年8月(5)
C1434 Wudaoliang
8.31~9.2
8.31
9.1
2
图例
首都
省级行政中心
其他城市
国界
未定国界
地区界
军事分界线
省、自治区、直辖市界
特别行政区界
常年河
时令河
运河
珊瑚礁
6621 山峰及高程
1: 2500万
08时
20时
海拔(m)
6000
5000
4000
南海诸岛
比例尺 1:5000万

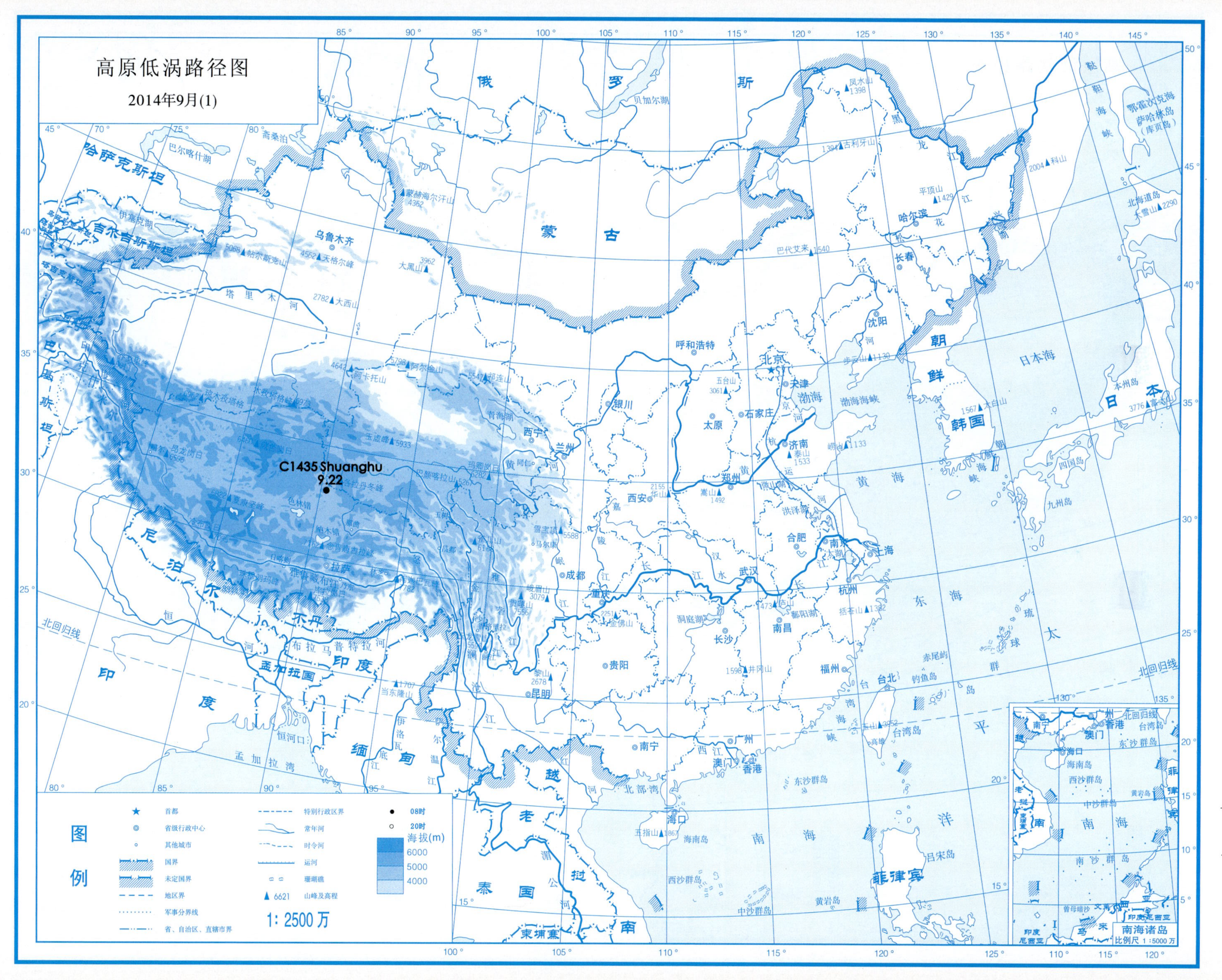
高原低涡路径图
2014年9月(1)
C1435 Shuanghu
9.22
图例
首都
省级行政中心
其他城市
国界
未定国界
地区界
军事分界线
省、自治区、直辖市界
特别行政区界
常年河
时令河
运河
珊瑚礁
6621 山峰及高程
08时
20时
海拔(m)
6000
5000
4000
1: 2500万
南海诸岛
比例尺 1:5000万

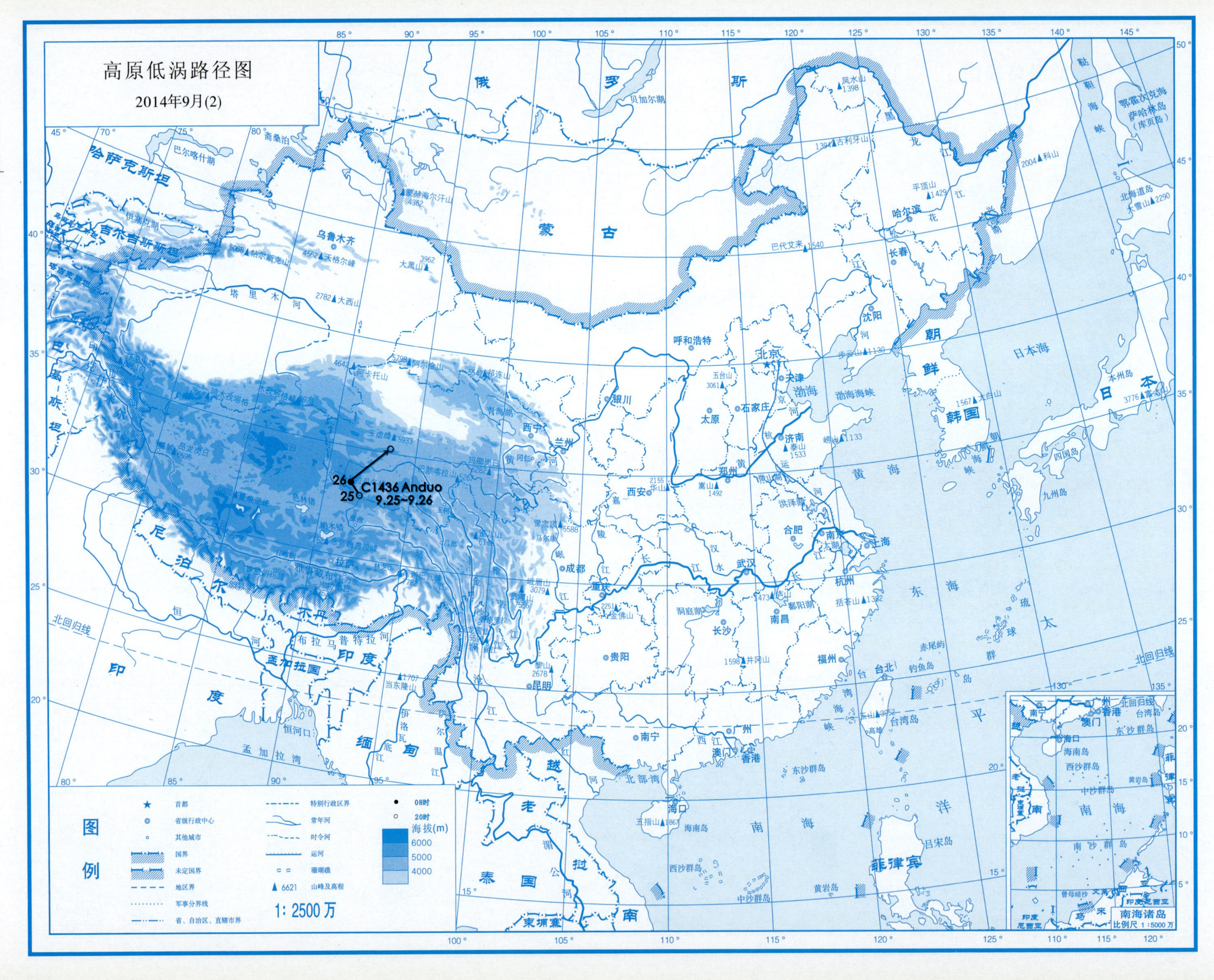
高原低涡路径图
2014年9月(2)
26
25
C1436 Anduo
9.25~9.26
图例
首都
省级行政中心
其他城市
国界
未定国界
地区界
军事分界线
省、自治区、直辖市界
特别行政区界
常年河
时令河
运河
珊瑚礁
山峰及高程
08时
20时
海拔(m)
6000
5000
4000
1: 2500 万
南海诸岛
比例尺 1:5000 万
俄罗斯
蒙古
哈萨克斯坦
印度
尼泊尔
不丹
孟加拉国
缅甸
老挝
越南
泰国
柬埔寨
菲律宾
朝鲜
韩国
日本
乌鲁木齐
呼和浩特
北京
天津
沈阳
长春
哈尔滨
银川
太原
石家庄
济南
兰州
西宁
西安
郑州
合肥
南京
上海
杭州
武汉
成都
重庆
长沙
南昌
福州
台北
贵阳
昆明
南宁
广州
澳门
香港
海口
拉萨
渤海
黄海
东海
南海
日本海
太平洋
台湾岛
海南岛
北回归线

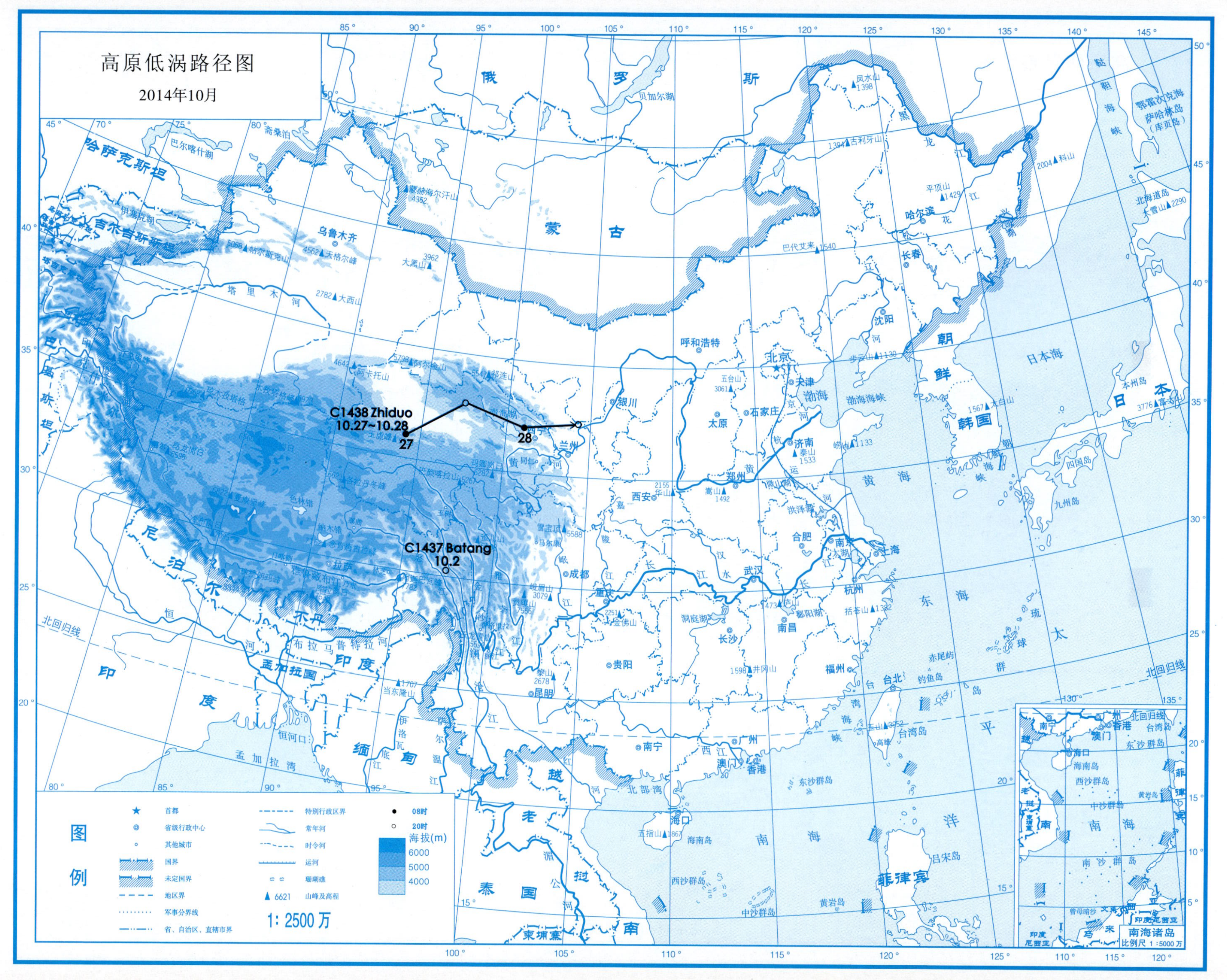
高原低涡路径图
2014年10月
C1438 Zhiduo
10.27~10.28
27
28
C1437 Batang
10.2
南海诸岛
比例尺 1:5000万
图例
首都
省级行政中心
其他城市
国界
未定国界
地区界
军事分界线
省、自治区、直辖市界
特别行政区界
常年河
时令河
运河
珊瑚礁
6621 山峰及高程
08时
20时
海拔(m)
6000
5000
4000
1: 2500万

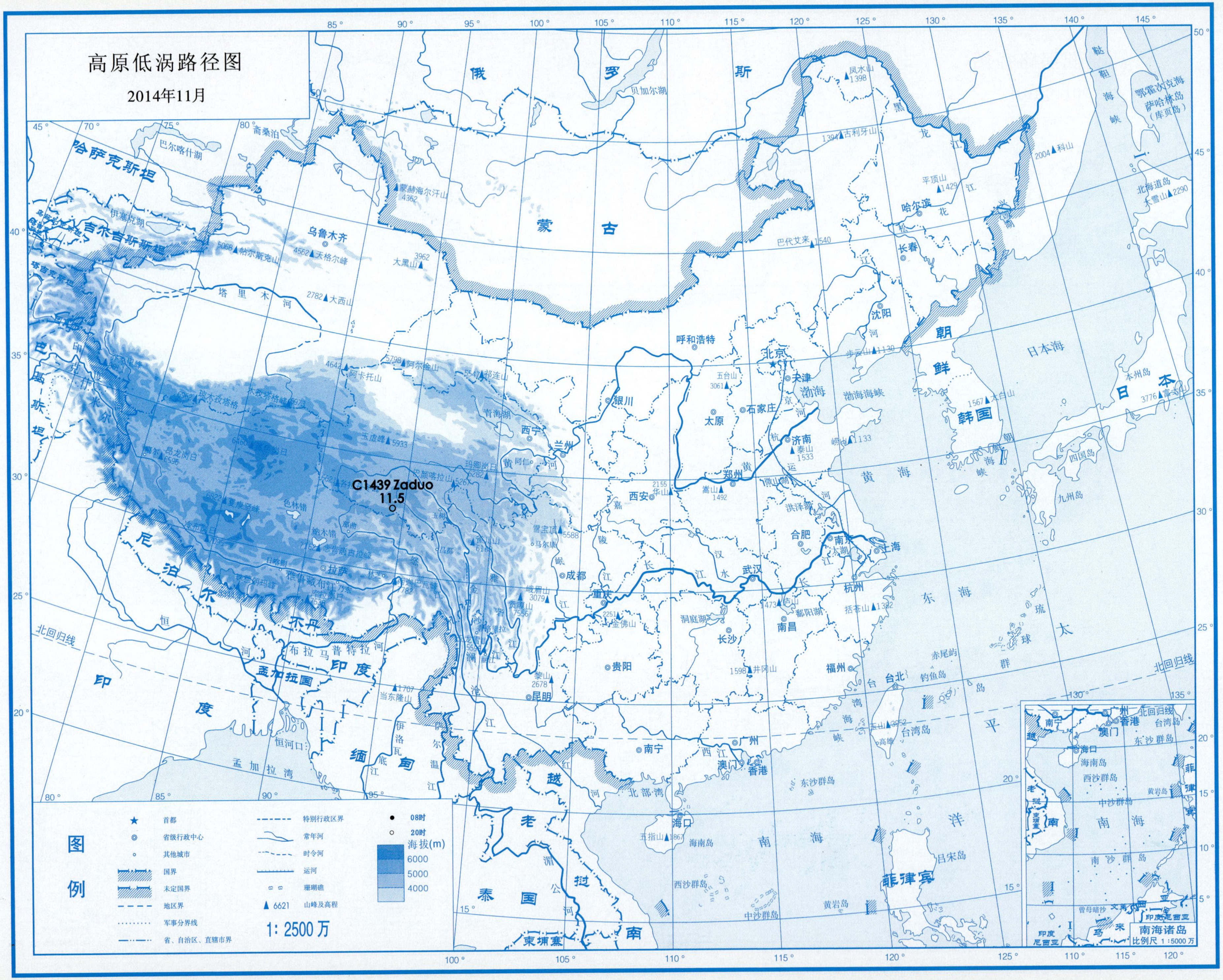
高原低涡路径图
2014年11月
C1439 Zaduo
11.5
图例
首都
省级行政中心
其他城市
国界
未定国界
地区界
军事分界线
省、自治区、直辖市界
特别行政区界
常年河
时令河
运河
珊瑚礁
山峰及高程
08时
20时
海拔(m)
6000
5000
4000
1: 2500 万
南海诸岛
比例尺 1:5000 万
俄
罗
斯
蒙
古
哈萨克斯坦
吉尔吉斯斯坦
尼
泊
尔
不丹
孟加拉国
印度
缅
甸
老
挝
泰
国
越
南
柬埔寨
朝
鲜
韩国
日
本
菲律宾
日本海
黄
海
东
海
南
海
太
平
洋
北回归线
乌鲁木齐
呼和浩特
北京
天津
石家庄
太原
银川
西宁
兰州
西安
郑州
济南
沈阳
长春
哈尔滨
成都
重庆
贵阳
昆明
南宁
长沙
武汉
南昌
合肥
南京
上海
杭州
福州
台北
广州
澳门
香港
海口
拉萨

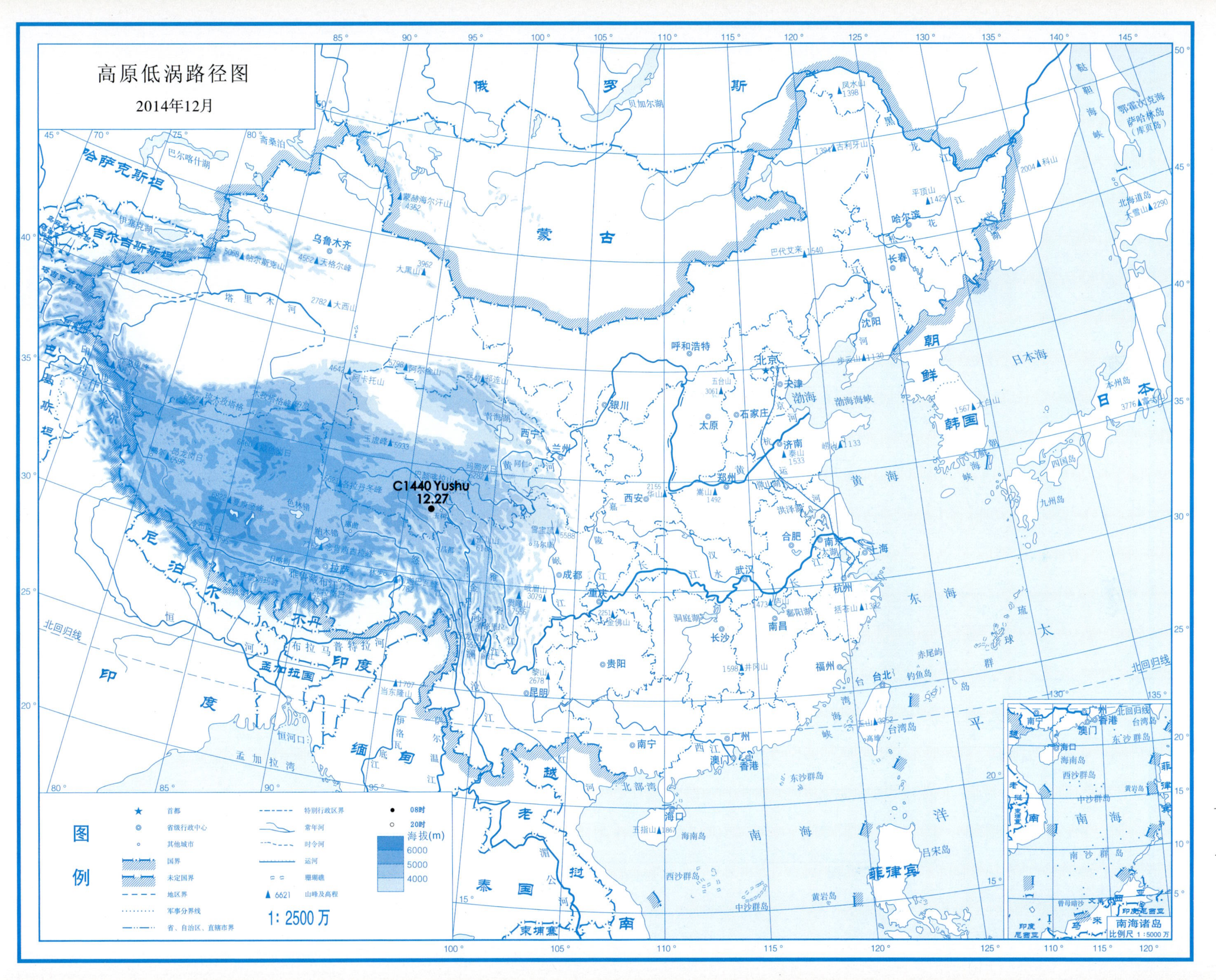
高原低涡路径图
2014年12月
C1440 Yushu
12.27
图例
首都
省级行政中心
其他城市
国界
未定国界
地区界
军事分界线
省、自治区、直辖市界
特别行政区界
常年河
时令河
运河
珊瑚礁
山峰及高程
08时
20时
海拔(m)
6000
5000
4000
1: 2500万
南海诸岛
比例尺 1:5000万

青 藏 高 原 低 涡 降 水 资 料

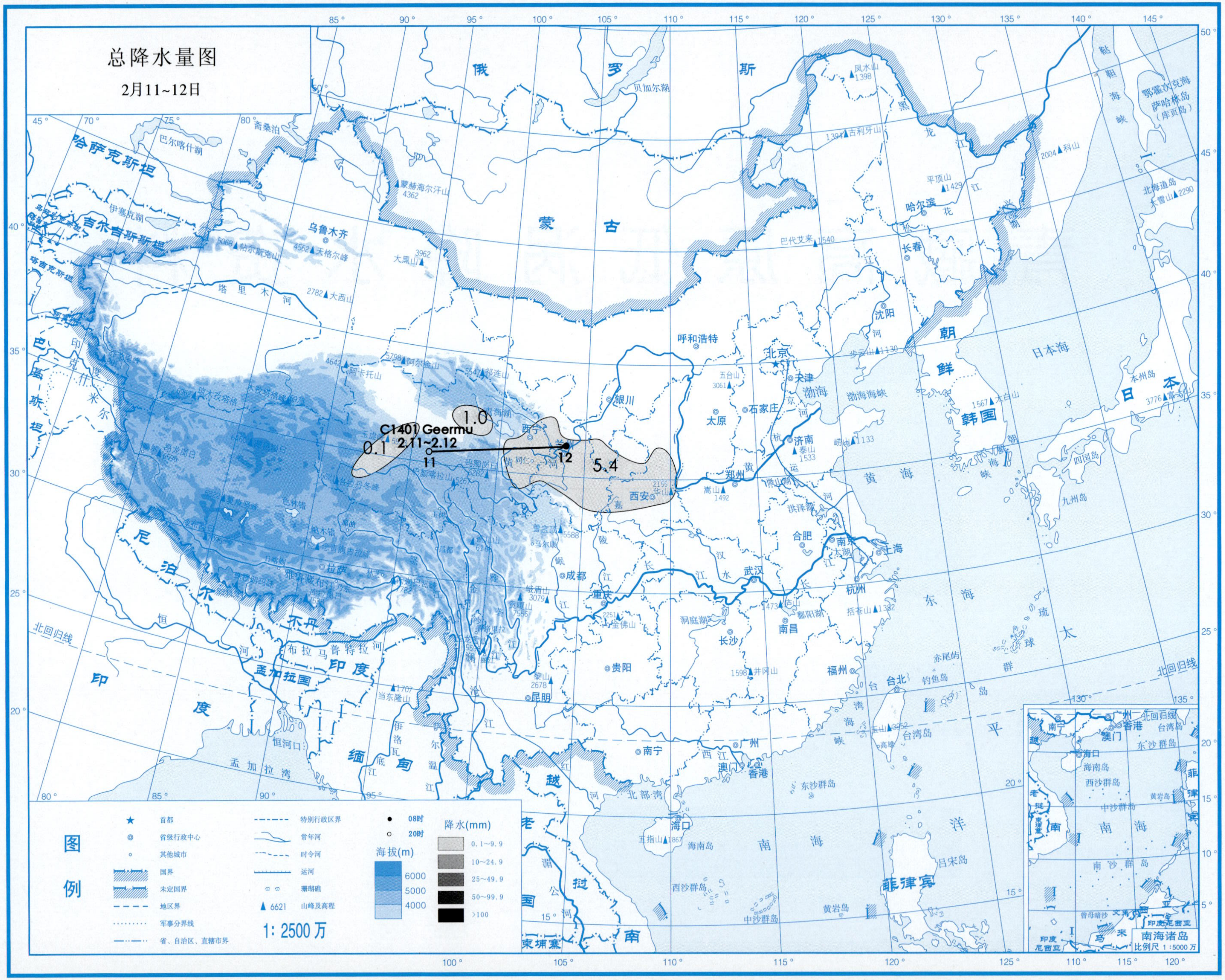
总降水量图
2月11~12日
C1401 Geermu
2.11~2.12
11
12
0.1
1.0
5.4
图例
首都
省级行政中心
其他城市
国界
未定国界
地区界
军事分界线
省、自治区、直辖市界
特别行政区界
常年河
时令河
运河
珊瑚礁
6621 山峰及高程
1: 2500 万
08时
20时
海拔(m)
6000
5000
4000
降水(mm)
0.1~9.9
10~24.9
25~49.9
50~99.9
>100
南海诸岛
比例尺 1:5000 万

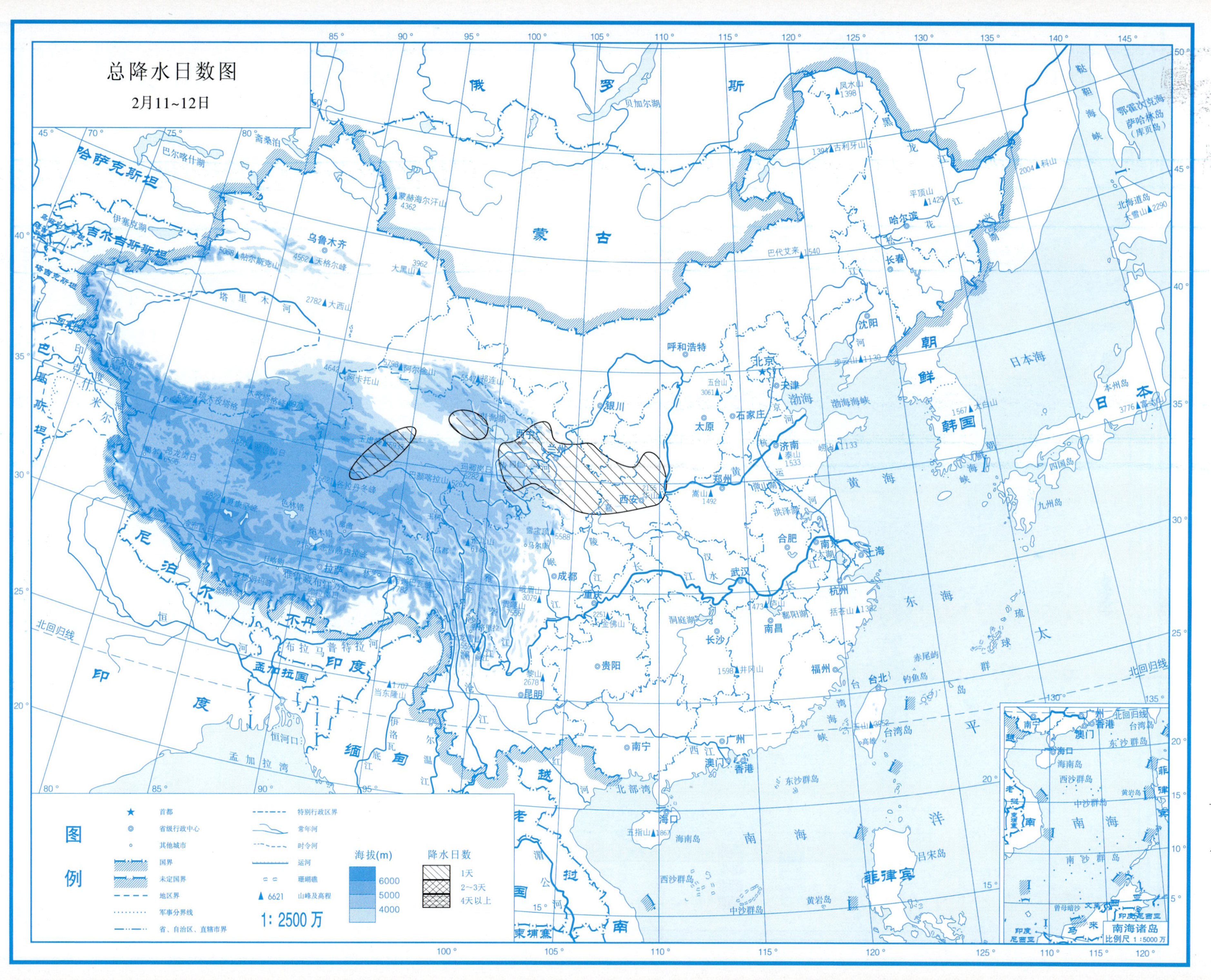
总降水日数图
2月11~12日
图例
首都
省级行政中心
其他城市
国界
未定国界
地区界
军事分界线
省、自治区、直辖市界
特别行政区界
常年河
时令河
运河
珊瑚礁
山峰及高程
海拔(m)
6000
5000
4000
降水日数
1天
2~3天
4天以上
1: 2500万
南海诸岛
比例尺 1:5000万

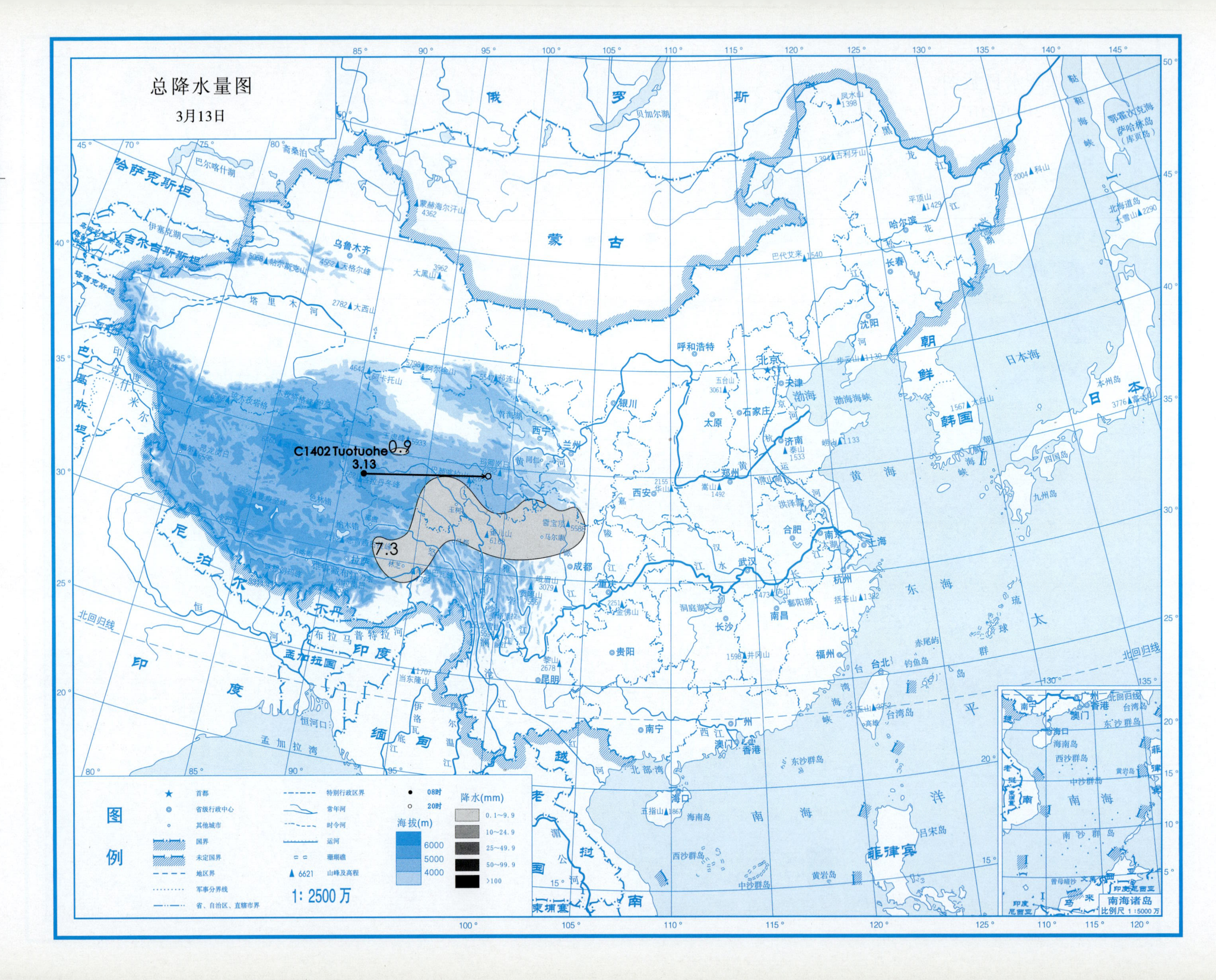
总降水量图
3月13日
C1402 Tuotuohe
3.13
0.9
7.3
图例
首都
省级行政中心
其他城市
国界
未定国界
地区界
军事分界线
省、自治区、直辖市界
特别行政区界
常年河
时令河
运河
珊瑚礁
山峰及高程
08时
20时
海拔(m)
6000
5000
4000
降水(mm)
0.1~9.9
10~24.9
25~49.9
50~99.9
>100
1: 2500 万
南海诸岛
比例尺 1:5000 万

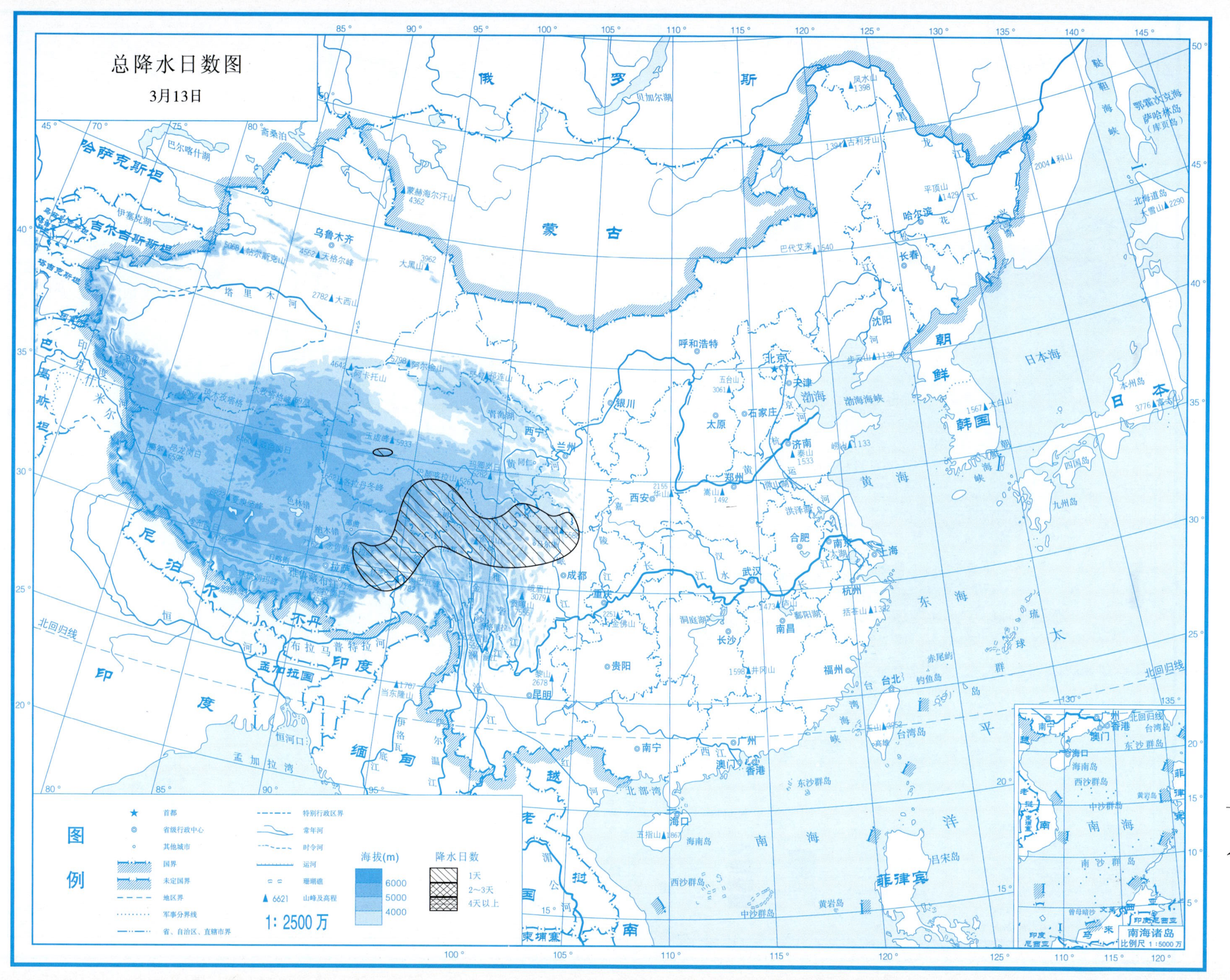
总降水日数图
3月13日
图例
首都
省级行政中心
其他城市
国界
未定国界
地区界
军事分界线
省、自治区、直辖市界
特别行政区界
常年河
时令河
运河
珊瑚礁
6621 山峰及高程
海拔(m)
6000
5000
4000
降水日数
1天
2~3天
4天以上
1: 2500万
南海诸岛
比例尺 1:5000万

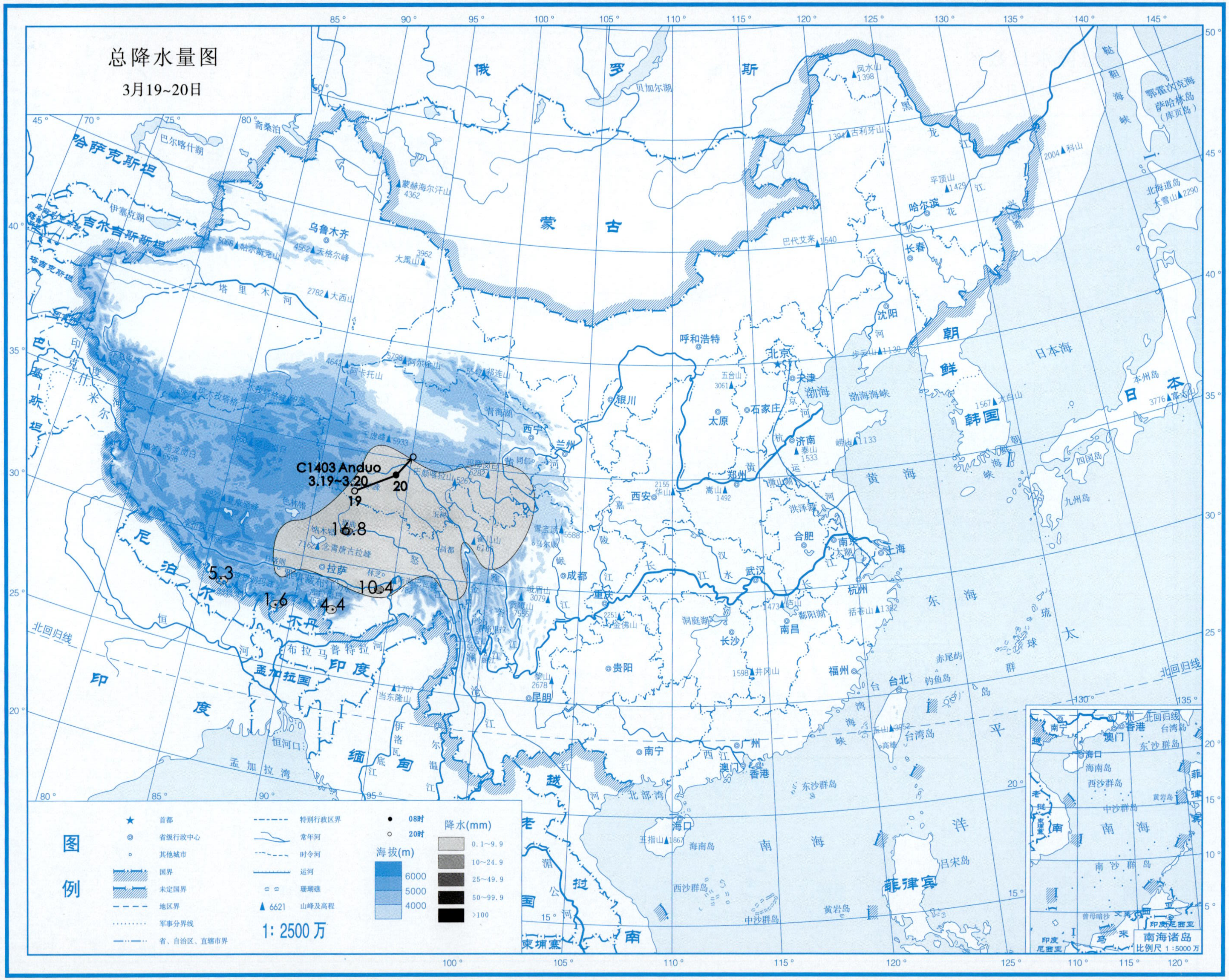
总降水量图
3月19~20日
C1403 Anduo
3.19~3.20
19
20
16.8
10.4
5.3
1.6
4.4
图例
首都
省级行政中心
其他城市
国界
未定国界
地区界
军事分界线
省、自治区、直辖市界
特别行政区界
常年河
时令河
运河
珊瑚礁
6621 山峰及高程
1: 2500 万
08时
20时
海拔(m)
6000
5000
4000
降水(mm)
0.1~9.9
10~24.9
25~49.9
50~99.9
>100
南海诸岛
比例尺 1:5000 万

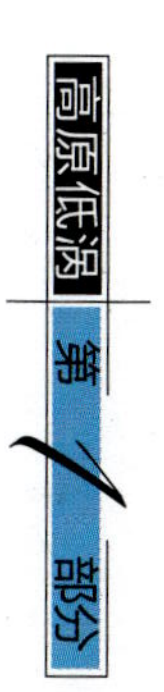
高原低涡 第1部分

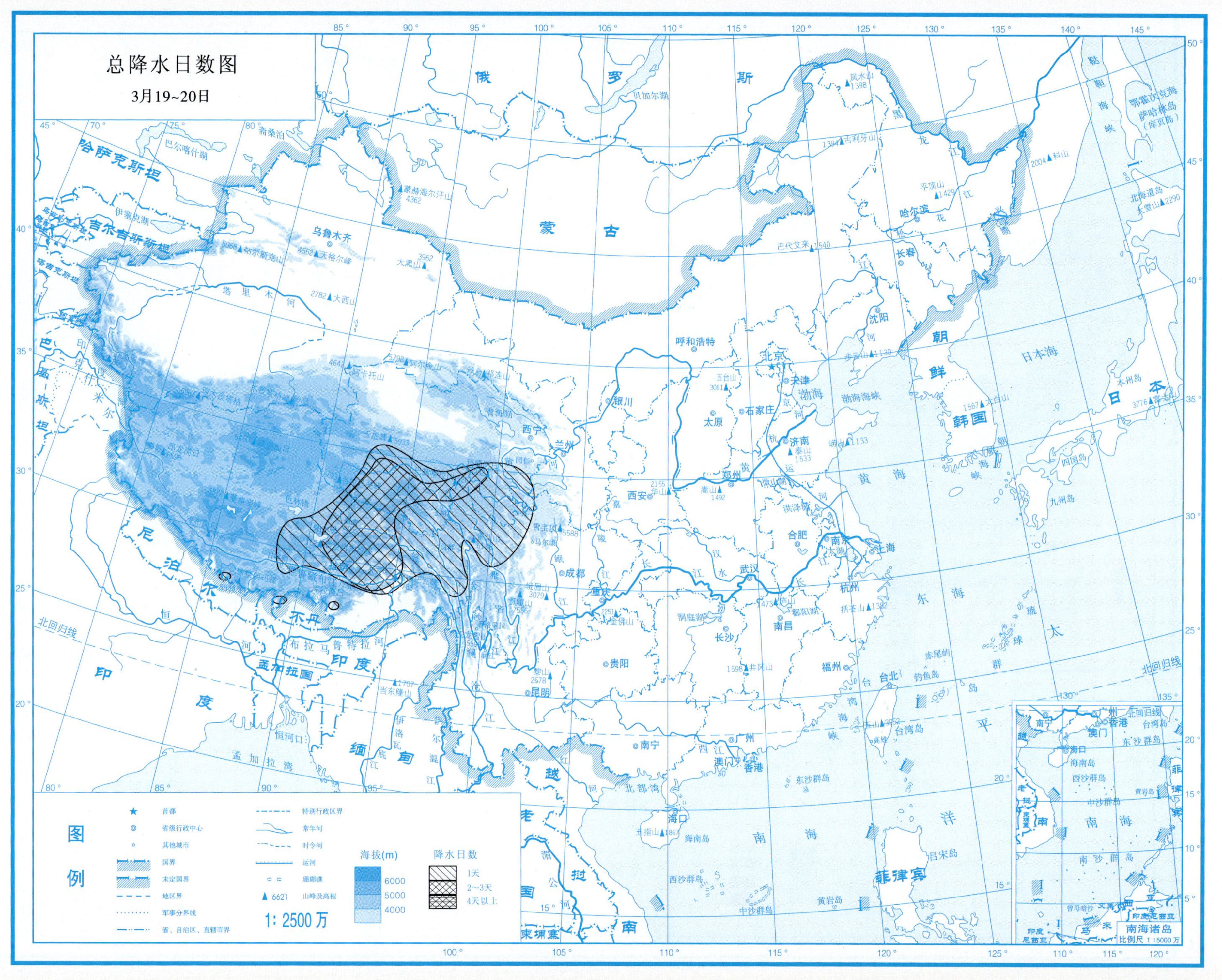
总降水日数图
3月19~20日
图例
首都
省级行政中心
其他城市
国界
未定国界
地区界
军事分界线
省、自治区、直辖市界
特别行政区界
常年河
时令河
运河
珊瑚礁
6621 山峰及高程
海拔(m)
6000
5000
4000
降水日数
1天
2~3天
4天以上
1: 2500万
南海诸岛
比例尺 1:5000万

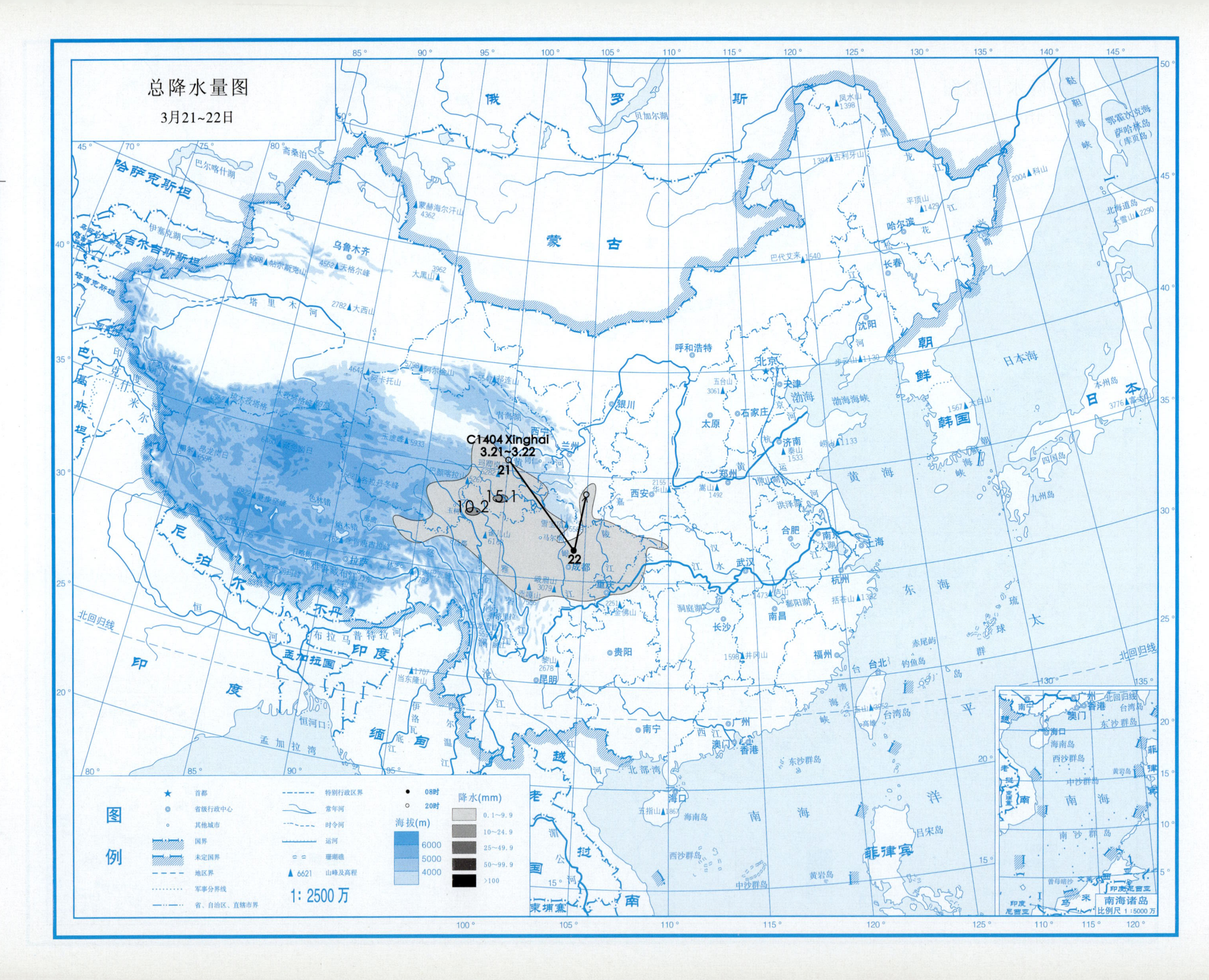
总降水量图
3月21~22日
C1404 Xinghai
3.21~3.22
21
22
10.2
15.1
图例
首都
省级行政中心
其他城市
国界
未定国界
地区界
军事分界线
省、自治区、直辖市界
特别行政区界
常年河
时令河
运河
珊瑚礁
6621 山峰及高程
1: 2500万
08时
20时
海拔(m)
6000
5000
4000
降水(mm)
0.1~9.9
10~24.9
25~49.9
50~99.9
>100
南海诸岛
比例尺 1:5000万

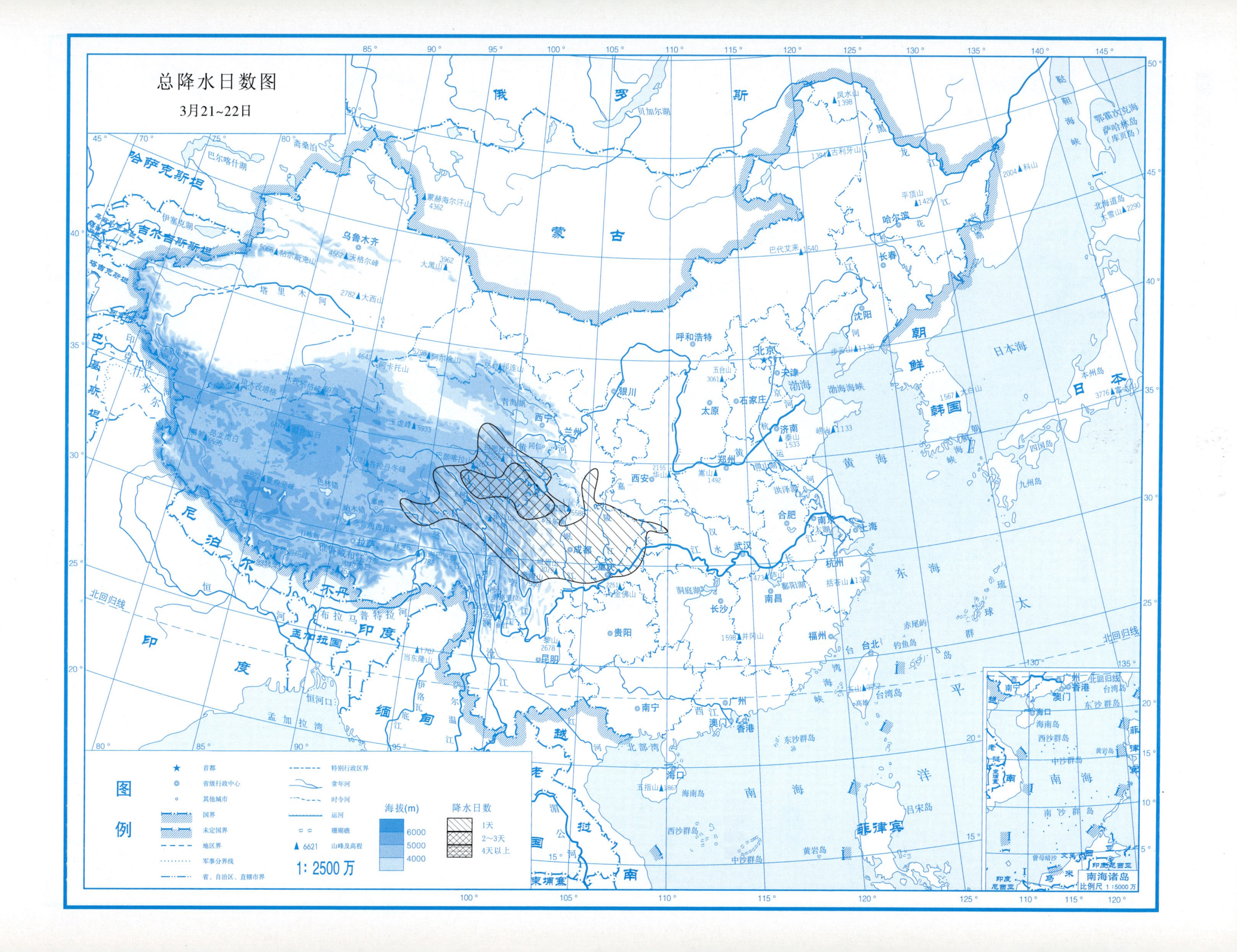

总降水日数图
3月21~22日
图例
首都
省级行政中心
其他城市
国界
未定国界
地区界
军事分界线
省、自治区、直辖市界
特别行政区界
常年河
时令河
运河
珊瑚礁
山峰及高程
1: 2500万
海拔(m)
6000
5000
4000
降水日数
1天
2~3天
4天以上
南海诸岛
比例尺 1:5000万

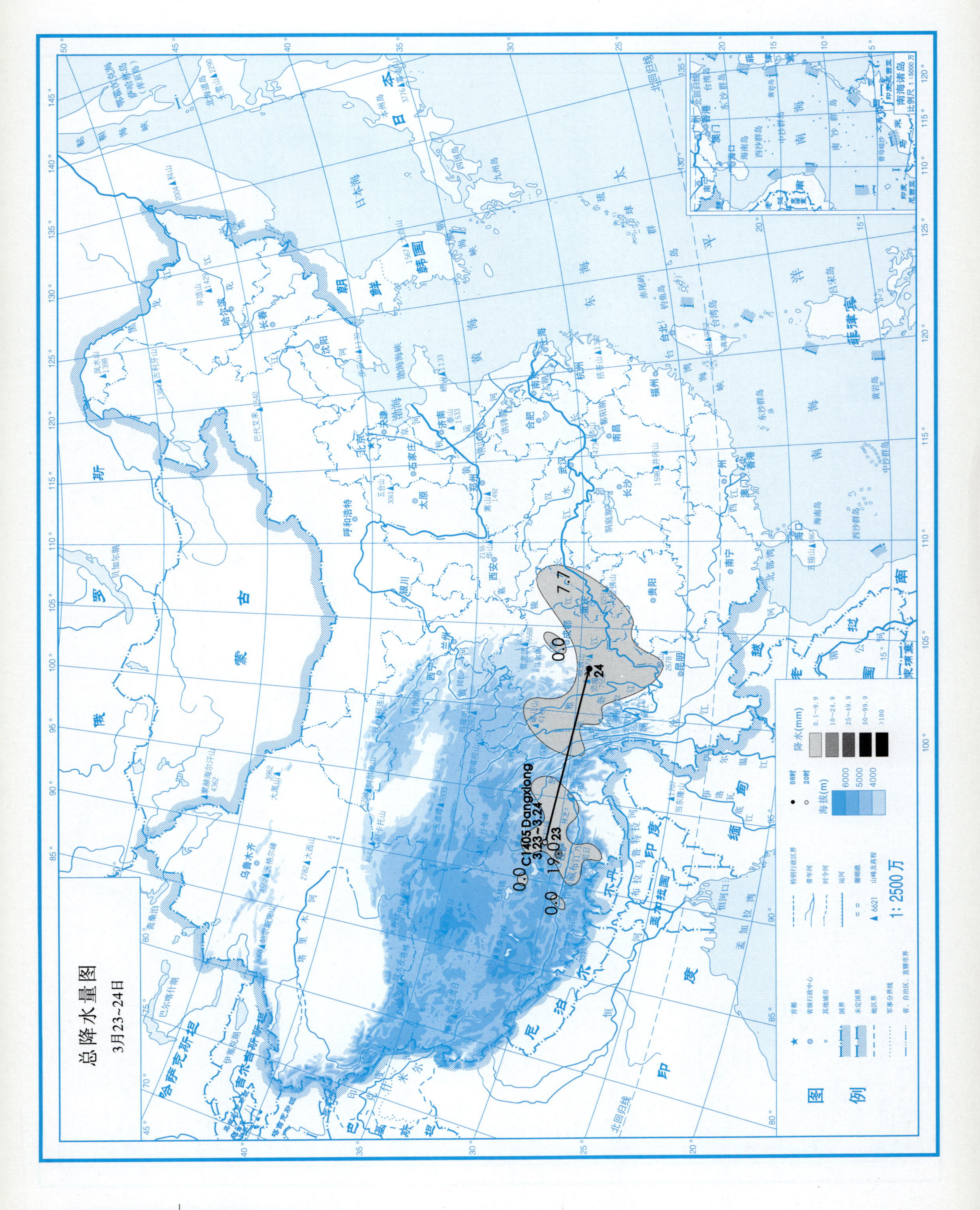
总降水量图
3月23~24日
C1405 Dangxiong
3.23~3.24
23
24
0.0
0.0
0.0
19.0
7.7
图例
首都
省级行政中心
其他城市
国界
未定国界
地区界
军事分界线
省、自治区、直辖市界
特别行政区界
常年河
时令河
运河
珊瑚礁
▲6621 山峰及高程
1: 2500万
08时
20时
海拔(m)
6000
5000
4000
降水(mm)
0.1~9.9
10~24.9
25~49.9
50~99.9
>100
南海诸岛
比例尺 1:5000万

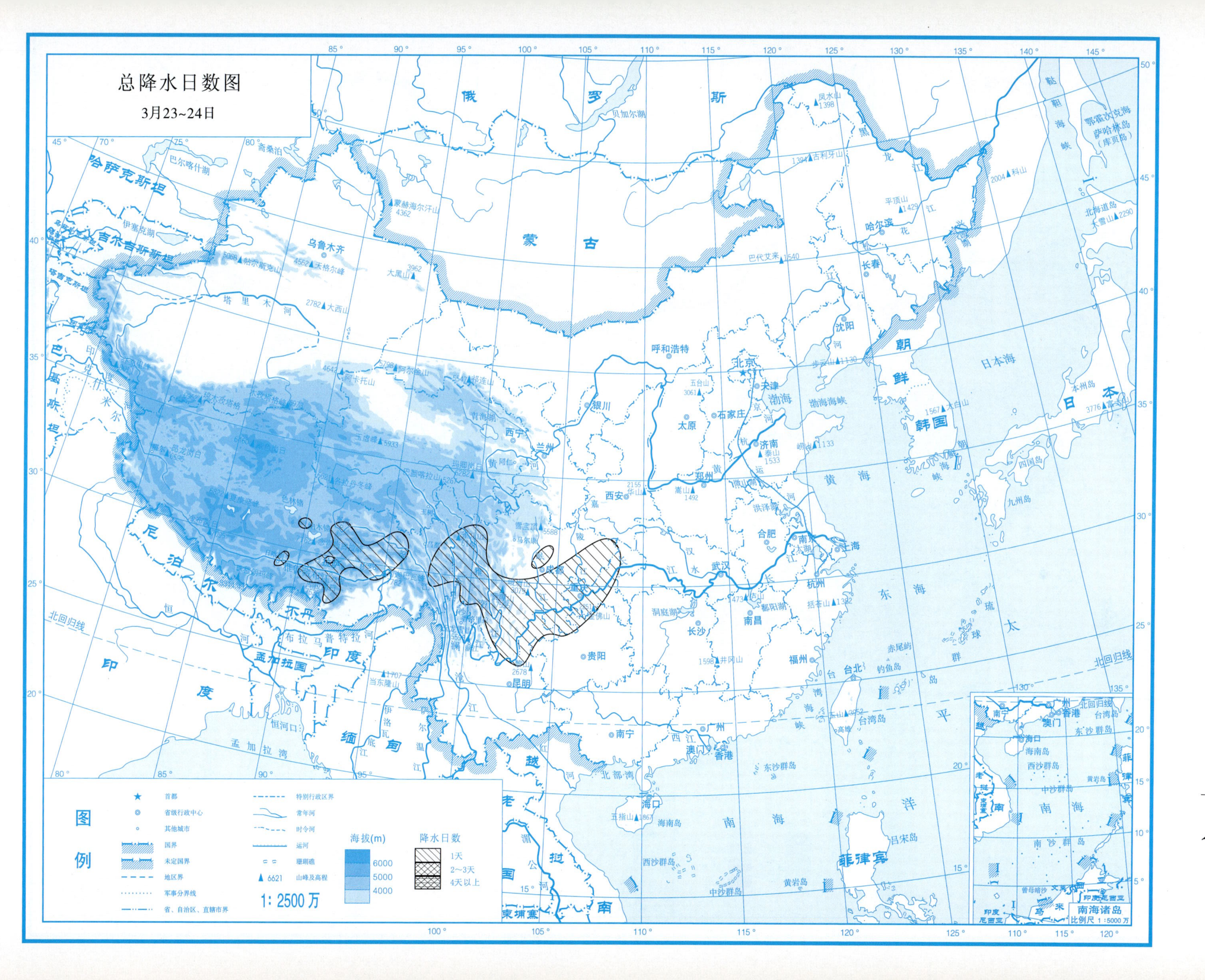
总降水日数图
3月23~24日
图例
首都
省级行政中心
其他城市
国界
未定国界
地区界
军事分界线
省、自治区、直辖市界
特别行政区界
常年河
时令河
运河
珊瑚礁
山峰及高程
1: 2500万
海拔(m)
6000
5000
4000
降水日数
1天
2~3天
4天以上
南海诸岛
比例尺 1:5000万

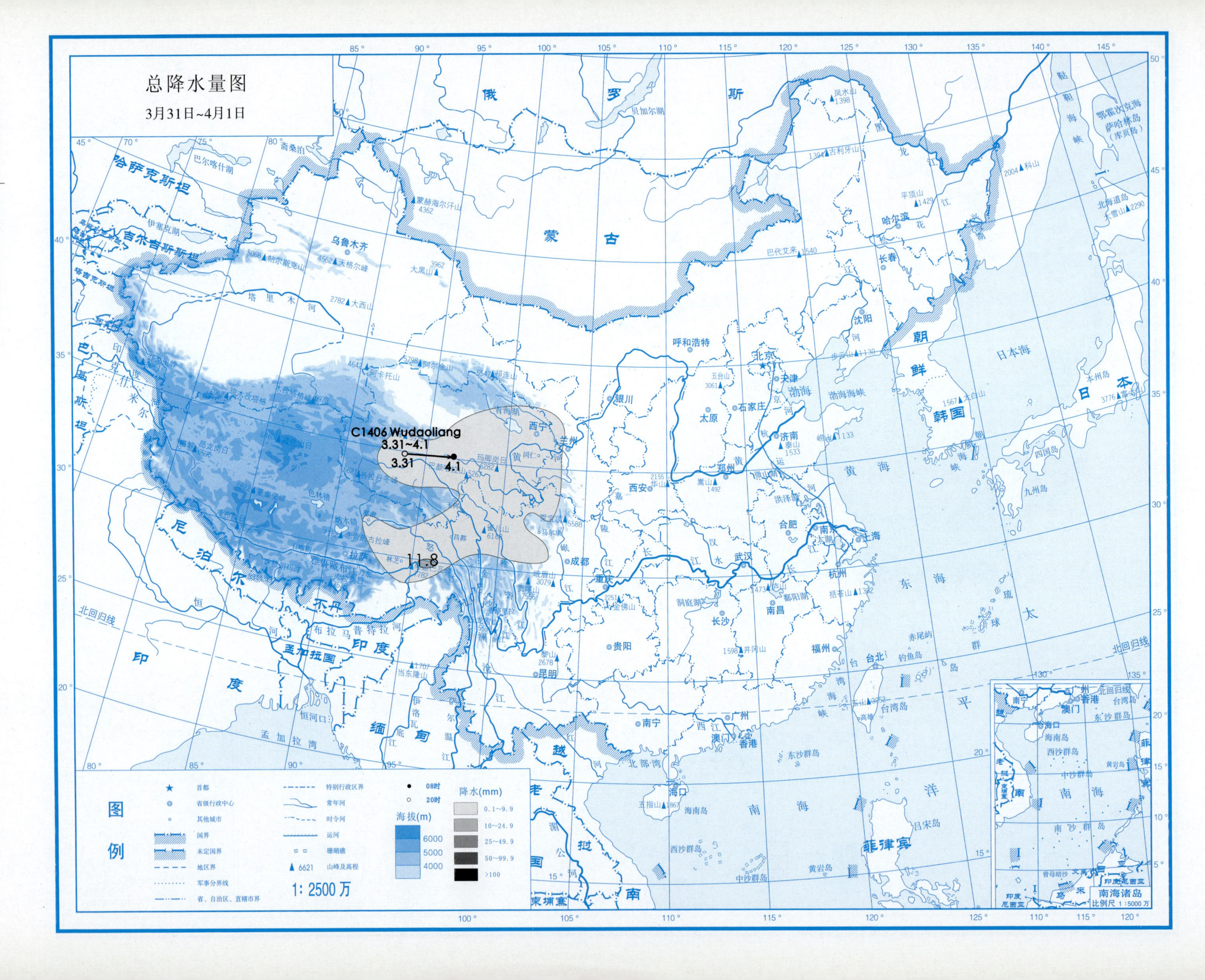
总降水量图
3月31日~4月1日
C1406 Wudaoliang
3.31~4.1
3.31
4.1
11.8
图例
首都
省级行政中心
其他城市
国界
未定国界
地区界
军事分界线
省、自治区、直辖市界
特别行政区界
常年河
时令河
运河
珊瑚礁
山峰及高程
1: 2500万
08时
20时
海拔(m)
6000
5000
4000
降水(mm)
0.1~9.9
10~24.9
25~49.9
50~99.9
>100
南海诸岛
比例尺 1:5000万

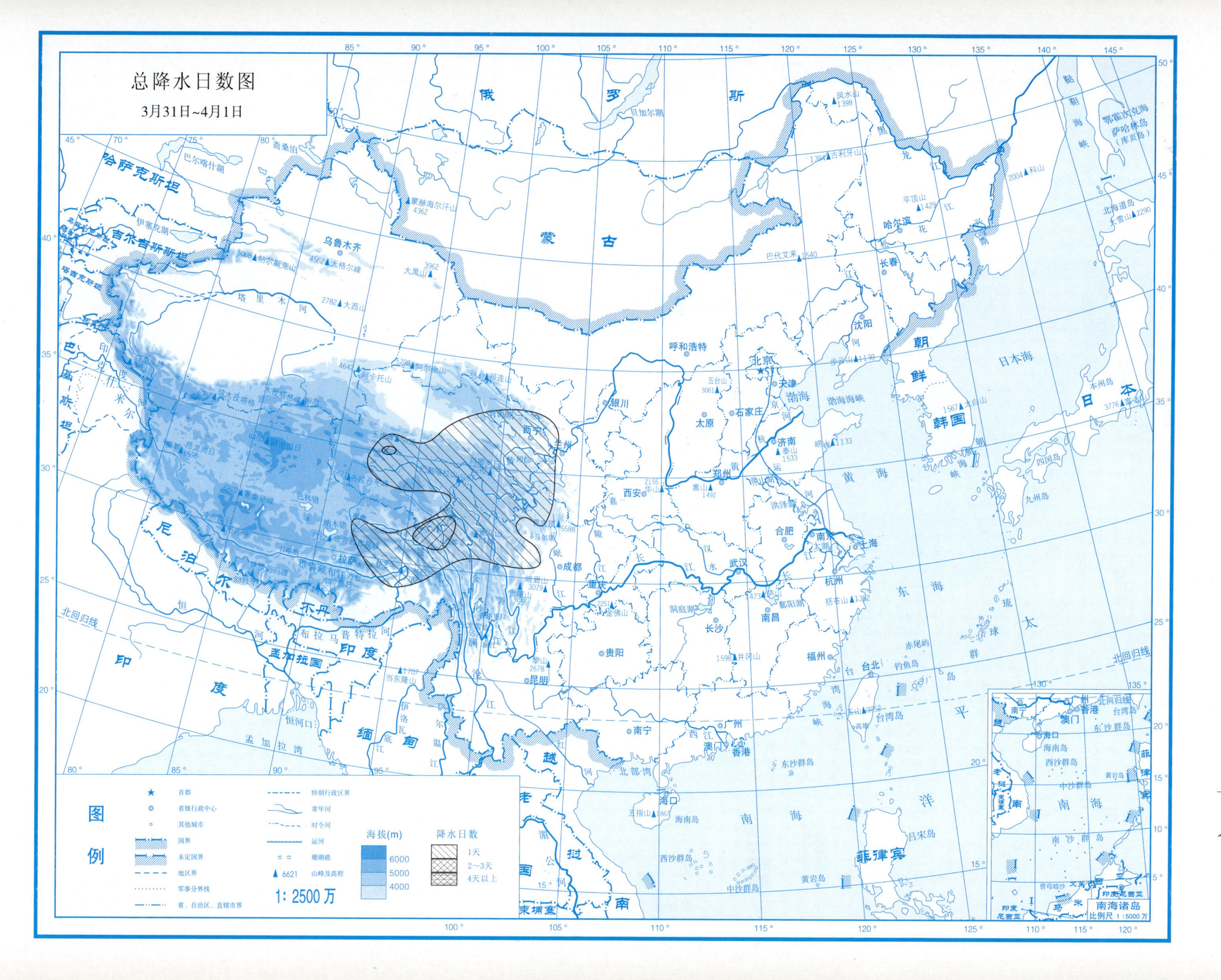
总降水日数图
3月31日~4月1日
图例
首都
省级行政中心
其他城市
国界
未定国界
地区界
军事分界线
省、自治区、直辖市界
特别行政区界
常年河
时令河
运河
珊瑚礁
6621 山峰及高程
1: 2500万
海拔(m)
6000
5000
4000
降水日数
1天
2~3天
4天以上
南海诸岛
比例尺 1:5000万

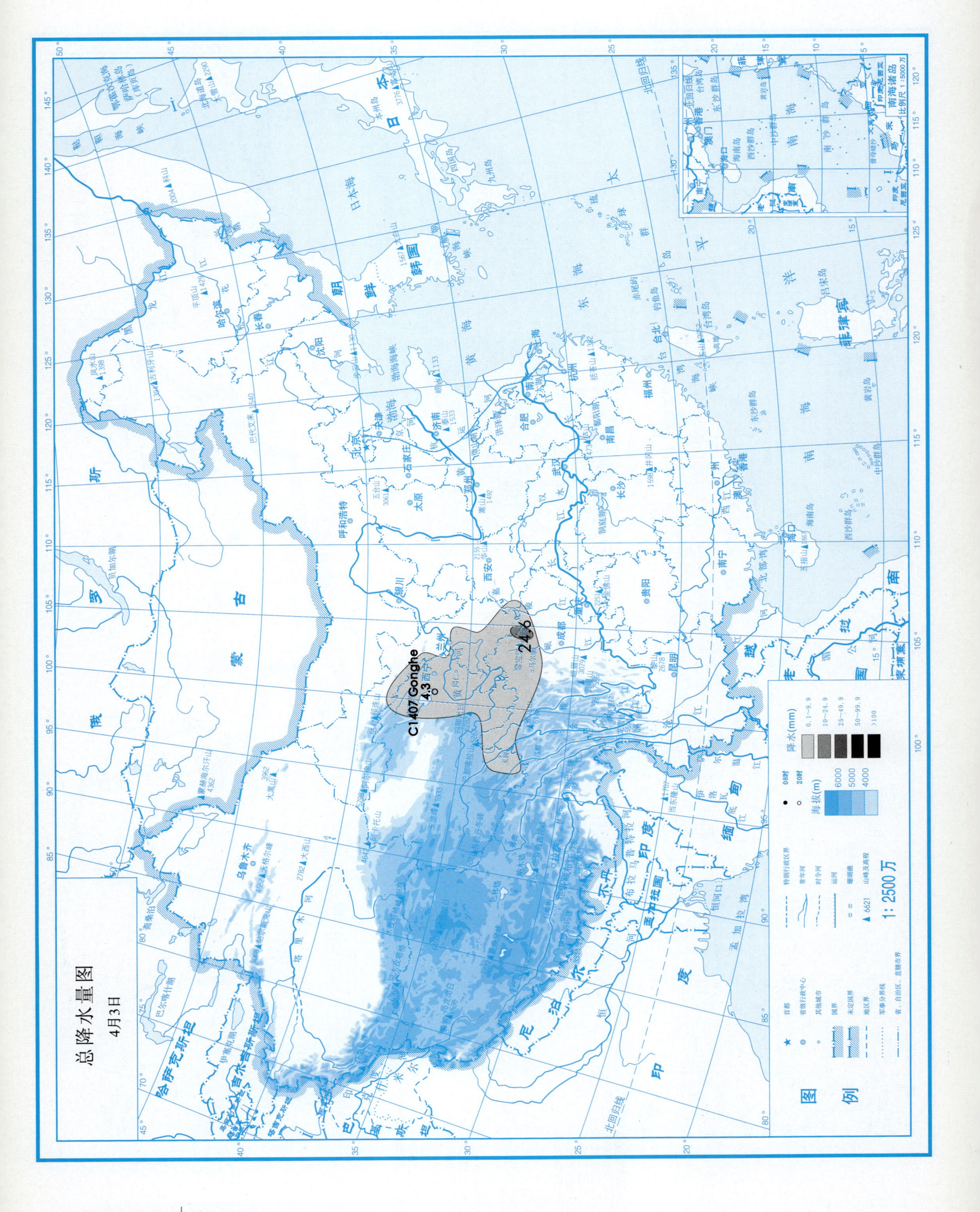
总降水量图
4月3日
C1407 Gonghe
4.3
24.6
图例
降水(mm)
0.1~9.9
10~24.9
25~49.9
50~99.9
>100
08时
20时
海拔(m)
6000
5000
4000
1: 2500万
南海诸岛
比例尺 1:5000万

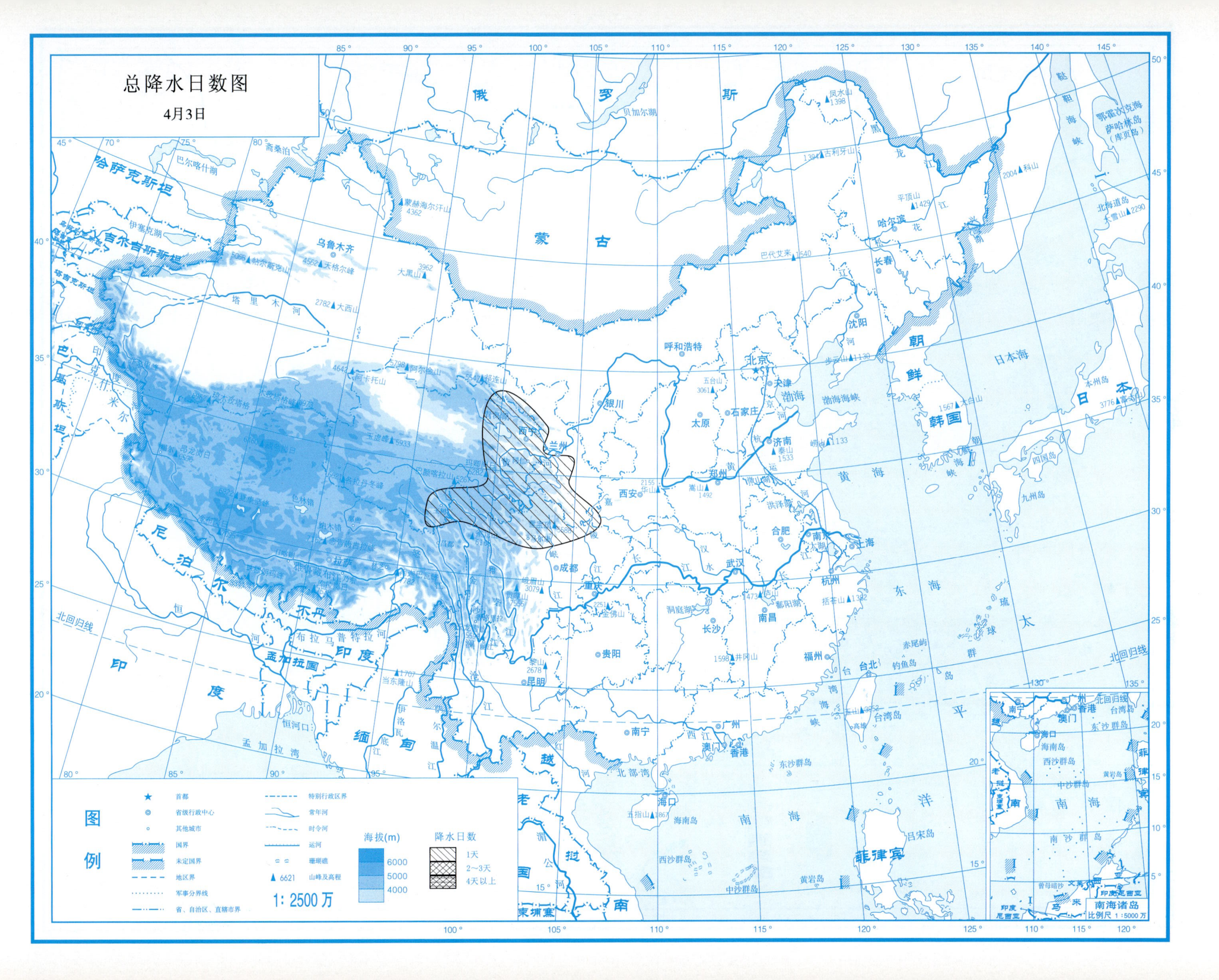
总降水日数图
4月3日
图例
首都
省级行政中心
其他城市
国界
未定国界
地区界
军事分界线
省、自治区、直辖市界
特别行政区界
常年河
时令河
运河
珊瑚礁
6621 山峰及高程
1:2500万
海拔(m)
6000
5000
4000
降水日数
1天
2~3天
4天以上
南海诸岛
比例尺 1:5000万

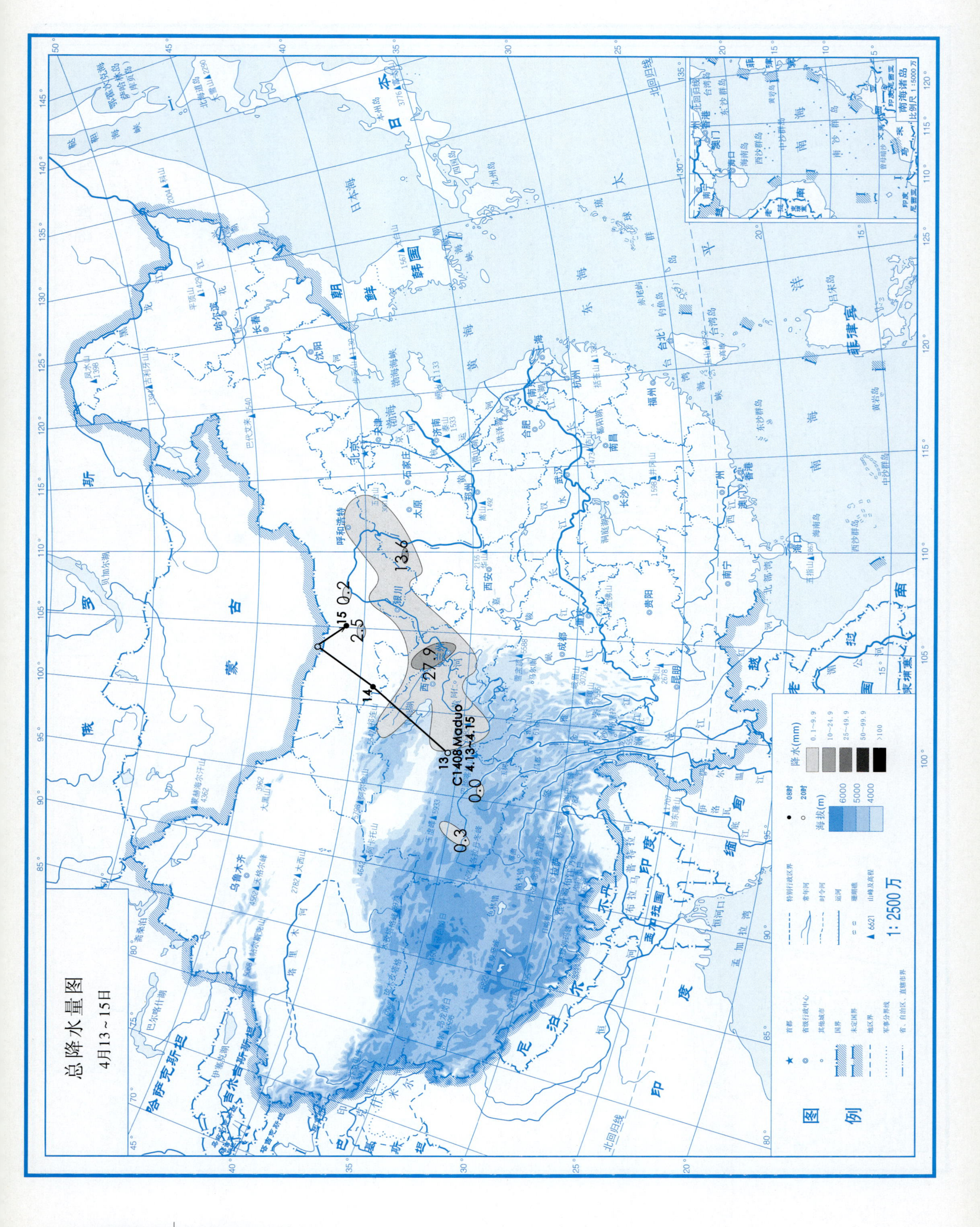
总降水量图
4月13～15日
C1408 Maduo
4.13~4.15
13
14
15
0.3
0.0
27.9
2.5
0.2
13.6
图例
降水(mm)
0.1~9.9
10~24.9
25~49.9
50~99.9
>100
海拔(m)
6000
5000
4000
08时
20时
1: 2500万
南海诸岛
比例尺 1:5000万

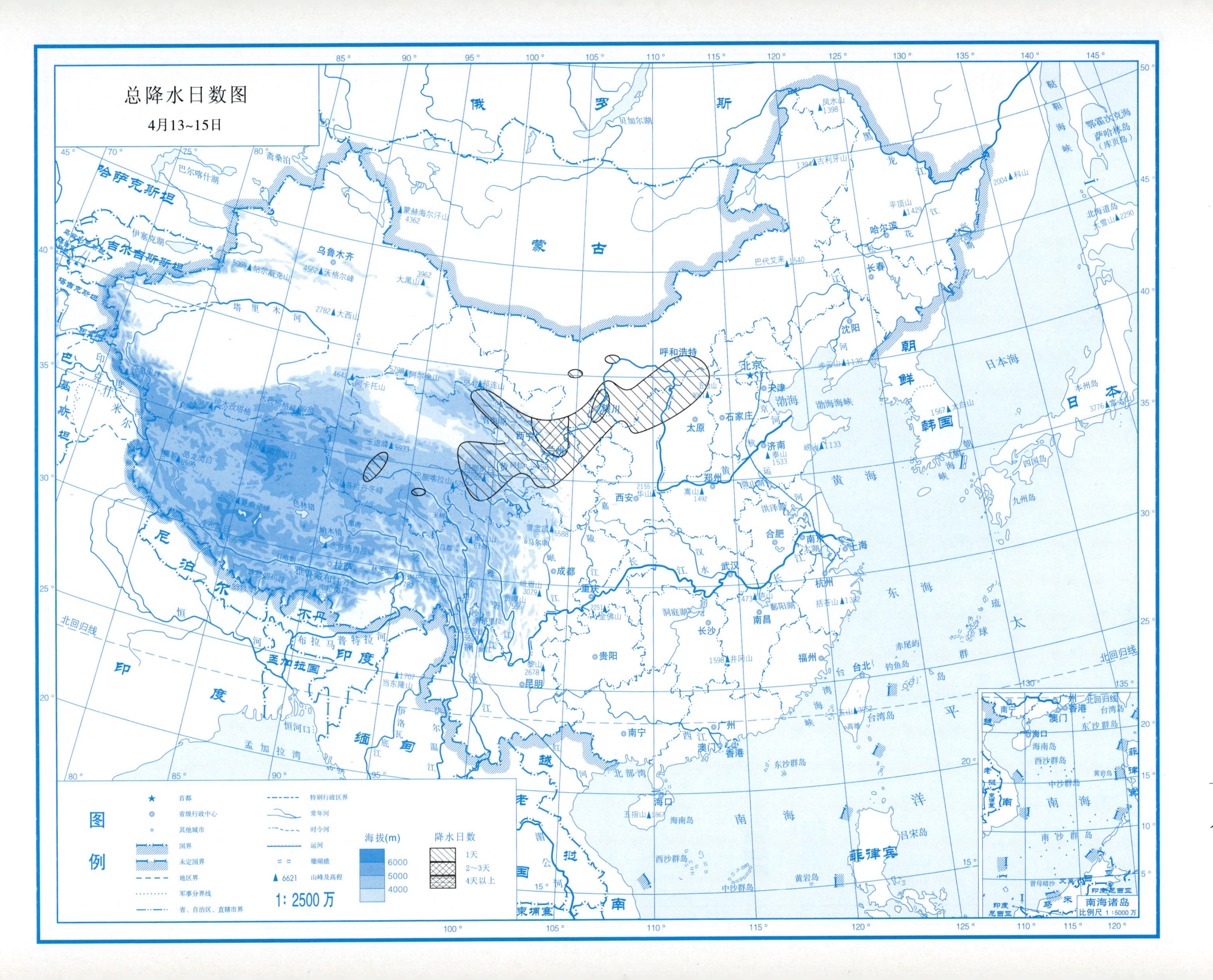
总降水日数图
4月13~15日
图例
首都
省级行政中心
其他城市
国界
未定国界
地区界
军事分界线
省、自治区、直辖市界
特别行政区界
常年河
时令河
运河
珊瑚礁
6621 山峰及高程
海拔(m)
6000
5000
4000
降水日数
1天
2~3天
4天以上
1: 2500万
南海诸岛
比例尺 1:5000万

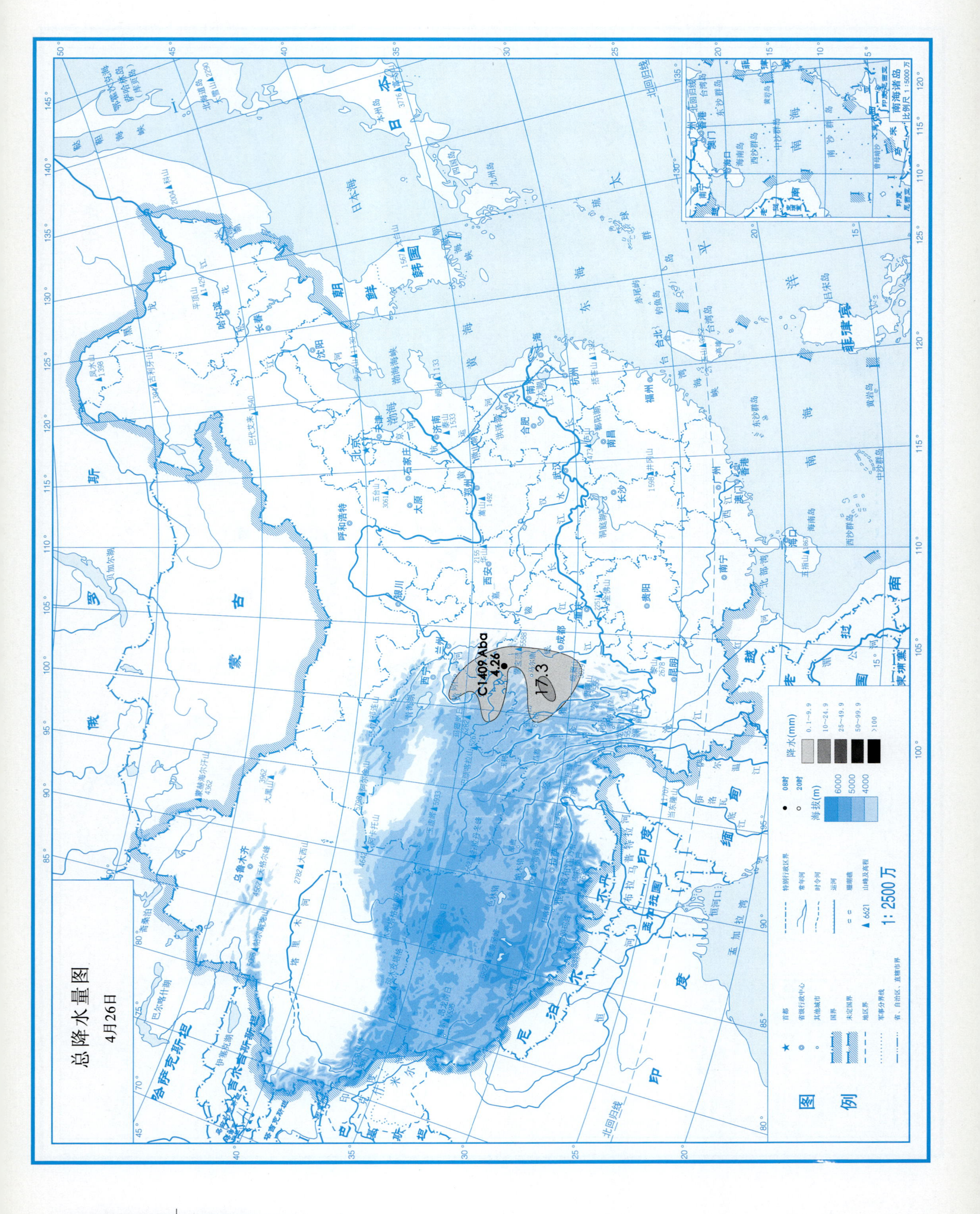
总降水量图
4月26日
C1409 Aba
4.26
17.3
图例
降水(mm)
0.1~9.9
10~24.9
25~49.9
50~99.9
>100
08时
20时
海拔(m)
6000
5000
4000
1: 2500万

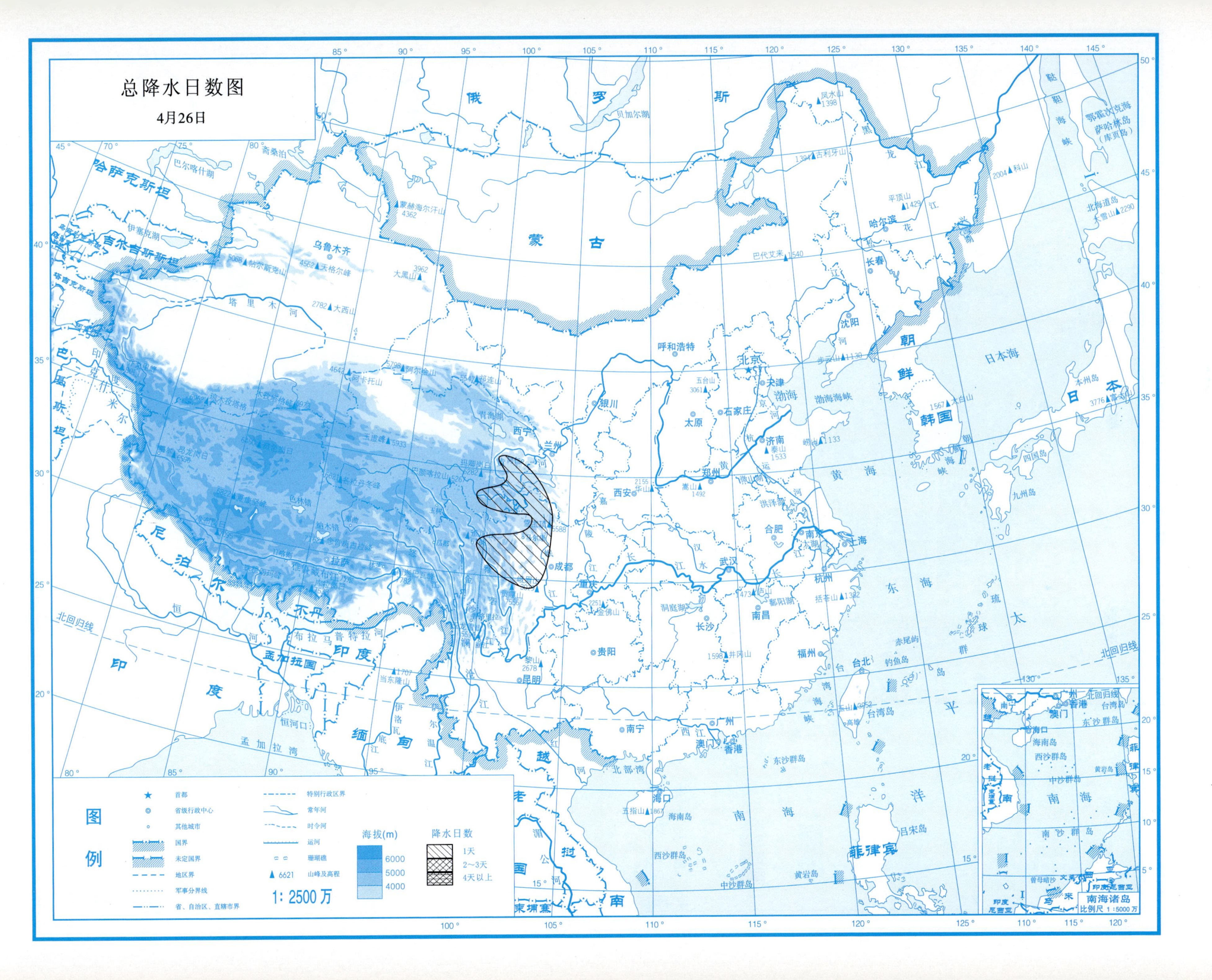
总降水日数图
4月26日
图例
首都
省级行政中心
其他城市
国界
未定国界
地区界
军事分界线
省、自治区、直辖市界
特别行政区界
常年河
时令河
运河
珊瑚礁
6621 山峰及高程
1: 2500万
海拔(m)
6000
5000
4000
降水日数
1天
2~3天
4天以上
南海诸岛
比例尺 1:5000万

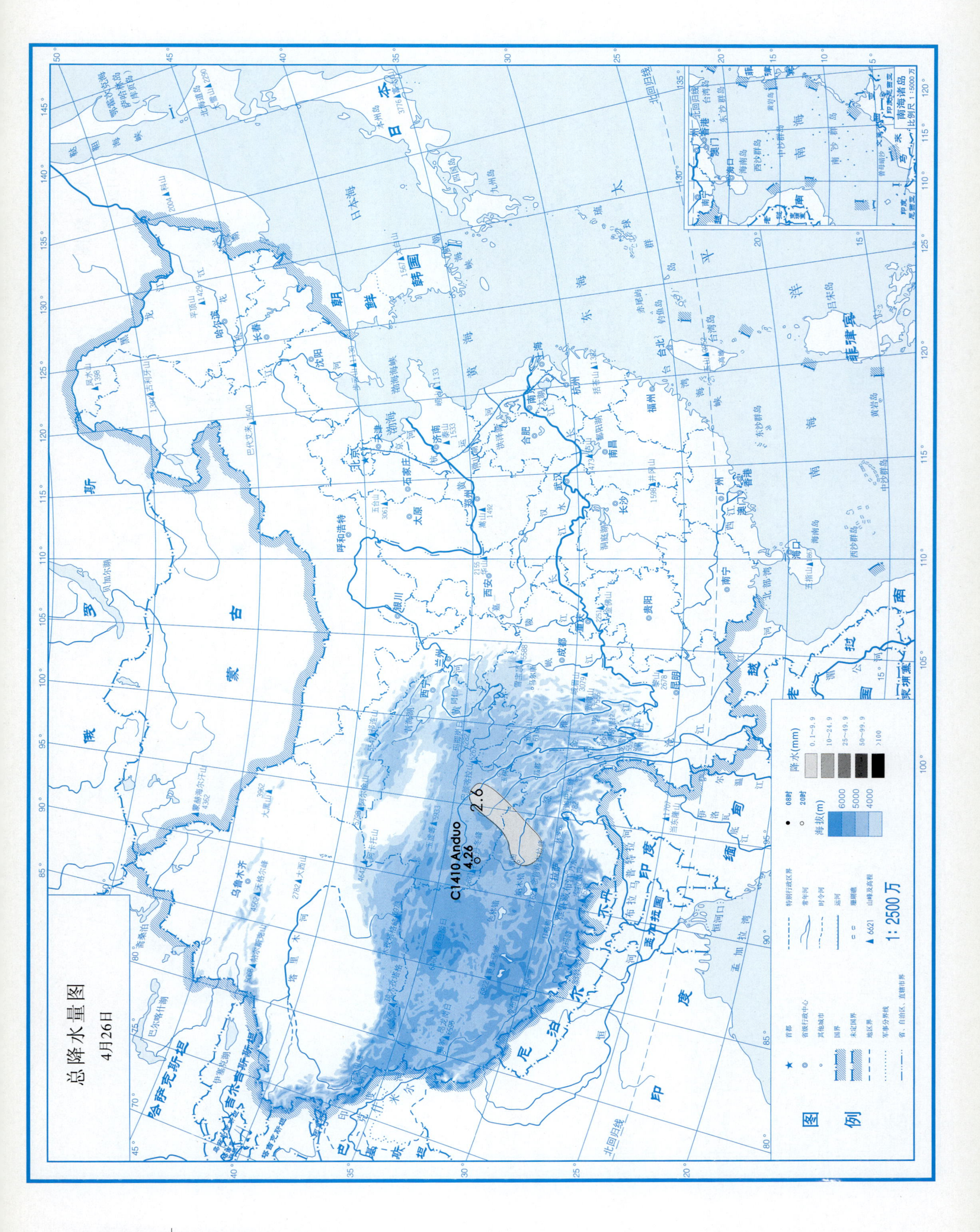
总降水量图
4月26日
C1410 Anduo
4.26
2.6
图例
降水(mm)
0.1~9.9
10~24.9
25~49.9
50~99.9
>100
海拔(m)
6000
5000
4000
08时
20时
1: 2500万

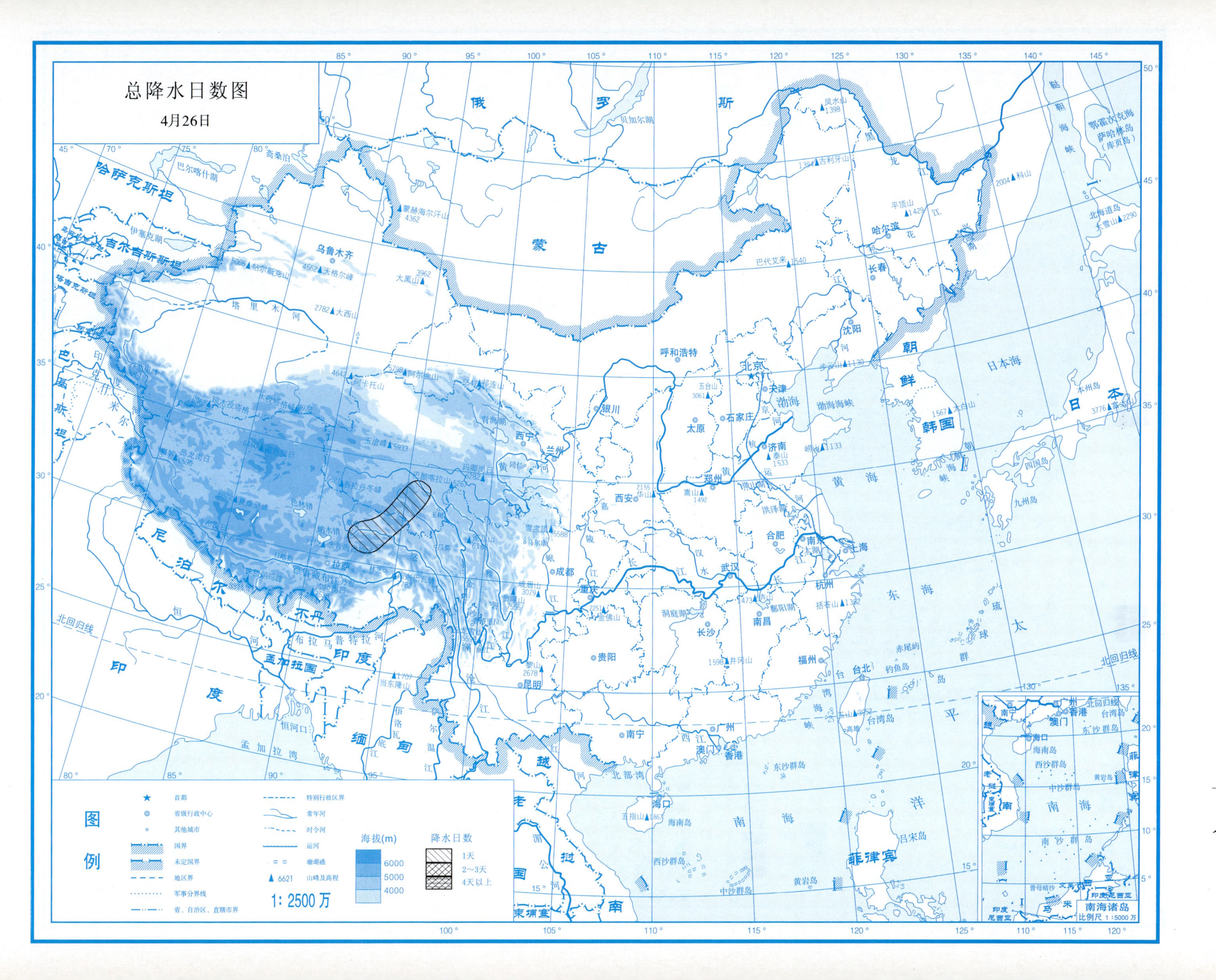
总降水日数图
4月26日
图例
首都
省级行政中心
其他城市
国界
未定国界
地区界
军事分界线
省、自治区、直辖市界
特别行政区界
常年河
时令河
运河
珊瑚礁
6621 山峰及高程
海拔(m)
6000
5000
4000
降水日数
1天
2~3天
4天以上
1: 2500万
南海诸岛
比例尺 1:5000万

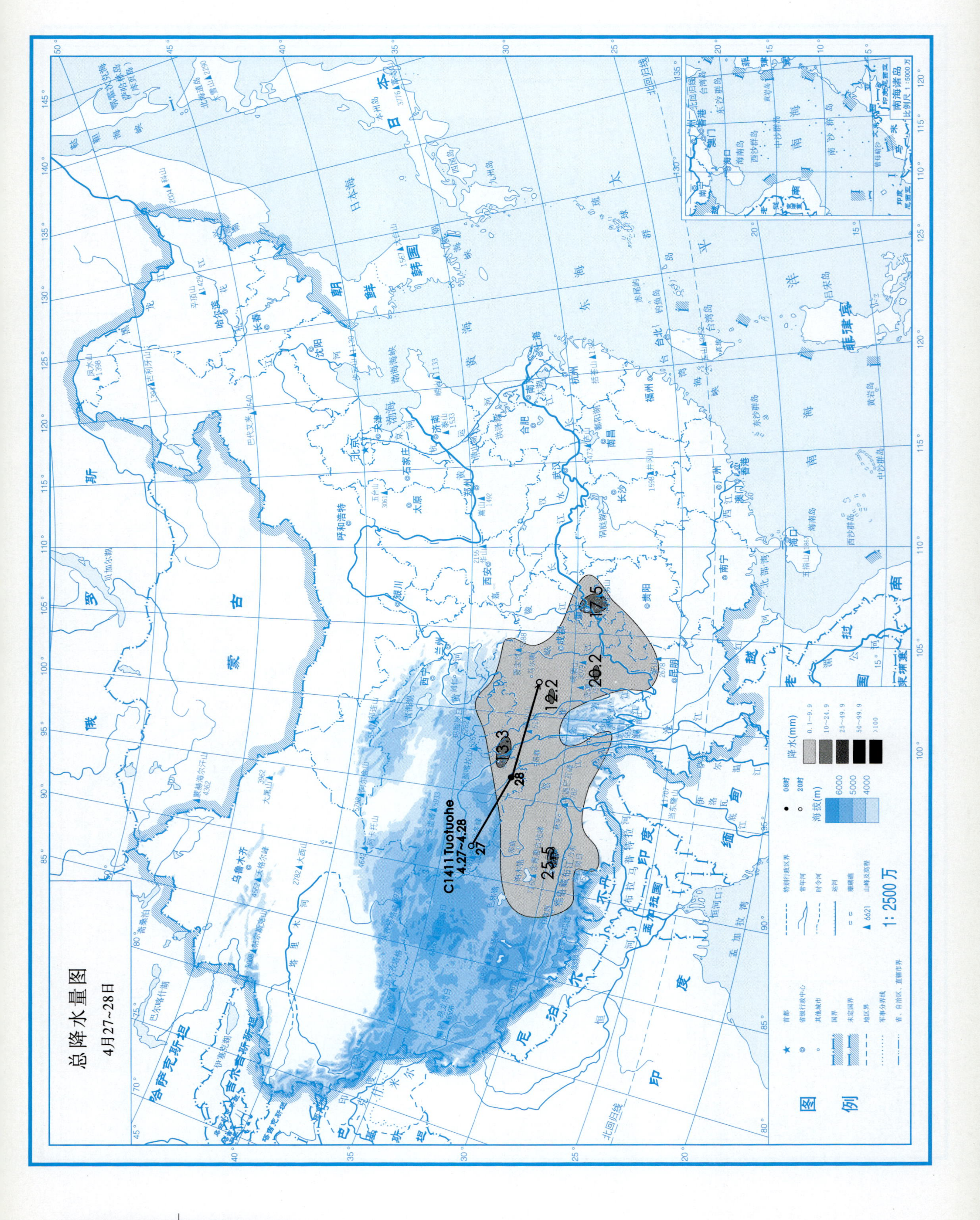
总降水量图
4月27~28日
C1411 Tuotuohe
4.27~4.28
27
28
25.5
13.3
12.2
20.2
17.5
图例
降水(mm)
0.1~9.9
10~24.9
25~49.9
50~99.9
>100
海拔(m)
6000
5000
4000
08时
20时
1: 2500万
南海诸岛
比例尺 1:5000万

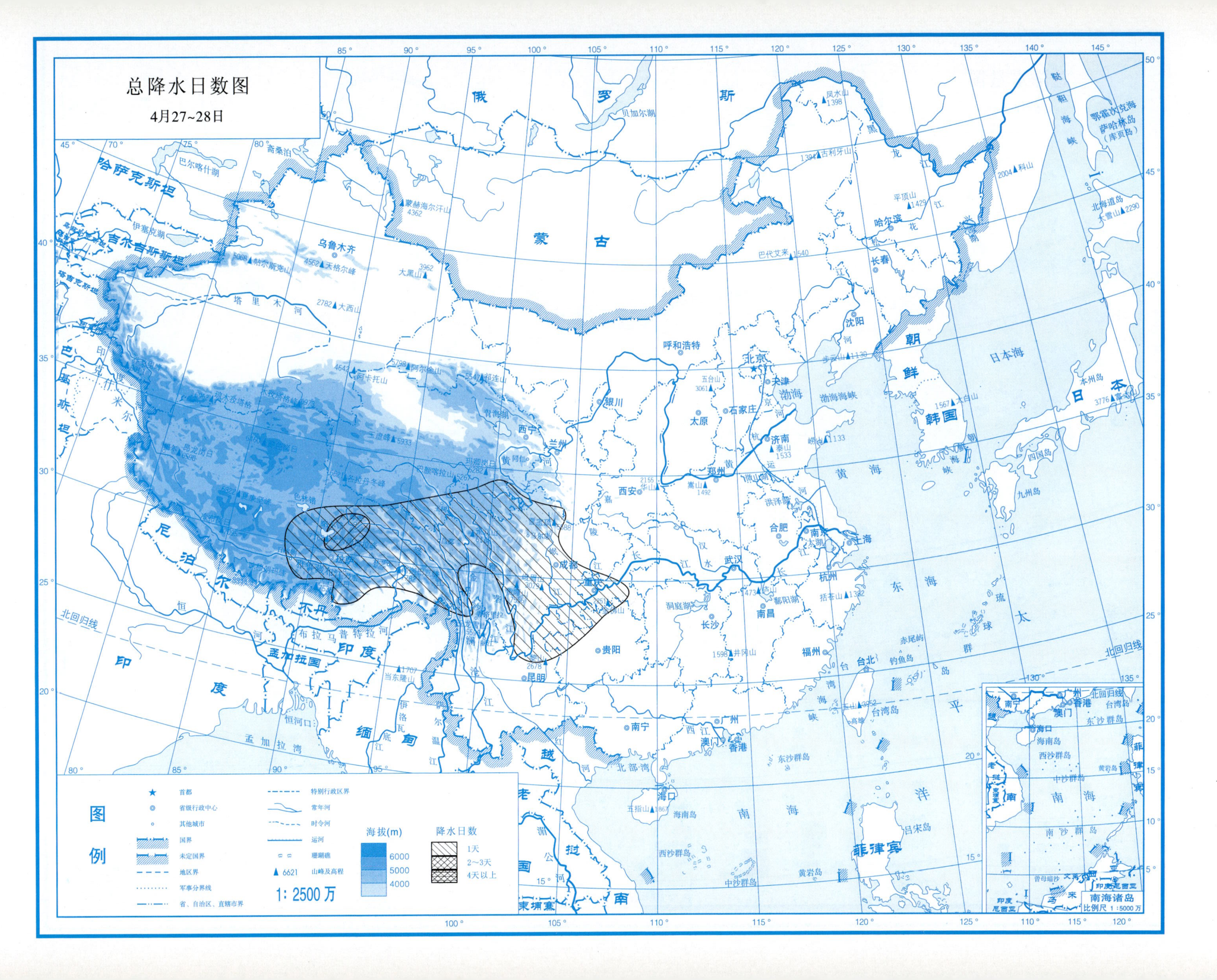
总降水日数图
4月27~28日
图例
首都
省级行政中心
其他城市
国界
未定国界
地区界
军事分界线
省、自治区、直辖市界
特别行政区界
常年河
时令河
运河
珊瑚礁
山峰及高程
1: 2500万
海拔(m)
6000
5000
4000
降水日数
1天
2~3天
4天以上
南海诸岛
比例尺 1:5000万

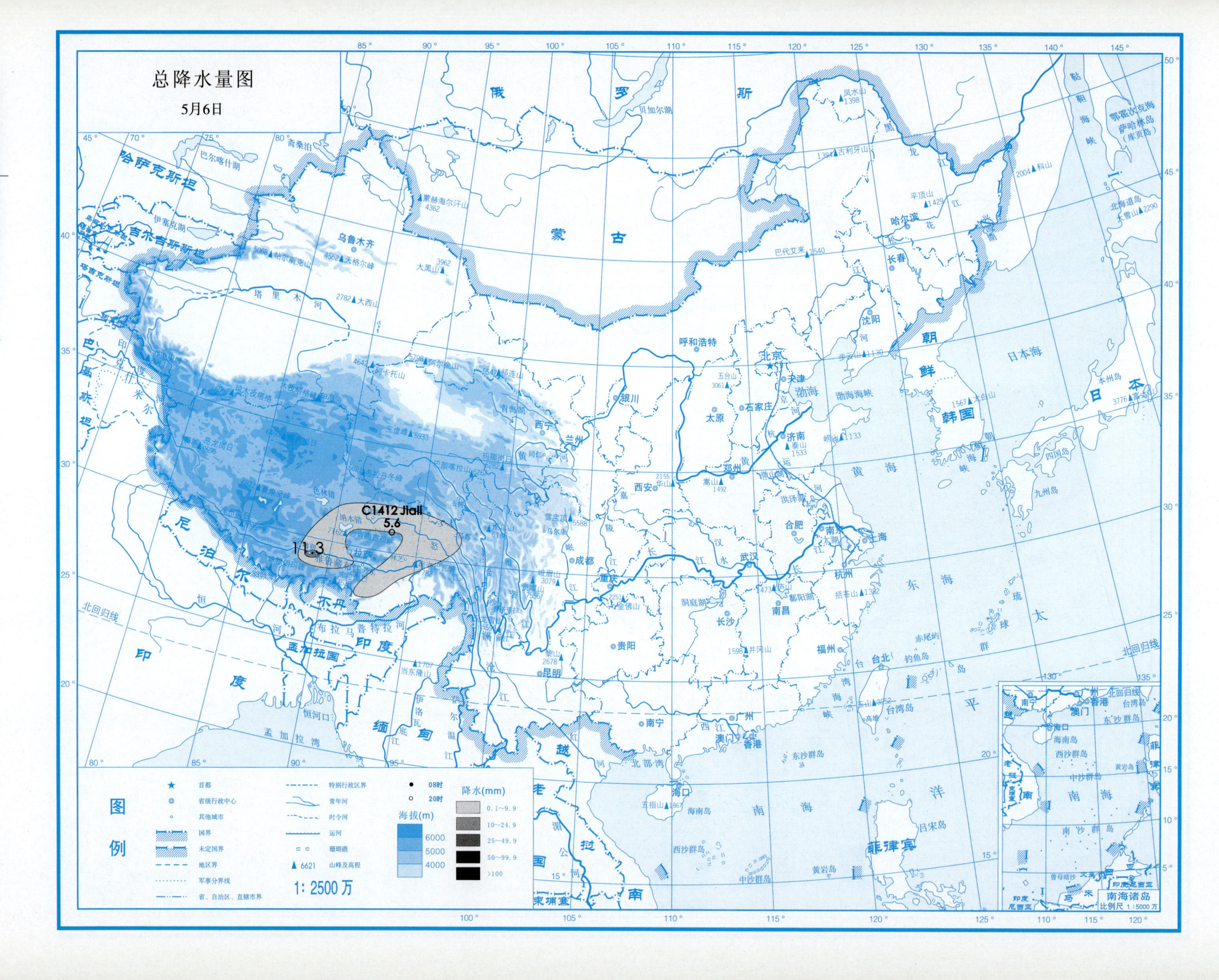
总降水量图
5月6日
C1412 Jiali
5.6
11.3
图例
首都
省级行政中心
其他城市
国界
未定国界
地区界
军事分界线
省、自治区、直辖市界
特别行政区界
常年河
时令河
运河
珊瑚礁
山峰及高程
1: 2500 万
08时
20时
海拔(m)
6000
5000
4000
降水(mm)
0.1~9.9
10~24.9
25~49.9
50~99.9
>100
南海诸岛
比例尺 1:5000 万

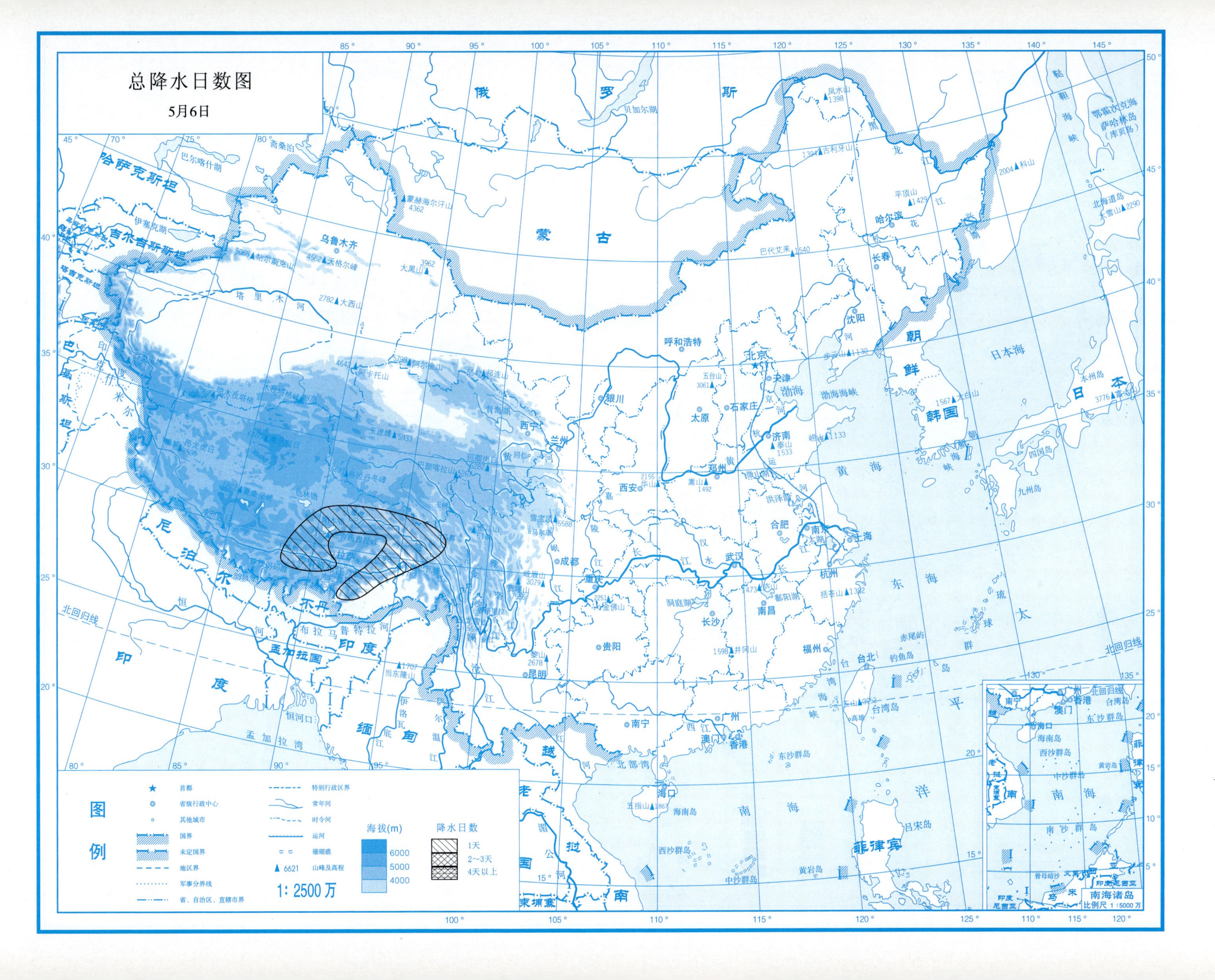
总降水日数图
5月6日
图例
首都
省级行政中心
其他城市
国界
未定国界
地区界
军事分界线
省、自治区、直辖市界
特别行政区界
常年河
时令河
运河
珊瑚礁
山峰及高程
1: 2500万
海拔(m)
6000
5000
4000
降水日数
1天
2~3天
4天以上
南海诸岛
比例尺 1:5000万

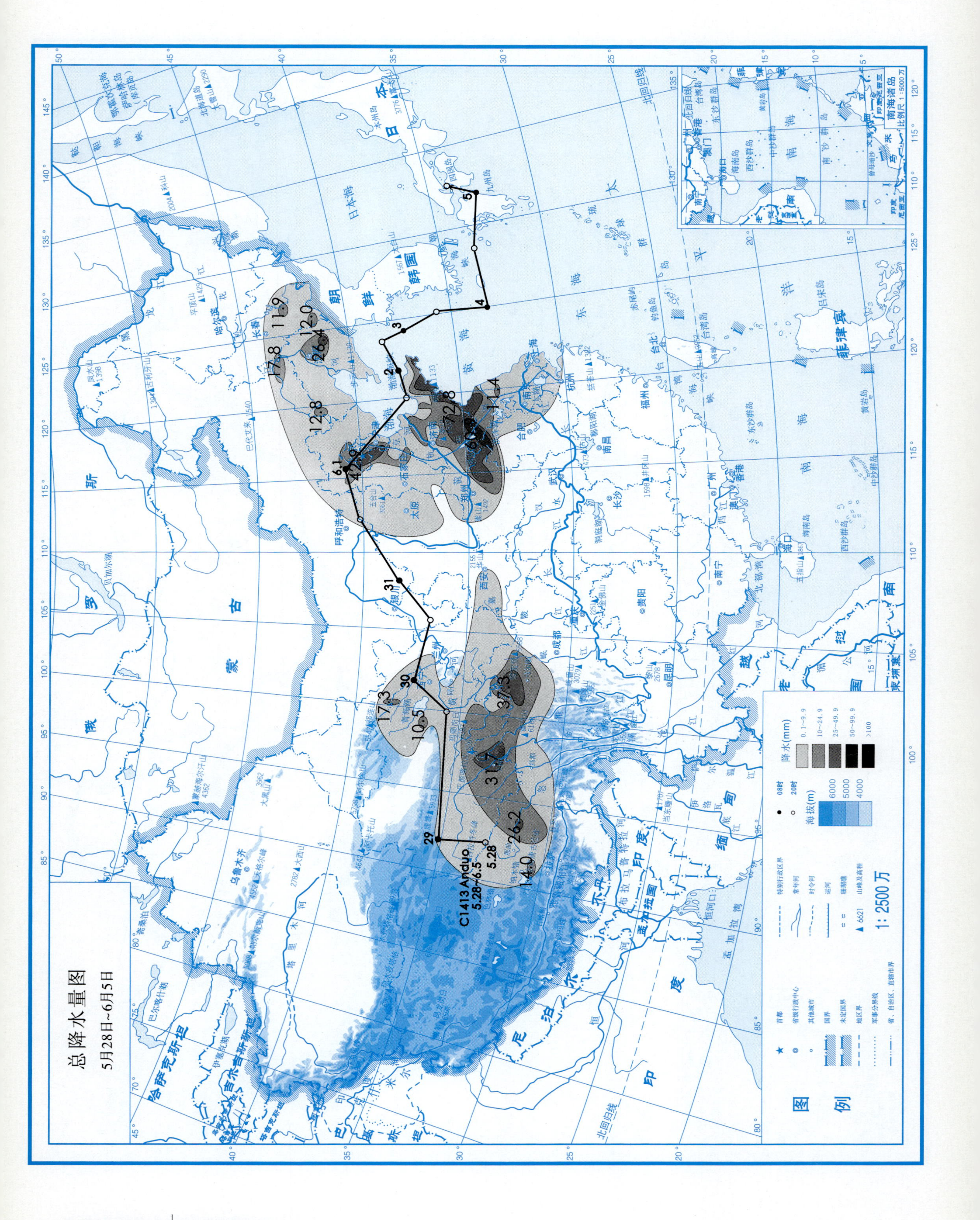
总降水量图
5月28日~6月5日
C1413 Anduo
5.28~6.5
5.28
29
30
31
6.1
2
3
4
5
14.0
26.2
31.7
37.3
10.5
17.3
47.9
12.8
17.8
26.4
12.0
11.9
60.
72.8
11.4
图例
首都
省级行政中心
其他城市
国界
未定国界
地区界
军事分界线
省、自治区、直辖市界
特别行政区界
常年河
时令河
运河
珊瑚礁
6621 山峰及高程
08时
20时
海拔(m)
6000
5000
4000
降水(mm)
0.1~9.9
10~24.9
25~49.9
50~99.9
>100
1: 2500万
南海诸岛
比例尺 1:5000万

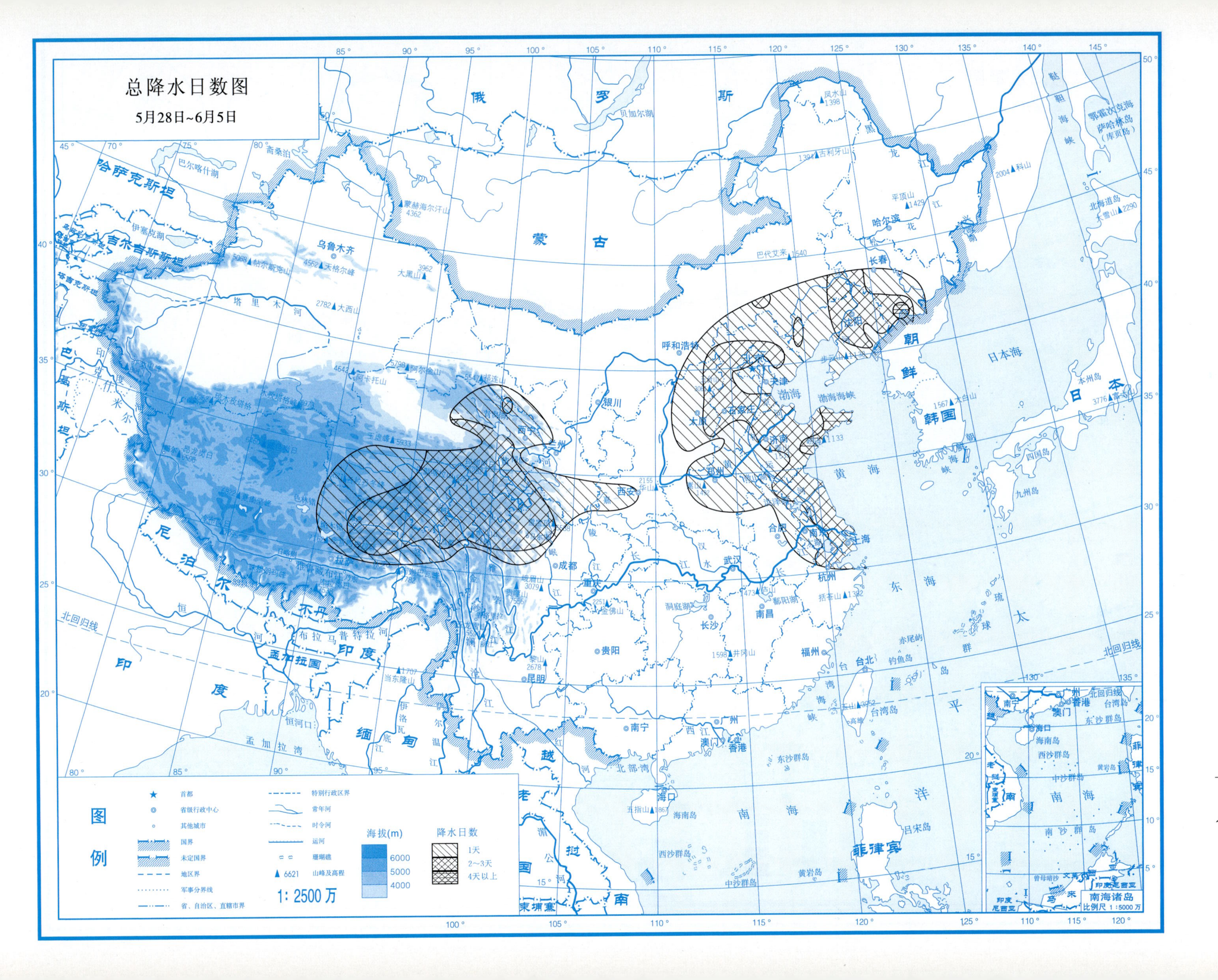
总降水日数图
5月28日~6月5日
图例
首都
省级行政中心
其他城市
国界
未定国界
地区界
军事分界线
省、自治区、直辖市界
特别行政区界
常年河
时令河
运河
珊瑚礁
6621 山峰及高程
1: 2500万
海拔(m)
6000
5000
4000
降水日数
1天
2~3天
4天以上
南海诸岛
比例尺 1:5000万

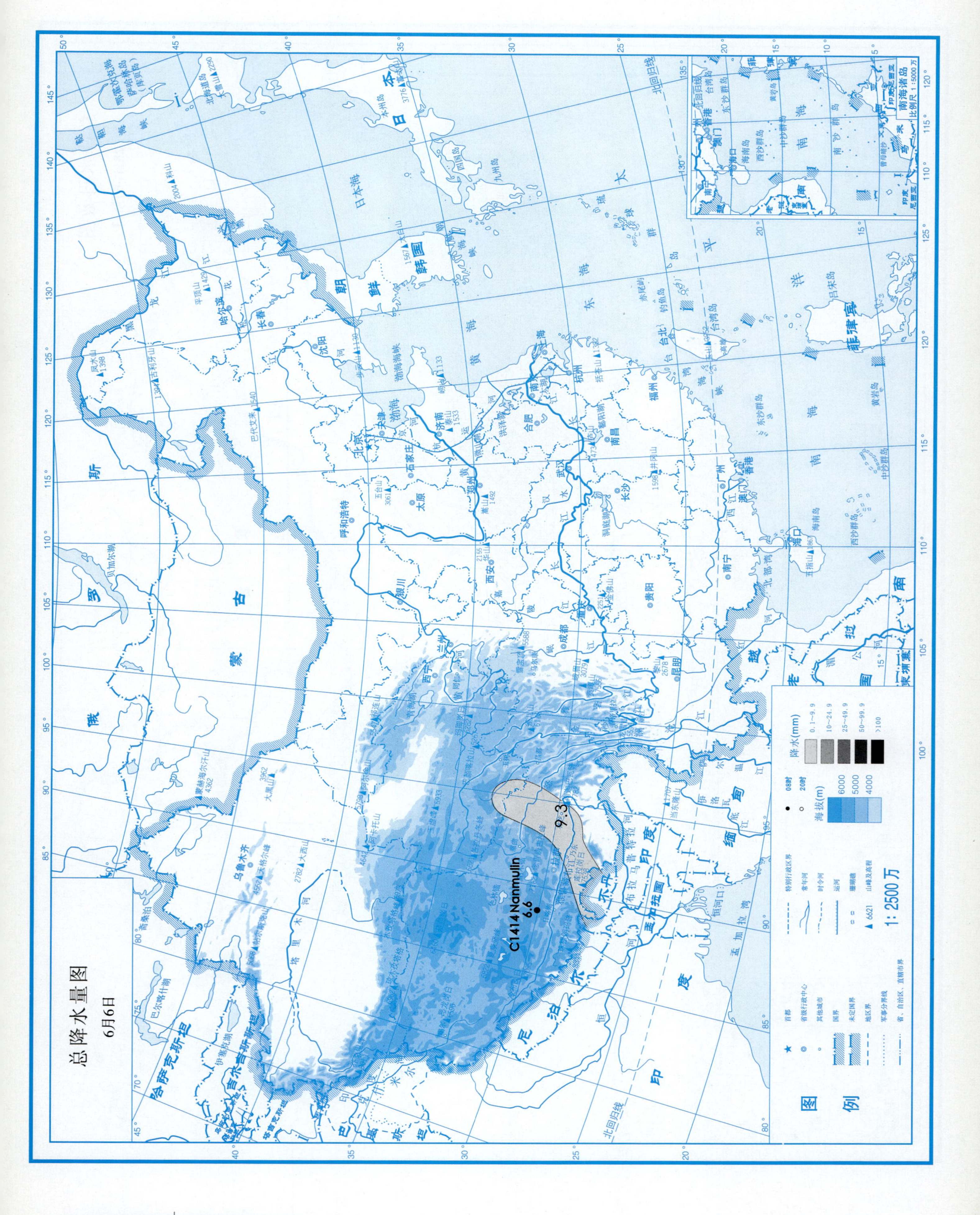

总降水量图
6月6日
C1414 Nanmulin
6.6
9.3
图例
降水(mm)
0.1~9.9
10~24.9
25~49.9
50~99.9
>100
海拔(m)
6000
5000
4000
08时
20时
1: 2500万
南海诸岛
比例尺 1:15000万

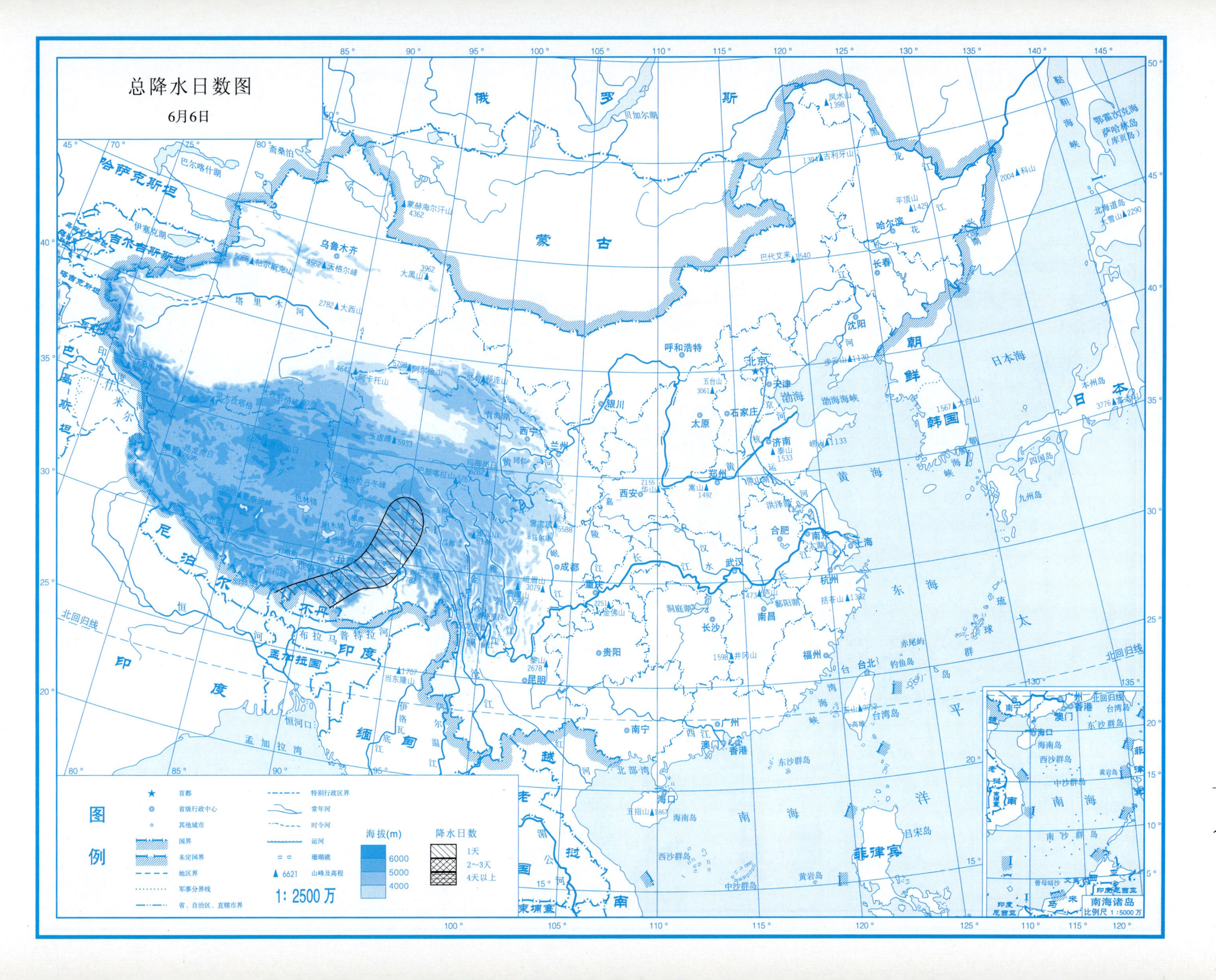
总降水日数图
6月6日
图例
首都
省级行政中心
其他城市
国界
未定国界
地区界
军事分界线
省、自治区、直辖市界
特别行政区界
常年河
时令河
运河
珊瑚礁
山峰及高程
1: 2500 万
海拔(m)
6000
5000
4000
降水日数
1天
2~3天
4天以上
南海诸岛
比例尺 1:5000 万

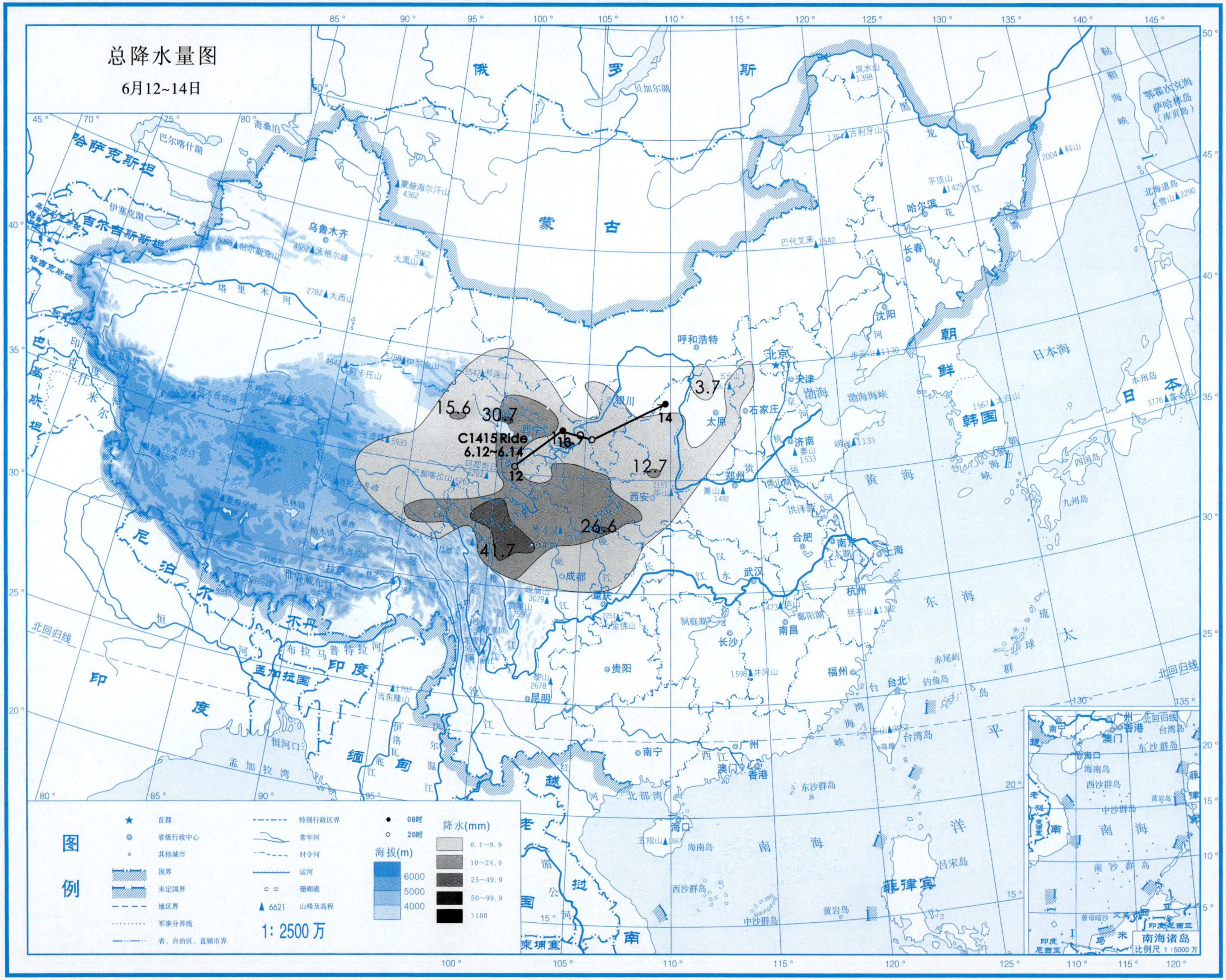
总降水量图
6月12~14日
C1415 Ride
6.12~6.14
12
13
14
15.6
30.7
11.9
12.7
3.7
26.6
41.7
图例
首都
省级行政中心
其他城市
国界
未定国界
地区界
军事分界线
省、自治区、直辖市界
特别行政区界
常年河
时令河
运河
珊瑚礁
6621 山峰及高程
1: 2500万
08时
20时
海拔(m)
6000
5000
4000
降水(mm)
0.1~9.9
10~24.9
25~49.9
50~99.9
>100
南海诸岛
比例尺 1:5000万

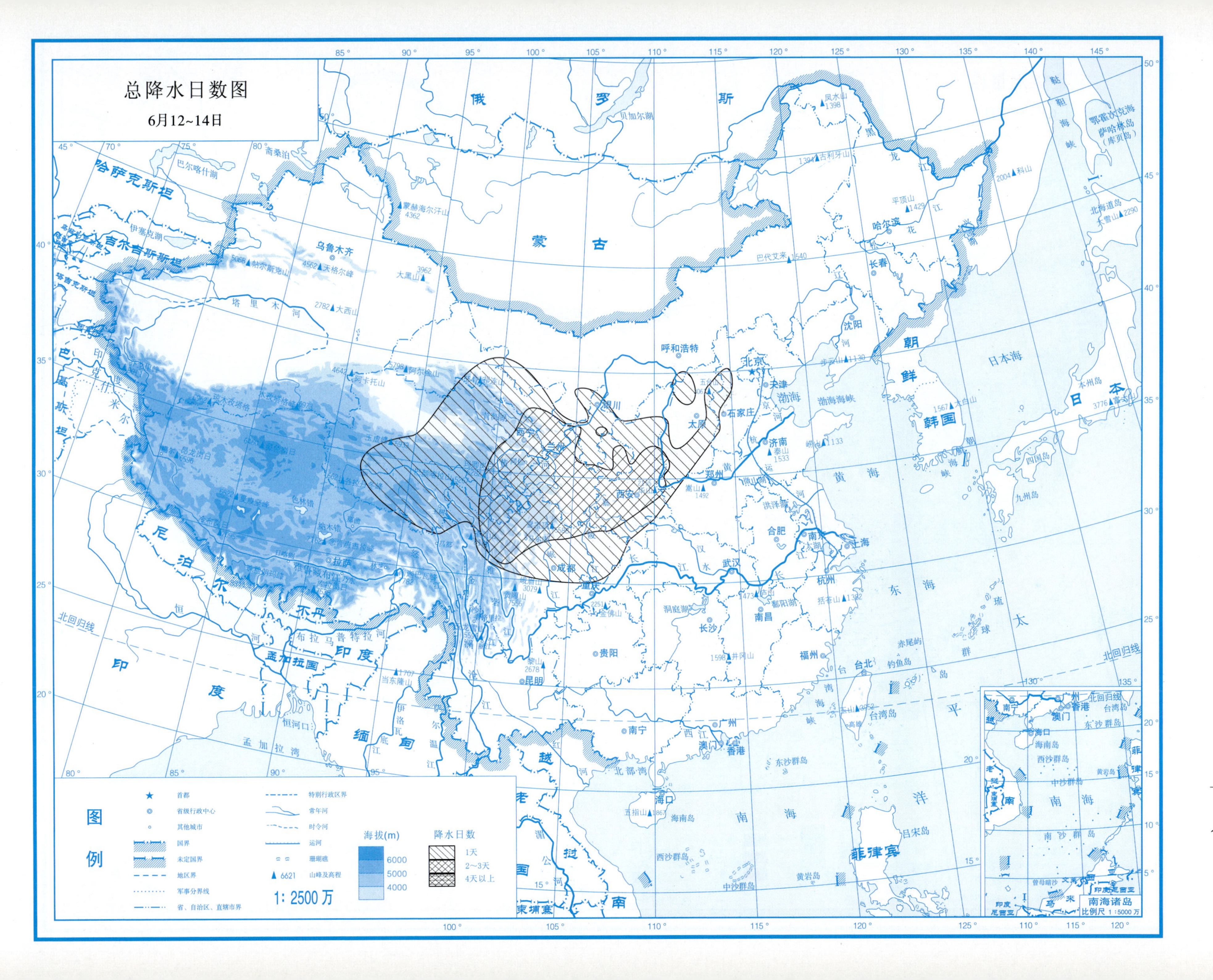
总降水日数图
6月12~14日
图例
首都
省级行政中心
其他城市
国界
未定国界
地区界
军事分界线
省、自治区、直辖市界
特别行政区界
常年河
时令河
运河
珊瑚礁
山峰及高程
1: 2500万
海拔(m)
6000
5000
4000
降水日数
1天
2~3天
4天以上
南海诸岛
比例尺 1:5000万

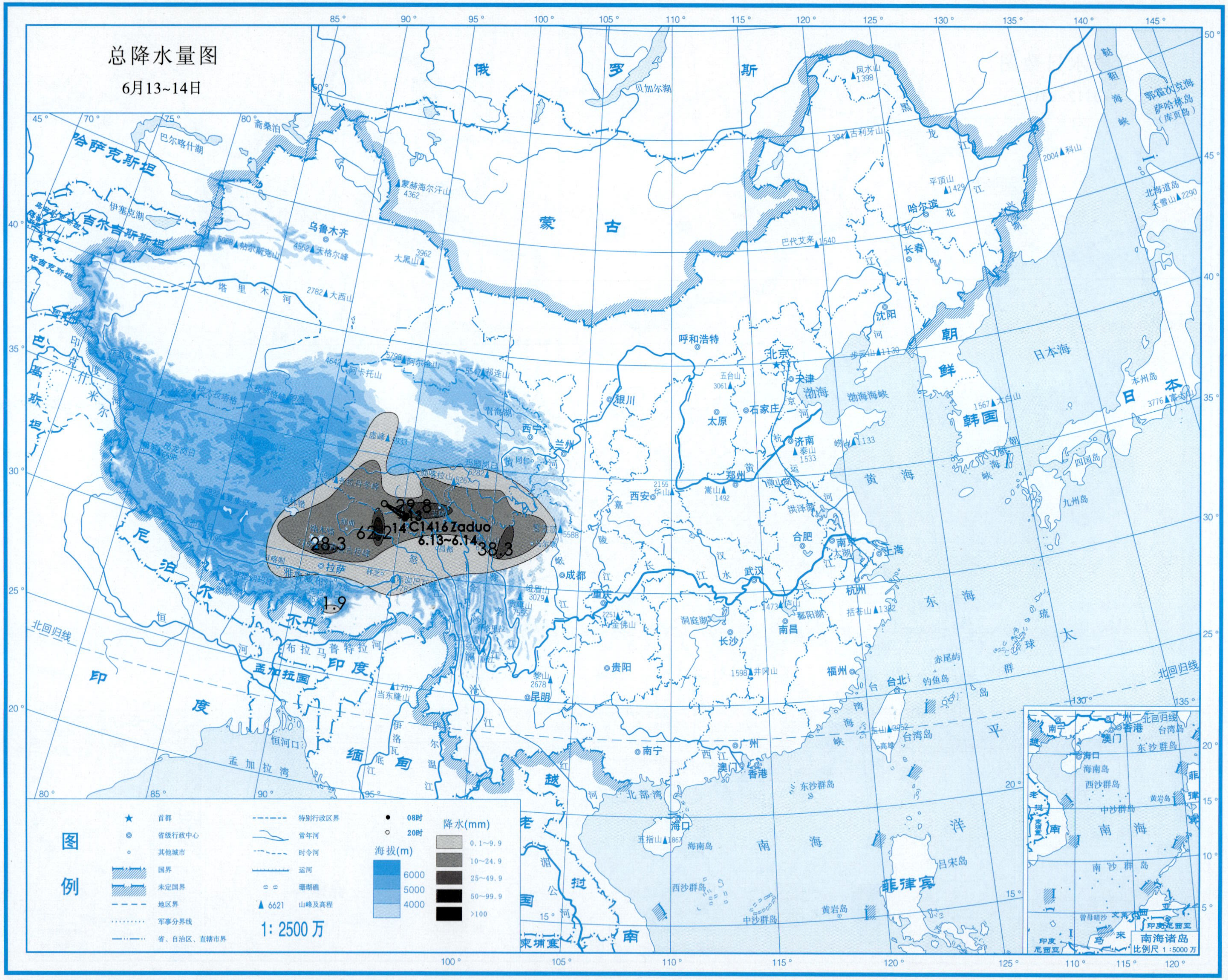
总降水量图
6月13~14日
28.3
62.2
29.8
14 C1416Zaduo
6.13~6.14
38.3
1.9
图例
首都
省级行政中心
其他城市
国界
未定国界
地区界
军事分界线
省、自治区、直辖市界
特别行政区界
常年河
时令河
运河
珊瑚礁
6621 山峰及高程
1: 2500万
08时
20时
海拔(m)
6000
5000
4000
降水(mm)
0.1~9.9
10~24.9
25~49.9
50~99.9
>100
南海诸岛
比例尺 1:5000万

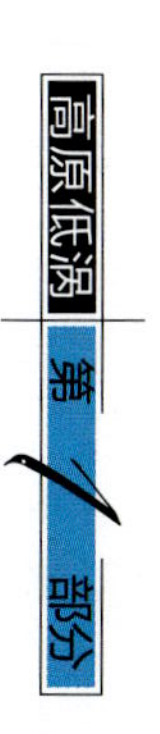
高原低涡 第1部分

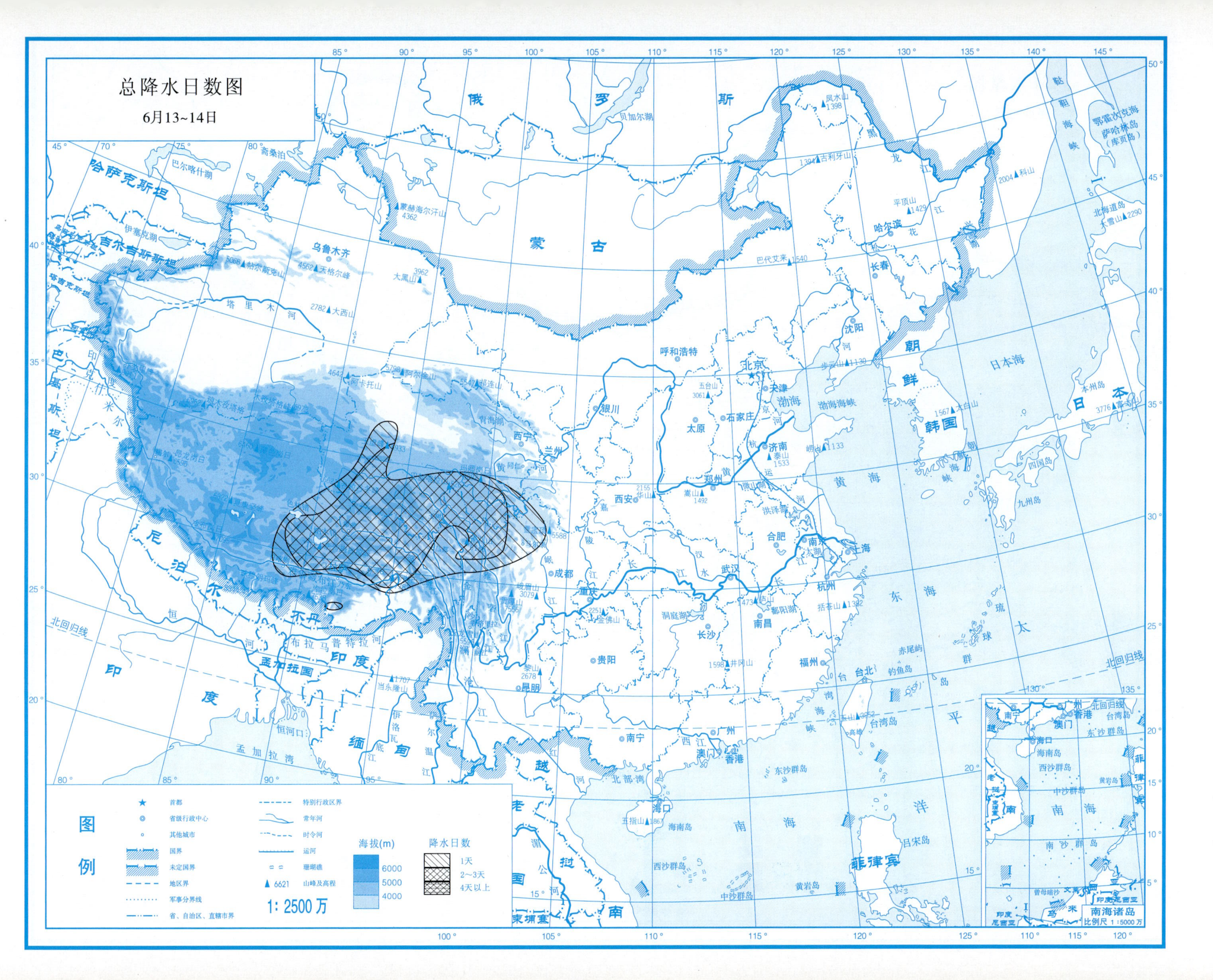
总降水日数图
6月13~14日
图例
首都
省级行政中心
其他城市
国界
未定国界
地区界
军事分界线
省、自治区、直辖市界
特别行政区界
常年河
时令河
运河
珊瑚礁
山峰及高程
海拔(m)
6000
5000
4000
降水日数
1天
2~3天
4天以上
1: 2500万
南海诸岛
比例尺 1:5000万

总降水量图

6月22日

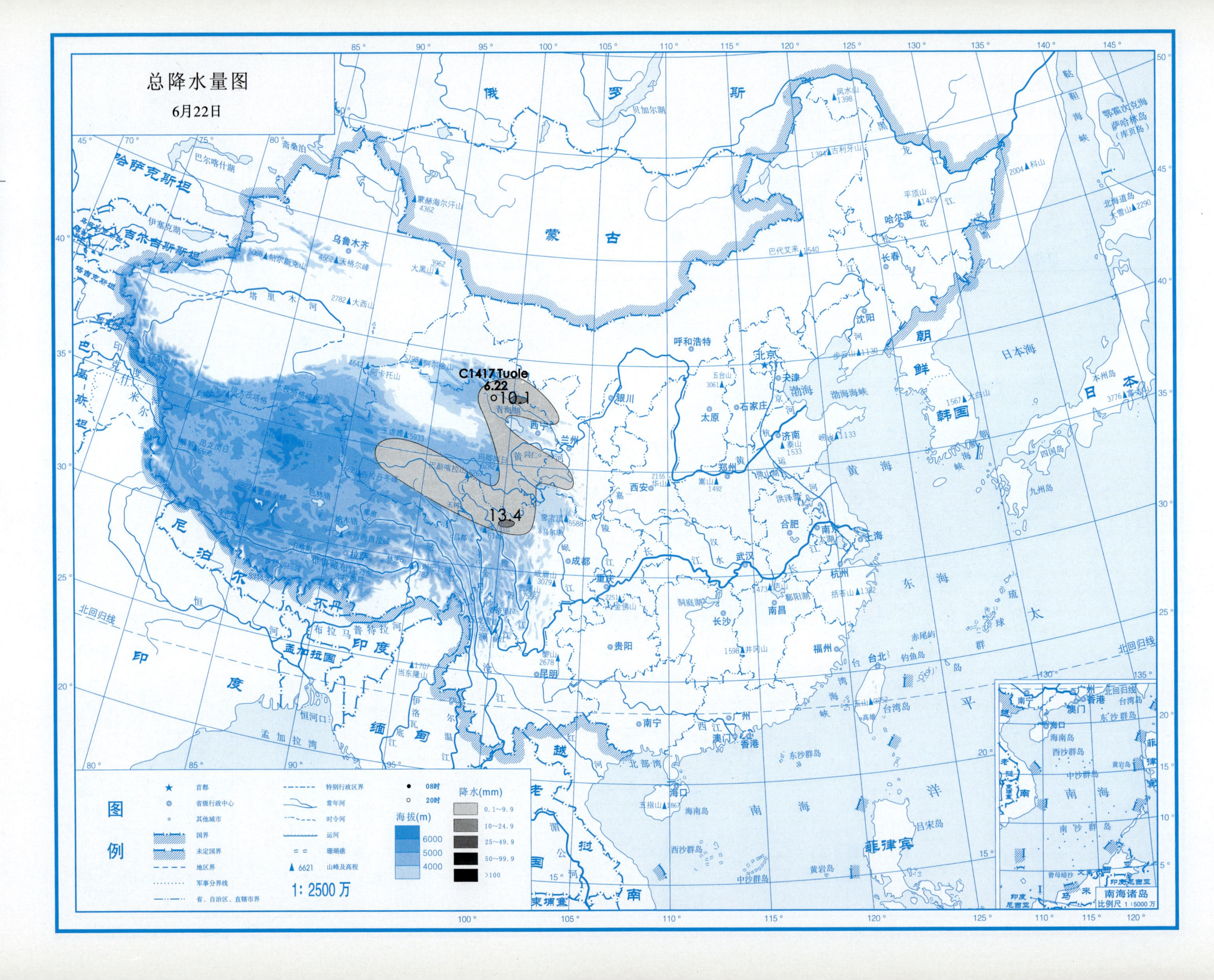
C1417Tuole
6.22
10.1
13.4
图例
首都
省级行政中心
其他城市
国界
未定国界
地区界
军事分界线
省、自治区、直辖市界
特别行政区界
常年河
时令河
运河
珊瑚礁
山峰及高程
08时
20时
海拔(m)
6000
5000
4000
降水(mm)
0.1~9.9
10~24.9
25~49.9
50~99.9
>100
1: 2500万
南海诸岛
比例尺 1:5000万

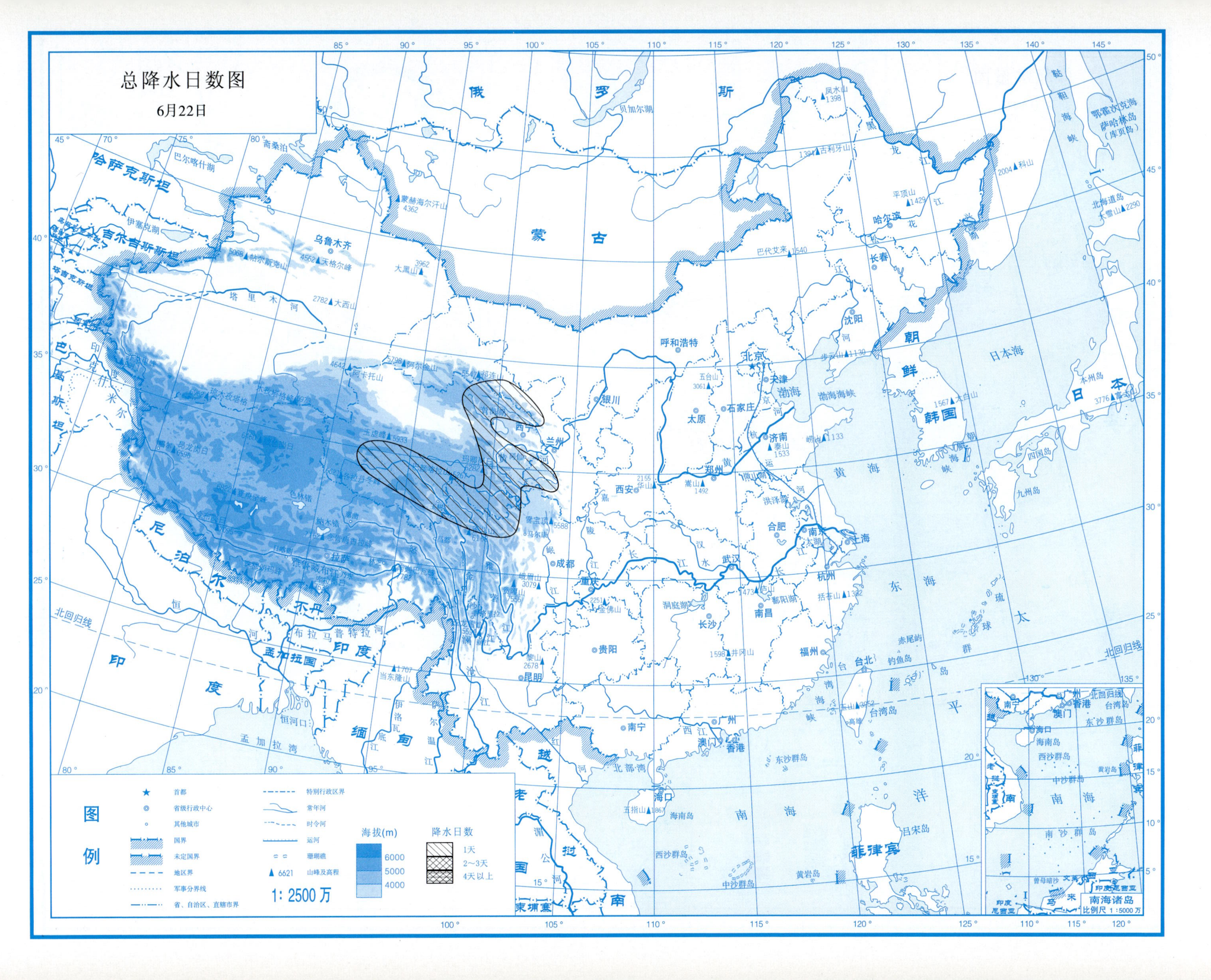
总降水日数图
6月22日
图例
首都
省级行政中心
其他城市
国界
未定国界
地区界
军事分界线
省、自治区、直辖市界
特别行政区界
常年河
时令河
运河
珊瑚礁
6621 山峰及高程
1:2500万
海拔(m)
6000
5000
4000
降水日数
1天
2~3天
4天以上
南海诸岛
比例尺 1:5000万

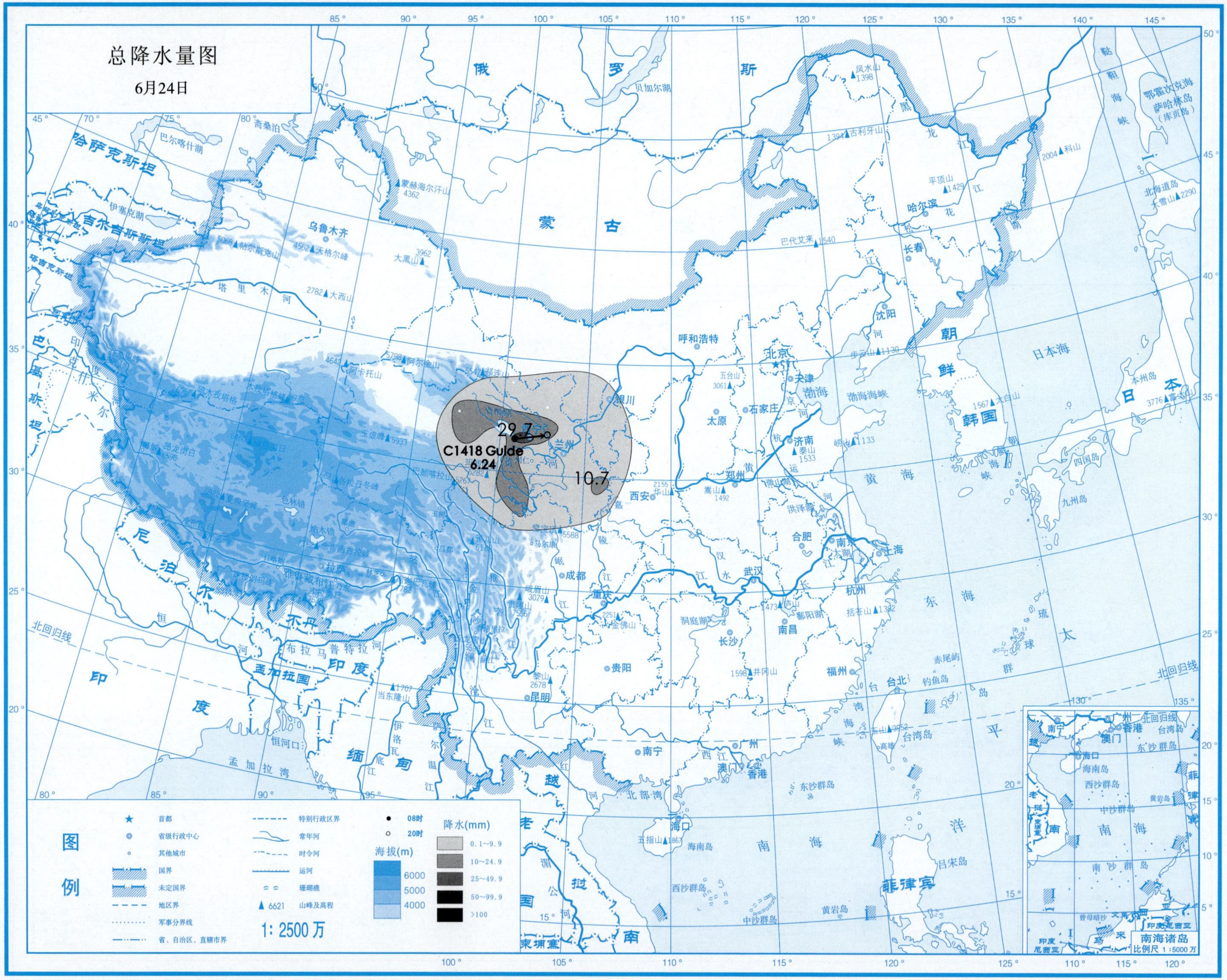
总降水量图
6月24日
C1418 Guide
6.24
29.7
10.7
图例
首都
省级行政中心
其他城市
国界
未定国界
地区界
军事分界线
省、自治区、直辖市界
特别行政区界
常年河
时令河
运河
珊瑚礁
6621 山峰及高程
08时
20时
海拔(m)
6000
5000
4000
降水(mm)
0.1~9.9
10~24.9
25~49.9
50~99.9
>100
1: 2500万
南海诸岛
比例尺 1:5000万

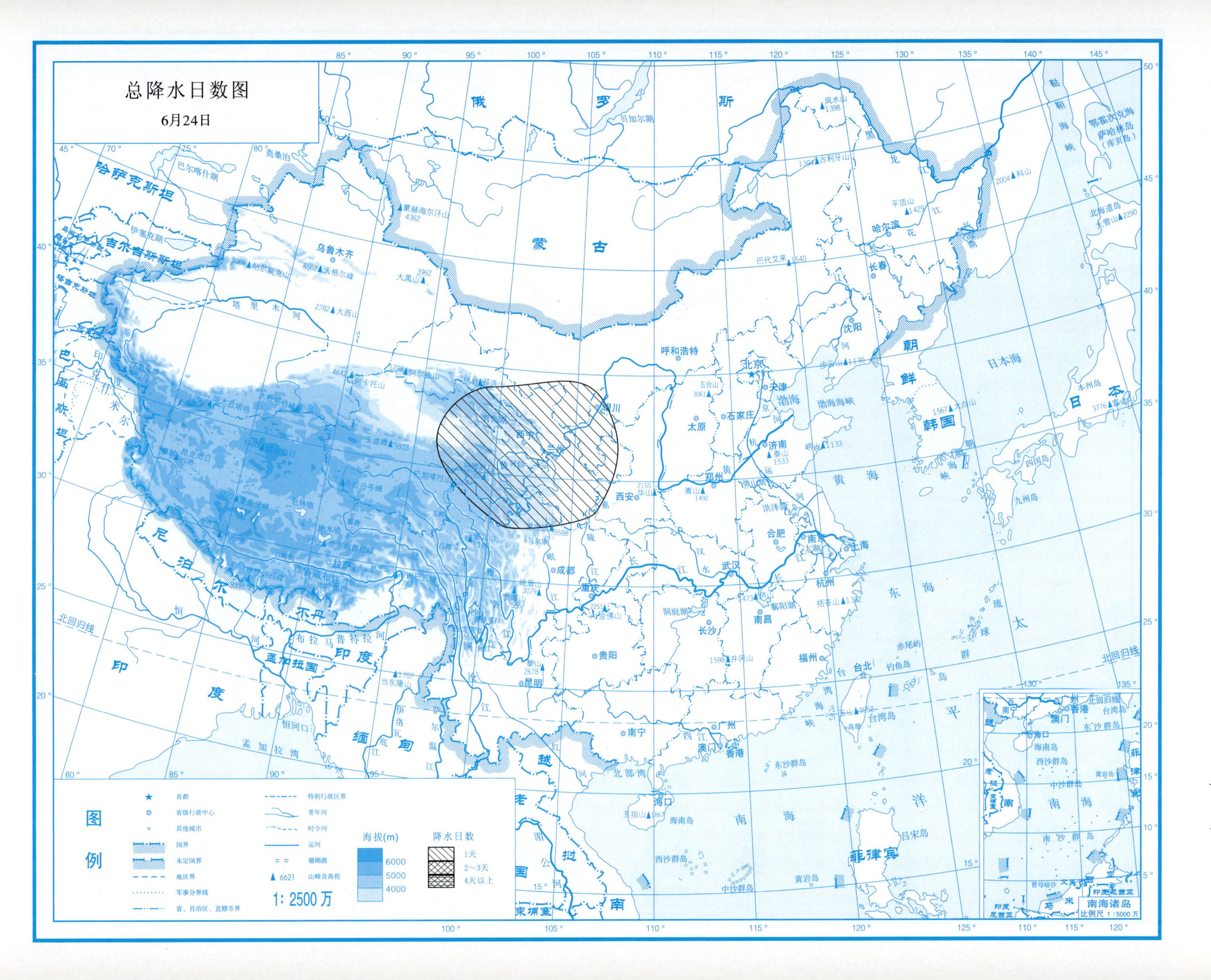
总降水日数图
6月24日
图例
首都
省级行政中心
其他城市
国界
未定国界
地区界
军事分界线
省、自治区、直辖市界
特别行政区界
常年河
时令河
运河
珊瑚礁
山峰及高程
海拔(m)
6000
5000
4000
降水日数
1天
2~3天
4天以上
1: 2500万
南海诸岛
比例尺 1:5000万

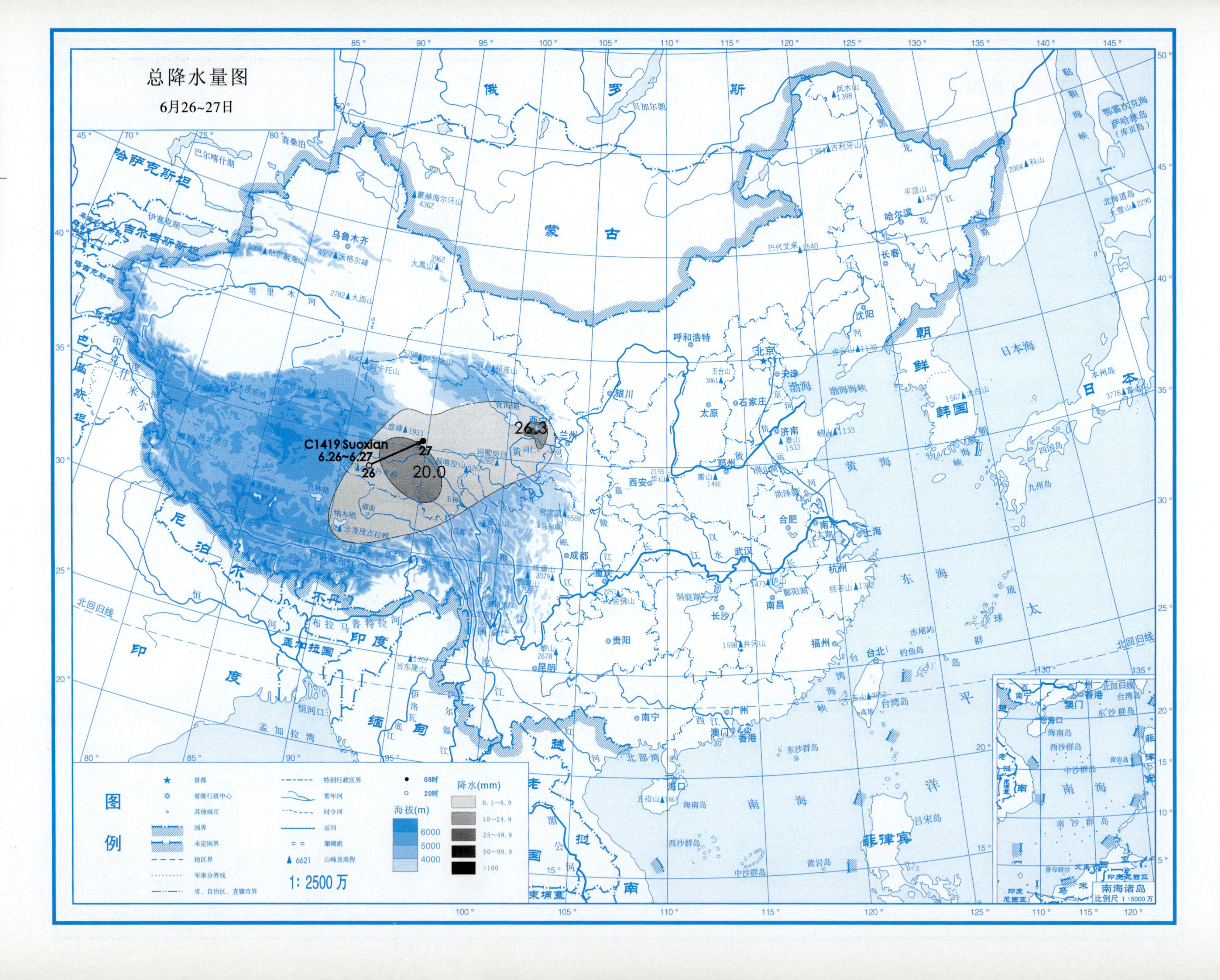
总降水量图
6月26~27日
C1419 Suoxian
6.26~6.27
26
27
20.0
26.3
图例
首都
省级行政中心
其他城市
国界
未定国界
地区界
军事分界线
省、自治区、直辖市界
特别行政区界
常年河
时令河
运河
珊瑚礁
6621 山峰及高程
1: 2500 万
08时
20时
海拔(m)
6000
5000
4000
降水(mm)
0.1~9.9
10~24.9
25~49.9
50~99.9
>100
南海诸岛
比例尺 1:5000 万

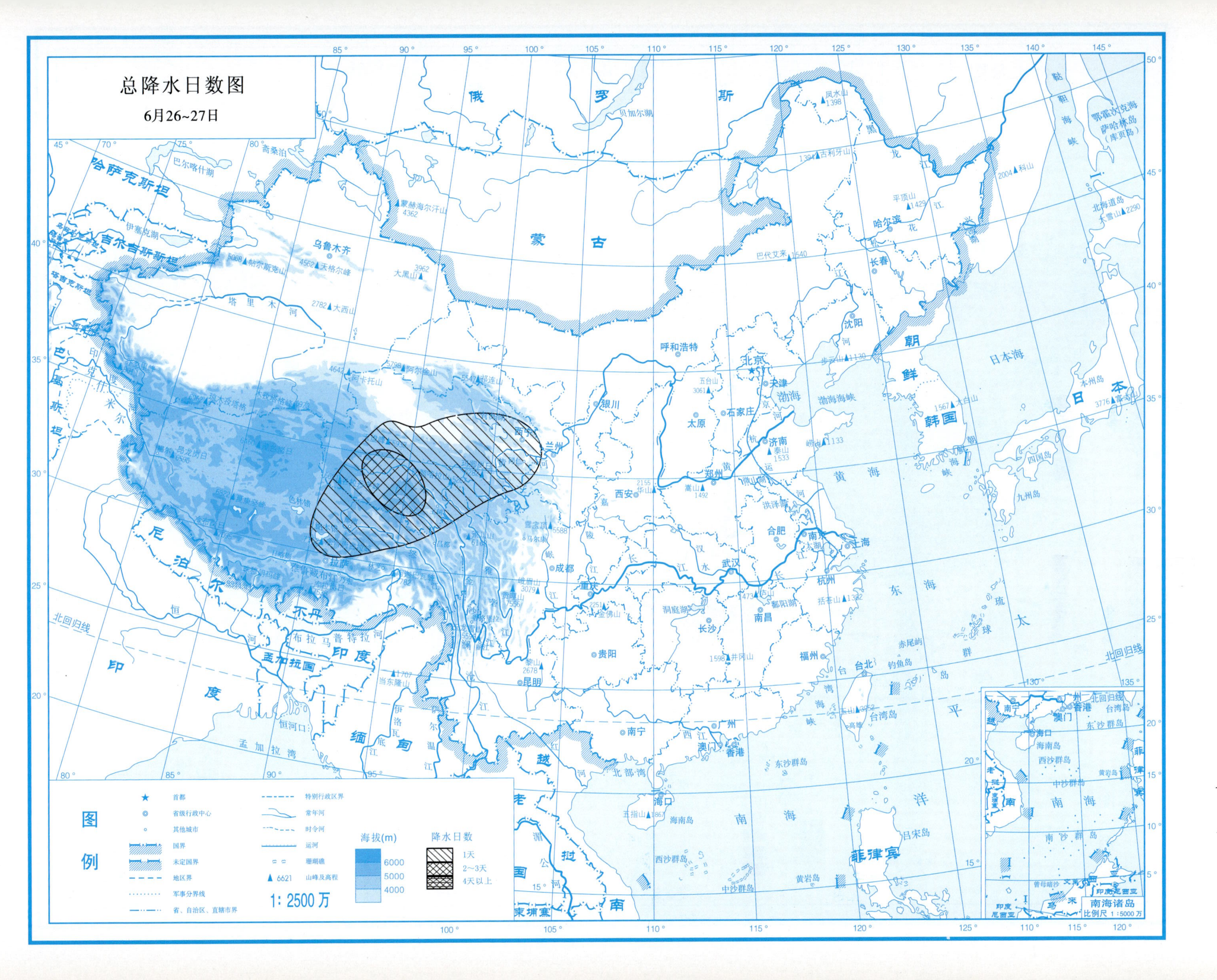
总降水日数图
6月26~27日
图例
首都
省级行政中心
其他城市
国界
未定国界
地区界
军事分界线
省、自治区、直辖市界
特别行政区界
常年河
时令河
运河
珊瑚礁
山峰及高程
海拔(m)
6000
5000
4000
降水日数
1天
2~3天
4天以上
1: 2500万
南海诸岛
比例尺 1:5000万

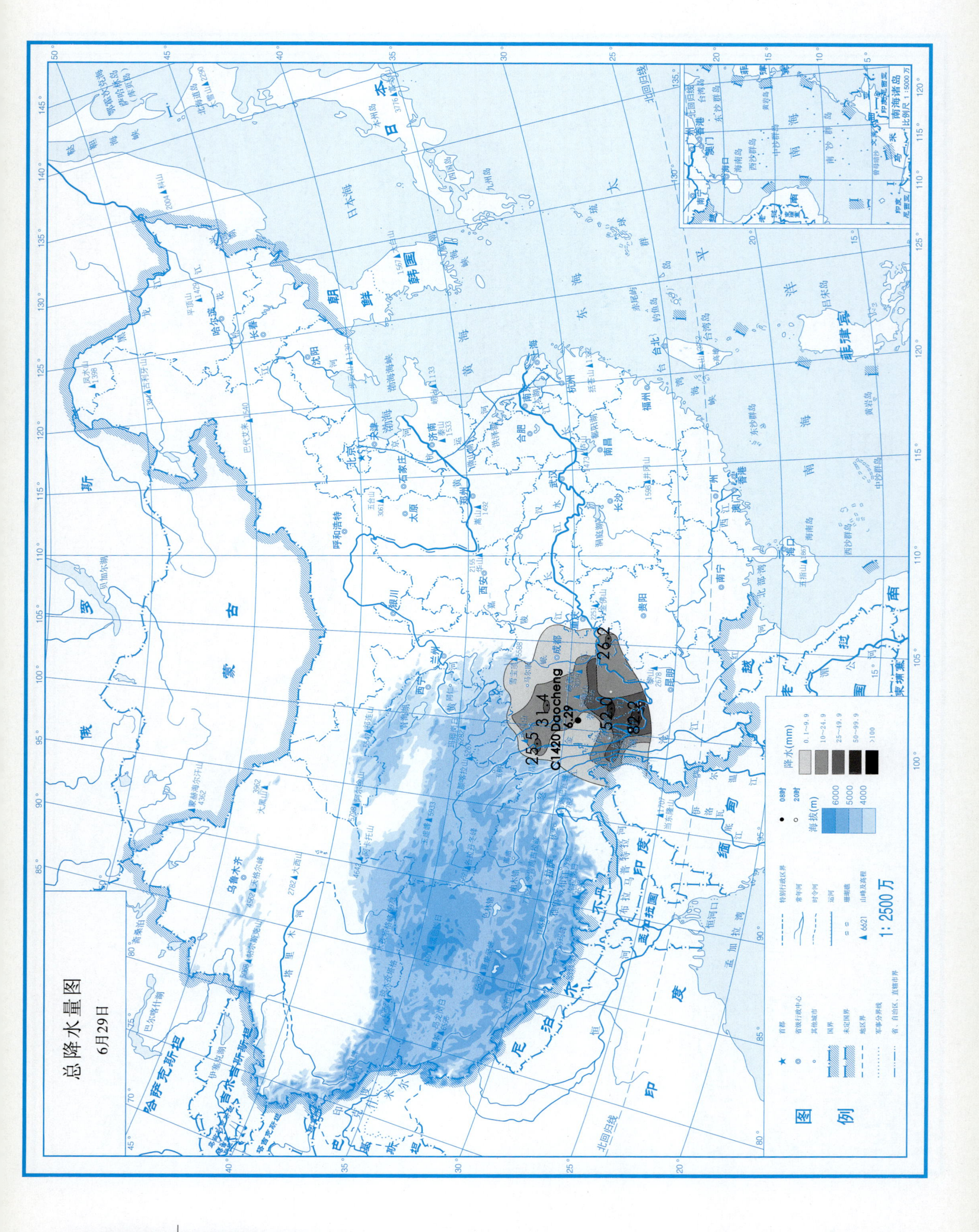

总降水量图
6月29日
C1420 Daocheng
6.29
25.5
31.4
52.0
82.3
26.2
图例
首都
省级行政中心
其他城市
国界
未定国界
地区界
军事分界线
省、自治区、直辖市界
特别行政区界
常年河
时令河
运河
珊瑚礁
▲6621 山峰及高程
1: 2500万
08时
20时
海拔(m)
6000
5000
4000
降水(mm)
0.1~9.9
10~24.9
25~49.9
50~99.9
>100
南海诸岛
比例尺 1:15000万
北回归线

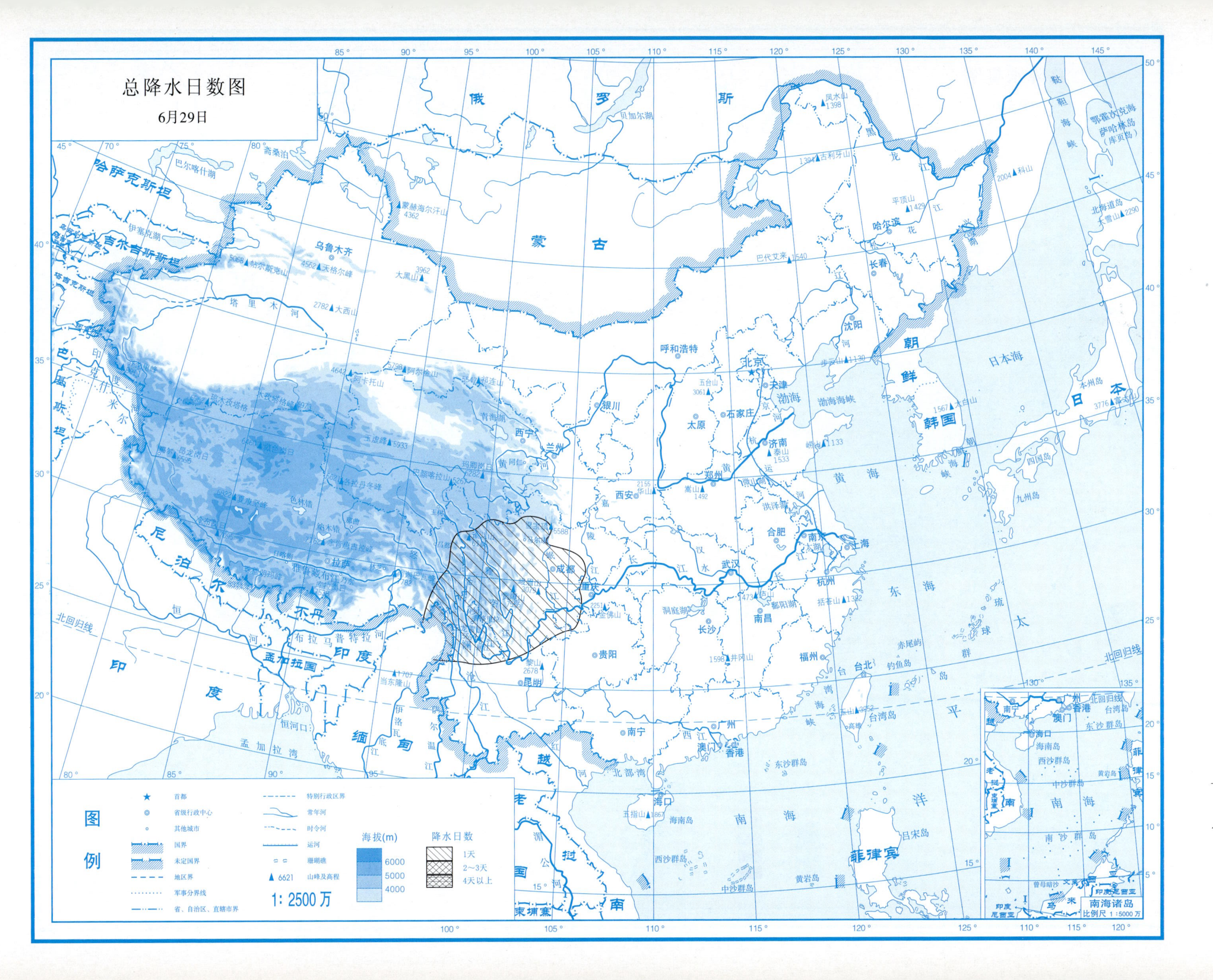
总降水日数图
6月29日
图例
首都
省级行政中心
其他城市
国界
未定国界
地区界
军事分界线
省、自治区、直辖市界
特别行政区界
常年河
时令河
运河
珊瑚礁
山峰及高程
1: 2500万
海拔(m)
6000
5000
4000
降水日数
1天
2~3天
4天以上
南海诸岛
比例尺 1:5000万

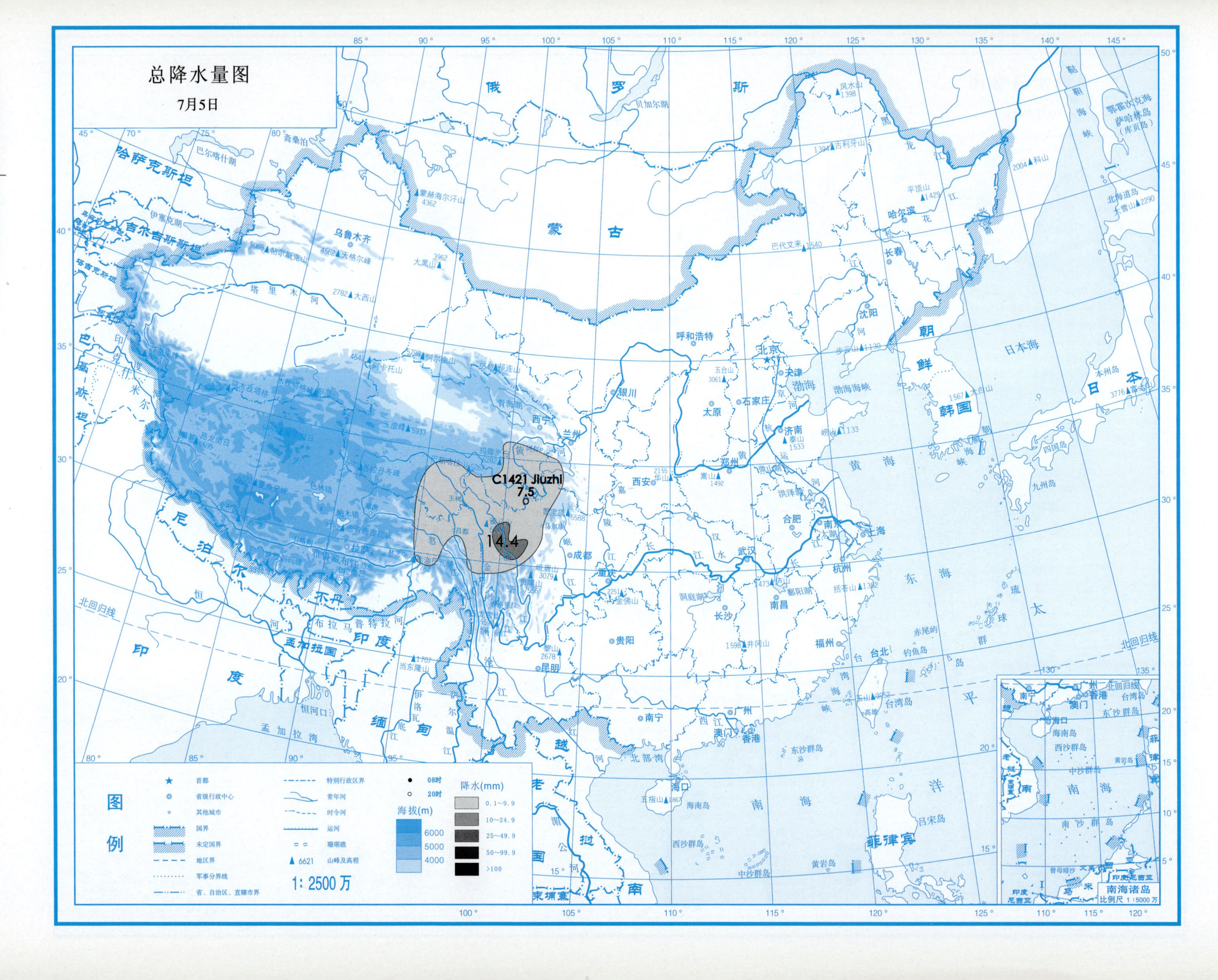
总降水量图
7月5日
C1421 Jiuzhi
7.5
14.4
图例
首都
省级行政中心
其他城市
国界
未定国界
地区界
军事分界线
省、自治区、直辖市界
特别行政区界
常年河
时令河
运河
珊瑚礁
6621 山峰及高程
1: 2500 万
08时
20时
海拔(m)
6000
5000
4000
降水(mm)
0.1~9.9
10~24.9
25~49.9
50~99.9
>100
南海诸岛
比例尺 1:5000 万

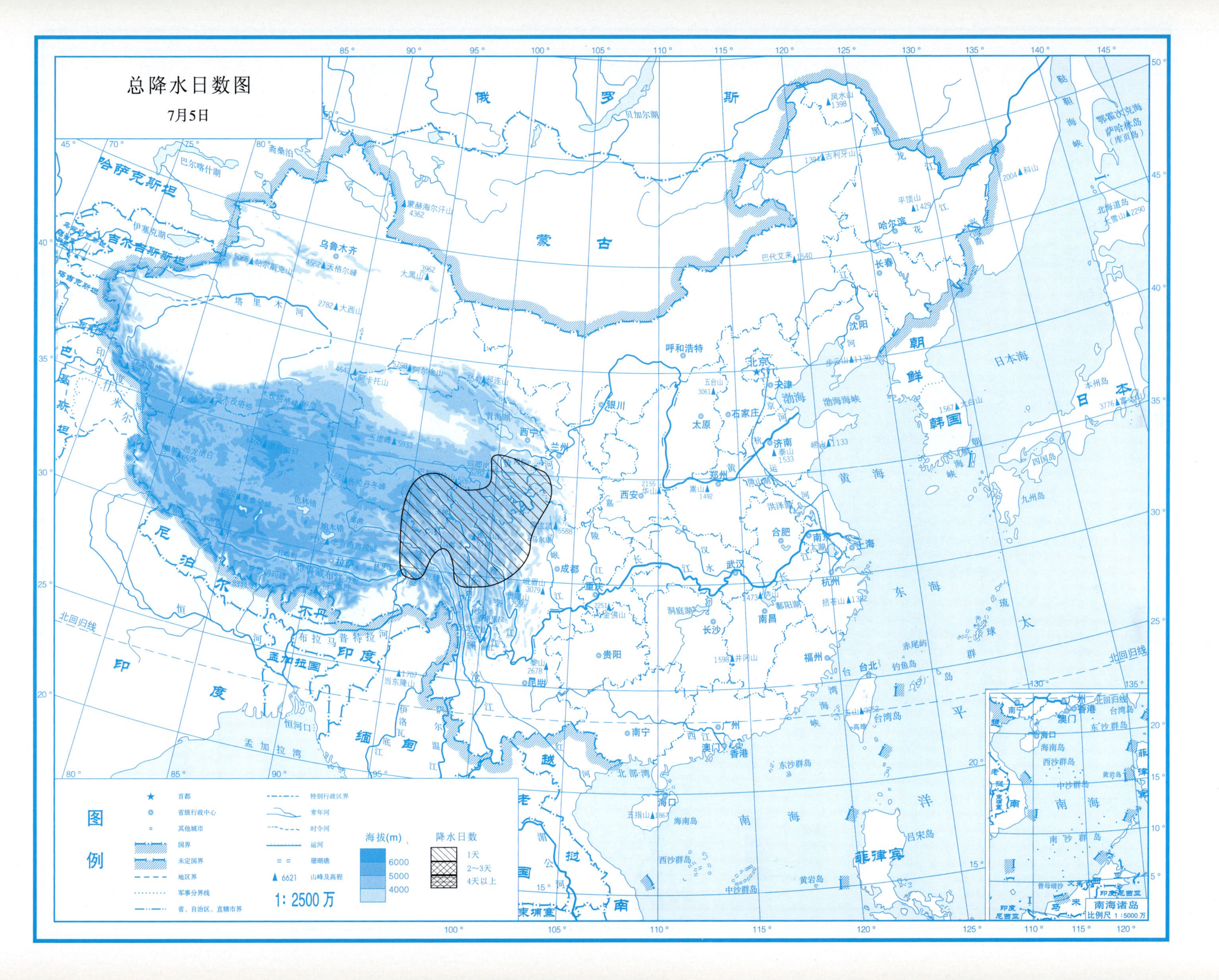
总降水日数图
7月5日
图例
首都
省级行政中心
其他城市
国界
未定国界
地区界
军事分界线
省、自治区、直辖市界
特别行政区界
常年河
时令河
运河
珊瑚礁
山峰及高程
海拔(m)
6000
5000
4000
降水日数
1天
2~3天
4天以上
1: 2500万
南海诸岛
比例尺 1:5000万

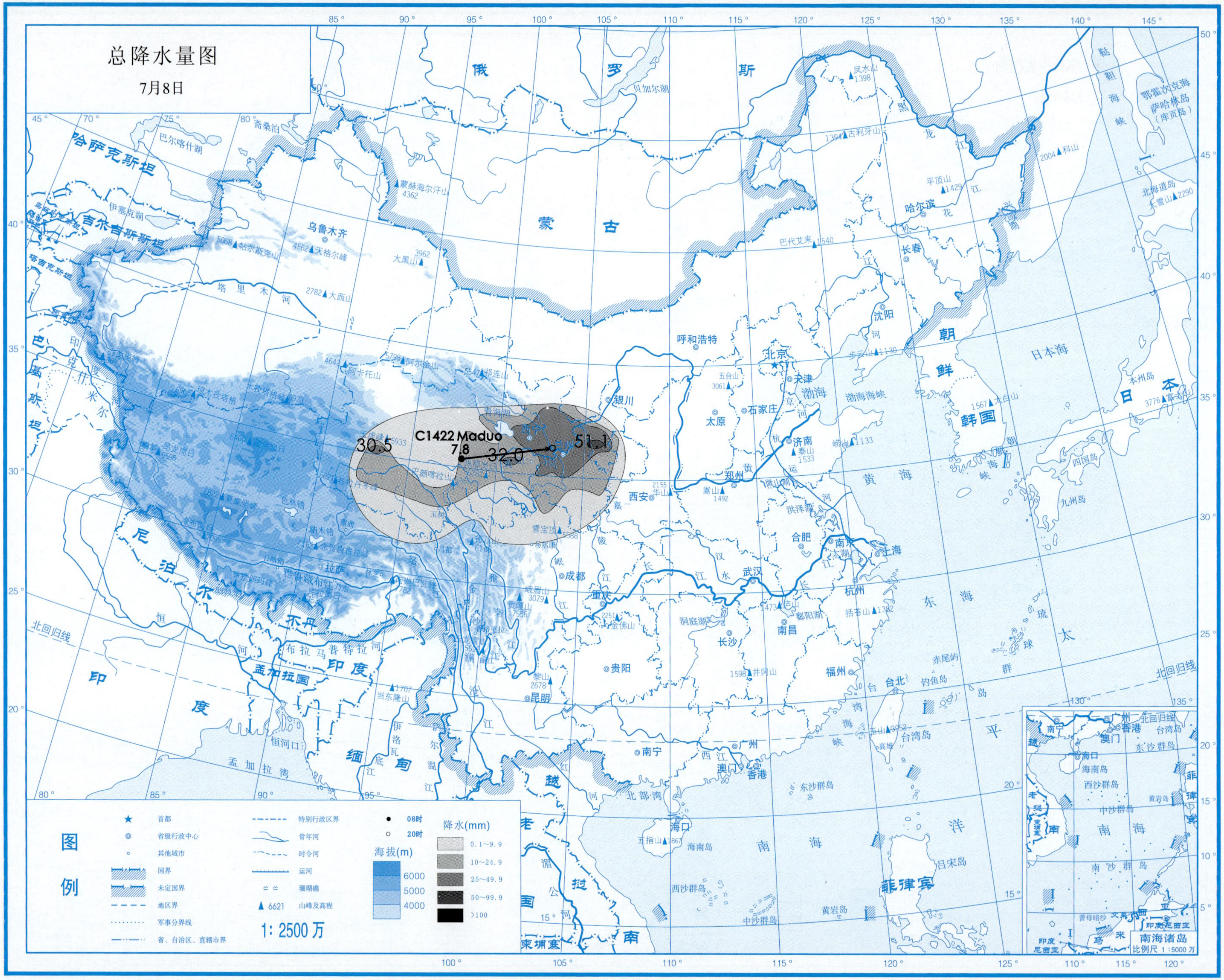
总降水量图
7月8日
C1422 Maduo
30.5
7.8
32.0
51.1
图例
首都
省级行政中心
其他城市
国界
未定国界
地区界
军事分界线
省、自治区、直辖市界
特别行政区界
常年河
时令河
运河
珊瑚礁
6621 山峰及高程
1: 2500 万
08时
20时
海拔(m)
6000
5000
4000
降水(mm)
0.1~9.9
10~24.9
25~49.9
50~99.9
>100
南海诸岛
比例尺 1:5000 万

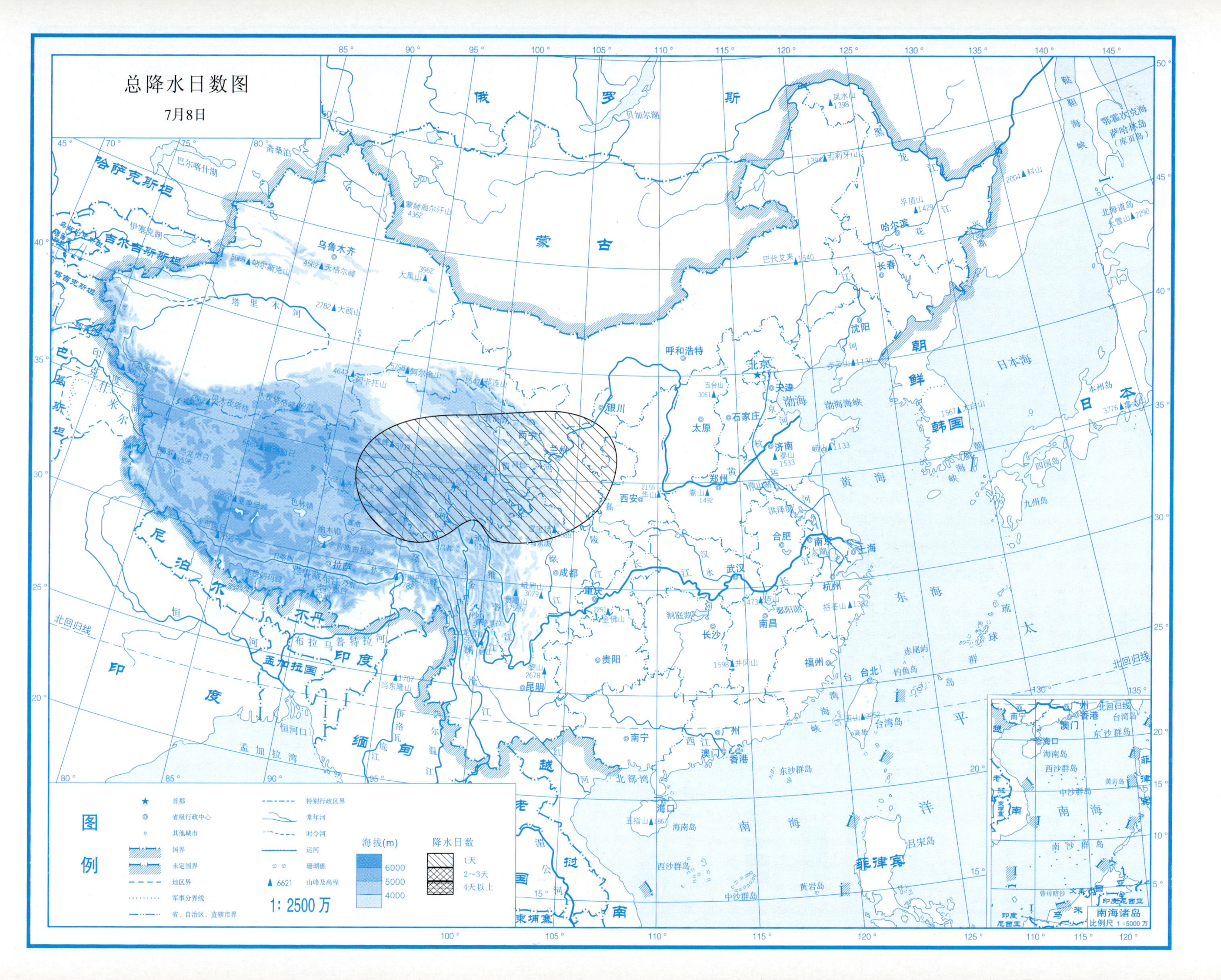
总降水日数图
7月8日
图例
首都
省级行政中心
其他城市
国界
未定国界
地区界
军事分界线
省、自治区、直辖市界
特别行政区界
常年河
时令河
运河
珊瑚礁
6621 山峰及高程
1:2500万
海拔(m)
6000
5000
4000
降水日数
1天
2~3天
4天以上
南海诸岛
比例尺 1:5000万

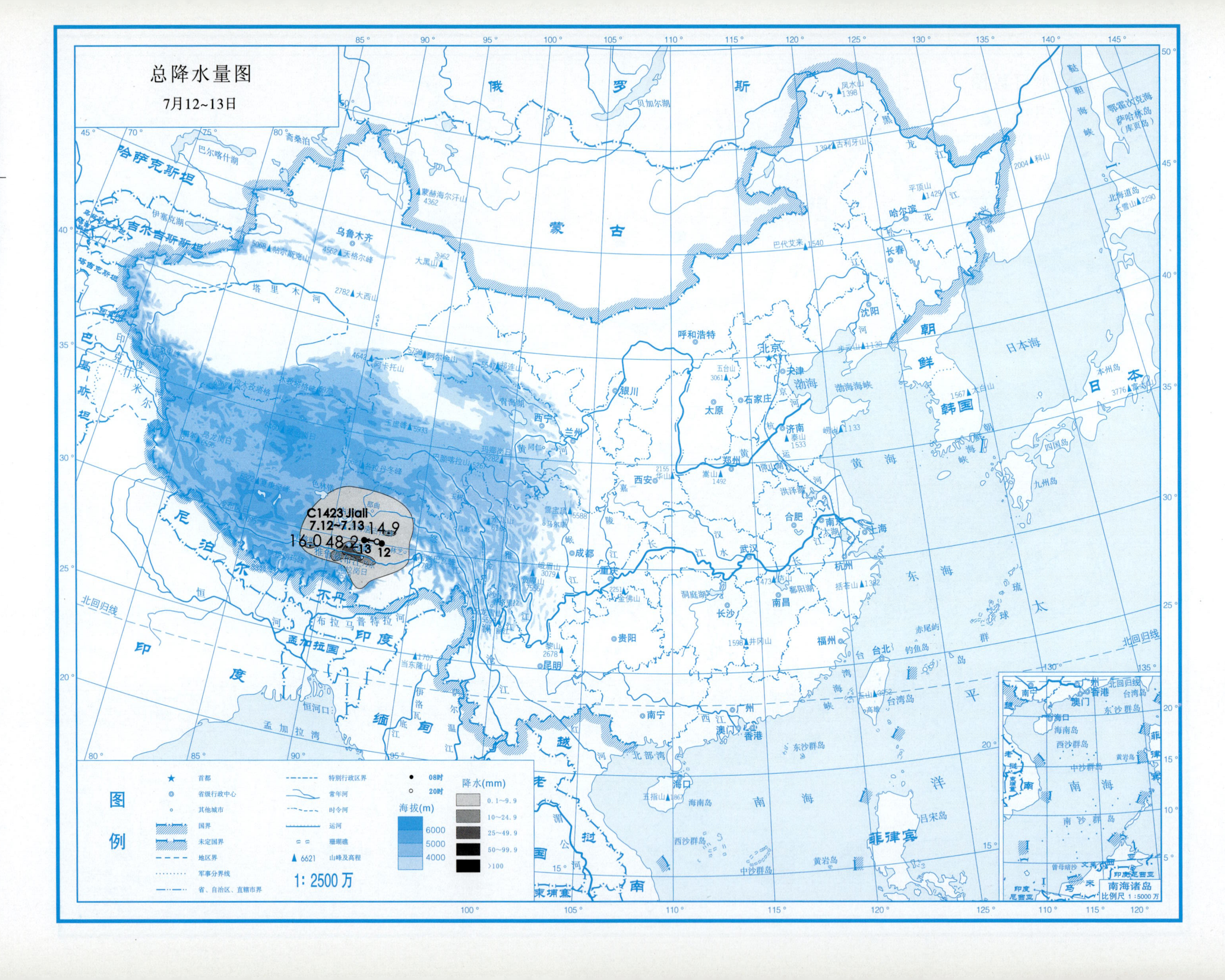
总降水量图
7月12~13日
C1423 Jiali
7.12~7.13
14.9
16.0
48.2
13
12
图例
首都
省级行政中心
其他城市
国界
未定国界
地区界
军事分界线
省、自治区、直辖市界
特别行政区界
常年河
时令河
运河
珊瑚礁
山峰及高程
08时
20时
海拔(m)
6000
5000
4000
降水(mm)
0.1~9.9
10~24.9
25~49.9
50~99.9
>100
1: 2500 万
南海诸岛
比例尺 1:5000 万

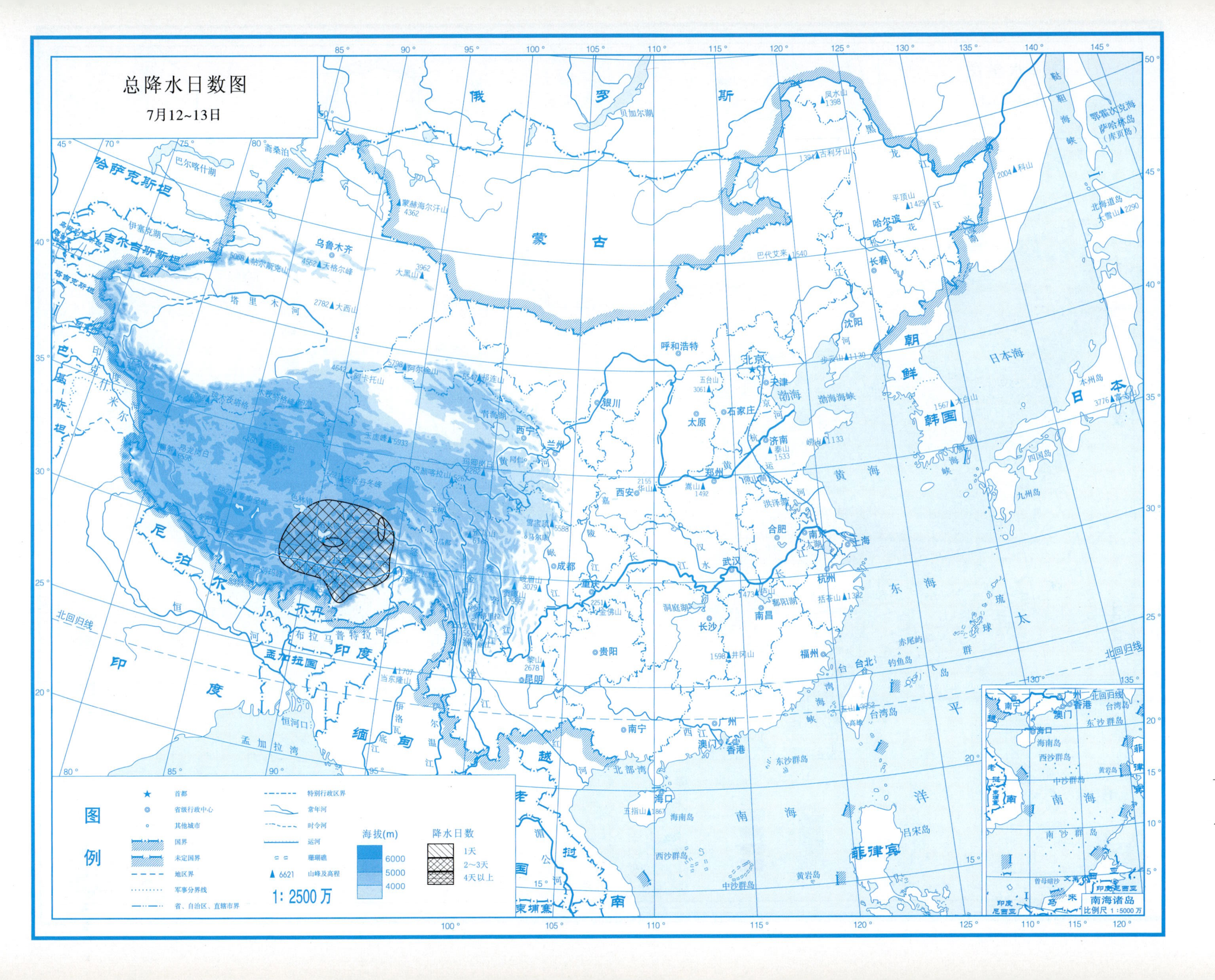
总降水日数图
7月12~13日
图例
首都
省级行政中心
其他城市
国界
未定国界
地区界
军事分界线
省、自治区、直辖市界
特别行政区界
常年河
时令河
运河
珊瑚礁
▲ 6621 山峰及高程
1: 2500万
海拔(m)
6000
5000
4000
降水日数
1天
2~3天
4天以上
南海诸岛
比例尺 1:5000万

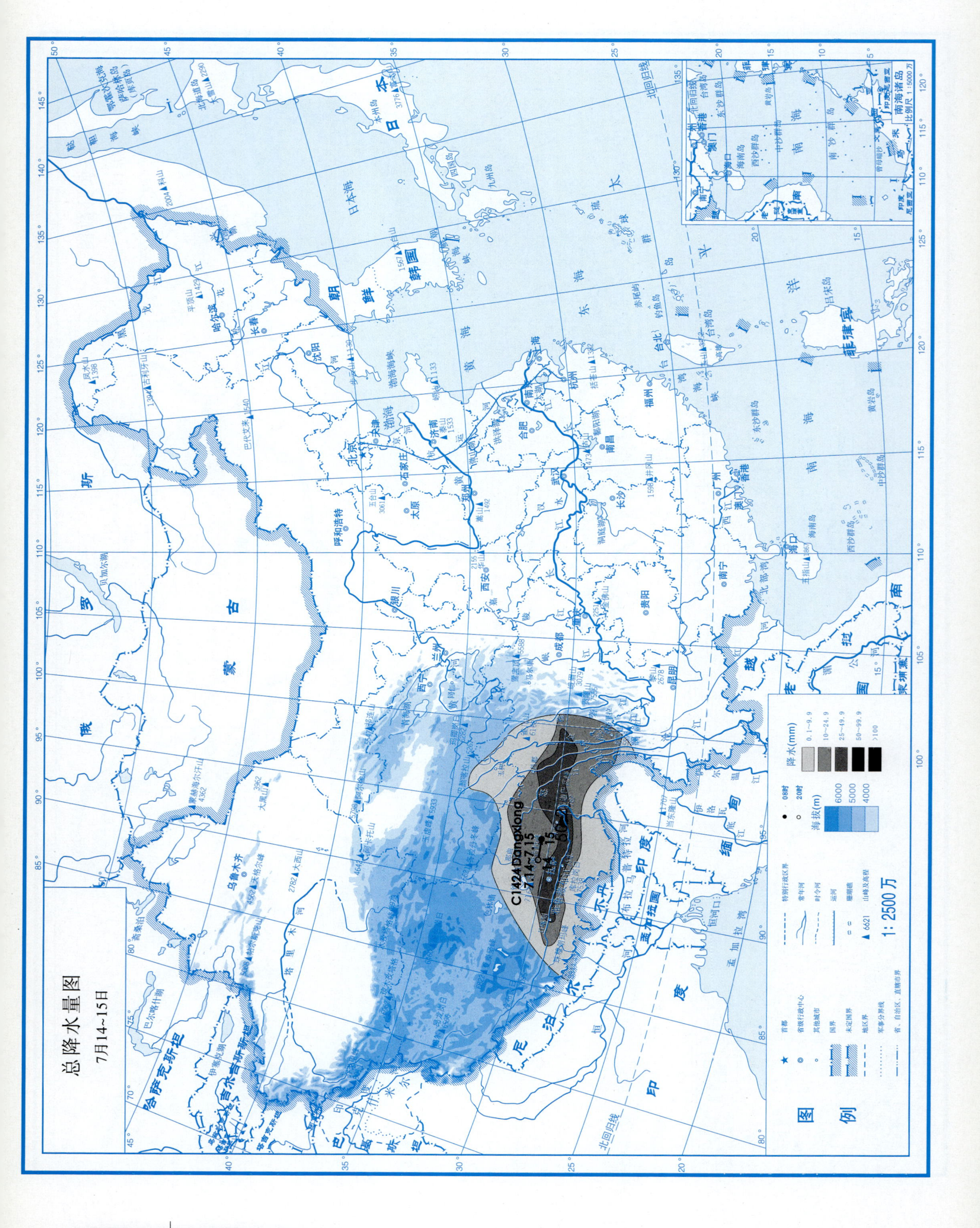
总降水量图
7月14~15日
C1424 Dangxiong
7.14~7.15
14 15
图例
首都
省级行政中心
其他城市
国界
未定国界
地区界
军事分界线
省、自治区、直辖市界
特别行政区界
常年河
时令河
运河
珊瑚礁
▲6621 山峰及高程
● 08时
○ 20时
海拔(m)
6000
5000
4000
降水(mm)
0.1~9.9
10~24.9
25~49.9
50~99.9
>100
1: 2500万
南海诸岛
比例尺 1:5000万

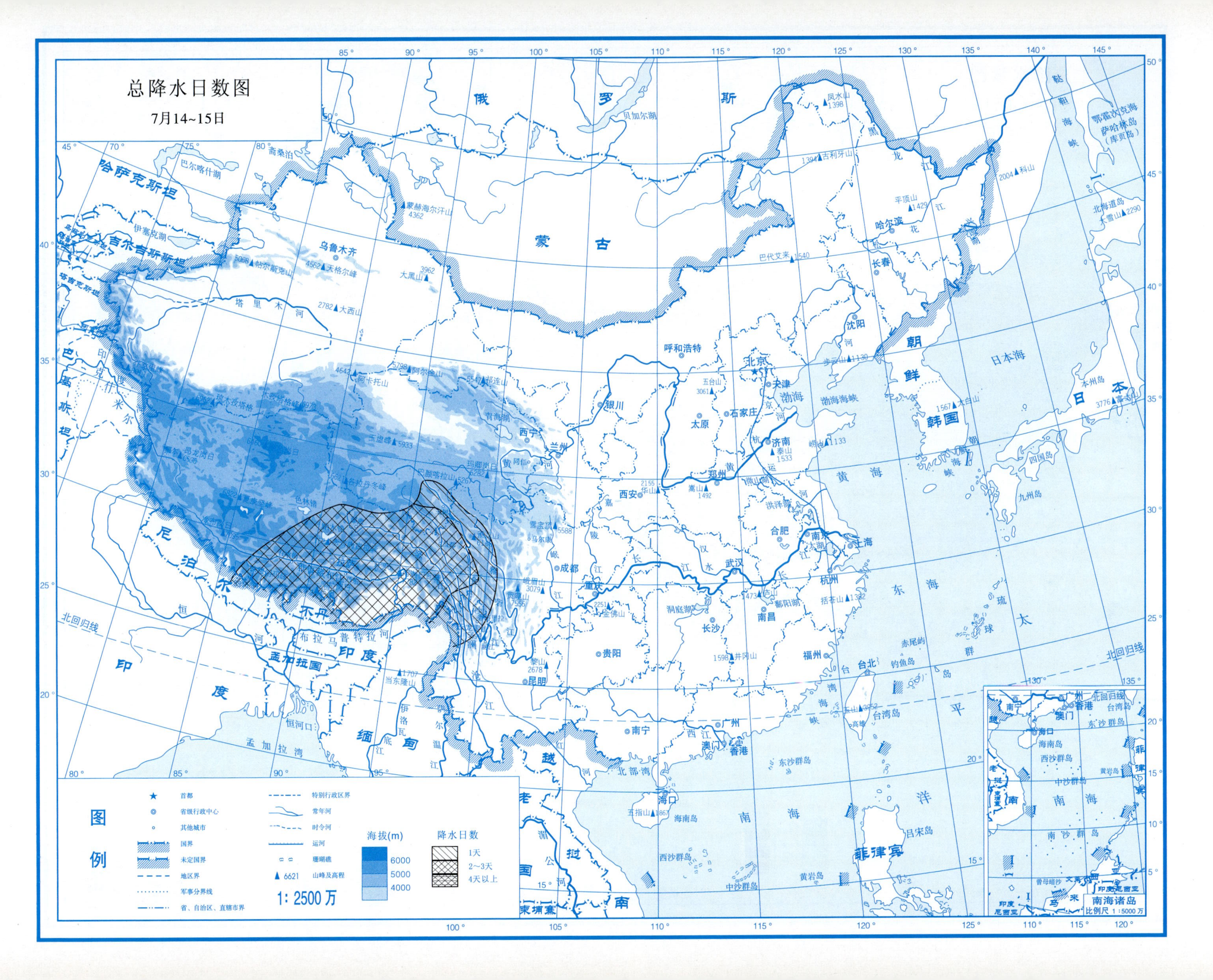

总降水日数图
7月14~15日
图例
首都
省级行政中心
其他城市
国界
未定国界
地区界
军事分界线
省、自治区、直辖市界
特别行政区界
常年河
时令河
运河
珊瑚礁
山峰及高程
海拔(m)
6000
5000
4000
降水日数
1天
2~3天
4天以上
1:2500万
南海诸岛
比例尺 1:5000万

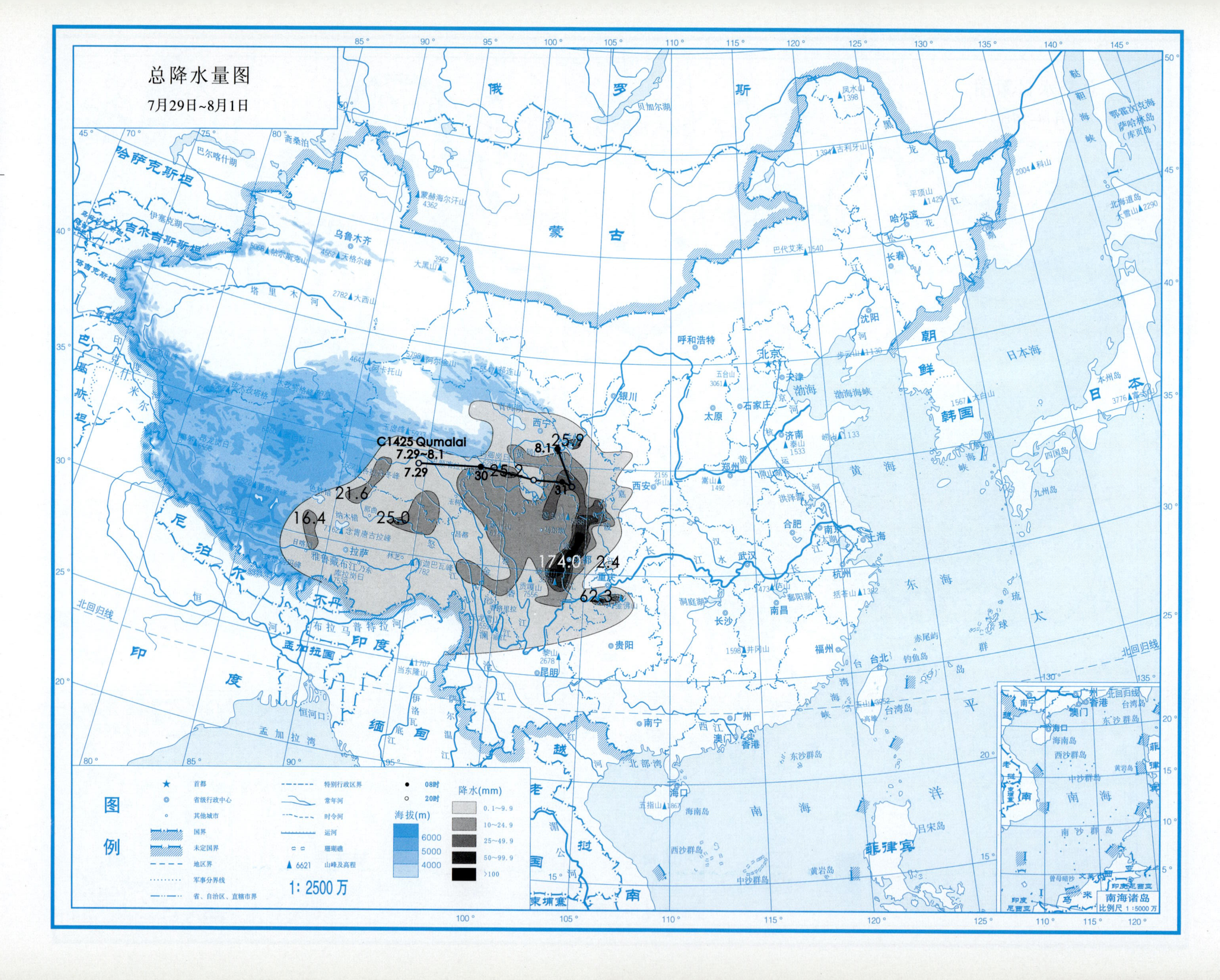
总降水量图
7月29日~8月1日
C1425 Qumalai
7.29~8.1
7.29
30
31
8.1
16.4
21.6
25.0
25.2
25.9
174.0
2.4
62.3
图例
首都
省级行政中心
其他城市
国界
未定国界
地区界
军事分界线
省、自治区、直辖市界
特别行政区界
常年河
时令河
运河
珊瑚礁
6621 山峰及高程
1: 2500万
08时
20时
海拔(m)
6000
5000
4000
降水(mm)
0.1~9.9
10~24.9
25~49.9
50~99.9
>100
南海诸岛
比例尺 1:5000万

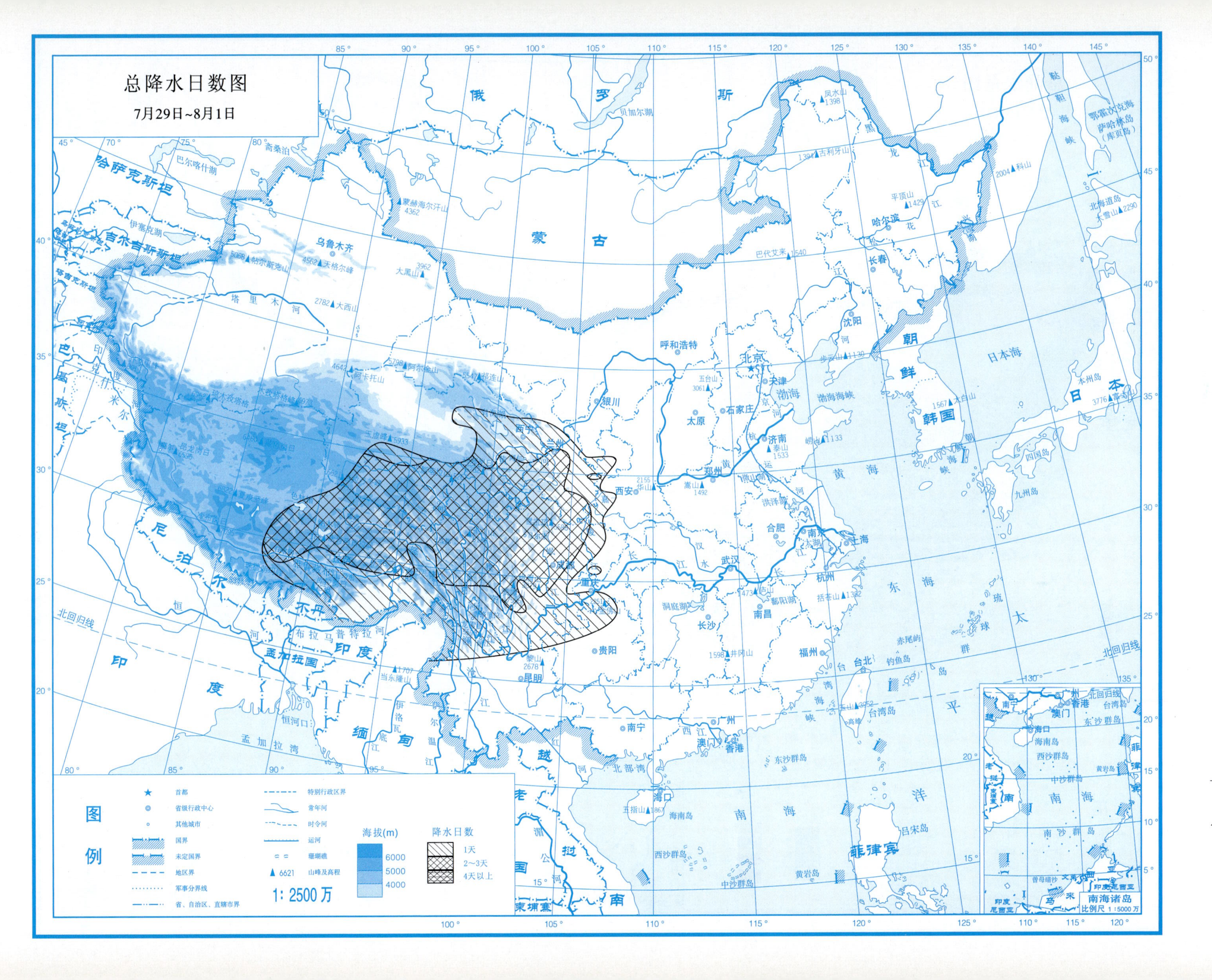
总降水日数图
7月29日~8月1日
图例
首都
省级行政中心
其他城市
国界
未定国界
地区界
军事分界线
省、自治区、直辖市界
特别行政区界
常年河
时令河
运河
珊瑚礁
山峰及高程
1: 2500万
海拔(m)
6000
5000
4000
降水日数
1天
2~3天
4天以上
南海诸岛
比例尺 1:5000万

总降水量图

8月3日

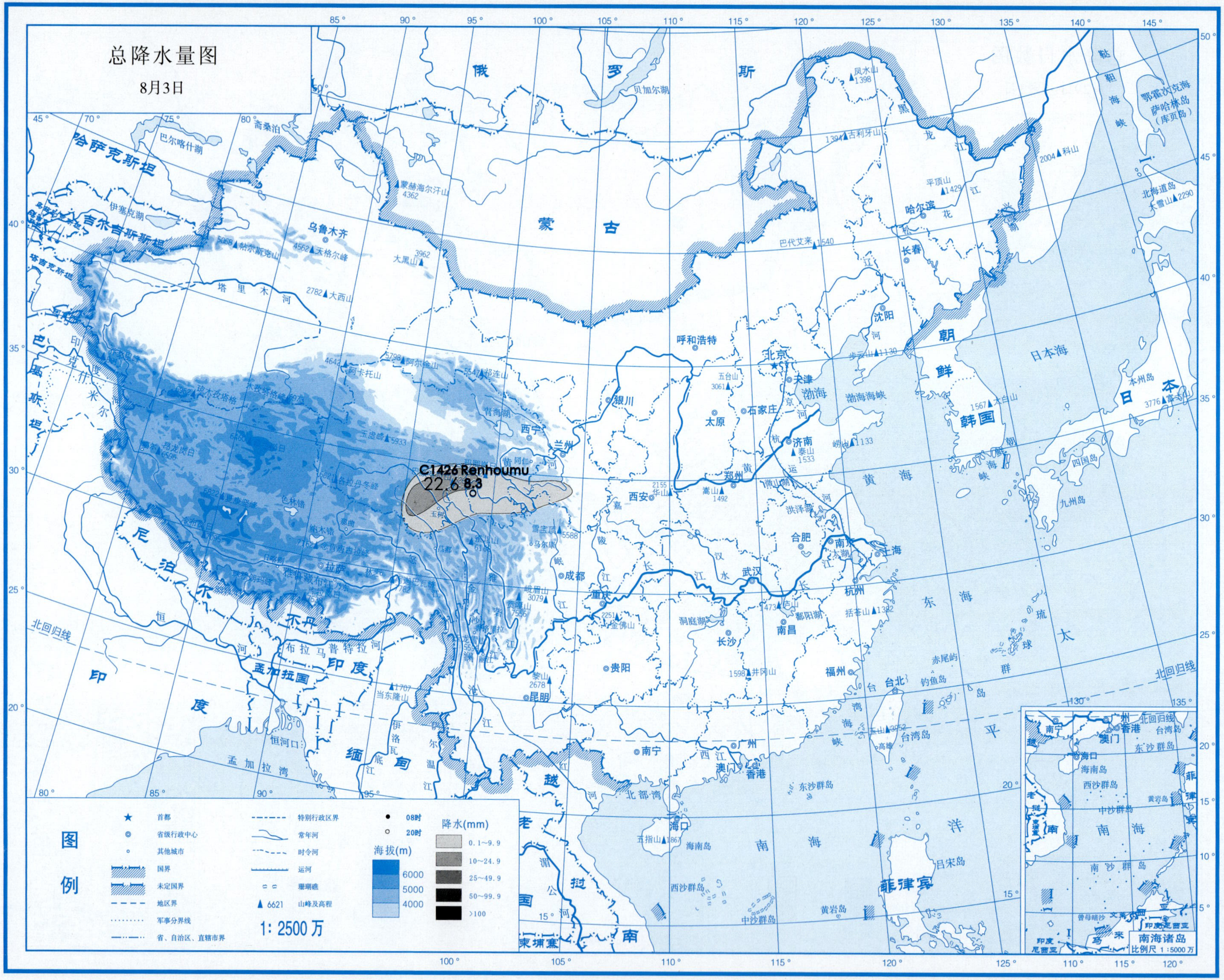
C1426 Renhoumu
22.6 8.3
图例
首都
省级行政中心
其他城市
国界
未定国界
地区界
军事分界线
省、自治区、直辖市界
特别行政区界
常年河
时令河
运河
珊瑚礁
6621 山峰及高程
08时
20时
海拔(m)
6000
5000
4000
降水(mm)
0.1~9.9
10~24.9
25~49.9
50~99.9
>100
1: 2500万
南海诸岛
比例尺 1:5000万
俄罗斯
蒙古
哈萨克斯坦
吉尔吉斯斯坦
印度
尼泊尔
不丹
孟加拉国
缅甸
老挝
越南
泰国
柬埔寨
菲律宾
朝鲜
韩国
日本
日本海
黄海
东海
南海
太平洋
北回归线
北京
天津
石家庄
太原
呼和浩特
沈阳
长春
哈尔滨
济南
郑州
南京
上海
杭州
合肥
南昌
福州
台北
武汉
长沙
广州
香港
澳门
南宁
海口
贵阳
昆明
成都
重庆
西安
银川
兰州
西宁
拉萨
乌鲁木齐

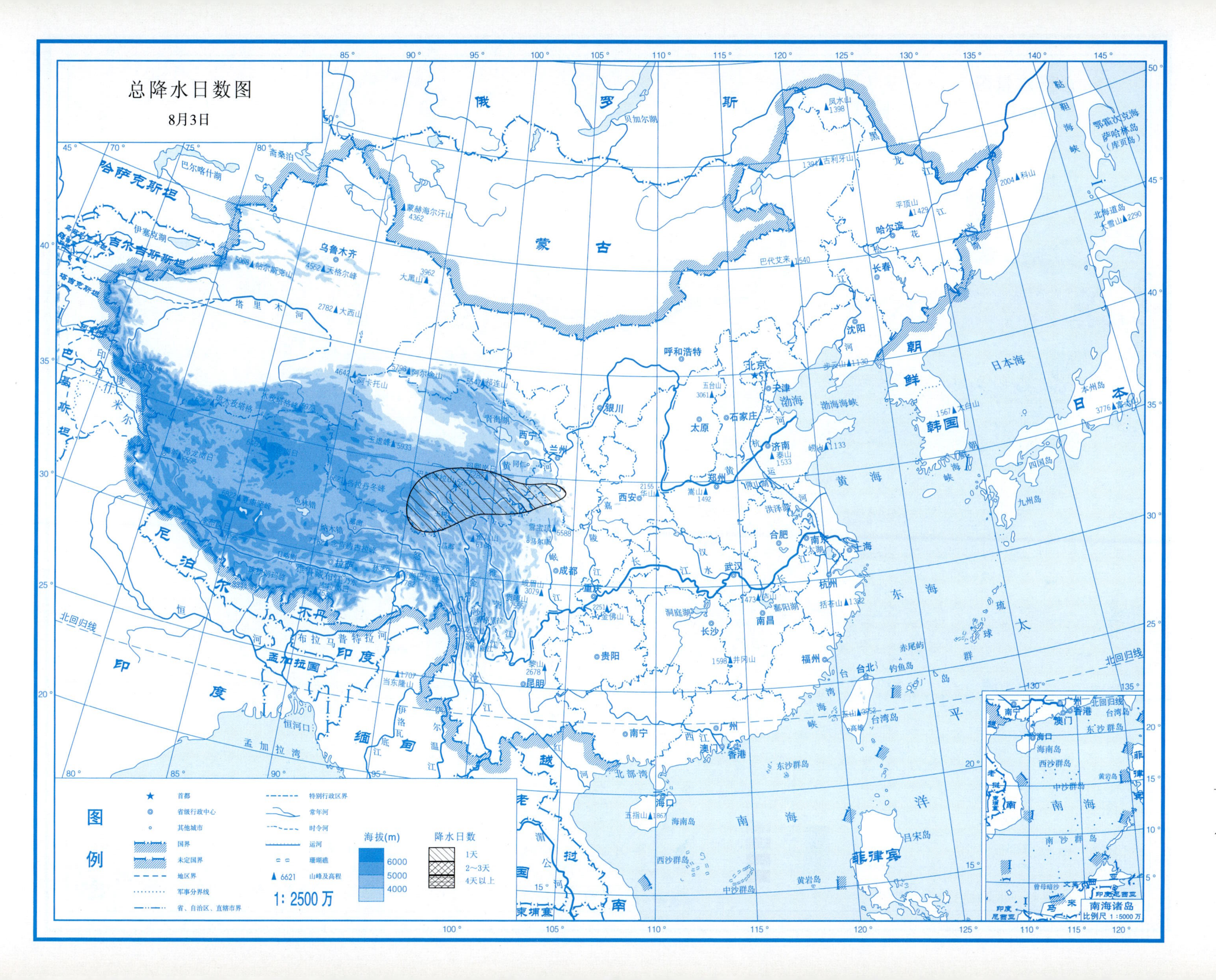
总降水日数图
8月3日
图例
首都
省级行政中心
其他城市
国界
未定国界
地区界
军事分界线
省、自治区、直辖市界
特别行政区界
常年河
时令河
运河
珊瑚礁
6621 山峰及高程
1: 2500万
海拔(m)
6000
5000
4000
降水日数
1天
2~3天
4天以上
南海诸岛
比例尺 1:5000万

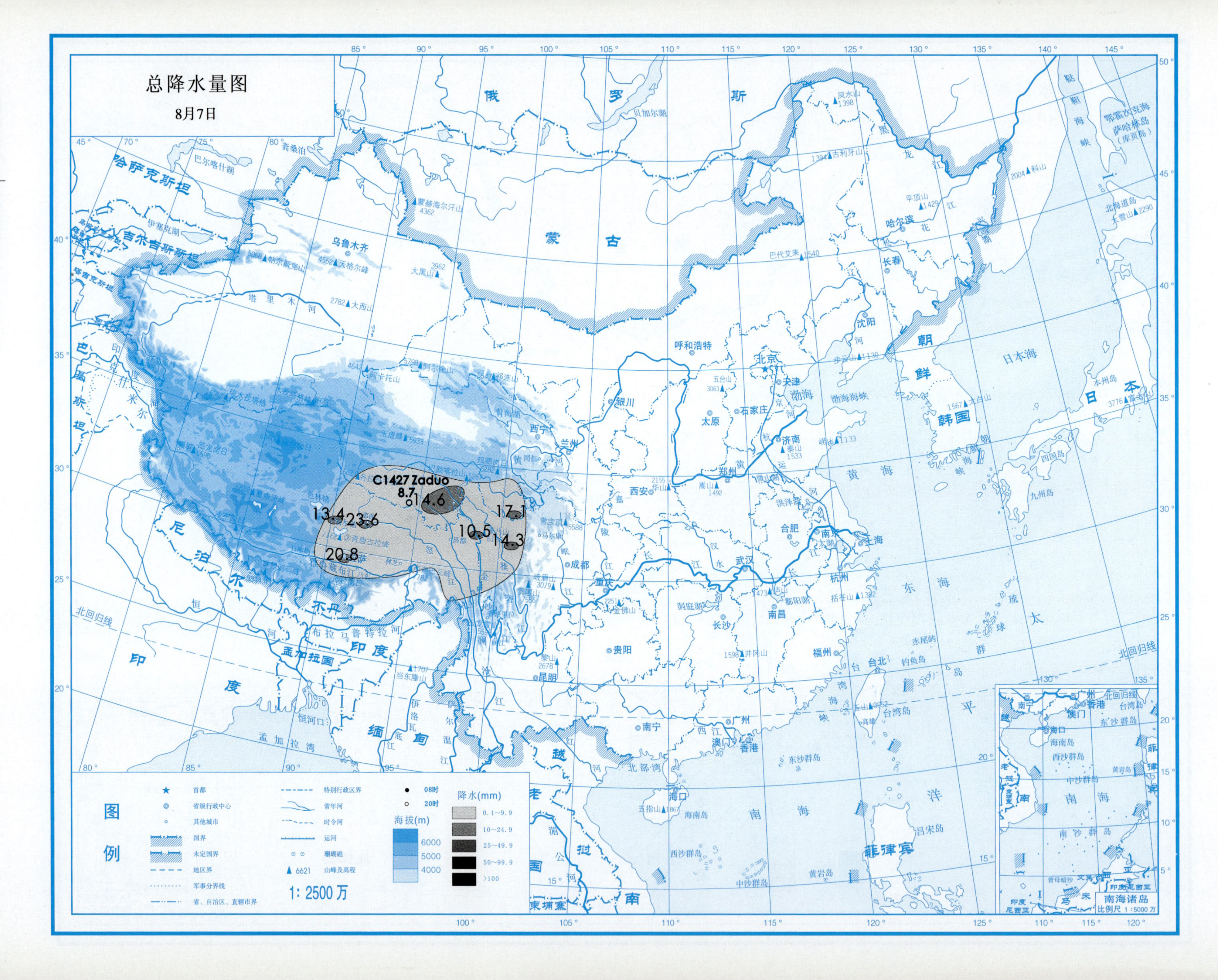
总降水量图
8月7日
C1427 Zaduo
8.7
14.6
13.4
23.6
20.8
17.1
10.5
14.3
图例
首都
省级行政中心
其他城市
国界
未定国界
地区界
军事分界线
省、自治区、直辖市界
特别行政区界
常年河
时令河
运河
珊瑚礁
6621 山峰及高程
08时
20时
海拔(m)
6000
5000
4000
降水(mm)
0.1~9.9
10~24.9
25~49.9
50~99.9
>100
1: 2500万
南海诸岛
比例尺 1:5000万

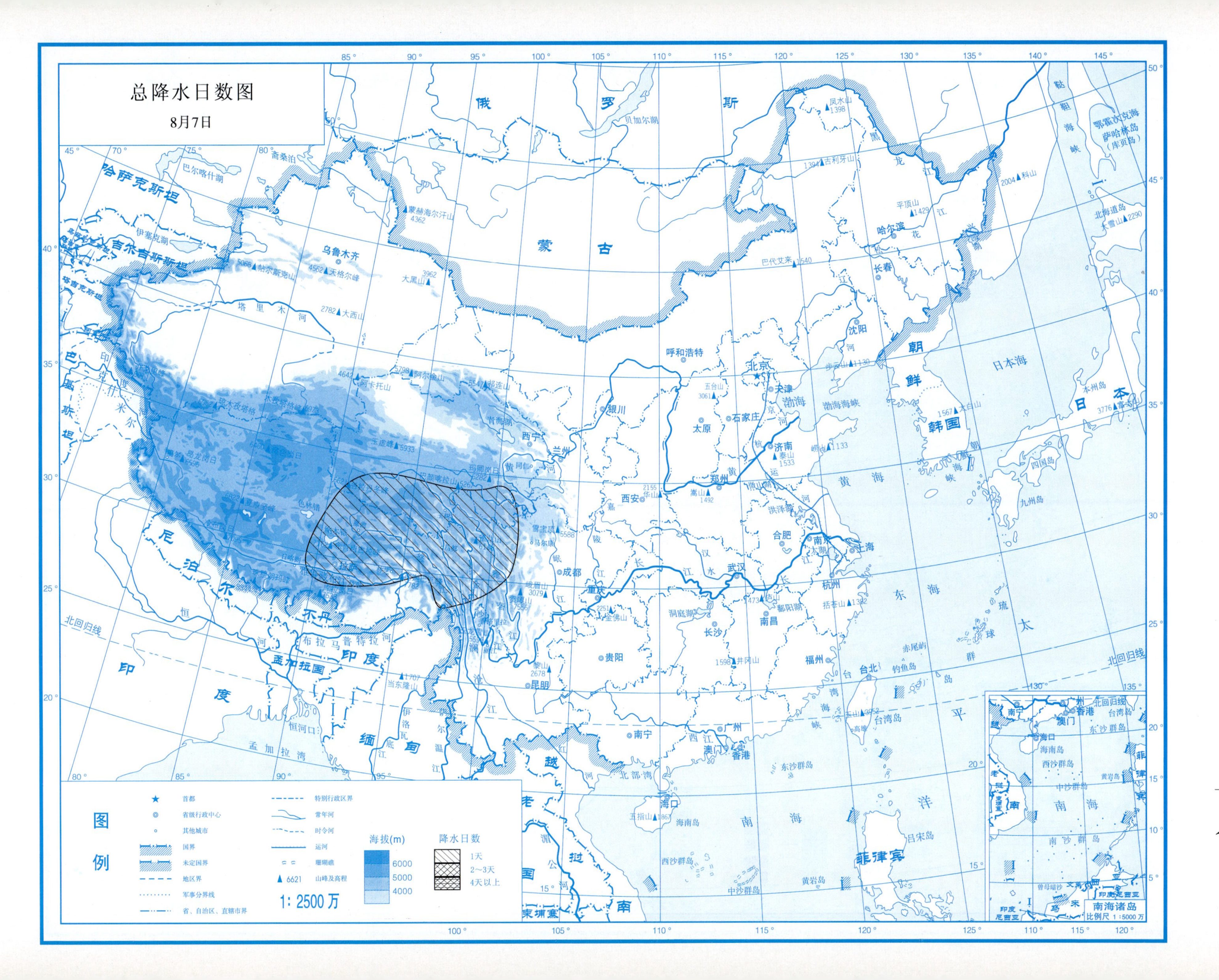
总降水日数图
8月7日
图例
首都
省级行政中心
其他城市
国界
未定国界
地区界
军事分界线
省、自治区、直辖市界
特别行政区界
常年河
时令河
运河
珊瑚礁
6621 山峰及高程
1: 2500万
海拔(m)
6000
5000
4000
降水日数
1天
2~3天
4天以上
南海诸岛
比例尺 1:5000万

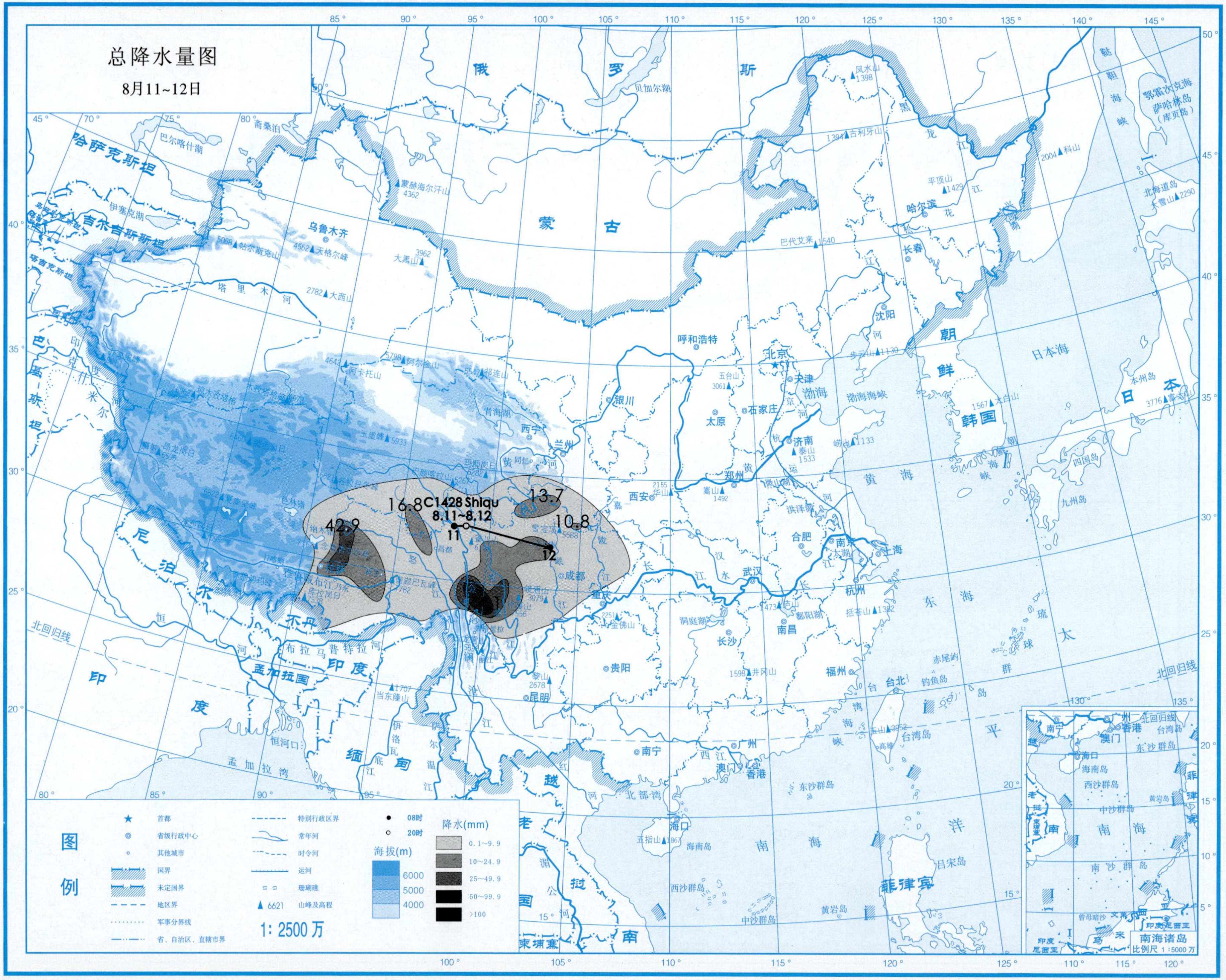
总降水量图
8月11~12日
C1428 Shiqu
8.11~8.12
11
12
42.9
16.8
13.7
10.8
图例
首都
省级行政中心
其他城市
国界
未定国界
地区界
军事分界线
省、自治区、直辖市界
特别行政区界
常年河
时令河
运河
珊瑚礁
6621 山峰及高程
1: 2500 万
08时
20时
海拔(m)
6000
5000
4000
降水(mm)
0.1~9.9
10~24.9
25~49.9
50~99.9
>100
南海诸岛
比例尺 1:5000 万

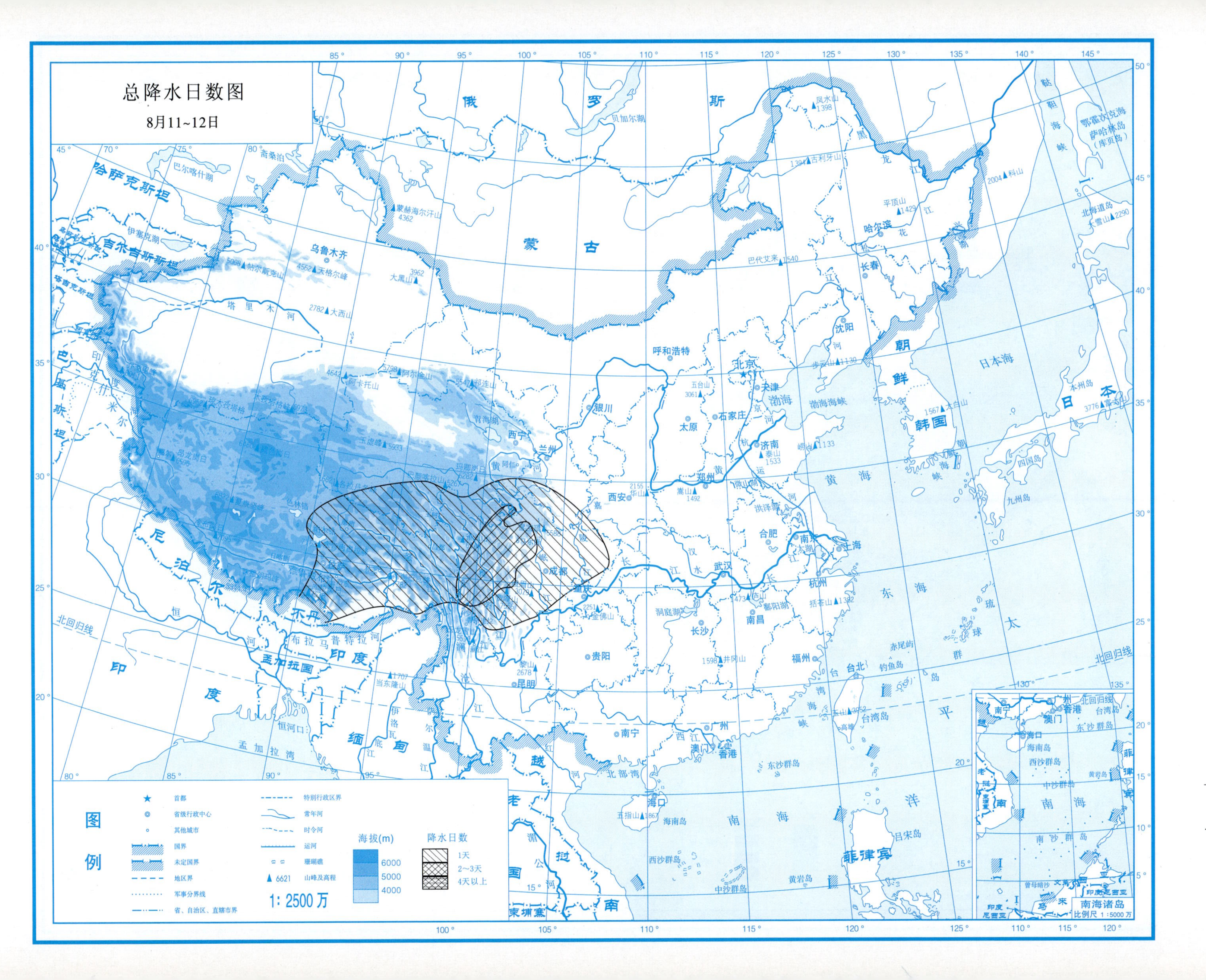
总降水日数图
8月11~12日
图例
首都
省级行政中心
其他城市
国界
未定国界
地区界
军事分界线
省、自治区、直辖市界
特别行政区界
常年河
时令河
运河
珊瑚礁
山峰及高程
1: 2500万
海拔(m)
6000
5000
4000
降水日数
1天
2~3天
4天以上
南海诸岛
比例尺 1:5000万

总降水量图

8月14日

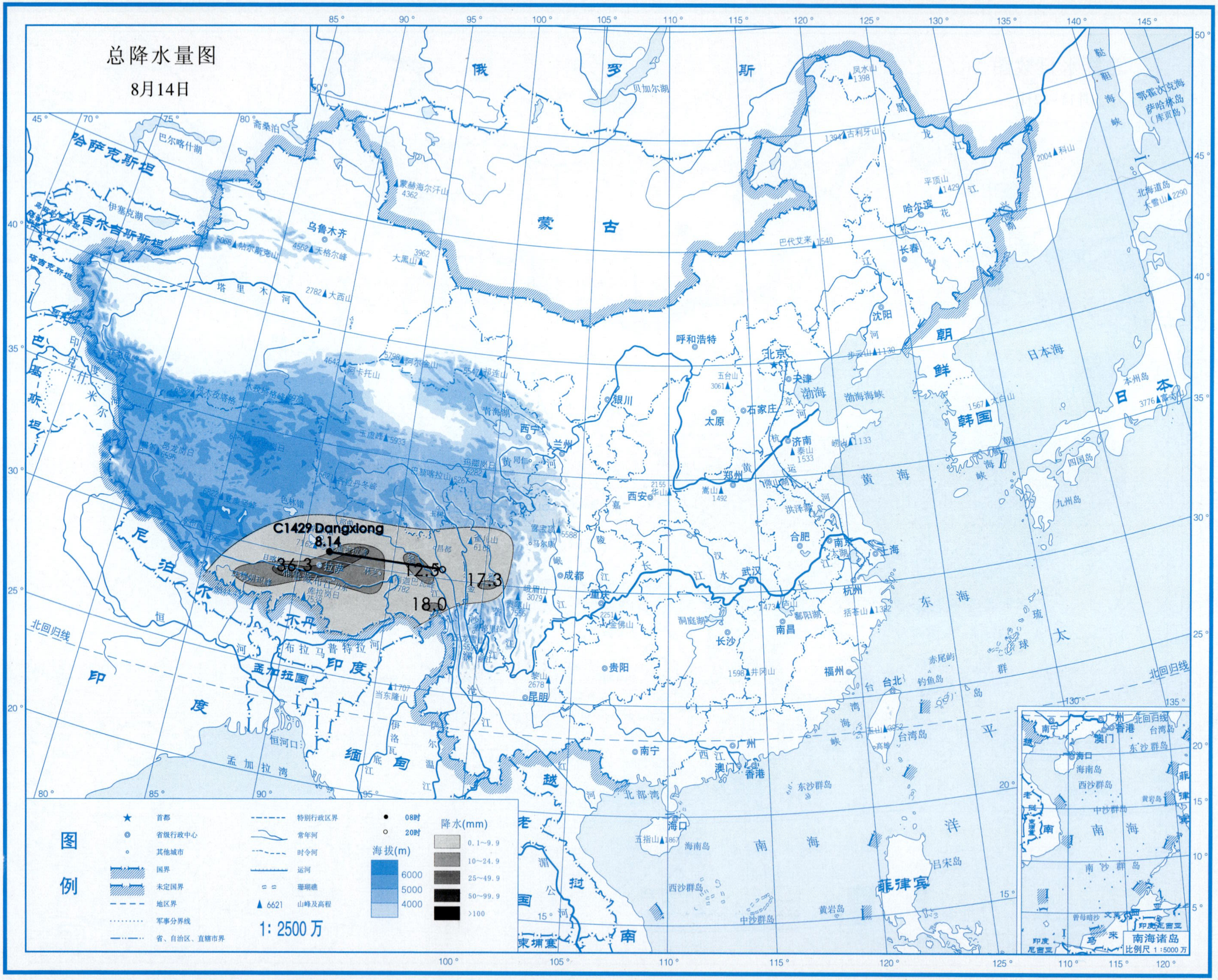
C1429 Dangxiong
8.14
36.3
12.5
17.3
18.0
图例
首都
省级行政中心
其他城市
国界
未定国界
地区界
军事分界线
省、自治区、直辖市界
特别行政区界
常年河
时令河
运河
珊瑚礁
6621 山峰及高程
08时
20时
海拔(m)
6000
5000
4000
降水(mm)
0.1~9.9
10~24.9
25~49.9
50~99.9
>100
1:2500万
南海诸岛
比例尺 1:5000万

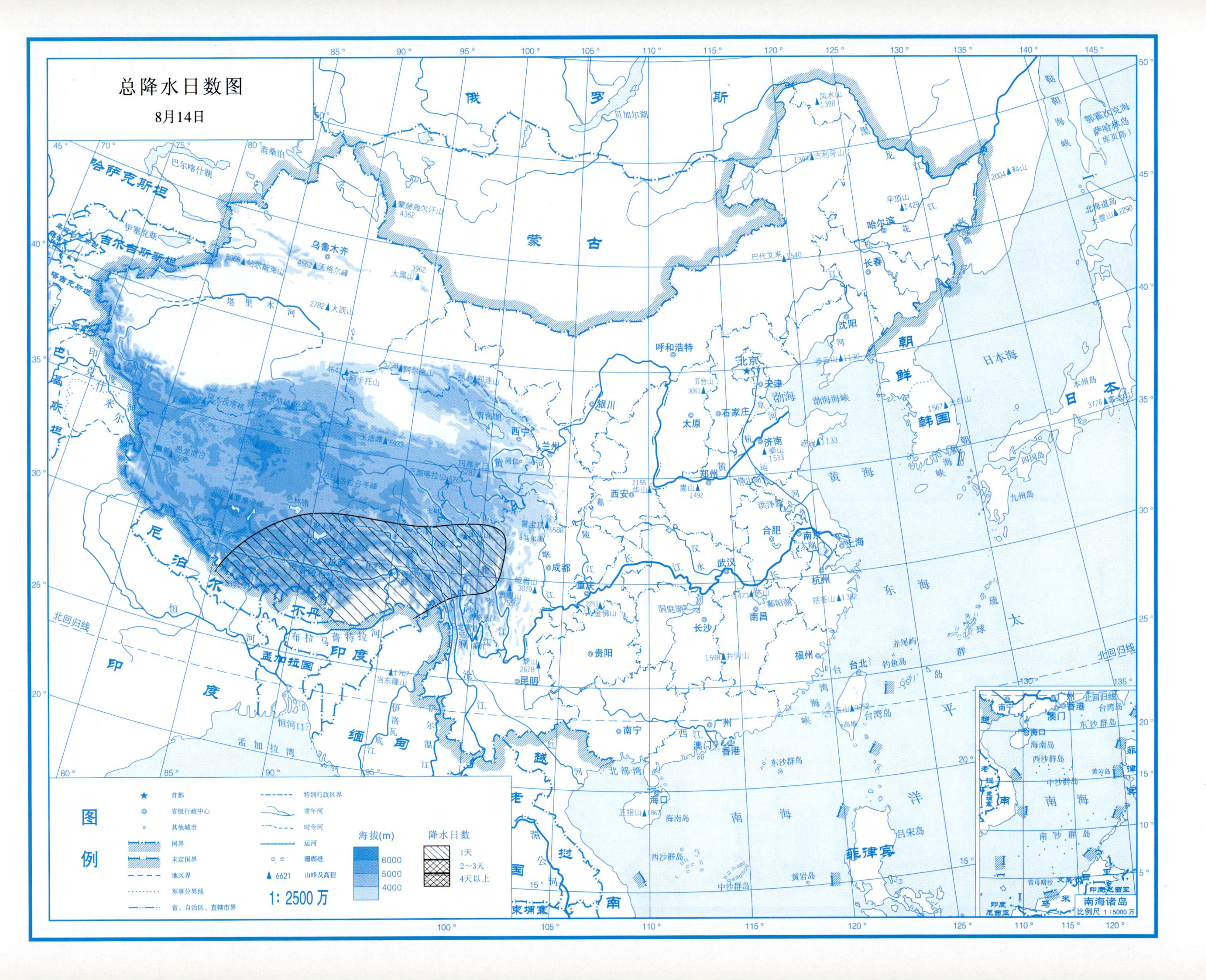
总降水日数图
8月14日
图例
首都
省级行政中心
其他城市
国界
未定国界
地区界
军事分界线
省、自治区、直辖市界
特别行政区界
常年河
时令河
运河
珊瑚礁
山峰及高程
海拔(m)
6000
5000
4000
降水日数
1天
2~3天
4天以上
1:2500万
南海诸岛
比例尺 1:5000万

总降水量图

8月16～17日

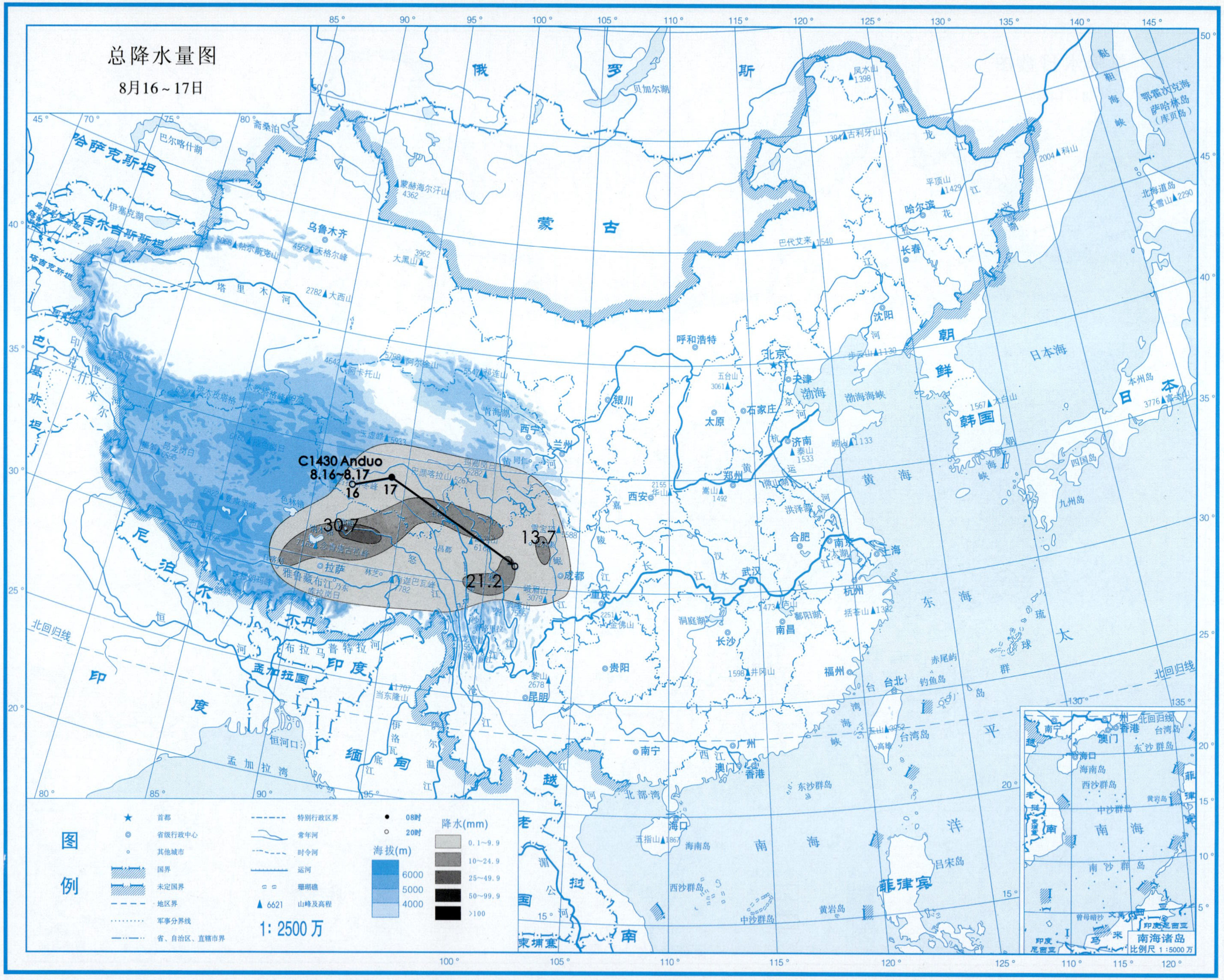
C1430 Anduo
8.16~8.17
16
17
30.7
21.2
13.7
图例
首都
省级行政中心
其他城市
国界
未定国界
地区界
军事分界线
省、自治区、直辖市界
特别行政区界
常年河
时令河
运河
珊瑚礁
6621 山峰及高程
08时
20时
海拔(m)
6000
5000
4000
降水(mm)
0.1~9.9
10~24.9
25~49.9
50~99.9
>100
1: 2500万
南海诸岛
比例尺 1:5000万

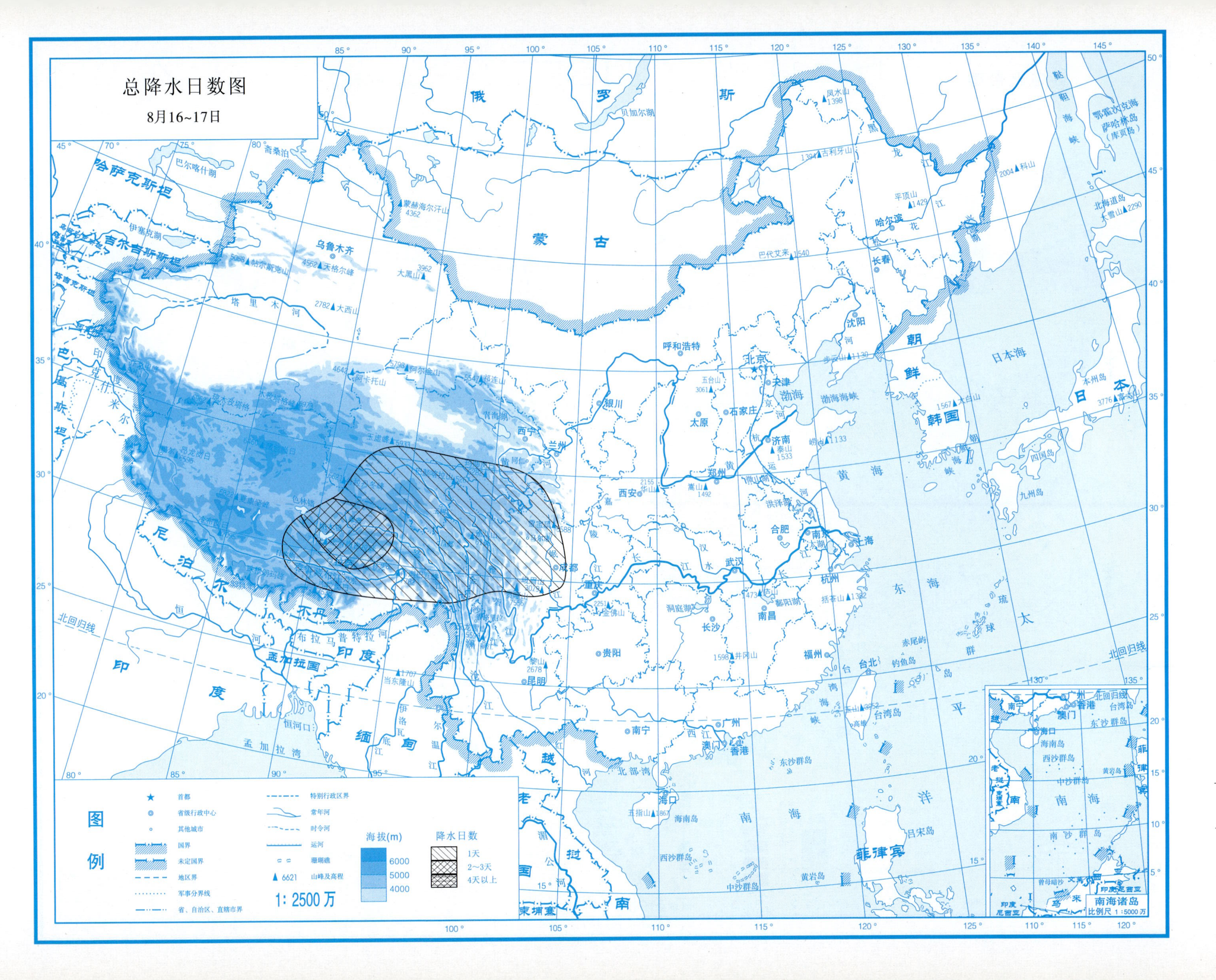
总降水日数图
8月16~17日
图例
首都
省级行政中心
其他城市
国界
未定国界
地区界
军事分界线
省、自治区、直辖市界
特别行政区界
常年河
时令河
运河
珊瑚礁
6621 山峰及高程
1:2500万
海拔(m)
6000
5000
4000
降水日数
1天
2~3天
4天以上
南海诸岛
比例尺 1:5000万

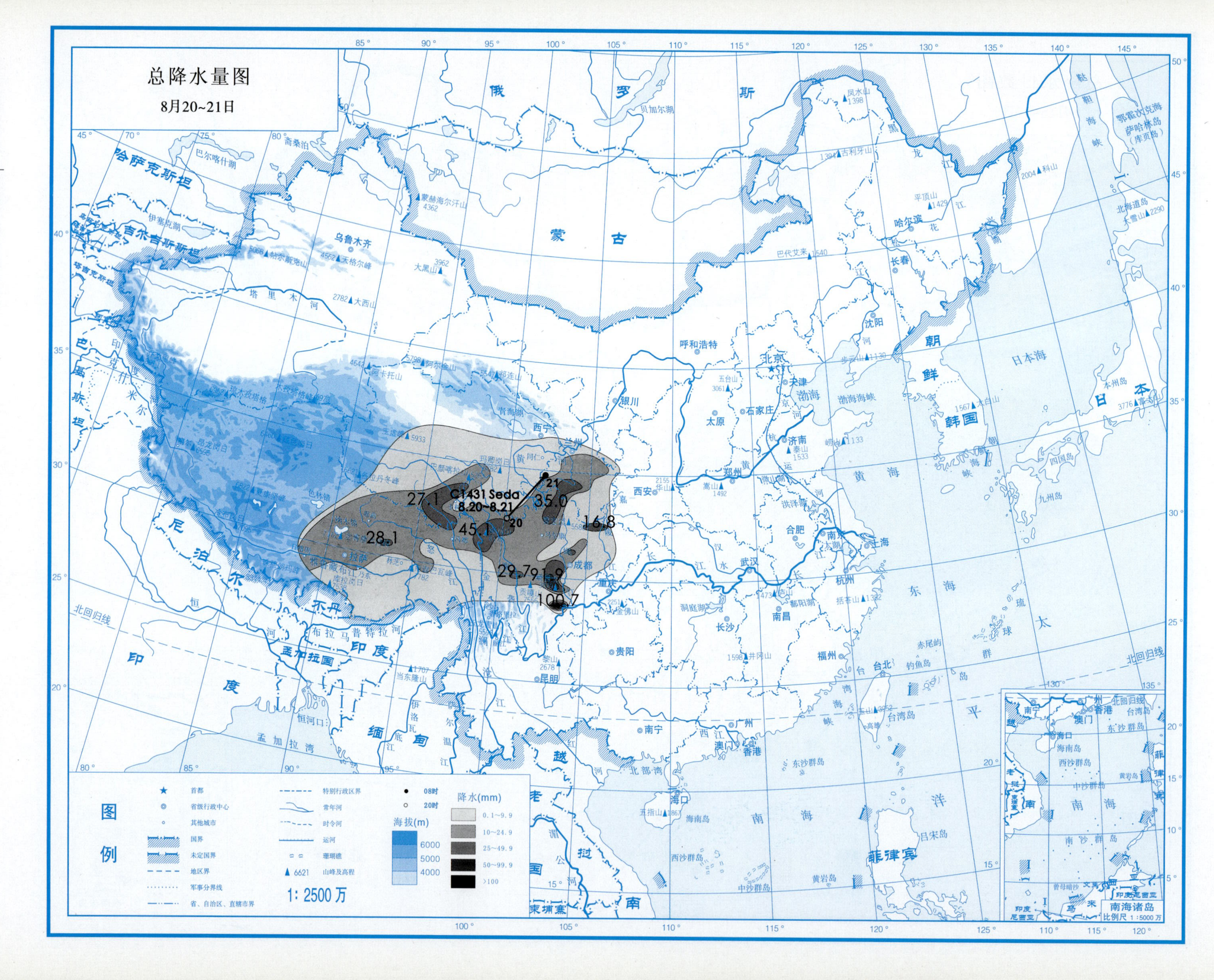
总降水量图
8月20~21日
C1431 Seda
8.20~8.21
28.1
27.1
45.1
35.0
16.8
29.79
100.7
图例
首都
省级行政中心
其他城市
国界
未定国界
地区界
军事分界线
省、自治区、直辖市界
特别行政区界
常年河
时令河
运河
珊瑚礁
6621 山峰及高程
08时
20时
海拔(m)
6000
5000
4000
降水(mm)
0.1~9.9
10~24.9
25~49.9
50~99.9
>100
1: 2500 万
南海诸岛
比例尺 1:5000 万

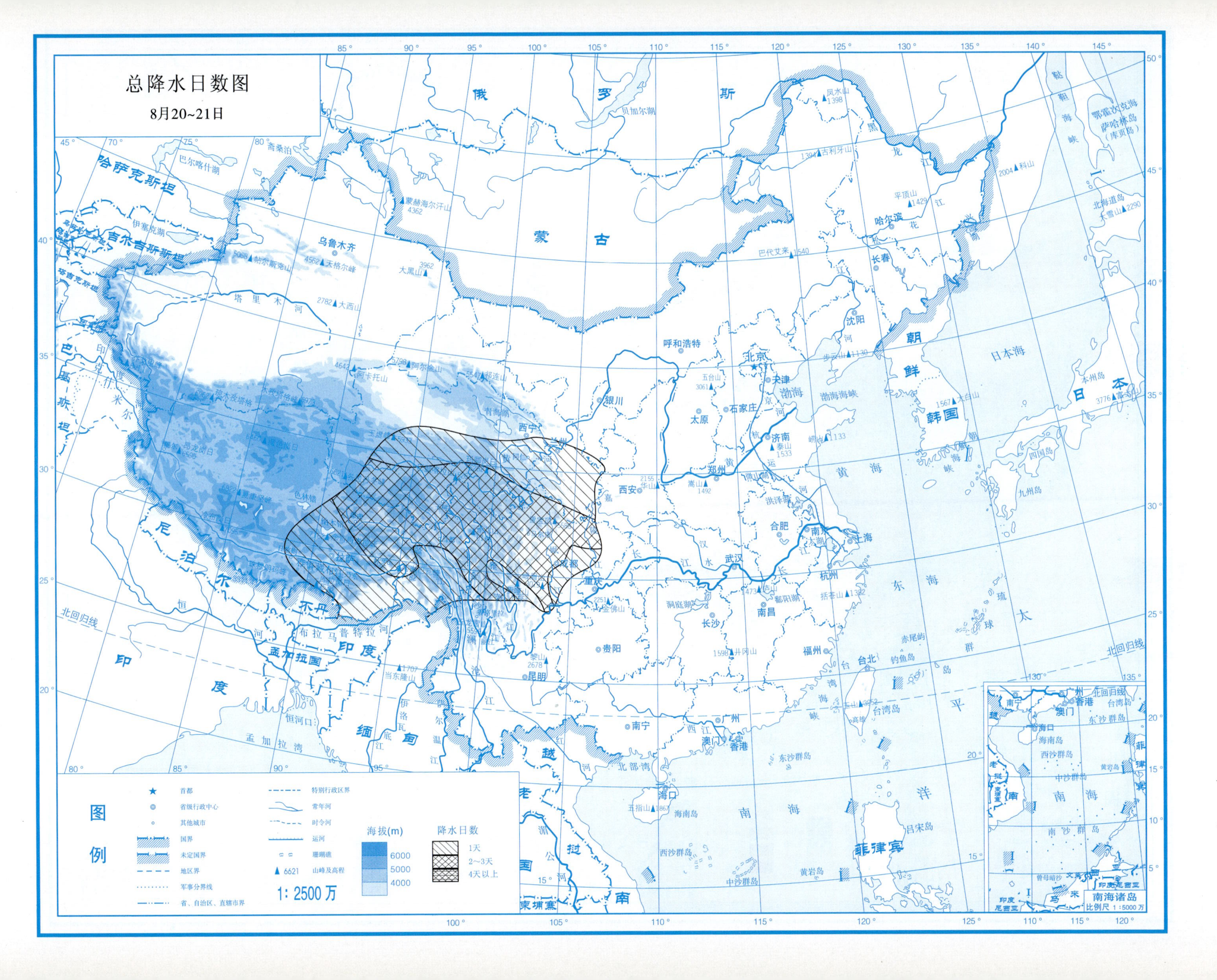
总降水日数图
8月20~21日
图例
首都
省级行政中心
其他城市
国界
未定国界
地区界
军事分界线
省、自治区、直辖市界
特别行政区界
常年河
时令河
运河
珊瑚礁
山峰及高程
1:2500万
海拔(m)
6000
5000
4000
降水日数
1天
2~3天
4天以上
南海诸岛
比例尺 1:5000万

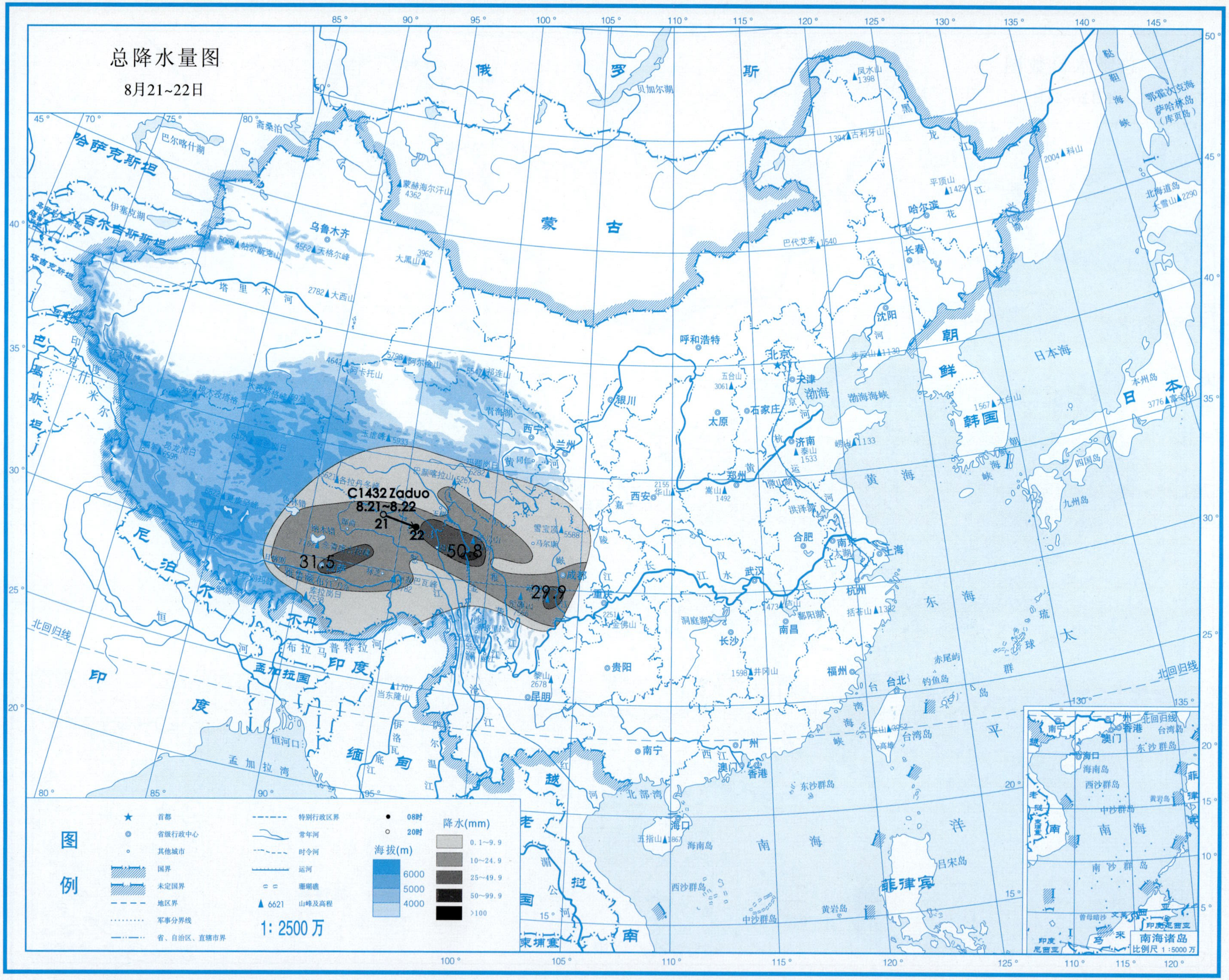
总降水量图
8月21~22日
C1432 Zaduo
8.21~8.22
21
22
31.5
50.8
29.9
图例
首都
省级行政中心
其他城市
国界
未定国界
地区界
军事分界线
省、自治区、直辖市界
特别行政区界
常年河
时令河
运河
珊瑚礁
6621 山峰及高程
08时
20时
海拔(m)
6000
5000
4000
降水(mm)
0.1~9.9
10~24.9
25~49.9
50~99.9
>100
1:2500万
南海诸岛
比例尺 1:5000万

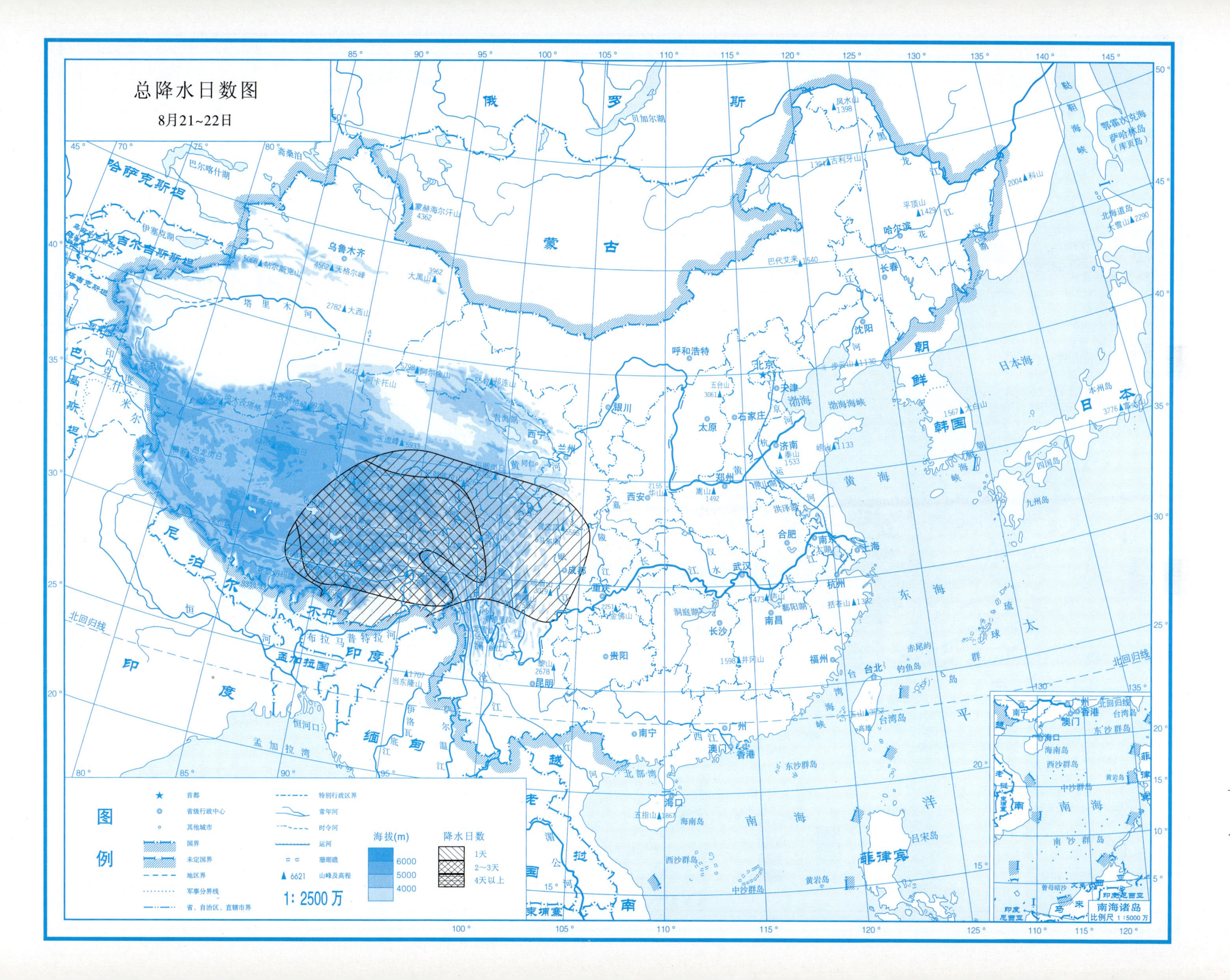
总降水日数图
8月21~22日
图例
首都
省级行政中心
其他城市
国界
未定国界
地区界
军事分界线
省、自治区、直辖市界
特别行政区界
常年河
时令河
运河
珊瑚礁
山峰及高程
海拔(m)
6000
5000
4000
降水日数
1天
2~3天
4天以上
1: 2500万
南海诸岛
比例尺 1:5000万

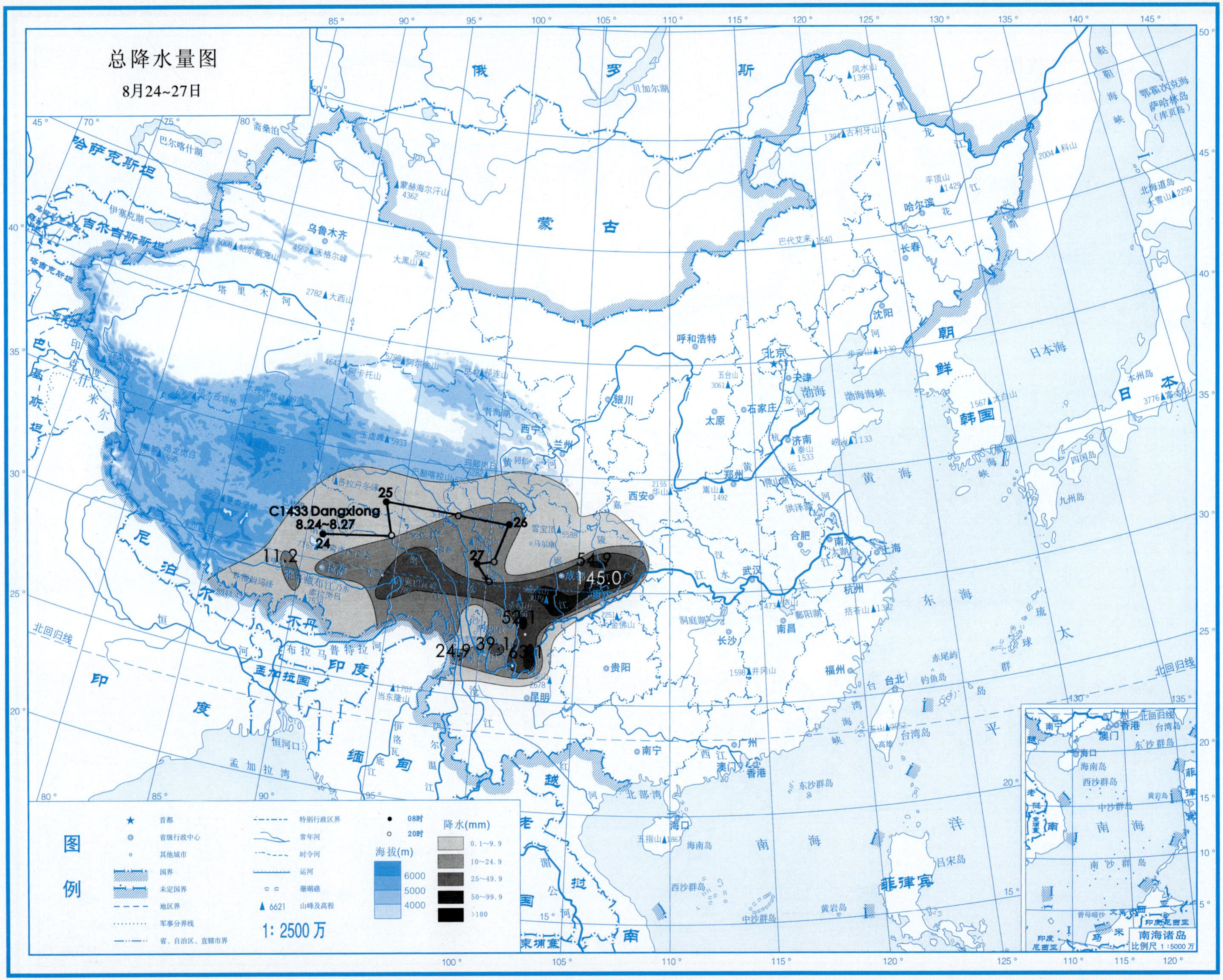
总降水量图
8月24~27日
C1433 Dangxiong
8.24~8.27
24
25
26
27
11.2
24.9
39.1
52.1
63.1
54.9
145.0
图例
首都
省级行政中心
其他城市
国界
未定国界
地区界
军事分界线
省、自治区、直辖市界
特别行政区界
常年河
时令河
运河
珊瑚礁
6621 山峰及高程
1: 2500万
08时
20时
海拔(m)
6000
5000
4000
降水(mm)
0.1~9.9
10~24.9
25~49.9
50~99.9
>100
南海诸岛
比例尺 1:5000万

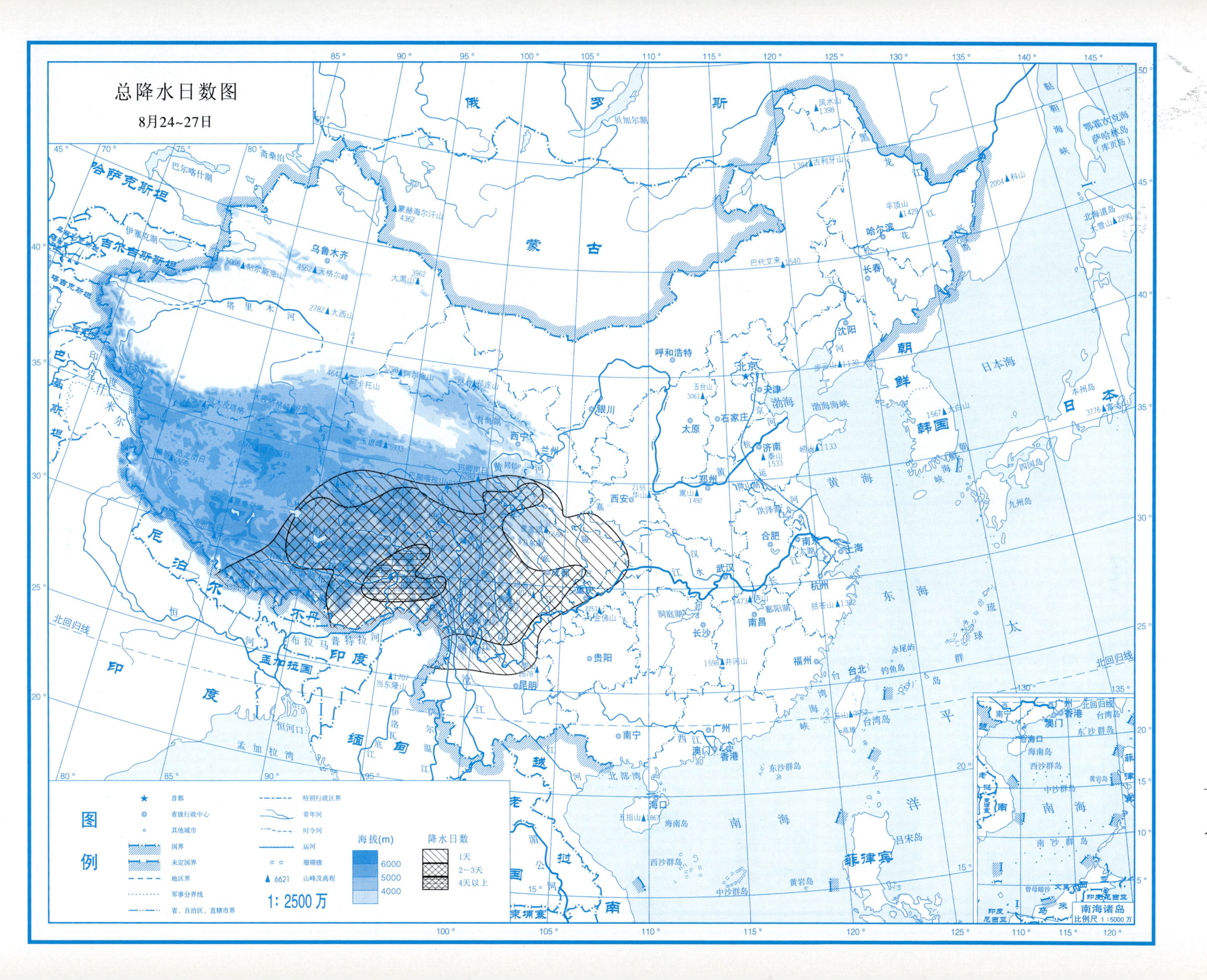
总降水日数图
8月24~27日
图例
首都
省级行政中心
其他城市
国界
未定国界
地区界
军事分界线
省、自治区、直辖市界
特别行政区界
常年河
时令河
运河
珊瑚礁
山峰及高程
海拔(m)
6000
5000
4000
降水日数
1天
2~3天
4天以上
1: 2500万
南海诸岛
比例尺 1:5000万

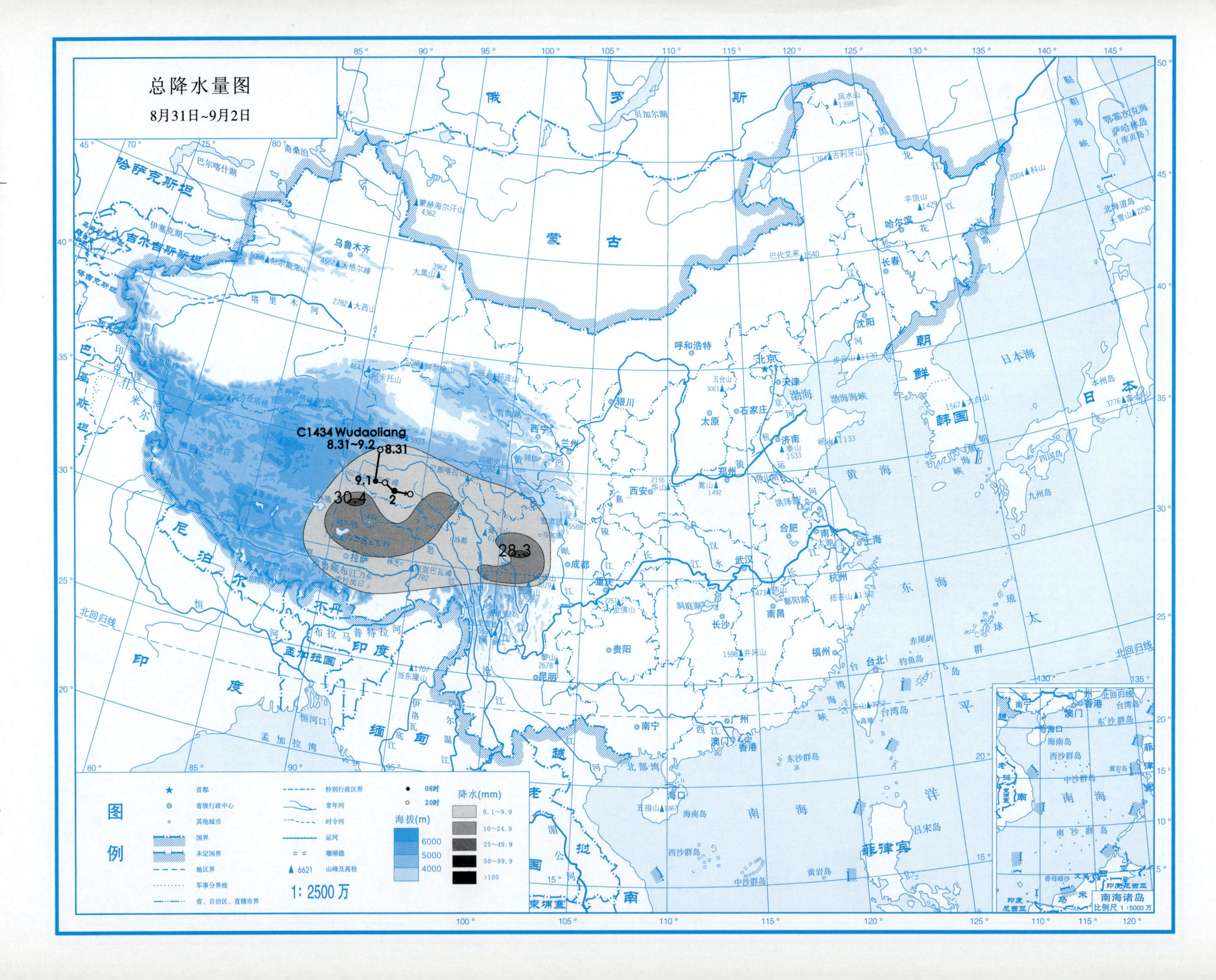
总降水量图
8月31日~9月2日
C1434 Wudaoliang
8.31~9.2
8.31
9.1
2
30.4
28.3
图例
首都
省级行政中心
其他城市
国界
未定国界
地区界
军事分界线
省、自治区、直辖市界
特别行政区界
常年河
时令河
运河
珊瑚礁
6621 山峰及高程
08时
20时
海拔(m)
6000
5000
4000
降水(mm)
0.1~9.9
10~24.9
25~49.9
50~99.9
>100
1: 2500万
南海诸岛
比例尺 1:5000万

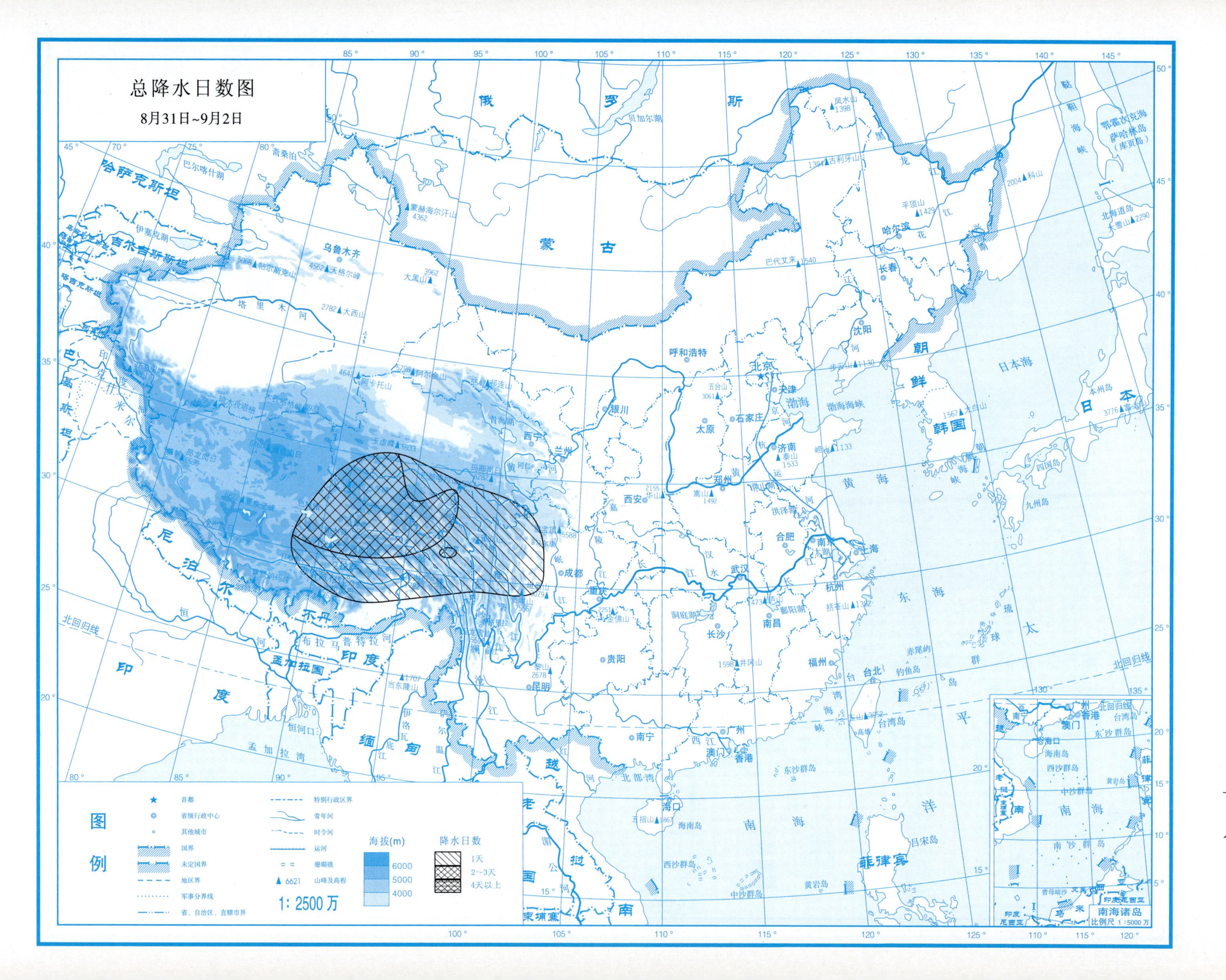
总降水日数图
8月31日~9月2日
图例
首都
省级行政中心
其他城市
国界
未定国界
地区界
军事分界线
省、自治区、直辖市界
特别行政区界
常年河
时令河
运河
珊瑚礁
6621 山峰及高程
海拔(m)
6000
5000
4000
降水日数
1天
2~3天
4天以上
1: 2500万
南海诸岛
比例尺 1:5000万

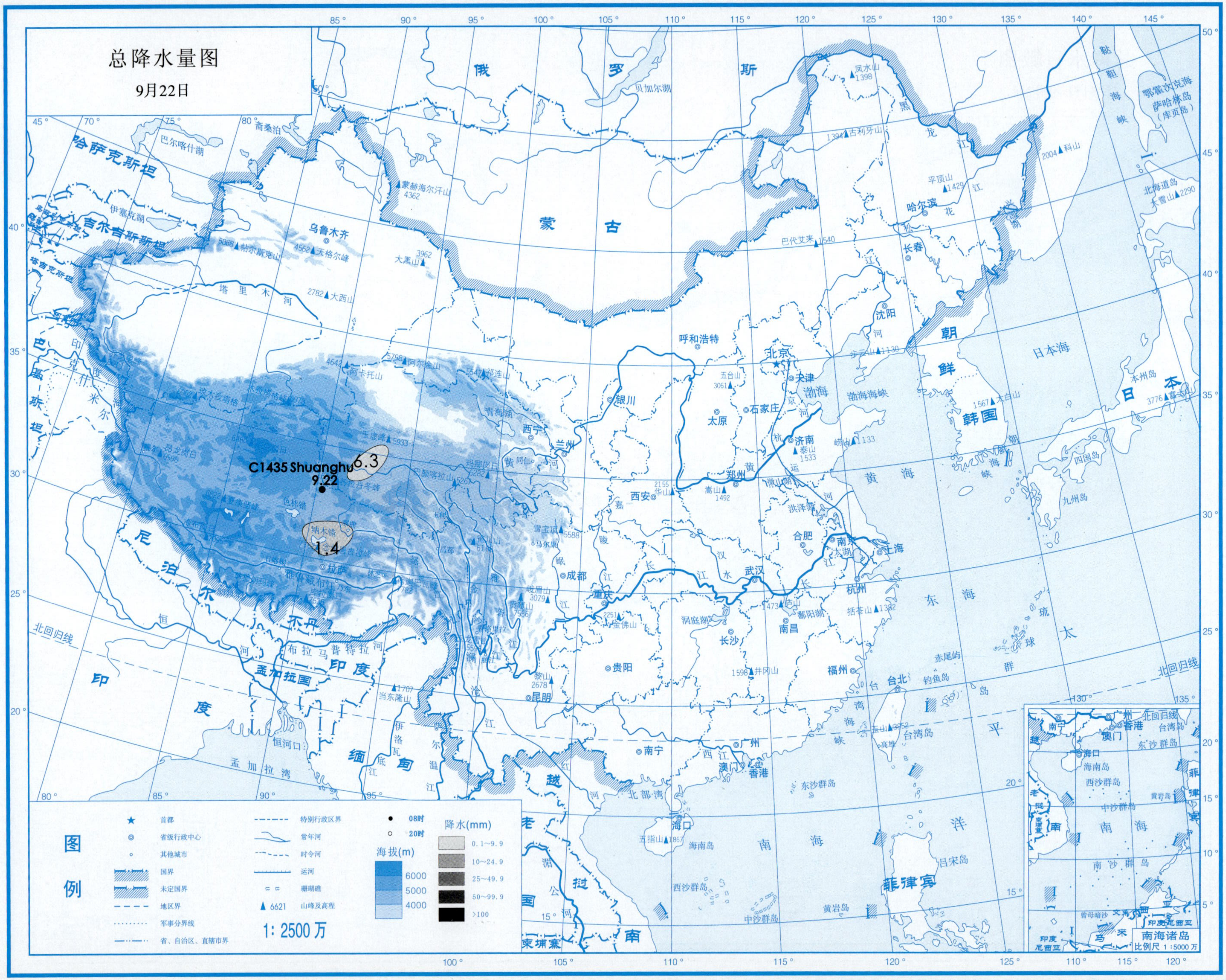
总降水量图
9月22日
C1435 Shuanghu
9.22
6.3
1.4
图例
首都
省级行政中心
其他城市
国界
未定国界
地区界
军事分界线
省、自治区、直辖市界
特别行政区界
常年河
时令河
运河
珊瑚礁
6621 山峰及高程
1: 2500 万
08时
20时
海拔(m)
6000
5000
4000
降水(mm)
0.1~9.9
10~24.9
25~49.9
50~99.9
>100
南海诸岛
比例尺 1:5000 万

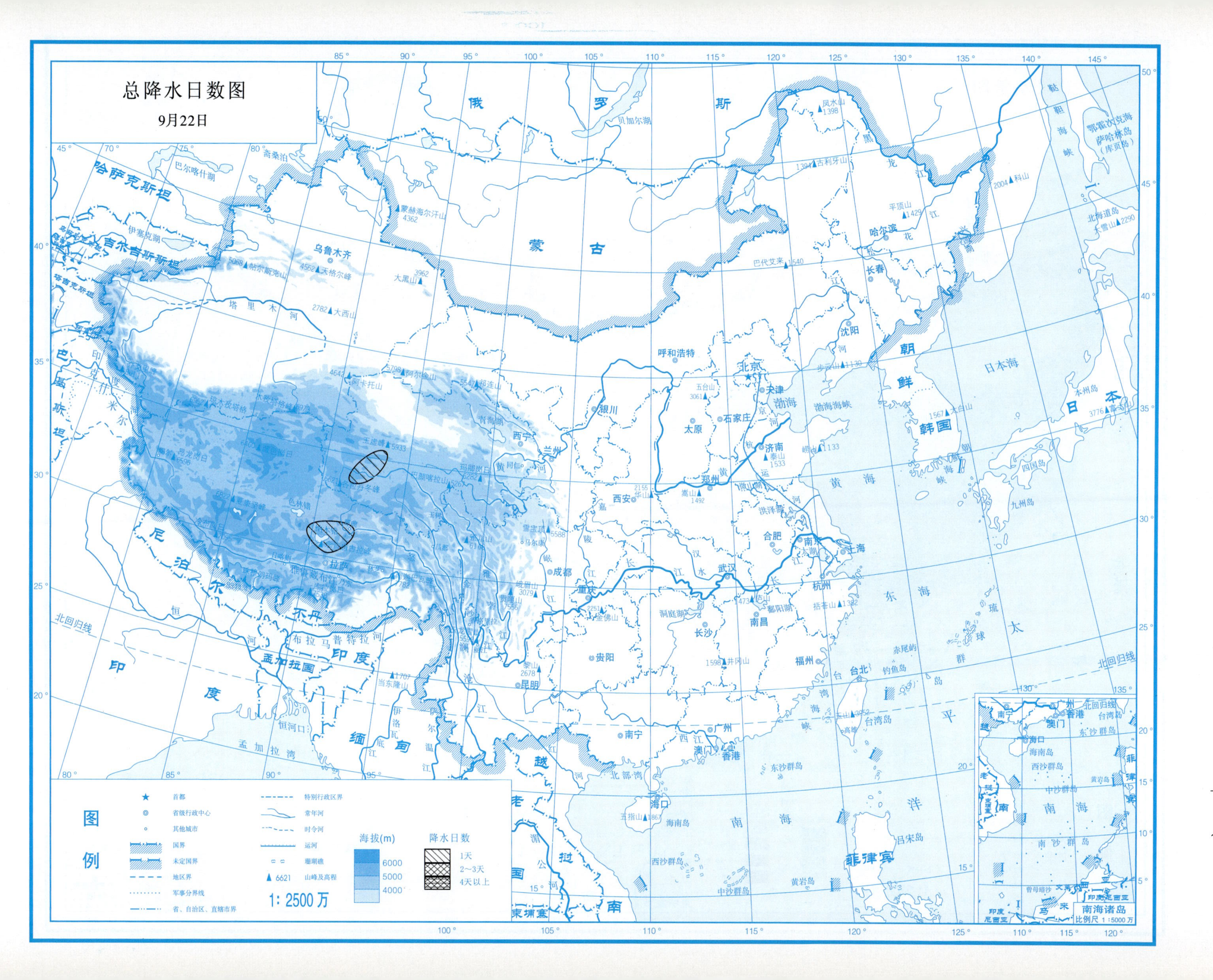
总降水日数图
9月22日
图例
首都
省级行政中心
其他城市
国界
未定国界
地区界
军事分界线
省、自治区、直辖市界
特别行政区界
常年河
时令河
运河
珊瑚礁
山峰及高程
1: 2500万
海拔(m)
6000
5000
4000
降水日数
1天
2~3天
4天以上
南海诸岛
比例尺 1:5000万

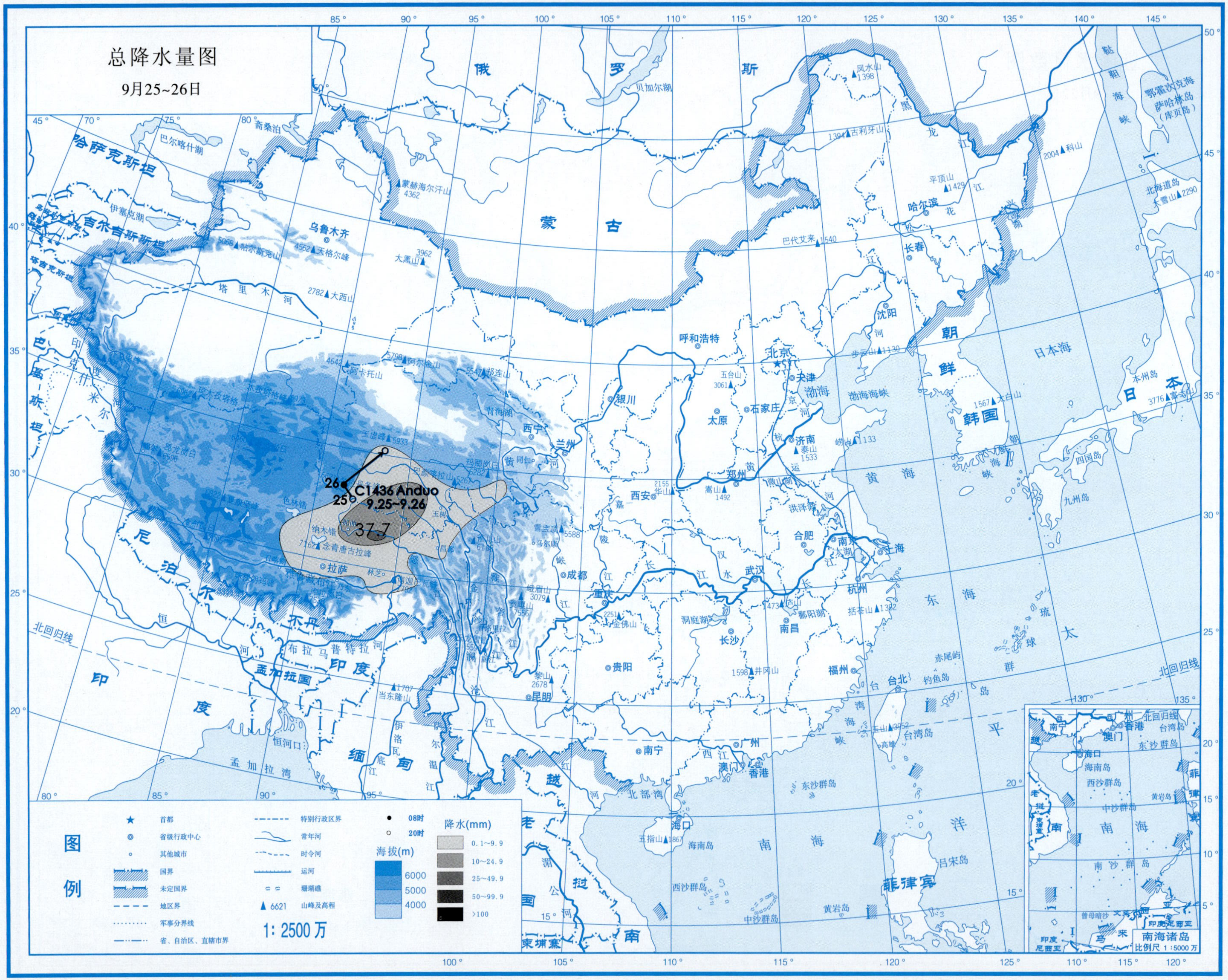
总降水量图
9月25~26日
C1436 Anduo
9.25~9.26
37.7
图例
首都
省级行政中心
其他城市
国界
未定国界
地区界
军事分界线
省、自治区、直辖市界
特别行政区界
常年河
时令河
运河
珊瑚礁
6621 山峰及高程
1: 2500万
08时
20时
海拔(m)
6000
5000
4000
降水(mm)
0.1~9.9
10~24.9
25~49.9
50~99.9
>100
南海诸岛
比例尺 1:5000万

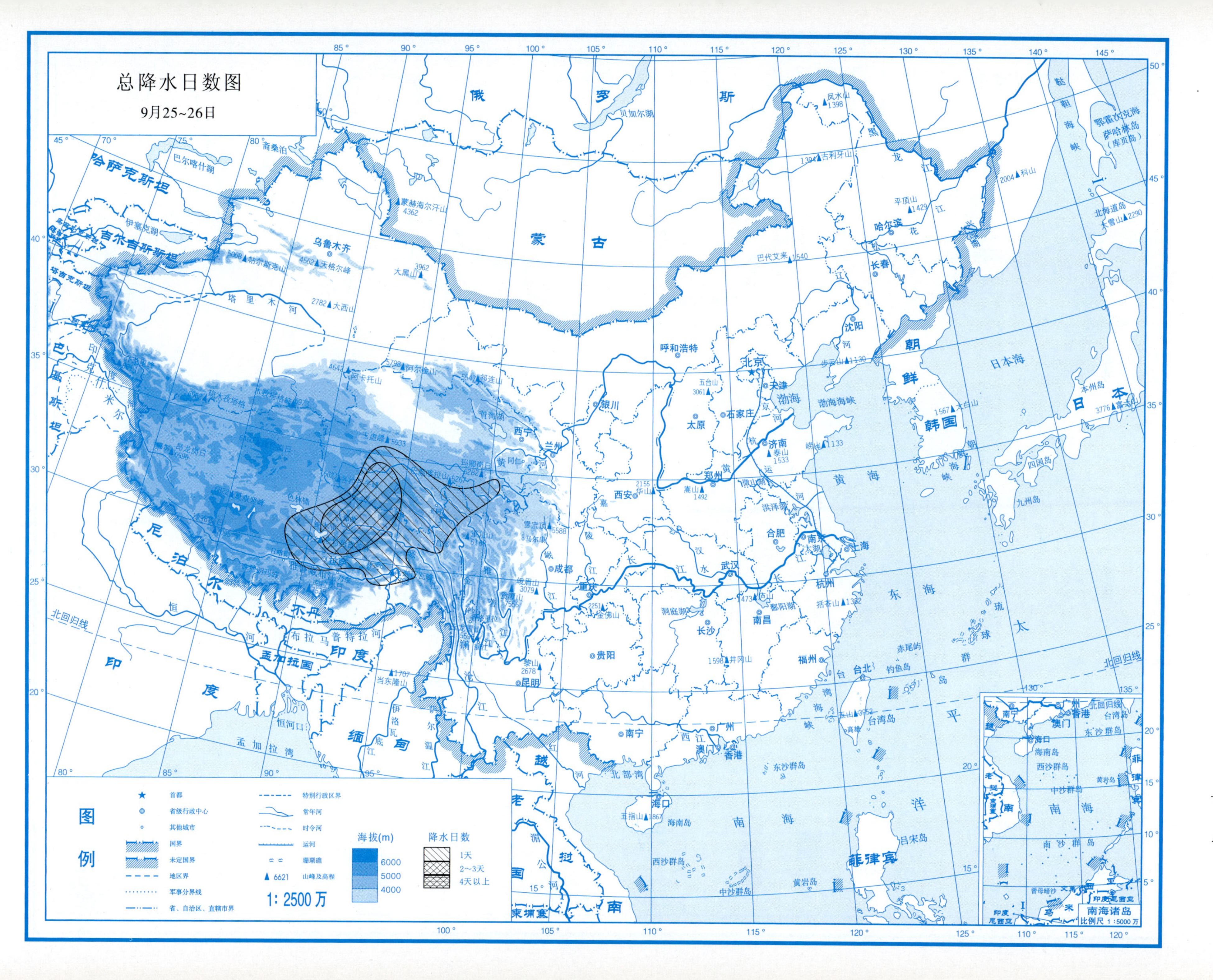
总降水日数图
9月25~26日
图例
首都
省级行政中心
其他城市
国界
未定国界
地区界
军事分界线
省、自治区、直辖市界
特别行政区界
常年河
时令河
运河
珊瑚礁
6621 山峰及高程
海拔(m)
6000
5000
4000
降水日数
1天
2~3天
4天以上
1: 2500万
南海诸岛
比例尺 1:5000万

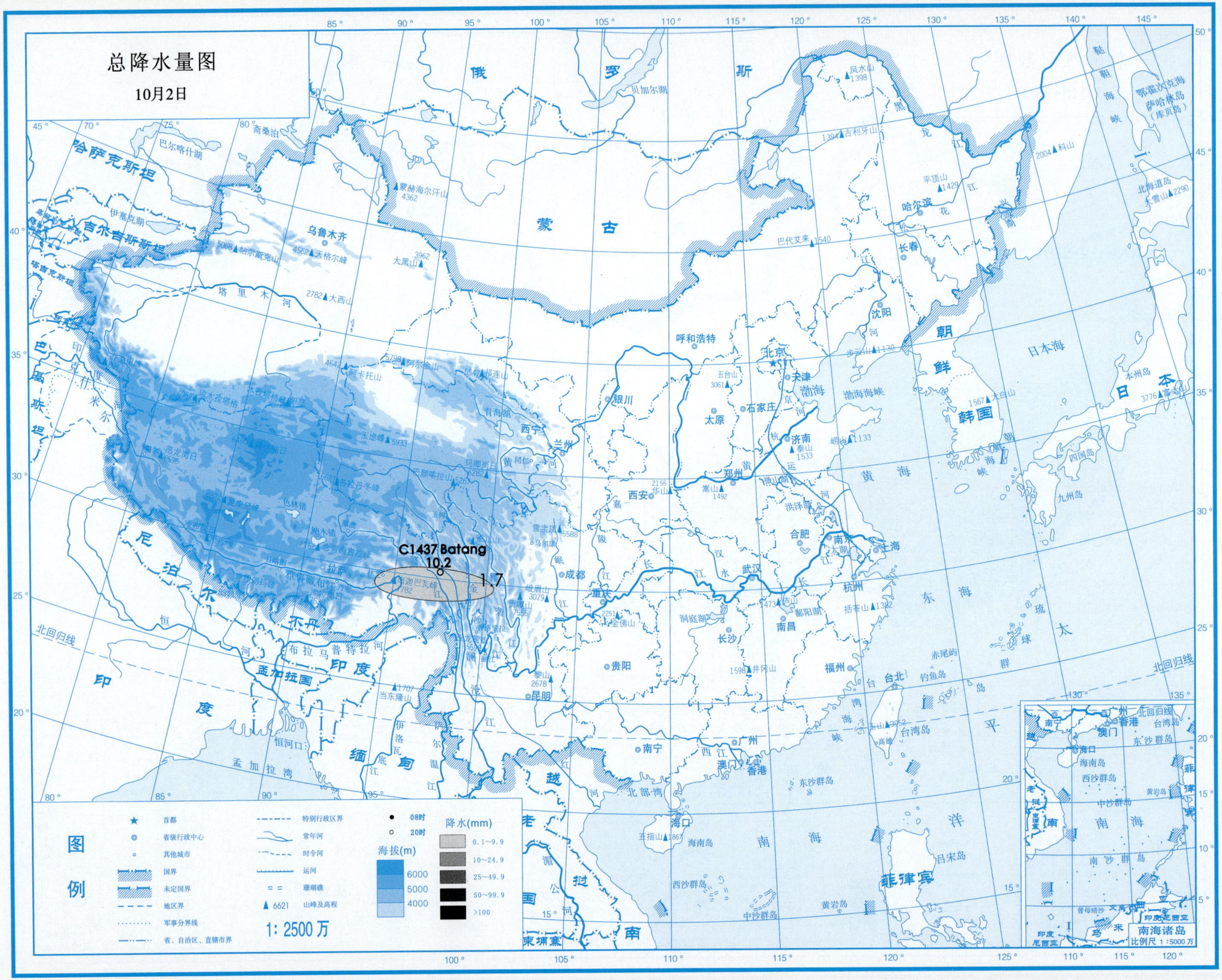
总降水量图
10月2日
C1437 Batang
10.2
1.7
图例
首都
省级行政中心
其他城市
国界
未定国界
地区界
军事分界线
省、自治区、直辖市界
特别行政区界
常年河
时令河
运河
珊瑚礁
6621 山峰及高程
08时
20时
海拔(m)
6000
5000
4000
降水(mm)
0.1～9.9
10～24.9
25～49.9
50～99.9
>100
1: 2500万
南海诸岛
比例尺 1:5000万

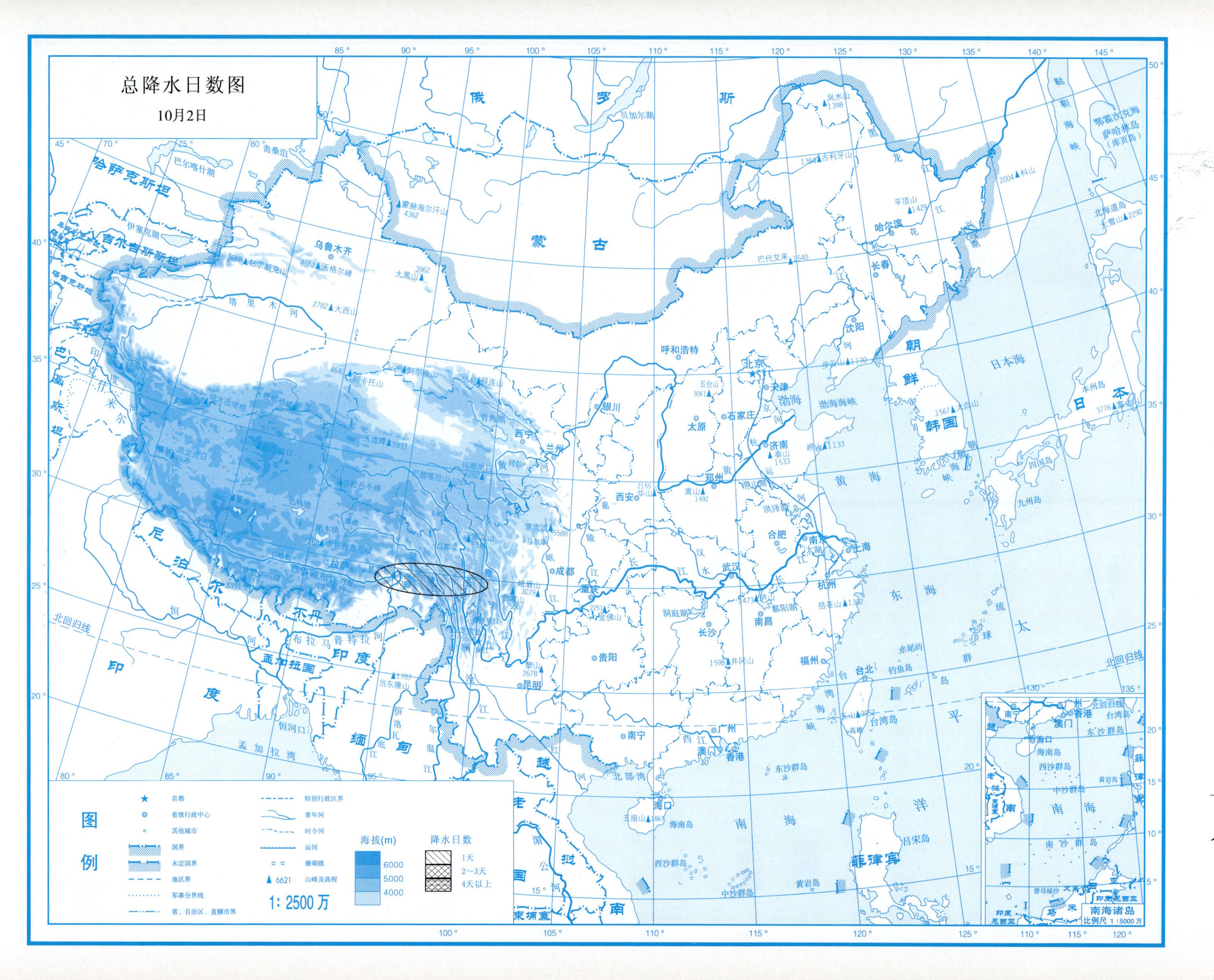
总降水日数图
10月2日
图例
首都
省级行政中心
其他城市
国界
未定国界
地区界
军事分界线
省、自治区、直辖市界
特别行政区界
常年河
时令河
运河
珊瑚礁
6621 山峰及高程
海拔(m)
6000
5000
4000
降水日数
1天
2~3天
4天以上
1: 2500万
南海诸岛
比例尺 1:5000万

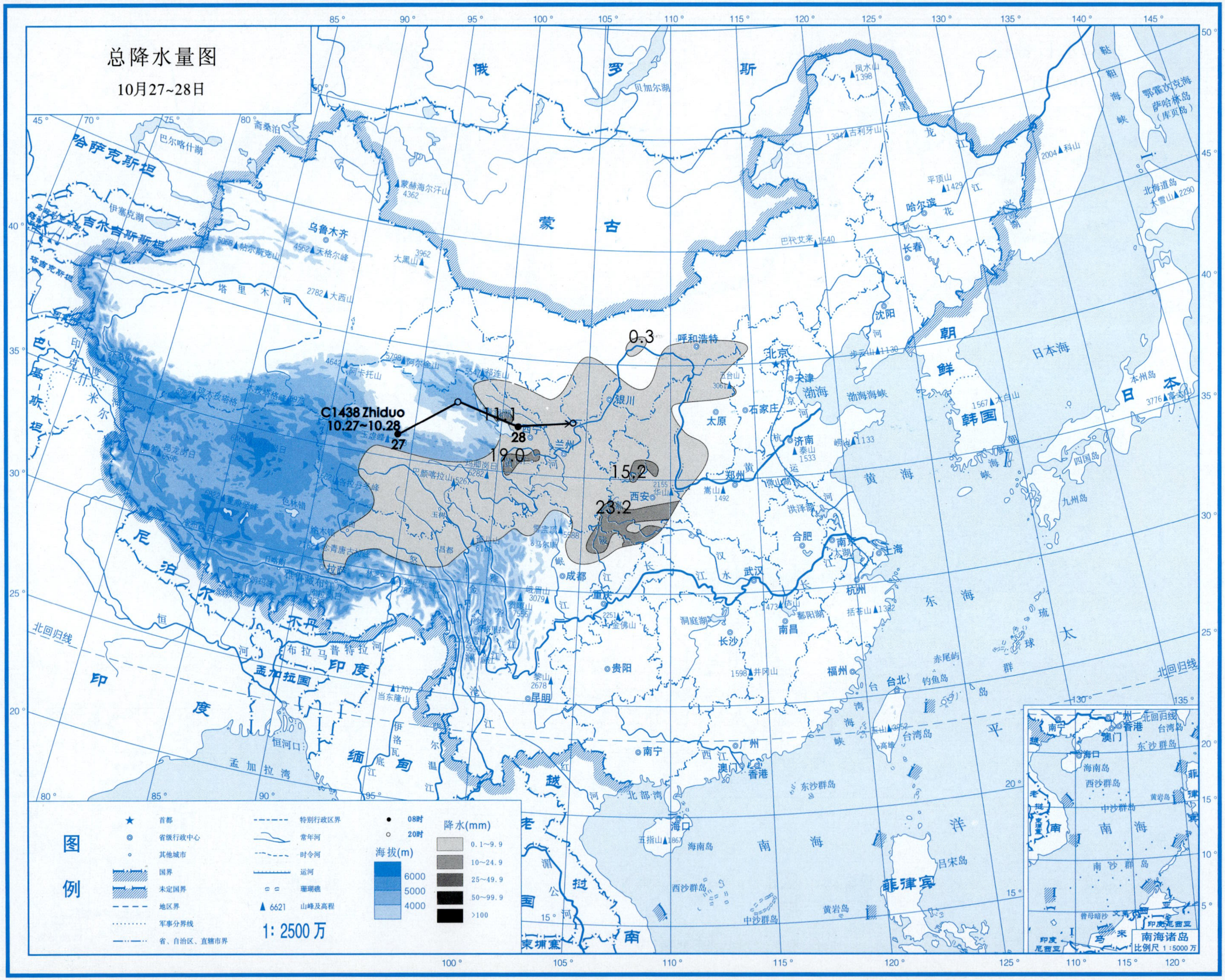
总降水量图
10月27~28日
C1438 Zhiduo
10.27~10.28
27
28
0.3
11.1
19.0
15.2
23.2
图例
首都
省级行政中心
其他城市
国界
未定国界
地区界
军事分界线
省、自治区、直辖市界
特别行政区界
常年河
时令河
运河
珊瑚礁
山峰及高程
1: 2500 万
08时
20时
海拔(m)
6000
5000
4000
降水(mm)
0.1~9.9
10~24.9
25~49.9
50~99.9
>100
南海诸岛
比例尺 1:5000 万

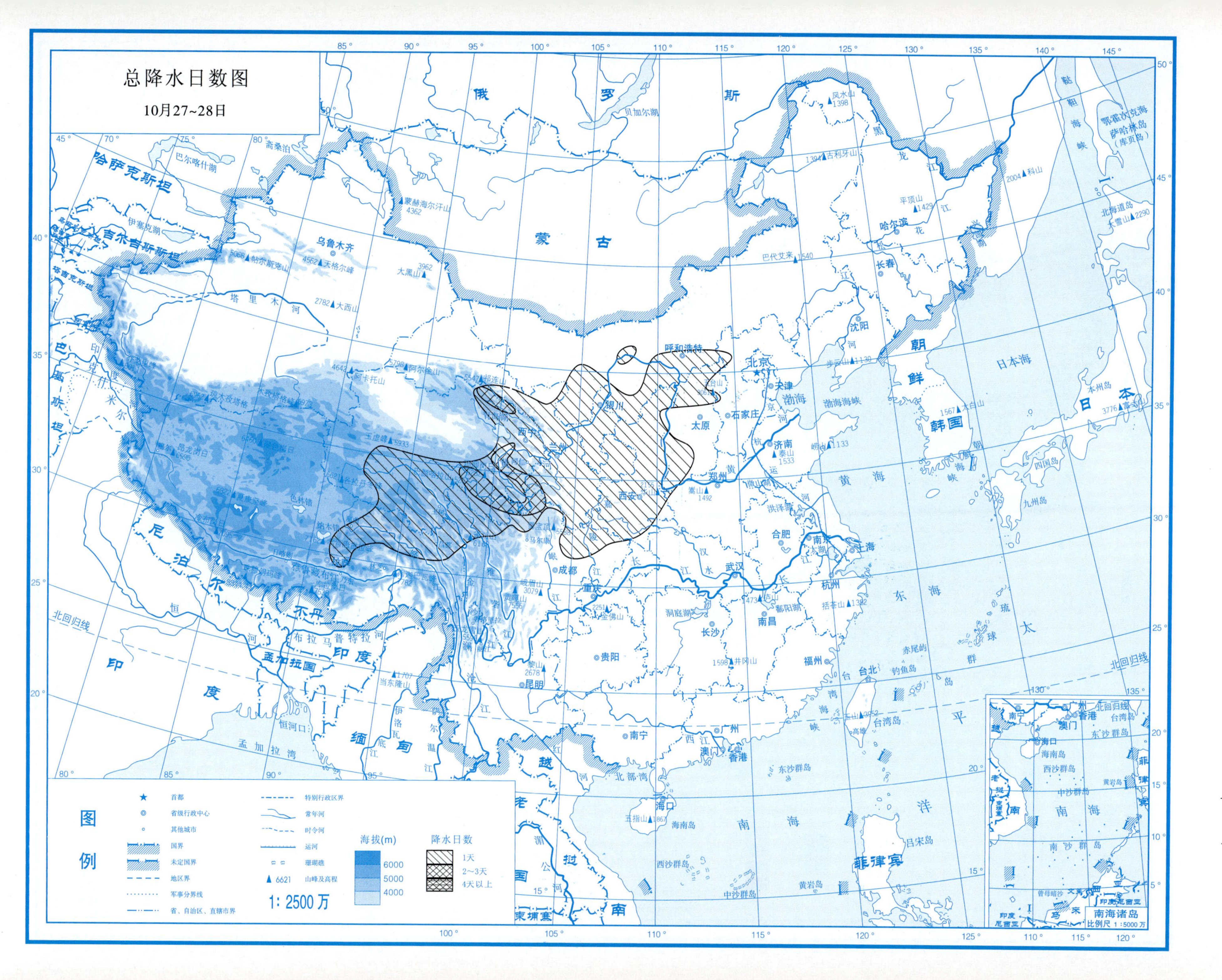
总降水日数图
10月27~28日
图例
首都
省级行政中心
其他城市
国界
未定国界
地区界
军事分界线
省、自治区、直辖市界
特别行政区界
常年河
时令河
运河
珊瑚礁
6621 山峰及高程
1:2500万
海拔(m)
6000
5000
4000
降水日数
1天
2~3天
4天以上
南海诸岛
比例尺 1:5000万

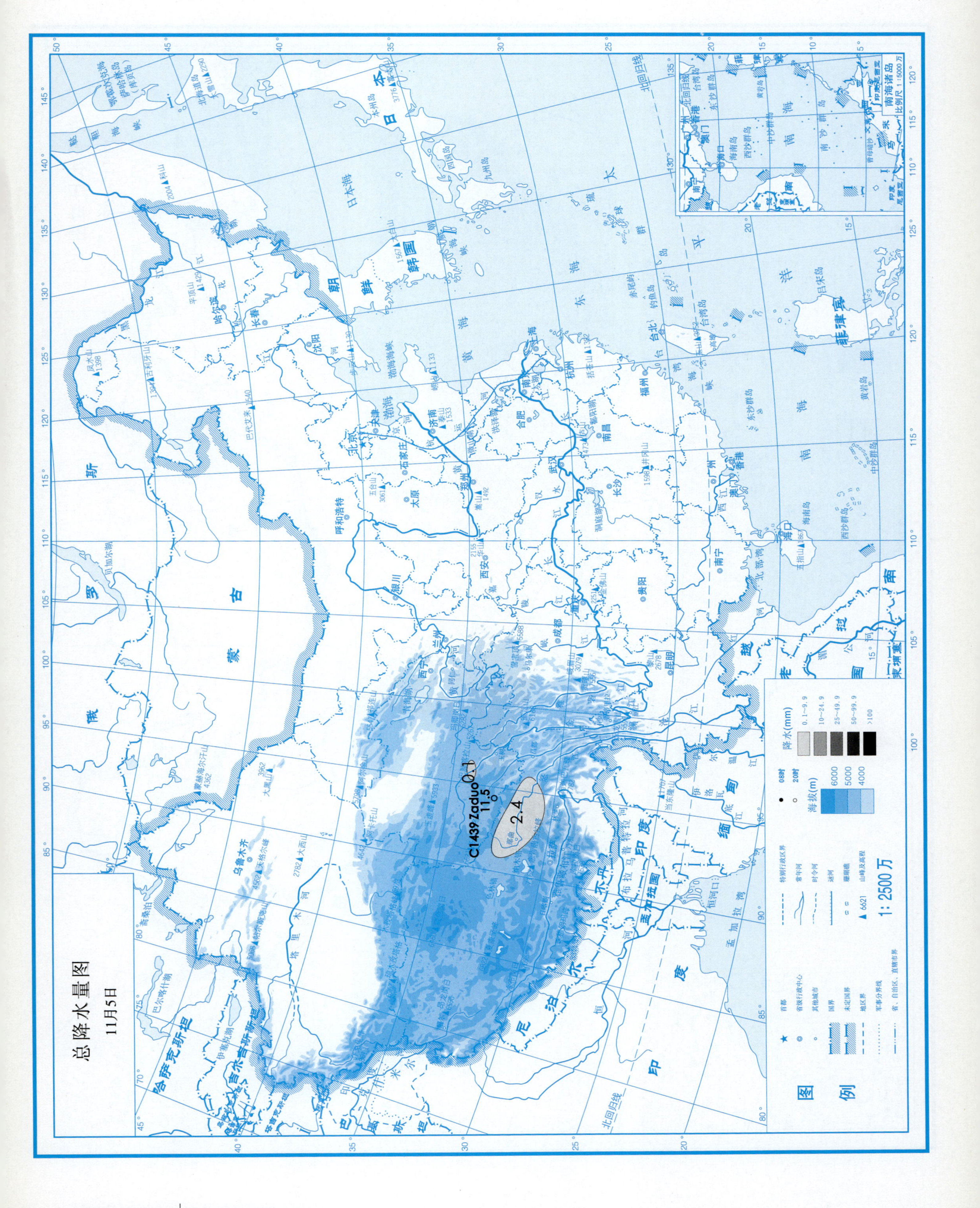
总降水量图
11月5日
C1439 Zaduo
11.5
2.4
0.1
图例
首都
省级行政中心
其他城市
国界
未定国界
地区界
军事分界线
省、自治区、直辖市界
特别行政区界
常年河
时令河
运河
珊瑚礁
6621 山峰及高程
1: 2500万
08时
20时
海拔(m)
6000
5000
4000
降水(mm)
0.1~9.9
10~24.9
25~49.9
50~99.9
>100
南海诸岛
比例尺 1:5000万

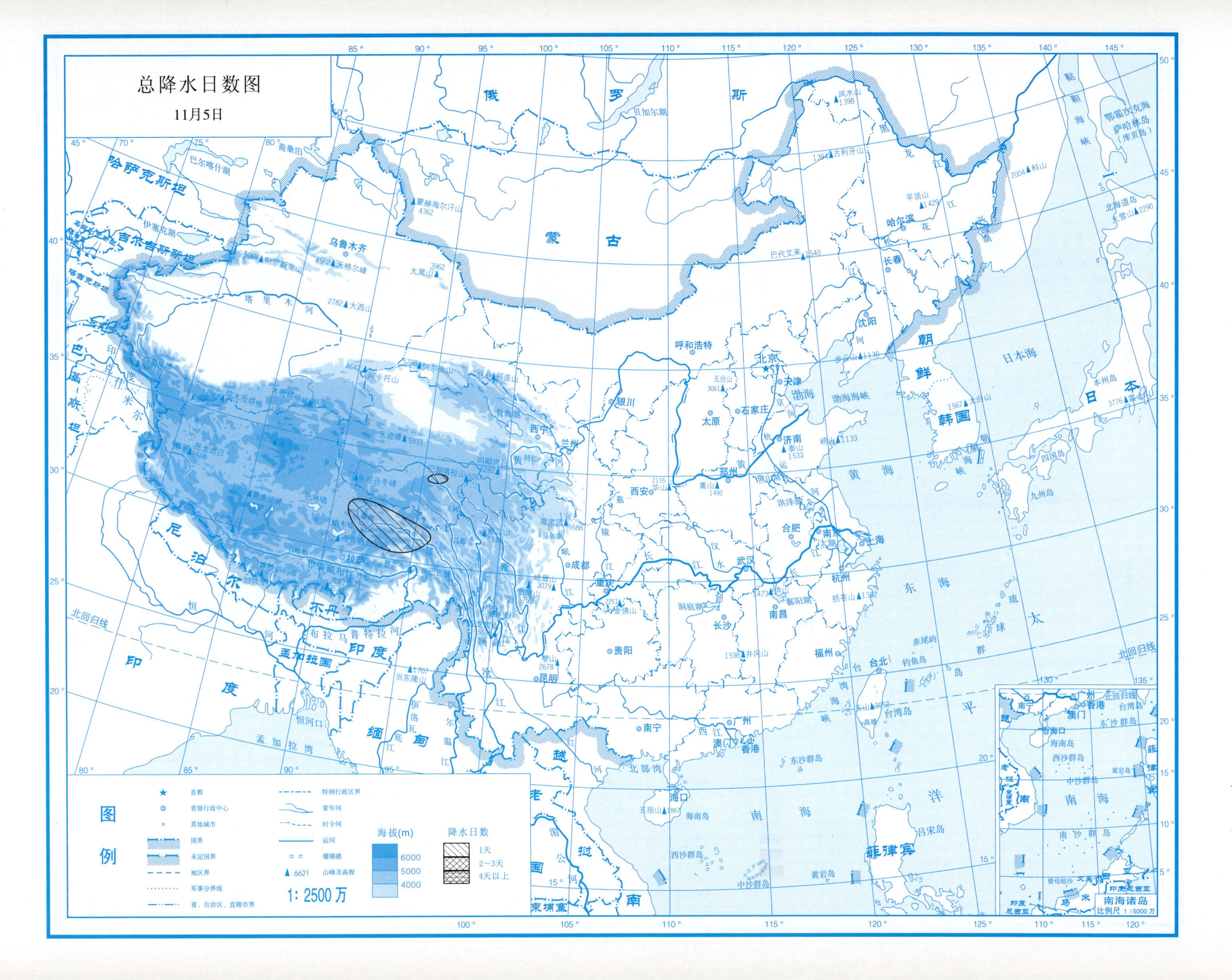
总降水日数图
11月5日
图例
首都
省级行政中心
其他城市
国界
未定国界
地区界
军事分界线
省、自治区、直辖市界
特别行政区界
常年河
时令河
运河
珊瑚礁
6621 山峰及高程
海拔(m)
6000
5000
4000
降水日数
1天
2~3天
4天以上
1: 2500万
南海诸岛
比例尺 1:5000万
北京
天津
石家庄
太原
呼和浩特
济南
郑州
西安
银川
兰州
西宁
成都
重庆
贵阳
昆明
拉萨
乌鲁木齐
武汉
长沙
南昌
合肥
南京
上海
杭州
福州
台北
广州
香港
澳门
南宁
海口
沈阳
长春
哈尔滨
日本海
黄海
东海
渤海
太平洋
南海
北回归线

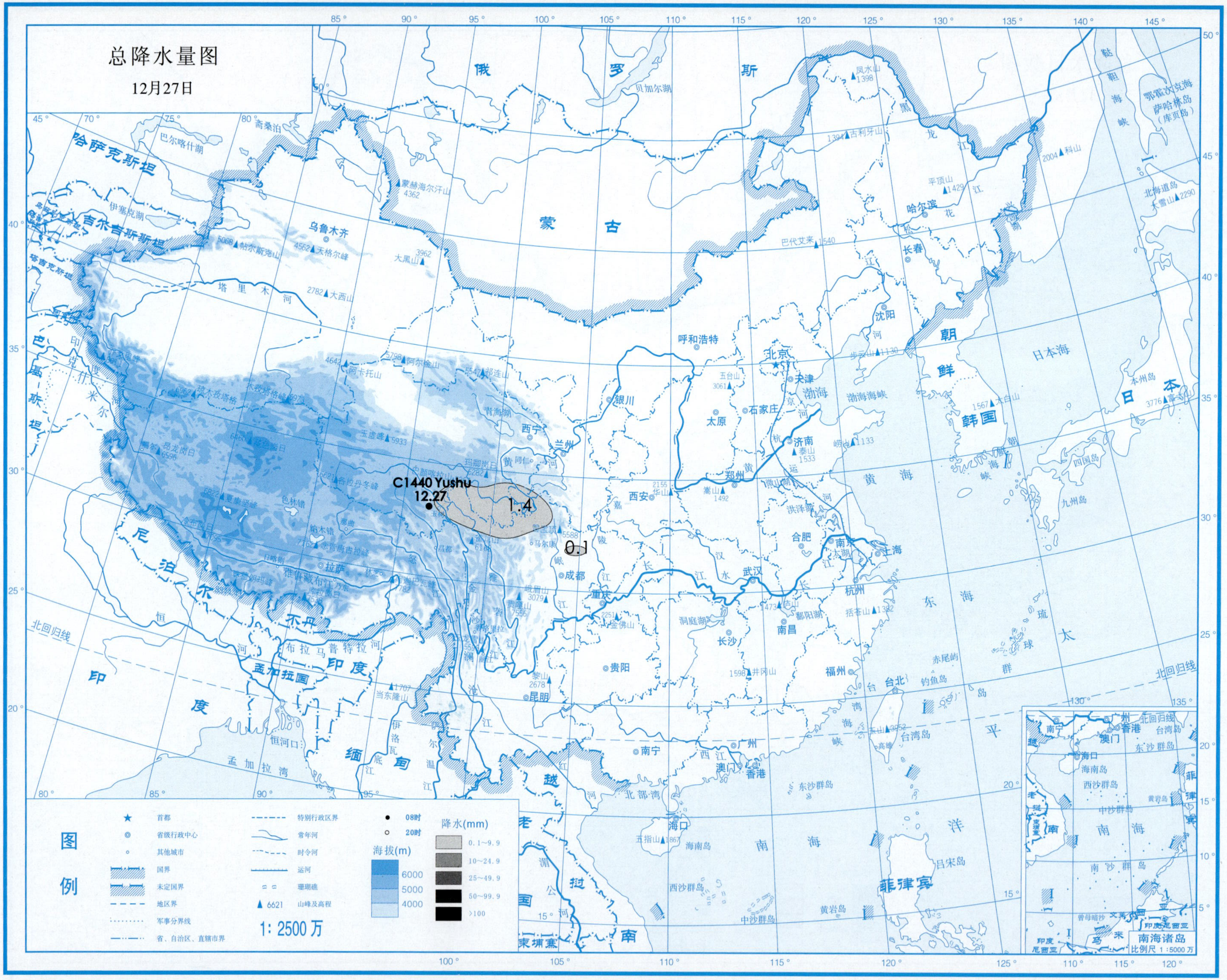
总降水量图
12月27日
C1440 Yushu
12.27
1.4
0.1
图例
首都
省级行政中心
其他城市
国界
未定国界
地区界
军事分界线
省、自治区、直辖市界
特别行政区界
常年河
时令河
运河
珊瑚礁
6621 山峰及高程
08时
20时
海拔(m)
6000
5000
4000
降水(mm)
0.1~9.9
10~24.9
25~49.9
50~99.9
>100
1: 2500万
南海诸岛
比例尺 1:5000万

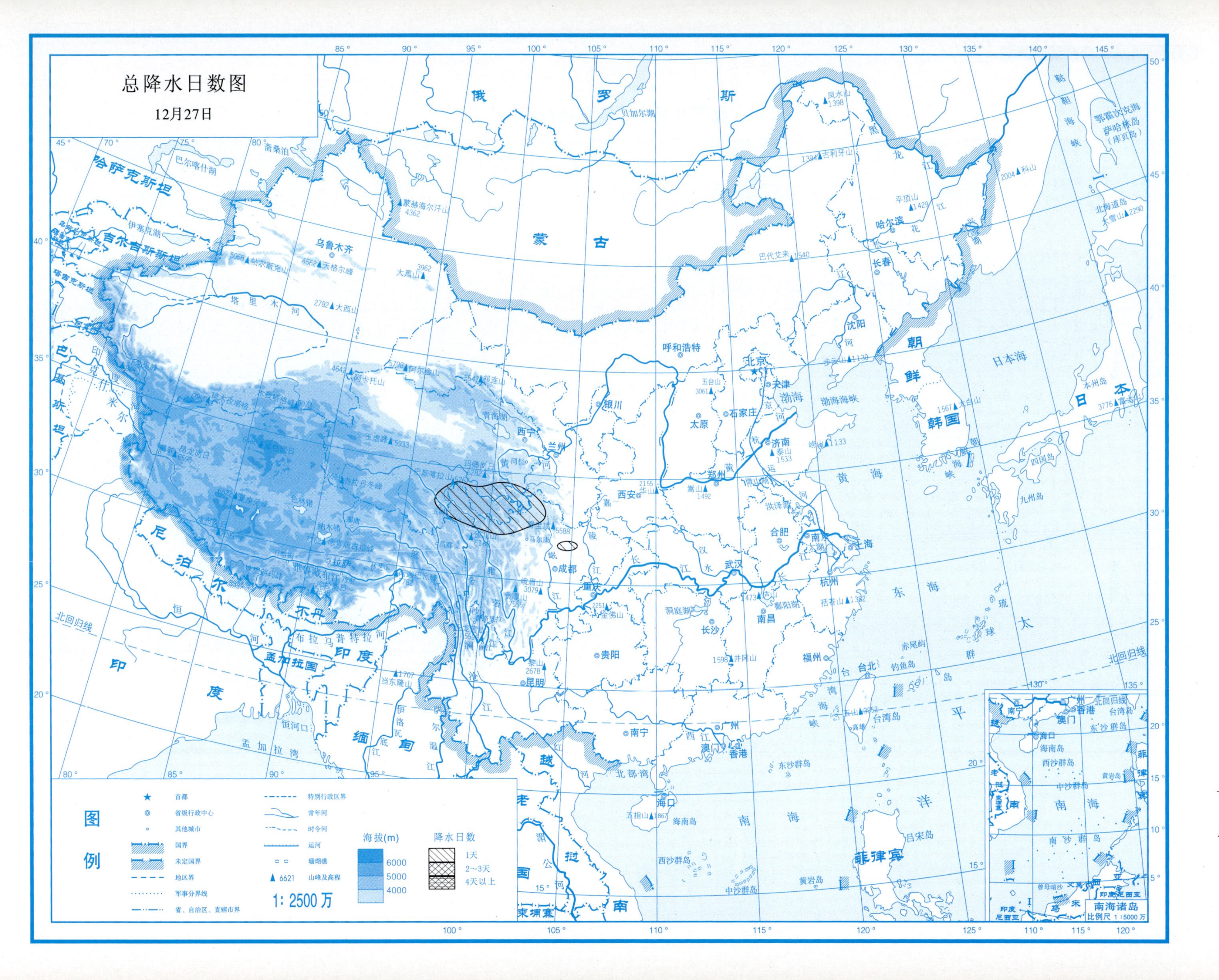

总降水日数图
12月27日
图例
首都
省级行政中心
其他城市
国界
未定国界
地区界
军事分界线
省、自治区、直辖市界
特别行政区界
常年河
时令河
运河
珊瑚礁
6621 山峰及高程
海拔(m)
6000
5000
4000
降水日数
1天
2~3天
4天以上
1:2500万
南海诸岛
比例尺 1:5000万

高原低涡中心位置资料表

月	日	时	中心位置 北纬/(°)	中心位置 东经/(°)	位势高度/位势什米
①2月11~12日 (C1401)格尔木，Geermu					
2	11	20	35.4	96.0	550
	12	08	36.3	103.9	548
消失					
②3月13日 (C1402)沱沱河，Tuotuohe					
3	13	08	33.8	91.2	566
		20	34.5	98.8	569
消失					
③3月19~20日 (C1403)安多，Anduo					
3	19	20	33.2	92.1	568
	20	08	34.2	94.3	566
		20	35.1	95.1	568
消失					
④3月21~22日 (C1404)兴海，Xinghai					
3	21	20	35.4	100.0	567
	22	08	31.4	104.4	566
		20	34.1	105.0	567
消失					
⑤3月23~24日 (C1405)当雄，Dangxiong					
3	23	20	30.5	92.3	572
	24	08	29.5	102.7	571
消失					
⑥3月31日~4月1日 (C1406)五道梁，Wudaoliang					
3	31	20	34.8	93.7	568
4	1	08	35.0	96.7	565
消失					
⑦4月3日 (C1407)共和，Gonghe					
4	3	20	36.4	100.7	568
消失					
⑧4月13~15日 (C1408)玛多，Maduo					
4	13	20	35.4	97.6	571
	14	08	39.3	101.3	570
		20	42.0	103.7	570
	15	08	40.7	105.2	568
消失					

高原低涡中心位置资料表（续-1）

月	日	时	中心位置		位势高度/位势什米
			北纬/(°)	东经/(°)	
⑨ 4月26日（C1409）阿坝，Aba					
4	26	08	33.2	102.8	572
消失					
⑩ 4月26日（C1410）安多，Anduo					
4	26	20	33.3	91.8	575
消失					
⑪ 4月27~28日（C1411）沱沱河，Tuotuohe					
4	27	20	33.6	91.8	576
	28	08	32.3	96.2	577
		20	31.5	102.0	576
消失					

月	日	时	中心位置		位势高度/位势什米
			北纬/(°)	东经/(°)	
⑫ 5月6日（C1412）嘉黎，Jiali					
5	6	20	30.9	93.4	579
消失					
⑬ 5月28日~6月5日（C1413）安多，Anduo					
5	28	20	32.8	92.3	580
	29	08	35.1	92.0	577
		20	35.6	100.0	578
	30	08	37.3	101.8	577
		20	36.7	105.7	577
	31	08	38.2	108.2	576
		20	40.1	112.2	573
6	1	08	40.7	115.7	571
		20	37.5	120.0	569
	2	08	37.8	121.8	569
		20	38.4	123.7	568

月	日	时	中心位置		位势高度/位势什米
			北纬/(°)	东经/(°)	
	3	08	37.3	124.3	569
		20	35.6	125.1	570
	4	08	33.2	125.0	568
		20	33.3	128.6	570
	5	08	32.7	131.9	568
		20	34.0	132.6	568
消失					
⑭ 6月6日（C1414）南木林，Nanmulin					
6	6	08	30.0	88.7	582
消失					

高原低涡中心位置资料表（续-2）

月	日	时	中心位置 北纬/(°)	中心位置 东经/(°)	位势高度/位势什米
⑮6月12~14日（C1415）日德，Ride					
6	12	20	35.3	101.0	576
	13	08	37.0	103.7	576
		20	36.7	105.4	576
	14	08	38.3	109.7	578
消失					
⑯6月13~14日（C1416）杂多，Zaduo					
6	13	08	32.4	95.3	577
		20	32.8	94.0	577
	14	08	32.3	95.2	578
消失					

月	日	时	中心位置 北纬/(°)	中心位置 东经/(°)	位势高度/位势什米
⑰6月22日（C1417）托勒，Tuole					
6	22	20	38.0	98.7	580
消失					
⑱6月24日（C1418）贵德，Guide					
6	24	08	36.4	100.9	574
		20	36.7	102.8	576
消失					
⑲6月26~27日（C1419）索县，Suoxian					
6	26	20	33.7	91.7	584
	27	08	35.3	94.8	584
消失					

月	日	时	中心位置 北纬/(°)	中心位置 东经/(°)	位势高度/位势什米
⑳6月29日（C1420）稻城，Daocheng					
6	29	08	29.3	100.6	585
消失					
㉑7月5日（C1421）久治，Jiuzhi					
7	5	20	33.0	101.3	583
消失					
㉒7月8日（C1422）玛多，Maduo					
7	8	08	35.3	98.0	581
		20	36.2	103.1	580
消失					

高原低涡中心位置资料表（续-3）

月	日	时	中心位置		位势高度/位势什米
			北纬/(°)	东经/(°)	
㉓7月12~13日（C1423）嘉黎，Jiali					
7	12	08	30.0	93.0	586
		20	30.0	92.7	586
	13	08	30.0	92.0	586
消失					
㉔7月14~15日（C1424）当雄，Dangxiong					
7	14	20	30.3	92.1	584
	15	08	30.3	93.3	584
消失					
㉕7月29日~8月1日（C1425）曲麻莱，Qumalai					
7	29	20	34.3	94.6	583
	30	08	34.6	98.4	584
		20	34.2	101.6	585
	31	08	34.2	103.4	585
		20	34.0	104.0	584
8	1	08	35.8	103.0	586
消失					
㉖8月3日（C1426）仁候姆，Renhoumu					
8	3	20	33.8	98.9	584
消失					
㉗8月7日（C1427）杂多，Zaduo					
8	7	20	32.7	94.4	584
消失					
㉘8月11~12日（C1428）石渠，Shiqu					
8	11	08	32.3	98.0	584
		20	32.4	98.7	583
	12	08	31.8	103.4	581
消失					
㉙8月14日（C1429）当雄，Dangxiong					
8	14	08	30.3	91.5	583
		20	30.3	97.7	583
消失					

高原低涡中心位置资料表（续-4）

月	日	时	中心位置		位势高度/位势什米
			北纬/(°)	东经/(°)	
㉚8月16~17日 （C1430）安多，Anduo					
8	16	20	33.4	92.1	581
	17	08	34.0	94.2	582
		20	30.8	101.6	584
消失					
㉛8月20~21日 （C1431）色达，Seda					
8	20	20	32.5	100.3	585
	21	08	34.7	102.3	581
消失					
㉜8月21~22日 （C1432）杂多，Zaduo					
8	21	20	32.3	94.0	583
	22	08	32.0	95.9	582
消失					

月	日	时	中心位置		位势高度/位势什米
			北纬/(°)	东经/(°)	
㉝8月24~27日 （C1433）当雄，Dangxiong					
8	24	08	31.1	90.9	585
		20	31.5	94.6	585
	25	08	33.0	94.0	584
		20	32.8	98.1	584
	26	08	32.7	101.0	585
		20	31.0	100.4	585
	27	08	30.8	99.5	585
		20	30.1	100.2	586
消失					

月	日	时	中心位置		位势高度/位势什米
			北纬/(°)	东经/(°)	
㉞8月31日~9月2日 （C1434）五道梁，Wudaoliang					
8	31	20	34.9	92.1	584
9	1	08	33.4	92.1	583
		20	33.4	92.7	585
	2	08	33.1	93.3	585
		20	33.1	94.3	586
消失					
㉟9月22日 （C1435）双湖，Shuanghu					
9	22	08	33.0	90.3	579
消失					

高原低涡中心位置资料表（续-5）

月	日	时	中心位置		位势高度/位势什米
			北纬/(°)	东经/(°)	
㊱9月25~26日（C1436）安多，Anduo					
9	25	20	32.8	92.1	579
	26	08	33.3	91.5	579
		20	35.1	93.5	578
消失					
㊲10月2日（C1437）巴塘，Batang					
10	2	20	30.2	97.5	584
消失					

月	日	时	中心位置		位势高度/位势什米
			北纬/(°)	东经/(°)	
㊳10月27~28日（C1438）治多，Zhiduo					
10	27	08	36.0	94.1	575
		20	37.8	97.3	574
	28	08	37.0	101.0	571
		20	37.3	104.2	572
消失					
㊴11月5日（C1439）杂多，Zaduo					
11	5	20	32.8	94.4	573
消失					

月	日	时	中心位置		位势高度/位势什米
			北纬/(°)	东经/(°)	
㊵12月27日（C1440）玉树，Yushu					
12	27	08	33.0	96.5	566
消失					

第二部分

高原切变线

Tibetan Plateau Shear Line

2014年高原切变线概况

2014年发生在青藏高原上的切变线共有43次，其中在青藏高原东部生成的切变线共有43次，在青藏高原西部没有切变线生成（表11~表13）。

2014年初生高原切变线出现在1月中旬，最后一个高原切变线生成在12月中旬（表11）。从月际分布看，5月出现次数最多，共为9次；2014年切变线主要集中在5~8月，约占70%（表11）。移出高原的青藏高原切变线较少，全年只有1次，出现在7月（表14）。本年度除11月外每月均有高原切变线生成，且各月生成高原切变线的次数有差异，具体详见表11。

2014年青藏高原切变线源地全部在青藏高原东部(表12)。移出高原的青藏高原切变线共1次（表14~表16），移出高原的地点在四川（表17）。

本年度高原切变线北、南两侧最大风速的最多频率分别是北侧为6~10m/s，约占75.3%；南侧为8~12m/s，约占63.0%（表18）。夏半年，高原切变线北、南两侧最大风速的最多频率分别是北侧为6~10m/s，约占83.1%；南侧为8~12m/s，约占67.6%（表19）。冬半年，高原切变线北、南两侧最大风速的最多频率分别是北侧为16m/s，占30%；南侧为18m/s，占30%（表20）。

全年除影响青藏高原以外对我国其余地区有影响的高原切变线共有22次。其中6次高原切变线造成的过程降水量在50mm以上，它们是S1422、S1423、S1425、S1426、S1430、S1435高原切变线，分别在西藏林芝、四川安县、西藏芸康、四川夹江、四川丹棱、四川南江造成过程降水量分别为61.7mm、120.3mm、50.7mm、58.4mm、65.1mm、72.7mm，降水日数分别为3天、1天、2天、2天、1天、1天。

2014年对我国影响较大的高原切变线主要是S1422、S1423，其中S1423高原切变线是造成我国降水最强、影响范围最广的一次过程，有超过20个测站出现了暴雨、大暴雨，暴雨主要分布在四川。7月9日20时在高原东南部久治到当雄生成的S1423高原切变线，切变线北、南两侧最大风速分别是8m/s、12m/s，此切变线在高原东南部东北移。10日08时，切变线移至高原东部边缘，切变线北、南两侧最大风速分别是6m/s、12m/s，之后此切变线东南移出高原。在此切变线活动过程中，北侧风速先减弱后增强，南侧风速逐渐增强。10日20时切变线北、南两侧均达到最大值，分别为10m/s、14m/s，后此切变线减弱消失。受其影响，四川盆地西部普降了暴雨，有些地区大暴雨，降水日数1天，西藏、青海部分地区降了大到暴雨，降水日数1~2天。甘肃、宁夏、陕西、重庆和云南部分地区降小到中雨，降水日数1~2天。6月29日08时生成于高原东南部玛多至索县的S1422高原切变线，是对青藏高原、长江上游降水影响最大的高原切变线，该高原切变线生成后先东南移再逐渐西南移，在切变线移动过程中，北侧最大风速逐渐增强，南侧最大风速先逐渐增强再减弱，29日08时高原切变线生成时，切变线北、南两侧最大风速均是6m/s，之后切变线东南移,29日20时切变线北、南两侧最大风速均增大至8m/s，继续东南移。30日08时切变线南侧风速达最大，为20m/s，北侧最大风速维持不变，切变线西南移，之后此切变线北侧风速逐渐增大，南侧风速迅速减弱，30日20时切变线南移，7月1日08时后切变线逐渐减弱消失。受其影响，西藏、四川部分地区降了大到暴雨，降水日数为2~3天，青海、陕西、重庆和云南部分地区降小到中雨，降水日数为1~3天。

表11　高原切变线出现次数

月 年	1	2	3	4	5	6	7	8	9	10	11	12	合计
2014	1	1	1	2	9	8	5	8	4	2	0	2	43
几率/%	2.33	2.33	2.33	4.65	20.93	18.60	11.63	18.60	9.30	4.65	0.00	4.65	100

表12　高原东部切变线出现次数

月 年	1	2	3	4	5	6	7	8	9	10	11	12	合计
2014	1	1	1	2	9	8	5	8	4	2	0	2	43
几率/%	2.33	2.33	2.33	4.65	20.93	18.60	11.63	18.60	9.30	4.65	0.00	4.65	100

表13　高原西部切变线出现次数

月 年	1	2	3	4	5	6	7	8	9	10	11	12	合计
2014	0	0	0	0	0	0	0	0	0	0	0	0	0
几率/%	0.00	0.00	0.00	0.00	0.00	0.00	0.00	0.00	0.00	0.00	0.00	0.00	0.00

表14　高原切变线移出高原次数

年＼月	1	2	3	4	5	6	7	8	9	10	11	12	合计
2014	0	0	0	0	0	0	1	0	0	0	0	0	1
移出几率/%	0.00	0.00	0.00	0.00	0.00	0.00	2.33	0.00	0.00	0.00	0.00	0.00	2.33
月移出率/%	0.00	0.00	0.00	0.00	0.00	0.00	100	0.00	0.00	0.00	0.00	0.00	100

表15　高原东部切变线移出高原次数

年＼月	1	2	3	4	5	6	7	8	9	10	11	12	合计
2014	0	0	0	0	0	0	1	0	0	0	0	0	1
移出几率/%	0.00	0.00	0.00	0.00	0.00	0.00	2.33	0.00	0.00	0.00	0.00	0.00	2.33
月移出率/%	0.00	0.00	0.00	0.00	0.00	0.00	100	0.00	0.00	0.00	0.00	0.00	100

表16　高原西部切变线移出高原次数

年＼月	1	2	3	4	5	6	7	8	9	10	11	12	合计
2014	0	0	0	0	0	0	0	0	0	0	0	0	0
移出几率/%	0.00	0.00	0.00	0.00	0.00	0.00	0.00	0.00	0.00	0.00	0.00	0.00	0.00
月移出率/%	0.00	0.00	0.00	0.00	0.00	0.00	0.00	0.00	0.00	0.00	0.00	0.00	0.00

表17 高原切变线移出高原的地区分布

地区 / 年	湖南	甘肃	宁夏	四川	重庆	贵州	云南	广西	合计
2014				1					1
出高原率/%				100					100

表18 高原切变线两侧最大风速频率分布

最大风速/(m/s)	4	6	8	10	12	14	16	18	20	22	24	26	28	30	合计
北侧/%	2.47	25.93	29.63	19.75	11.11	4.94	4.94	1.23	0.00	0.00	0.00	0.00	0.00	0.00	100
南侧/%	6.17	8.64	23.46	19.75	19.75	11.11	2.47	3.70	3.70	0.00	0.00	0.00	0.00	1.23	99.98

表19　夏半年高原切变线两侧最大风速频率分布

最大风速/ (m/s)	4	6	8	10	12	14	16	18	20	22	24	26	28	30	合计
北侧/%	2.81	29.58	30.99	22.54	9.86	2.81	1.41	0.00	0.00	0.00	0.00	0.00	0.00	0.00	100
南侧/%	7.04	9.86	25.35	21.13	21.13	11.27	1.41	0.00	2.81	0.00	0.00	0.00	0.00	0.00	100

表20　冬半年高原切变线两侧最大风速频率分布

最大风速/ (m/s)	4	6	8	10	12	14	16	18	20	22	24	26	28	30	合计
北侧/%	0.00	0.00	20.00	0.00	20.00	20.00	30.00	10.00	0.00	0.00	0.00	0.00	0.00	0.00	100
南侧/%	0.00	0.00	10.00	10.00	10.00	10.00	10.00	30.00	10.00	0.00	0.00	0.00	0.00	10.00	100

高原切变线纪要表

序号	编号	中英文名称	起止日期（月.日）	最大风速/(m/s)		发现时起–终点经纬度	移出高原的地区	移出高原的时间	移出高原的风速/(m/s)		路径趋向	影响切变线移出高原的天气系统
				北侧	南侧				北侧	南侧		
1	S1401	兴海–安多, Xinghai–Anduo	1.19	16	20	99.2°E,35.6°N–92.0°E,32.8°N					东南移	
2	S1402	久治–那曲, Jiuzhi–Naqu	2.16~2.17	16	30	101.4°E,33.6°N–91.6°E,31.7°N					西南移转东南移	
3	S1403	新龙–当雄, Xinlong–Dangxiong	3.22	8	8	100.0°E,31.0°N–91.3°E,30.3°N					原地生消	
4	S1404	新龙–拉萨, Xinlong–Lasa	4.1	12	12	100.0°E,31.1°N–91.1°E,29.7°N					原地生消	
5	S1405	甘孜–当雄, Ganzi–Dangxiong	4.2	16	10	100.0°E,31.4°N–91.0°E,30.5°N					原地生消	
6	S1406	新龙–嘉黎, Xinlong–Jiali	5.1	10	10	100.0°E,30.8°N–92.7°E,30.0°N					原地生消	
7	S1407	理县–那曲, Lixian–Naqu	5.2	10	8	103.2°E,31.5°N–91.7°E,31.6°N					原地生消	
8	S1408	石渠–安多, Shiqu –Anduo	5.3~5.4	8	14	97.5°E,32.2°N–91.3°E,32.4°N					东南移转东北移	
9	S1409	道孚–那曲, Daofu–Naqu	5.7	6	12	101.3°E,31.4°N–92.2°E,31.0°N					原地生消	
10	S1410	共和–五道梁, Gonghe–Wudaoliang	5.21	10	16	100.1°E,36.6°N–91.8°E,35.1°N					原地生消	
11	S1411	兴海–五道梁, Xinghai–Wudaoliang	5.25	12	14	99.6°E,35.9°N–93.2°E,35.2°N					原地生消	
12	S1412	色达–安多, Seda–Anduo	5.26	8	8	100.1°E,33.0°N–92.3°E,32.1°N					原地生消	

高原切变线纪要表（续-1）

序号	编号	中英文名称	起止日期(月.日)	最大风速/(m/s)		发现时起-终点经纬度	移出高原的地区	移出高原的时间	移出高原的风速/(m/s)		路径趋向	影响切变线移出高原的天气系统
				北侧	南侧				北侧	南侧		
13	S1413	色达-那曲, Seda-Naqu	5.28	8	14	100.0°E,33.0°N-91.6°E,31.0°N					原地生消	
14	S1414	石渠-林芝, Shiqu-Linzhi	5.30	8	10	98.9°E,32.5°N-93.4°E,30.0°N					原地生消	
15	S1415	久治-沱沱河, Jiuzhi-Tuotuohe	6.3	12	12	102.3°E,33.4°N-92.1°E,32.9°N					原地生消	
16	S1416	兴海-沱沱河, Xinghai-Tuotuohe	6.7	10	10	100.0°E,35.4°N-92.3°E,33.0°N					南移	
17	S1417	班玛-安多, Banma-Anduo	6.8~6.10	10	12	100.0°E,32.9°N-92.2°E,32.4°N					东北移转渐西北移	
18	S1418	久治-安多, Jiuzhi-Anduo	6.11	10	12	102.1°E,33.4°N-91.8°E,32.1°N					东南移	
19	S1419	达日-安多, Dari-Anduo	6.14~6.16	14	14	100.0°E,33.2°N-91.6°E,33.1°N					东南移	
20	S1420	德令哈-杂多, Delingha-Zaduo	6.19~6.20	10	20	97.2°E,37.2°N-93.5°E,32.7°N					西南移	
21	S1421	泽库-沱沱河, Zeku-Tuotuohe	6.27	10	8	101.8°E,34.5°N-92.3°E,33.7°N					原地生消	
22	S1422	玛多-索县, Maduo-Suoxian	6.29~7.1	12	20	97.7°E,30.2°N-91.8°E,32.3°N					东南移转西南移再转南移	
23	S1423	久治-当雄, Jiuzhi-Dangxiong	7.9~7.10	10	14	100.8°E,33.3°N-91.2°E,30.7°N	平武	7.10^{20}	10	14	东北移转东南移出高原	青藏高压
24	S1424	岷县-昂欠, Minxian-Angqian	7.11	12	8	103.4°E,33.9°N-96.7°E,32.3°N					西南移	

高原切变线纪要表（续-2）

序号	编号	中英文名称	起止日期（月.日）	最大风速/(m/s)		发现时起-终点经纬度	移出高原的地区	移出高原的时间	移出高原的风速/(m/s)		路径趋向	影响切变线移出高原的天气系统
				北侧	南侧				北侧	南侧		
25	S1425	理县–当雄, Lixian–Dangxiong	7.13~7.14	6	10	97.6°E,30.7°N–91.2°E,30.9°N					原地少动	
26	S1426	德令哈–安多, Delingha–Anduo	7.22~7.24	12	10	96.8°E,36.8°N–91.7°E,31.8°N					渐向南移	
27	S1427	石渠–拉萨, Shiqu–Lasa	7.25~7.27	8	8	98.6°E,32.6°N–91.2°E,29.5°N					渐向南移	
28	S1428	昌都–安多, Changdu–Anduo	8.1	6	4	97.8°E,32.1°N–91.5°E,32.8°N					原地生消	
29	S1429	茶卡–杂多, Chaka–Zaduo	8.3	8	12	99.6°E,36.4°N–93.2°E,33.5°N					原地生消	
30	S1430	阿坝–安多, Aba–Anduo	8.6~8.7	8	8	101.8°E,33.0°N–91.6°E,32.0°N					原地少动	
31	S1431	昌都–安多, Changdu–Anduo	8.9	6	8	97.6°E,32.0°N–92.0°E,32.4°N					原地生消	
32	S1432	白玉–当雄, Baiyu–Dangxiong	8.18	6	4	99.5°E,30.8°N–91.2°E,30.5°N					原地生消	
33	S1433	都兰–五道梁, Dulan–Wudaoliang	8.20	6	10	99.4°E,35.8°N–93.2°E,35.0°N					原地生消	
34	S1434	九龙–那曲, Jiulong–Naqu	8.23	8	14	101.4°E,29.8°N–91.1°E,30.0°N					原地生消	
35	S1435	班玛–当雄, Banma–Dangxiong	8.29~8.30	10	10	100.0°E,33.0°N–91.1°E,30.6°N					东南移转东北移	
36	S1436	茶卡–贡觉, Chaka–Gongjue	9.8	10	12	99.3°E,36.4°N–98.5°E,31.0°N					东南移	

高原切变线纪要表（续-3）

序号	编号	中英文名称	起止日期（月.日）	最大风速/(m/s)		发现时起-终点经纬度	移出高原的地区	移出高原的时间	移出高原的风速/(m/s)		路径趋向	影响切变线移出高原的天气系统
				北侧	南侧				北侧	南侧		
37	S1437	班玛-安多，Banma-Anduo	9.14	16	10	100.0°E,32.9°N-91.7°E,32.3°N					原地生消	
38	S1438	日德-当雄，Ride-Dangxiong	9.16~9.17	14	12	101.1°E,35.3N-91.2°E,30.8°N					东南移	
39	S1439	治多-当雄，Zhiduo-Dangxiong	9.30~10.1	12	12	95.2°E,34.4°N-90.9°E,30.4°N					东南移	
40	S1440	久治-那曲，Jiuzhi-Naqu	10.18	10	12	100.9°E,33.3°N-91.8°E,31.0°N					原地生消	
41	S1441	德格-锋当，Dege-Fengdang	10.22	6	8	99.1°E,32.3°N-92.3°E,28.3°N					原地生消	
42	S1442	石渠-安多，Shiqu-Anduo	12.15	18	18	97.8°E,32.9°N-92.0°E,32.0°N					原地生消	
43	S1443	红原-昂欠，Hongyuan-Angqian	12.16	12	18	102.9°E,32.4°N-96.9°E,32.0°N					原地生消	

高原切变线对我国影响简表

序号	编号	简述活动的情况	高原切变线对我国的影响			
			项目	时间(月.日)	概况	极值
1	S1401	高原东部东南移	降水	1.19	西藏东部，青海南部和四川中部地区降水量为0.1~6mm，降水日数为1天	四川天全 5.7mm（1天）
2	S1402	高原东部西南移转东南移	降水	2.16~2.17	西藏中、东部，青海、甘肃南部，陕西西南部个别地区和四川北半部、中部地区降水量为0.1~20mm，降水日数为1~2天	西藏察隅 20.0mm（2天）
3	S1403	高原东南部原地生消	降水	3.22	西藏中、南部，青海东南部，甘肃西南部个别地区和四川西北部地区降水量为0.1~13mm，降水日数为1天	青海达日 12.2mm（1天）
4	S1404	高原东南部原地生消	降水	4.1	西藏东部，青海西南部个别地区和四川西部地区降水量为0.1~17mm，降水日数为1天	西藏错那 17.0mm（1天）
5	S1405	高原东南部原地生消	降水	4.2	西藏东部，青海南部和四川西北部地区降水量为0.1~4mm，降水日数为1天	四川若尔盖 3.7mm（1天）
6	S1406	高原东南部原地生消	降水	5.1	西藏中部个别地区、东部，青海南部个别地区，四川西部地区降水量为0.1~3mm，降水日数为1天	西藏安多 2.5mm（1天）
7	S1407	高原东南部原地生消	降水	5.2	西藏东、南部，青海东、南部个别地区，甘肃西南部和四川西、中、北部地区降水量为0.1~17mm，降水日数为1天	西藏波密 16.8mm（1天）
8	S1408	高原中部东南移转东北移	降水	5.3~5.4	西藏东半部，青海南部个别地区和四川西北、西、西南、中部地区降水量为0.1~25mm，降水日数为1~2天	四川道孚 24.6mm（2天）
9	S1409	高原东南部原地生消	降水	5.7	西藏东、中部，青海南部个别地区和四川西、西北部地区降水量为0.1~14mm，降水日数为1天	西藏洛隆 13.9mm（1天）
10	S1410	高原东北部原地生消	降水	5.21	西藏、青海东部，甘肃西南部和四川西北部地区降水量为0.1~7mm，降水日数为1天	青海达日 6.5mm（1天）

高原切变线对我国影响简表（续-1）

序号	编号	简述活动的情况	高原切变线对我国的影响			
			项目	时间(月.日)	概况	极值
11	S1411	高原东北部原地生消	降水	5.25	西藏北部，青海南部和四川西北部个别地区降水量为0.1~12mm，降水日数为1天	青海曲麻莱 11.1mm（1天）
12	S1412	高原东南部原地生消	降水	5.26	西藏东、南部，青海南部和四川西北部地区降水量为0.1~14mm，降水日数为1天	四川马尔康 13.1mm（1天）
13	S1413	高原东南部原地生消	降水	5.28	西藏、青海东、南部，甘肃西南部和四川西北部地区降水量为0.1~21mm，降水日数为1天	四川壤塘 20.9mm（1天）
14	S1414	高原东南部原地生消	降水	5.30	西藏东北、中、南部，青海南部和四川西北部地区降水量为0.1~15mm，降水日数为1天	四川石渠 14.9mm（1天）
15	S1415	高原东部原地生消	降水	6.3	西藏东部，青海东、南部，甘肃西南部和四川北部地区降水量为0.1~9mm，降水日数为1天	甘肃碌曲 8.6mm（1天）
16	S1416	高原东部南移	降水	6.7	西藏东半部，青海东、东南、南、西南部，甘肃西南部和四川西、西北、北部地区降水量为0.1~24mm，降水日数为1天	四川壤塘 24.0mm（1天）
17	S1417	高原东南部东北移转渐西北移	降水	6.8~6.10	西藏东、东北、南部，青海东北、东、东南、南部，甘肃南部，宁夏西、南部和四川西、西北部地区降水量为0.1~29mm，降水日数为1~3天	青海治多 28.2mm（3天）
18	S1418	高原东南部东南移	降水	6.11~6.12	西藏东、南部，青海东北、东、东南、中、南部，甘肃西南、南部和四川西北、中部地区降水量为0.1~46mm，降水日数为1~2天。其中青海和四川有成片降水量大于25mm的区域，降水日数为2天	青海班玛 45.1mm（2天）
19	S1419	高原东部东南移	降水	6.14~6.16	西藏东半部，青海东南、南部，甘肃西南部，四川大部和云南北部地区降水量为0.1~44mm，降水日数为1~3天	西藏比如 43.2mm（2天）

高原切变线对我国影响简表（续-2）

序号	编号	简述活动的情况	高原切变线对我国的影响			
			项目	时间(月.日)	概况	极值
20	S1420	高原东部西南移	降水	6.19~6.20	西藏东、东北、中部，青海南、中部，甘肃西南部个别地区和四川西北部地区降水量为0.1～28mm，降水日数为1～2天	西藏索县27.2mm（2天）
21	S1421	高原东部原地生消	降水	6.27	西藏东半部，青海东北、东、东南、南、中部，甘肃西南部和四川西北部地区降水量为0.1~29mm，降水日数为1天	四川道孚28.4mm（1天）
22	S1422	高原东南部东南移转西南移再转南移	降水	6.29~7.1	西藏东半部，青海东南、南部，甘肃、陕西西南部，四川大部，重庆西部和云南北部地区降水量为0.1~65mm，降水日数为1~3天。其中西藏、四川有成片降水量大于25mm的降水区，降水日数为2~3天	西藏林芝61.7mm（3天）
23	S1423	高原东南部东北移转东南移出高原	降水	7.9~7.10	西藏东半部，青海东南、南、西南部，甘肃、宁夏南部，陕西西南部，四川，重庆西部和云南西北部地区降水量0.1~125mm，降水日数为1~2天。其中四川有成片降水量大于50mm的降水区，降水日数为1天	四川安县120.3mm（1天）
24	S1424	高原东部西南移	降水	7.11	西藏东部，青海东南、南部，甘肃西南部，四川西、西北部地区降水量为0.1~22mm，降水日数为1天	西藏丁青22.0mm（1天）
25	S1425	高原南部原地少动	降水	7.13~7.14	西藏东半部，青海东南、南部和四川西、西北部地区降水量为0.1~55mm，降水日数为1~2天	西藏芒康50.7mm（2天）
26	S1426	高原中部渐南移	降水	7.22~7.24	西藏东半部，青海东北、东、东南、南、中部，甘肃南半部，宁夏南部，陕西西北部，四川大部，重庆西南部个别地区和云南西北部个别地区降水量为0.1~60mm，降水日数为1~3天	四川夹江58.4mm（2天）
27	S1427	高原东南部渐南移	降水	7.25~7.27	西藏东北、东、东南、南、中部，青海南部，甘肃西南部个别地区，四川西、西北部和云南西北部地区降水量为0.1~39mm，降水日数为1~3天	四川理塘38.3mm（3天）

高原切变线对我国影响简表（续-3）

序号	编号	简述活动的情况	高原切变线对我国的影响			
			项目	时间(月.日)	概况	极值
28	S1428	高原中部原地生消	降水	8.1	西藏东北、中、南部和青海南部地区降水量为0.1~24mm，降水日数为1天	西藏拉孜 23.9mm（1天）
29	S1429	高原东北部原地生消	降水	8.3	青海东北、东、东南、南、中部，甘肃中、西南部地区降水量为0.1~29mm，降水日数为1天	青海兴海 28.9mm（1天）
30	S1430	高原东南部原地少动	降水	8.6~8.7	西藏东半部、南部，青海东南、南部，甘肃西南部，四川西北、西、中部和云南西北部地区降水量为0.1~70mm，降水日数为1~2天	四川丹棱 65.1mm（1天）
31	S1431	高原南部原地生消	降水	8.9	西藏东北、东南、南部，青海西南部和四川西北部个别地区降水量为0.1~12mm，降水日数为1天	青海治多 11.9mm（1天）
32	S1432	高原东南部原地生消	降水	8.18	西藏东半部，青海南、东南部和四川西北部地区降水量为0.1~27mm，降水日数为1天	西藏芒康 26.5mm（1天）
33	S1433	高原东北部原地生消	降水	8.20	西藏东半部，青海东北、东、东南、南、中部，甘肃西南部和四川西北部地区降水量为0.1~30mm，降水日数为1天	西藏贡嘎 29.7mm（1天）
34	S1434	高原东南部原地生消	降水	8.23	西藏东北、东、东南、南、中部，青海南部，四川西半部和云南西北部地区降水量为0.1~24mm，降水日数为1天	西藏察隅 23.5mm（1天）
35	S1435	高原东南部东南移转东北移	降水	8.29~8.30	西藏东半部，青海南半部，甘肃西南部，四川大部和陕西西南部、重庆西部、云南东北部个别地区降水量为0.1~75mm，降水日数为1~2天	四川南江 72.7mm（1天）
36	S1436	高原东部东南移	降水	9.8	西藏东北部，青海东半部、西南、中部，甘肃西部和四川西北部地区降水量为0.1~23mm，降水日数为1天	四川阿坝 22.2mm（1天）

高原切变线对我国影响简表（续-4）

序号	编号	简述活动的情况	高原切变线对我国的影响			
			项目	时间（月.日）	概况	极值
37	S1437	高原东部原地生消	降水	9.14	西藏东北、中、南部，青海东南、南、西南部，甘肃西南部个别地区和四川西北部地区降水量为0.1~21mm，降水日数为1天	甘肃玛曲 20.7mm（1天）
38	S1438	高原东南部东南移	降水	9.16~9.17	西藏东北、南、中部，青海东、东南、南部，甘肃西南部和四川北、西北、中部地区降水量为0.1~37mm，降水日数为1~2天。其中甘肃和四川有降水量大于25mm区域，降水日数2天	甘肃迭部 36.4mm（2天）
39	S1439	高原南部东南移	降水	9.30~10.1	西藏东北、南、中部，青海东南、南、西南部和四川西北、西部地区降水量为0.1~10mm，降水日数为1~2天	西藏索县 9.1mm（2天）
40	S1440	高原东南部原地生消	降水	10.18	西藏中、东北部，青海东南、南部，甘肃西南部和四川北部地区降水量为0.1~7mm，降水日数为1天	四川广汉 6.4mm（1天）
41	S1441	高原东南部原地生消	降水	10.22	西藏中、东北部，青海南部和四川西北部地区降水量为0.1~5mm，降水日数为1天	西藏索县 4.2mm（1天）
42	S1442	高原南部原地生消	降水	12.15	西藏中、东北部，青海东南、南部和四川西北部地区降水量为0.1~6mm，降水日数为1天	西藏安多 5.4mm（1天）
43	S1443	高原东南部原地生消	降水	12.16	西藏东北部，青海南部，四川西北、中部地区降水量为0.1~8mm，降水日数为1天	青海囊谦 7.5mm（1天）

2014年高原切变线编号、名称、日期对照表

未移出高原的高原切变线		移出高原的高原切变线
①S1401 兴海–安多	⑨S1409 道孚–那曲	㉓S1423 久治–当雄
Xinghai–Anduo	Daofu–Naqu	Jiuzhi–Dangxiong
1.19	5.7	7.9~7.10
②S1402 久治–那曲	⑩S1410 共和–五道梁	
Jiuzhi–Naqu	Gonghe–Wudaoliang	
2.16~2.17	5.21	
③S1403 新龙–当雄	⑪S1411 兴海–五道梁	
Xinlong–Dangxiong	Xinghai–Wudaoliang	
3.22	5.25	
④S1404 新龙–拉萨	⑫S1412 色达–安多	
Xinlong–Lasa	Seda–Anduo	
4.1	5.26	
⑤S1405 甘孜–当雄	⑬S1413 色达–那曲	
Ganzi–Dangxiong	Seda–Naqu	
4.2	5.28	
⑥S1406 新龙–嘉黎	⑭S1414 石渠–林芝	
Xinlong–Jiali	Shiqu–Linzhi	
5.1	5.30	
⑦S1407 理县–那曲	⑮S1415 久治–沱沱河	
Lixian–Naqu	Jiuzhi–Tuotuohe	
5.2	6.3	
⑧S1408石渠–安多	⑯S1416 兴海–沱沱河	
Shiqu –Anduo	Xinghai–Tuotuohe	
5.3~5.4	6.7	

2014年高原切变线编号、名称、日期对照表（续-1）

未移出高原的高原切变线		
⑰ S1417 班玛–安多	㉕ S1425 理县–当雄	㉜ S1432 白玉–当雄
Banma–Anduo	Lixian–Dangxiong	Baiyu–Dangxiong
6.8~6.10	7.13~7.14	8.18
⑱ S1418 久治–安多	㉖ S1426 德令哈–安多	㉝ S1433 都兰–五道梁
Jiuzhi–Anduo	Delingha–Anduo	Dulan–Wudaoliang
6.11~6.12	7.22~7.24	8.20
⑲ S1419 达日–安多	㉗ S1427 石渠–拉萨	㉞ S1434 九龙–那曲
Dari–Anduo	Shiqu–Lasa	Jiulong–Naqu
6.14~6.16	7.25~7.27	8.23
⑳ S1420 德令哈–杂多	㉘ S1428 昌都–安多	㉟ S1435 班玛–当雄
Delingha–Zaduo	Changdu–Anduo	Banma–Dangxiong
6.19~6.20	8.1	8.29~8.30
㉑ S1421 泽库–沱沱河	㉙ S1429 茶卡–杂多	㊱ S1436 茶卡–贡觉
Zeku–Tuotuohe	Chaka–Zaduo	Chaka–Gongjiao
6.27	8.3	9.8
㉒ S1422 玛多–索县	㉚ S1430 阿坝–安多	㊲ S1437 班玛–安多
Maduo–Suoxian	Aba–Anduo	Banma–Anduo
6.29~7.1	8.6~8.7	9.14
㉔ S1424 岷县–昂欠	㉛ S1431 昌都–安多	㊳ S1438 日德–当雄
Minxian–Angqian	Changdu–Anduo	Ride–Dangxiong
7.11	8.9	9.16~9.17

2014年高原切变线编号、名称、日期对照表（续-2）

未移出高原的高原切变线		
㊴ S1439 治多-当雄	㊶ S1441 德格-锋当	㊸ S1443红原-昂欠
Zhiduo-Dangxiong	Dege-Fengdang	Hongyuan-Angqian
9.30~10.1	10.22	12.16
㊵ S1440 久治-那曲	㊷ S1442 石渠-安多	
Jiuzhi-Naqu	Shiqu-Anduo	
10.18	12.15	

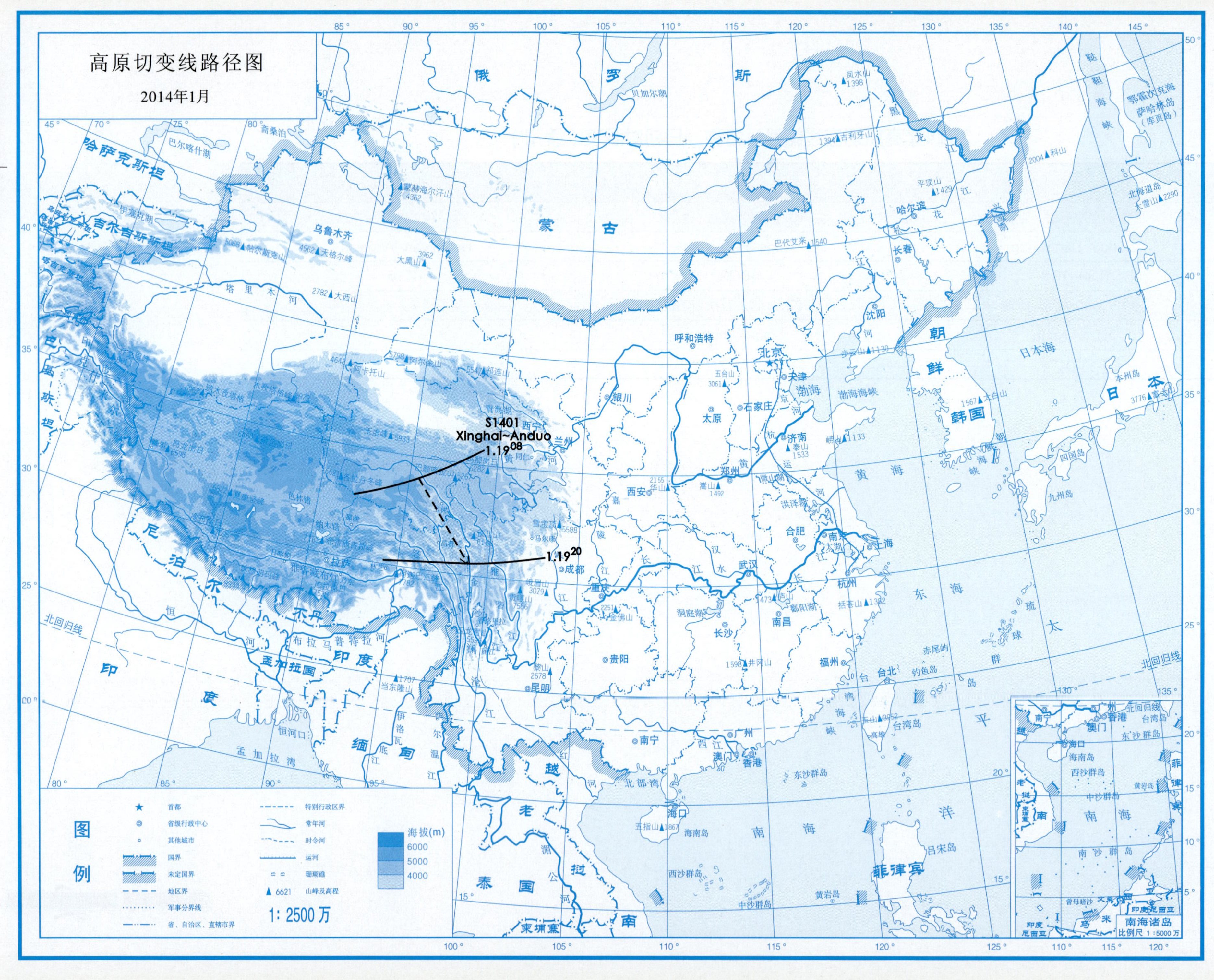
高原切变线路径图
2014年1月
S1401
Xinghai~Anduo
1.19⁰⁸
1.19²⁰
图例
首都
省级行政中心
其他城市
国界
未定国界
地区界
军事分界线
省、自治区、直辖市界
特别行政区界
常年河
时令河
运河
珊瑚礁
6621 山峰及高程
海拔(m)
6000
5000
4000
1: 2500万
南海诸岛
比例尺 1:5000万

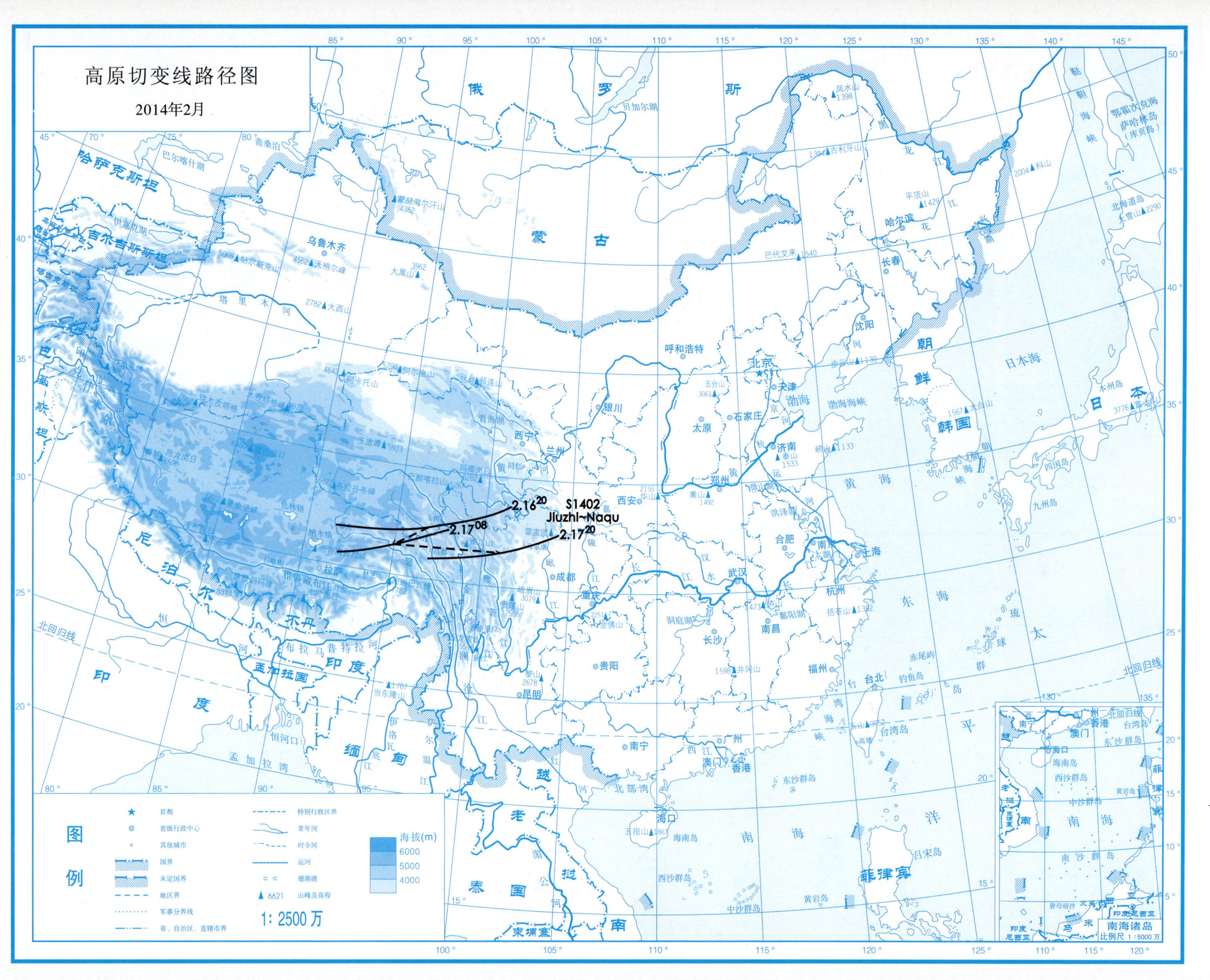
高原切变线路径图
2014年2月
S1402
Jiuzhi~Naqu
2.16[20]
2.17[08]
2.17[20]
图例
首都
省级行政中心
其他城市
国界
未定国界
地区界
军事分界线
省、自治区、直辖市界
特别行政区界
常年河
时令河
运河
珊瑚礁
6621 山峰及高程
海拔(m)
6000
5000
4000
1: 2500万
南海诸岛
比例尺 1:5000万

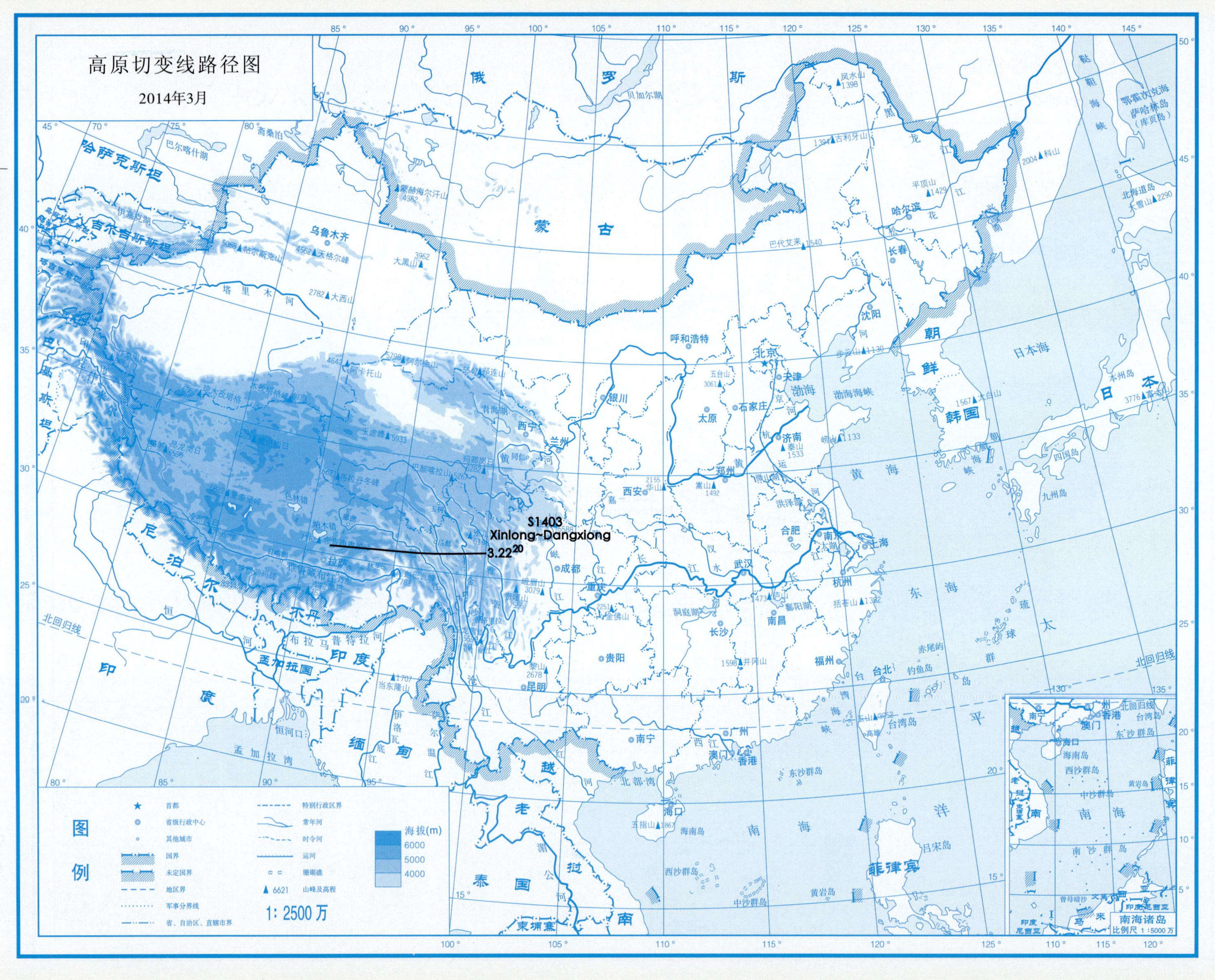
高原切变线路径图
2014年3月
S1403
Xinlong~Dangxiong
3.22[20]
图例
首都
省级行政中心
其他城市
国界
未定国界
地区界
军事分界线
省、自治区、直辖市界
特别行政区界
常年河
时令河
运河
珊瑚礁
山峰及高程
海拔(m)
6000
5000
4000
1: 2500万
南海诸岛
比例尺 1:5000万

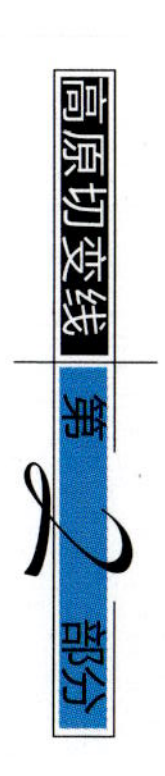

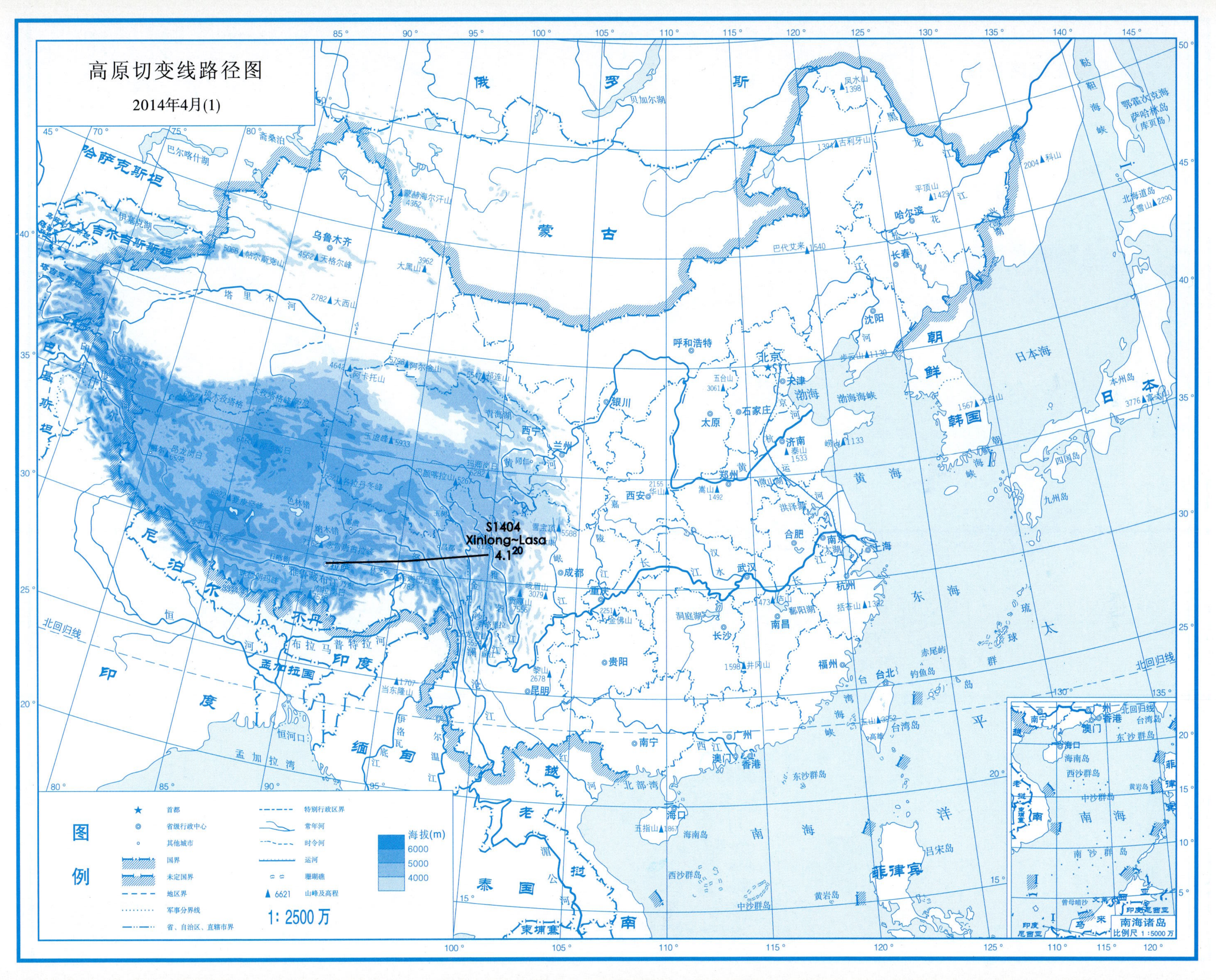
高原切变线路径图
2014年4月(1)
S1404
Xinlong~Lasa
4.1^20
图例
首都
省级行政中心
其他城市
国界
未定国界
地区界
军事分界线
省、自治区、直辖市界
特别行政区界
常年河
时令河
运河
珊瑚礁
6621 山峰及高程
海拔(m)
6000
5000
4000
1: 2500万
南海诸岛
比例尺 1:5000万

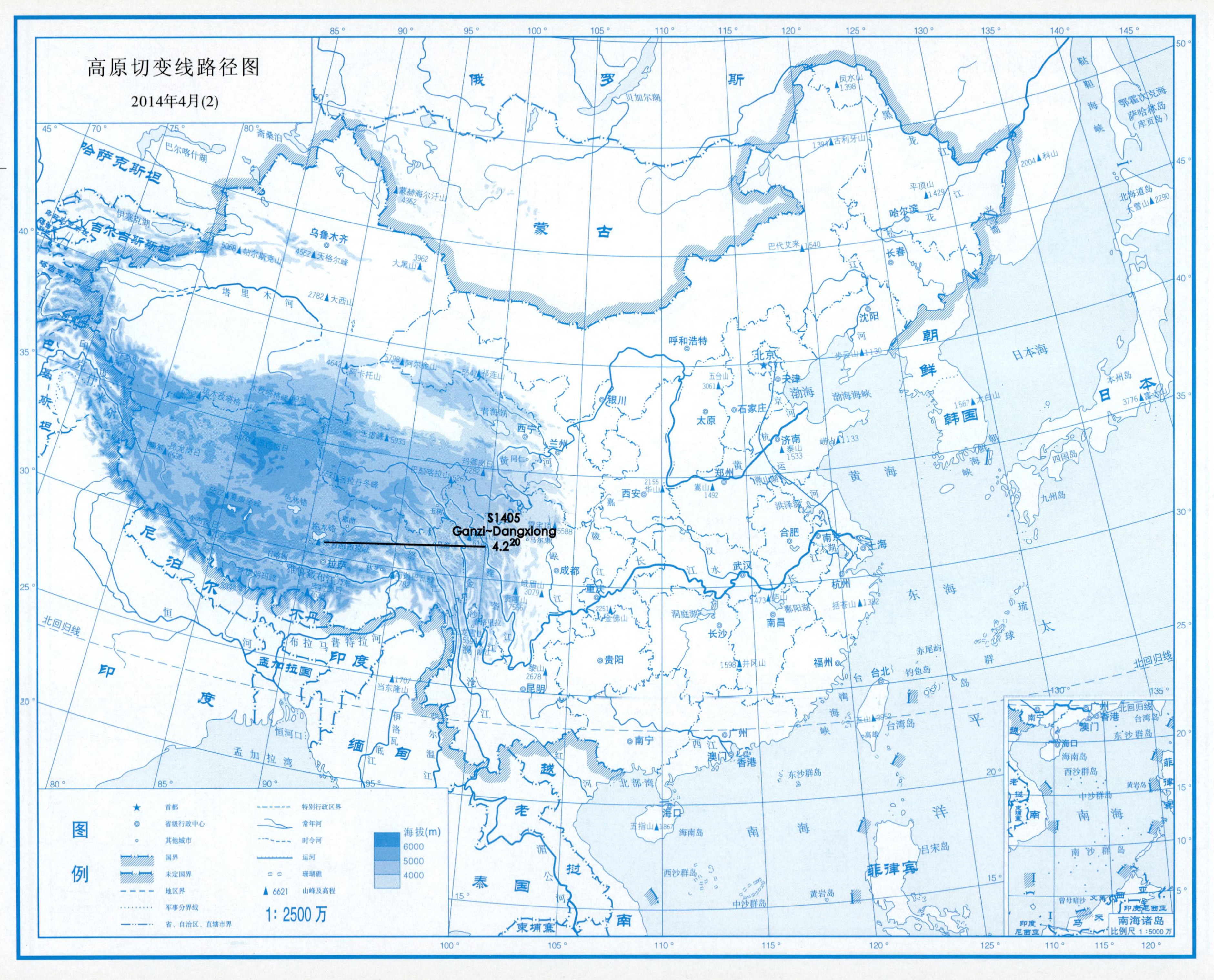
高原切变线路径图
2014年4月(2)
S1405
Ganzi~Dangxiong
4.2[20]
图例
首都
省级行政中心
其他城市
国界
未定国界
地区界
军事分界线
省、自治区、直辖市界
特别行政区界
常年河
时令河
运河
珊瑚礁
6621 山峰及高程
海拔(m)
6000
5000
4000
1: 2500万
南海诸岛
比例尺 1:5000万

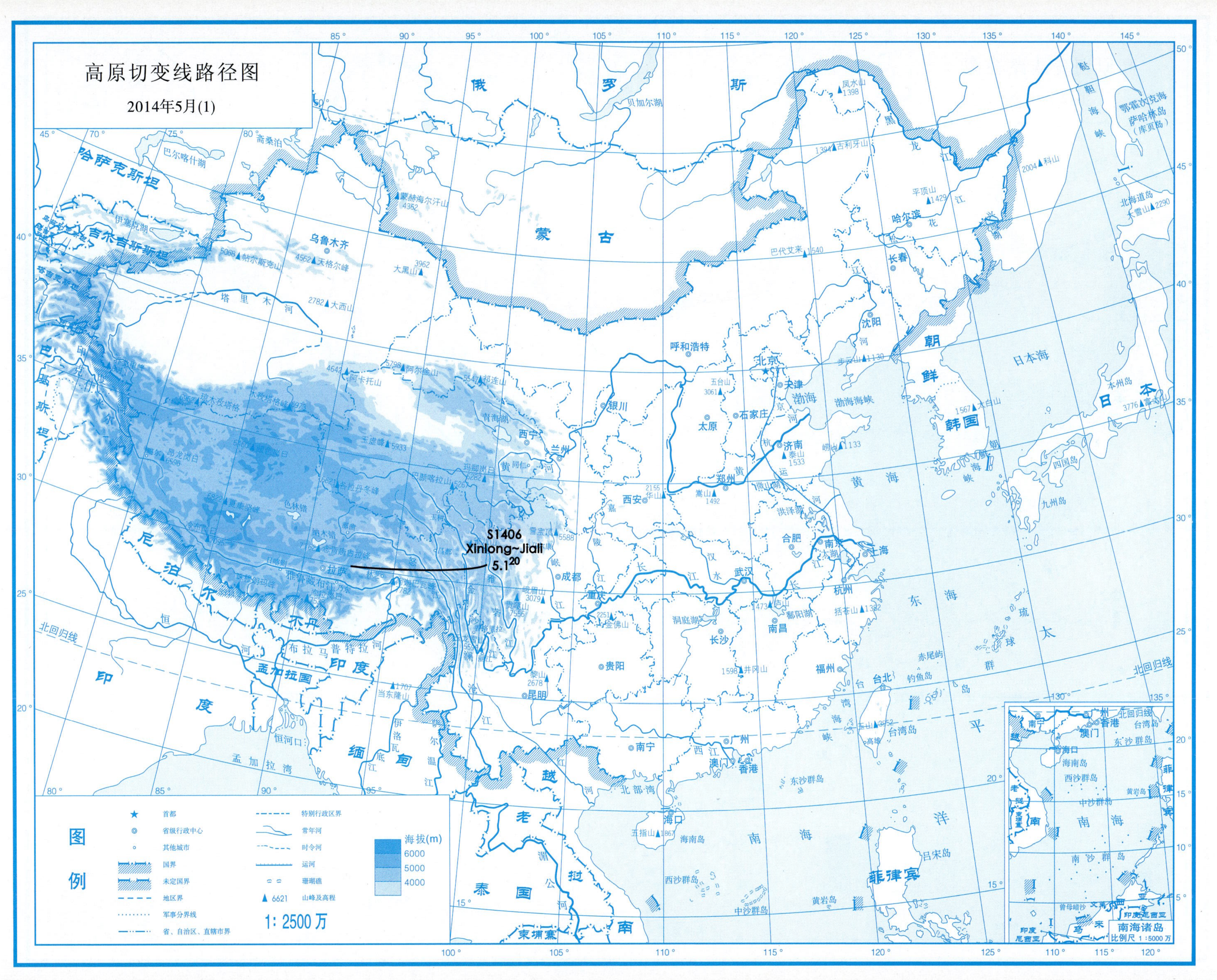
高原切变线路径图
2014年5月(1)
S1406
Xinlong~Jiali
5.1[20]
图例
首都
省级行政中心
其他城市
国界
未定国界
地区界
军事分界线
省、自治区、直辖市界
特别行政区界
常年河
时令河
运河
珊瑚礁
6621 山峰及高程
海拔(m)
6000
5000
4000
1: 2500万
南海诸岛
比例尺 1:5000万

高原切变线路径图

2014年5月(2)

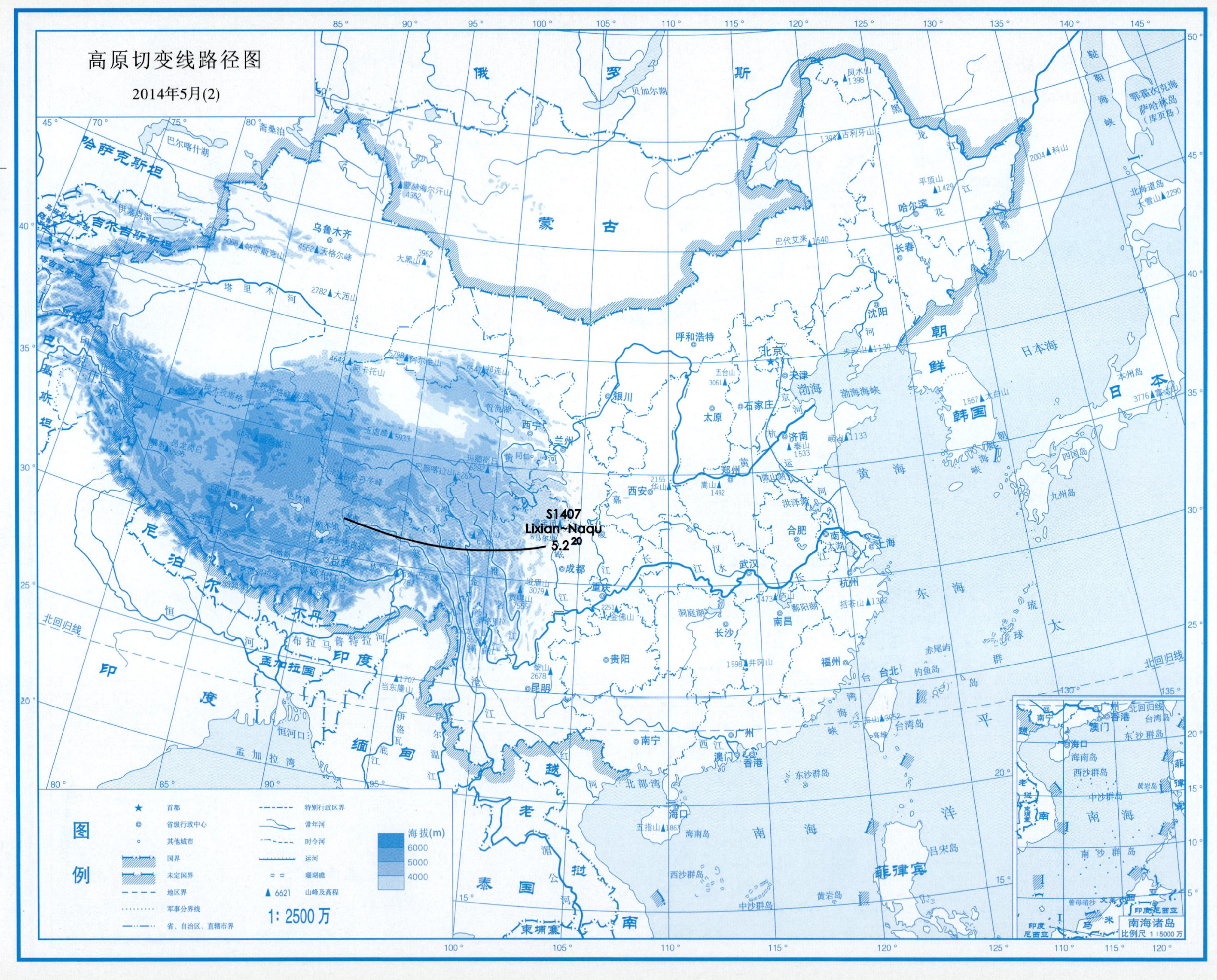

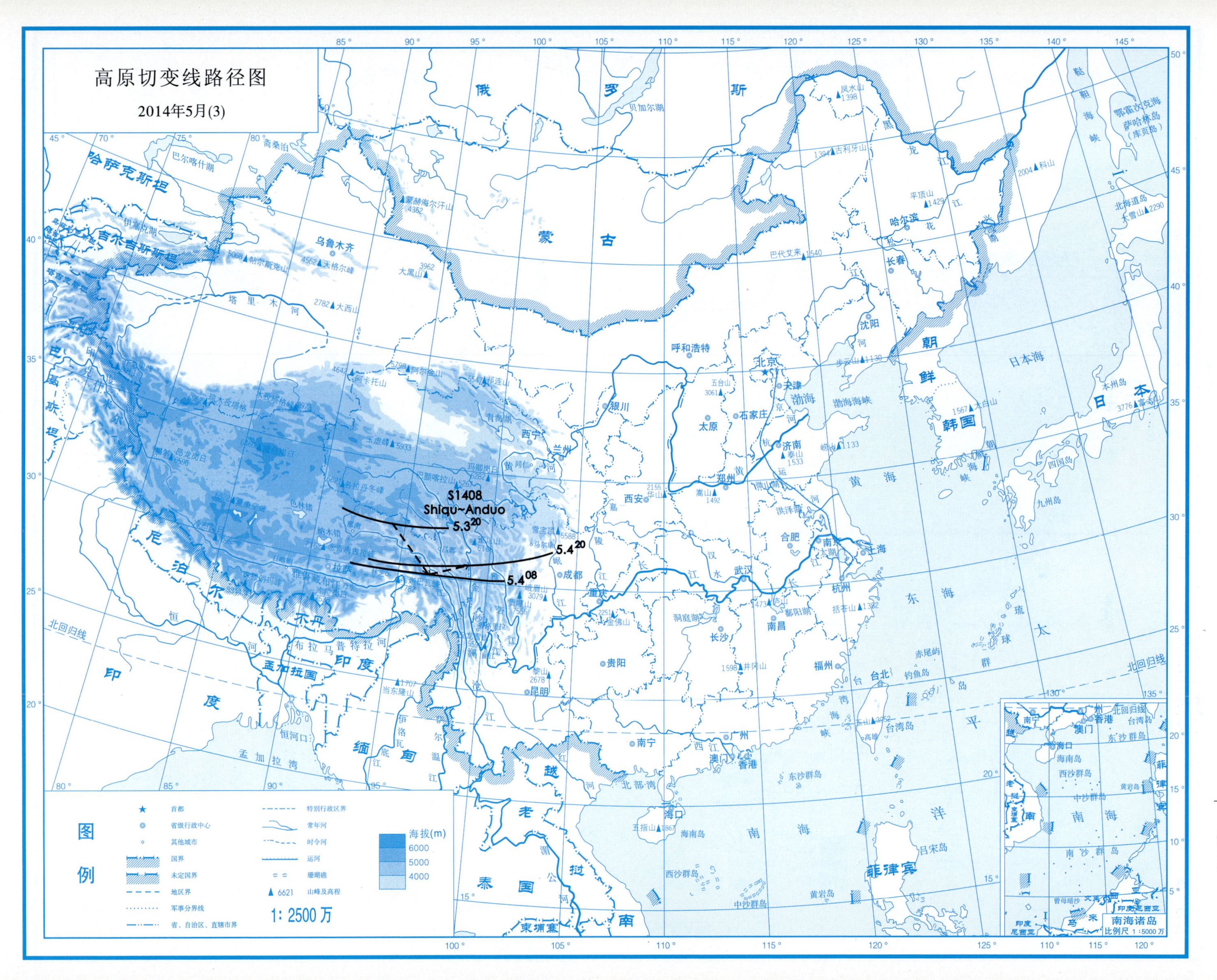
高原切变线路径图
2014年5月(3)
S1408
Shiqu~Anduo
5.3 20
5.4 20
5.4 08
图例
首都
省级行政中心
其他城市
国界
未定国界
地区界
军事分界线
省、自治区、直辖市界
特别行政区界
常年河
时令河
运河
珊瑚礁
6621 山峰及高程
海拔(m)
6000
5000
4000
1: 2500万
南海诸岛
比例尺 1:5000万

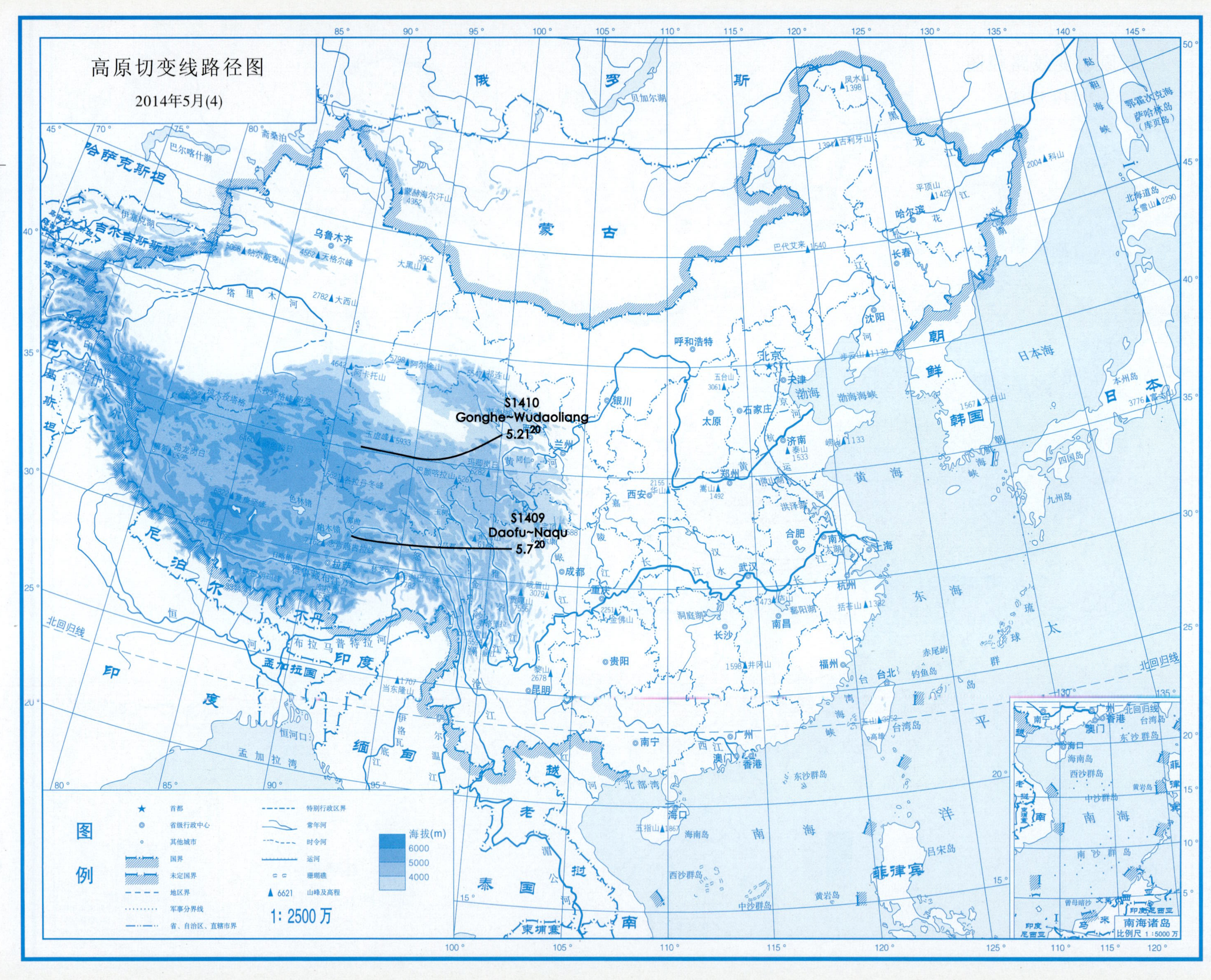

高原切变线路径图
2014年5月(4)
S1410
Gonghe~Wudaoliang
5.21[20]
S1409
Daofu~Naqu
5.7[20]
图例
首都
省级行政中心
其他城市
国界
未定国界
地区界
军事分界线
省、自治区、直辖市界
特别行政区界
常年河
时令河
运河
珊瑚礁
6621 山峰及高程
海拔(m)
6000
5000
4000
1: 2500万
南海诸岛
比例尺 1:5000万

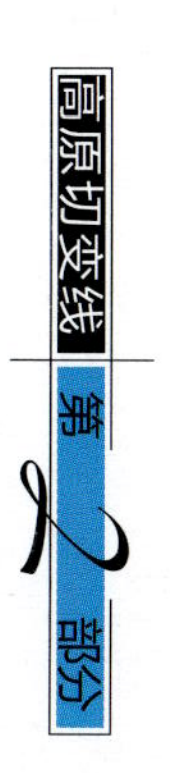

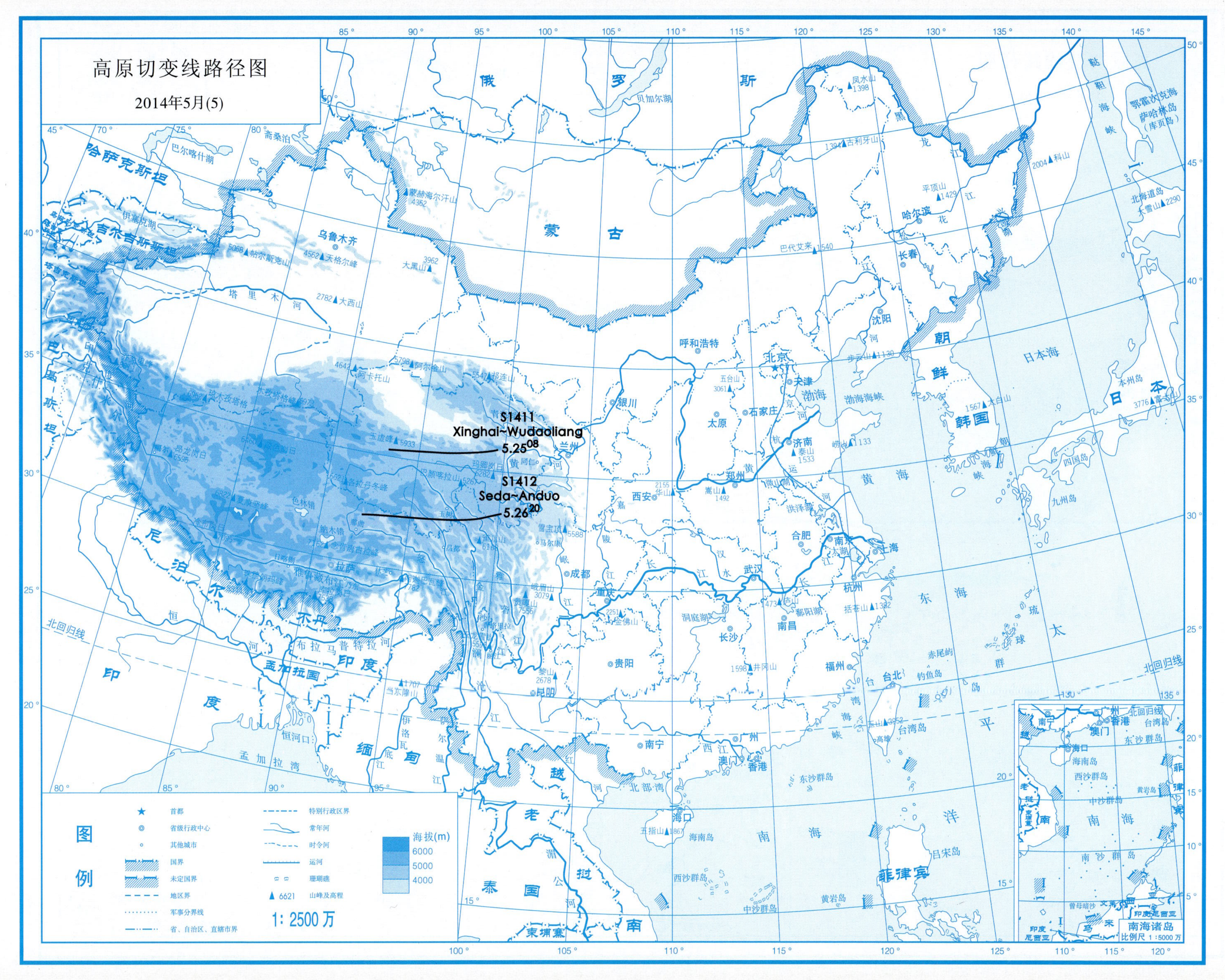
高原切变线路径图
2014年5月(5)
S1411
Xinghai~Wudaoliang
5.25 08
S1412
Seda~Anduo
5.26 20
图例
首都
省级行政中心
其他城市
国界
未定国界
地区界
军事分界线
省、自治区、直辖市界
特别行政区界
常年河
时令河
运河
珊瑚礁
山峰及高程
海拔(m)
6000
5000
4000
1: 2500 万
南海诸岛

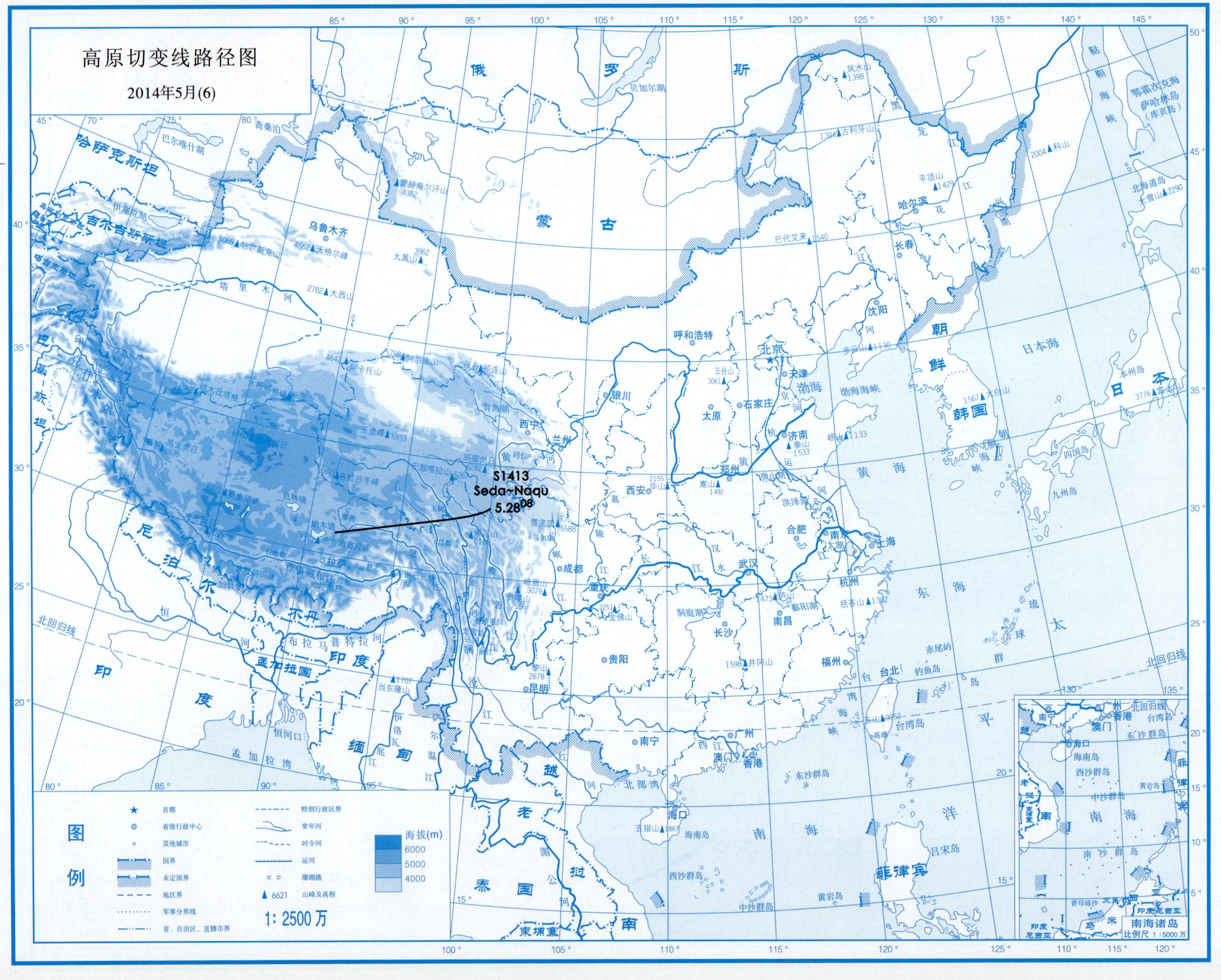
高原切变线路径图
2014年5月(6)
S1413
Seda-Naqu
5.28 08
图例
首都
省级行政中心
其他城市
国界
未定国界
地区界
军事分界线
省、自治区、直辖市界
特别行政区界
常年河
时令河
运河
珊瑚礁
山峰及高程
海拔(m)
6000
5000
4000
1: 2500万
南海诸岛
比例尺 1:5000万

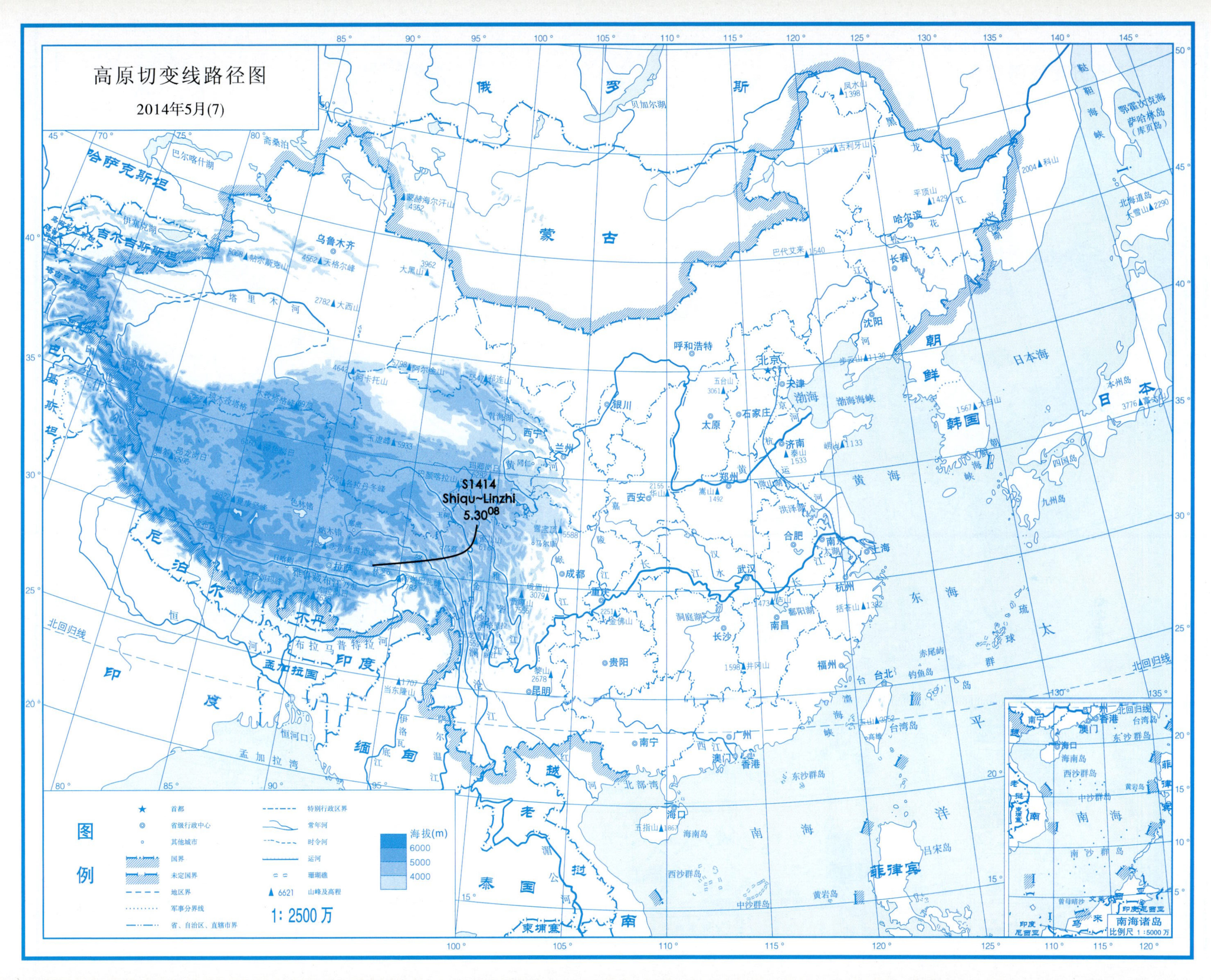
高原切变线路径图
2014年5月(7)
S1414
Shiqu~Linzhi
5.30[08]
图例
首都
省级行政中心
其他城市
国界
未定国界
地区界
军事分界线
省、自治区、直辖市界
特别行政区界
常年河
时令河
运河
珊瑚礁
山峰及高程
海拔(m)
6000
5000
4000
1: 2500万
南海诸岛
比例尺 1:5000万

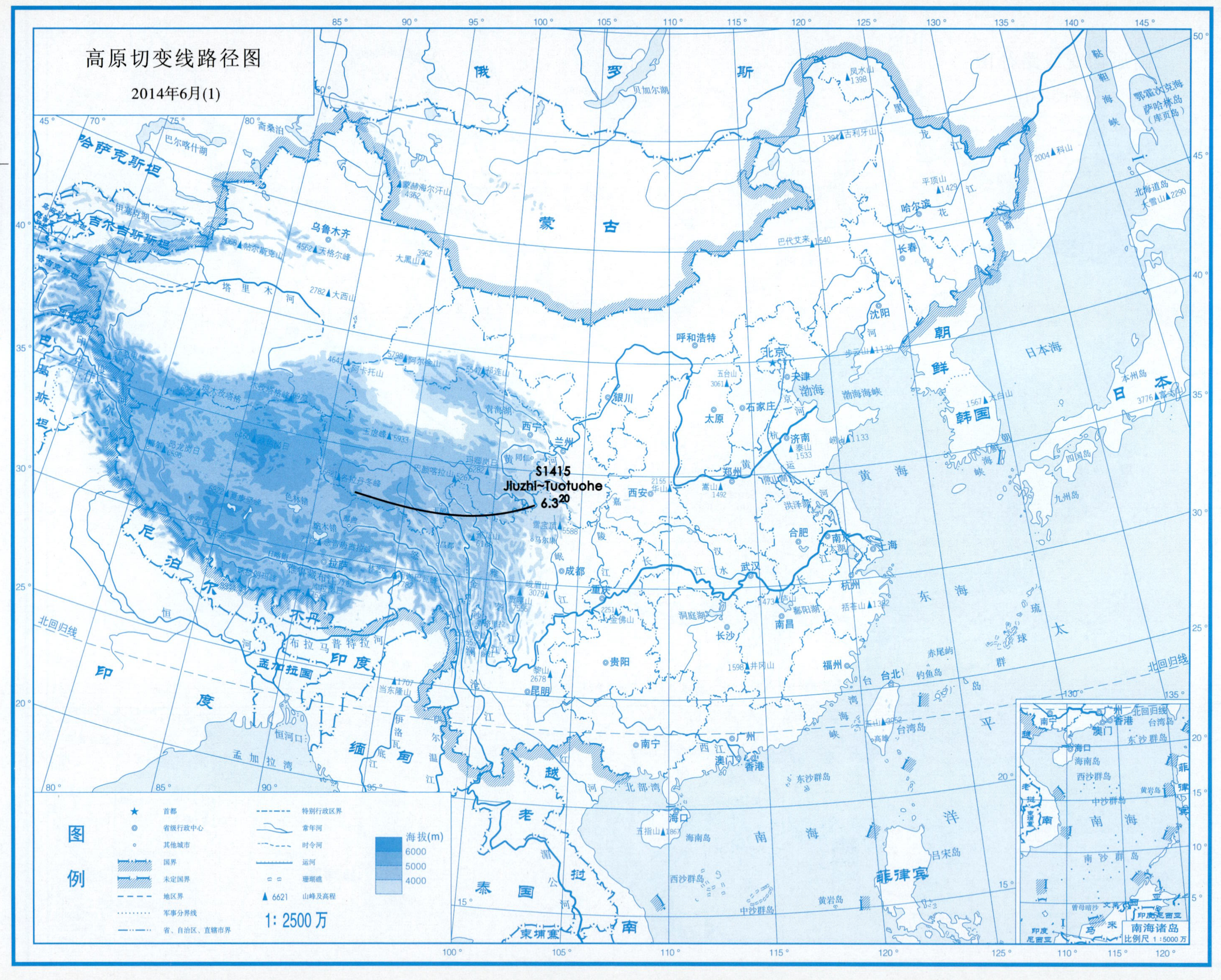
高原切变线路径图
2014年6月(1)
S1415
Jiuzhi~Tuotuohe
6.3[20]
图例
首都
省级行政中心
其他城市
国界
未定国界
地区界
军事分界线
省、自治区、直辖市界
特别行政区界
常年河
时令河
运河
珊瑚礁
6621 山峰及高程
海拔(m)
6000
5000
4000
1: 2500万
南海诸岛
比例尺 1:5000万

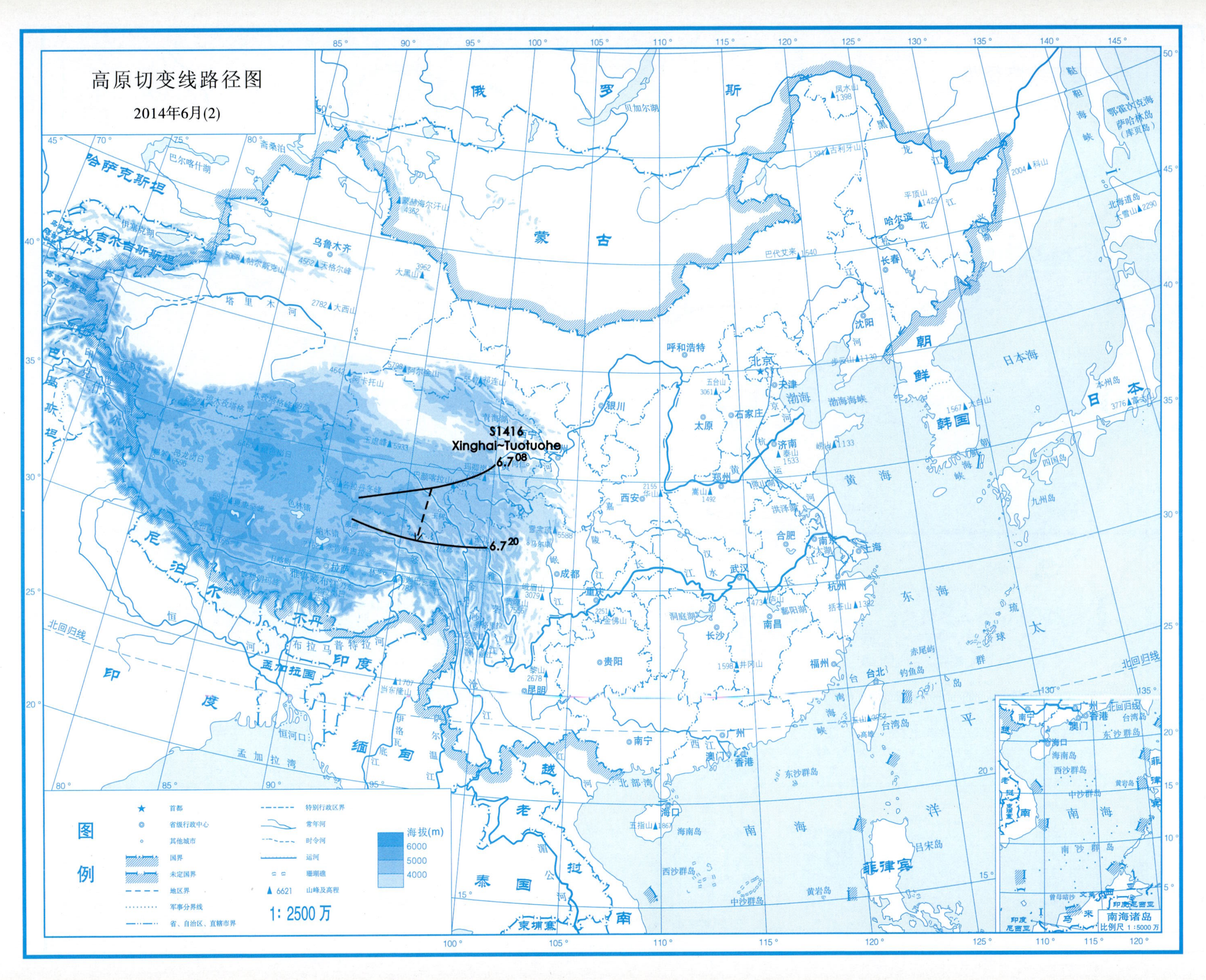
高原切变线路径图
2014年6月(2)
S1416
Xinghai~Tuotuohe
6.7 08
6.7 20
图例
首都
省级行政中心
其他城市
国界
未定国界
地区界
军事分界线
省、自治区、直辖市界
特别行政区界
常年河
时令河
运河
珊瑚礁
山峰及高程
海拔(m)
6000
5000
4000
1: 2500万
南海诸岛
比例尺 1:5000万

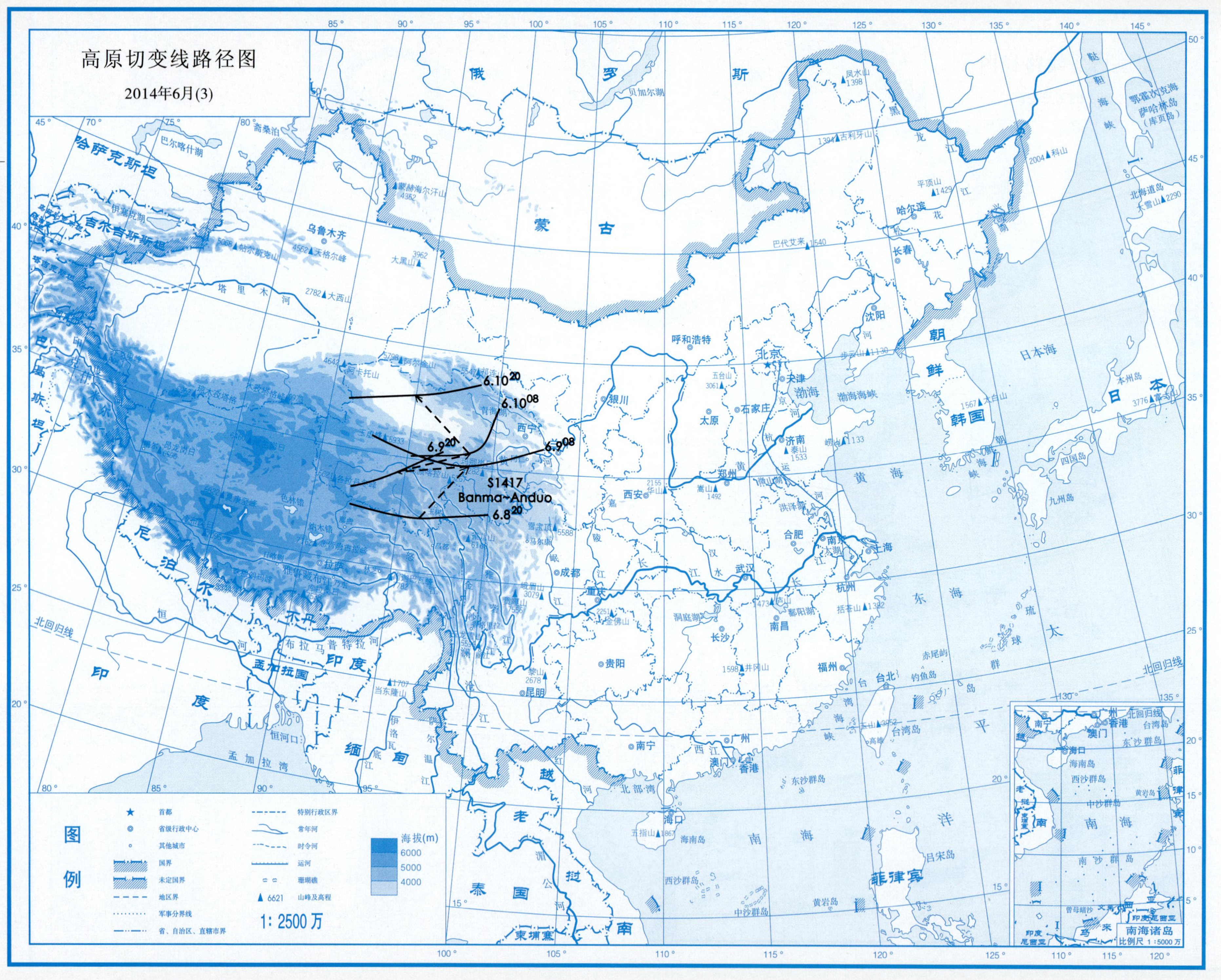
高原切变线路径图
2014年6月(3)
6.10^20
6.10^08
6.9^20
6.9^08
6.8^20
S1417
Banma~Anduo
图例
首都
省级行政中心
其他城市
国界
未定国界
地区界
军事分界线
省、自治区、直辖市界
特别行政区界
常年河
时令河
运河
珊瑚礁
山峰及高程
海拔(m)
6000
5000
4000
1: 2500万

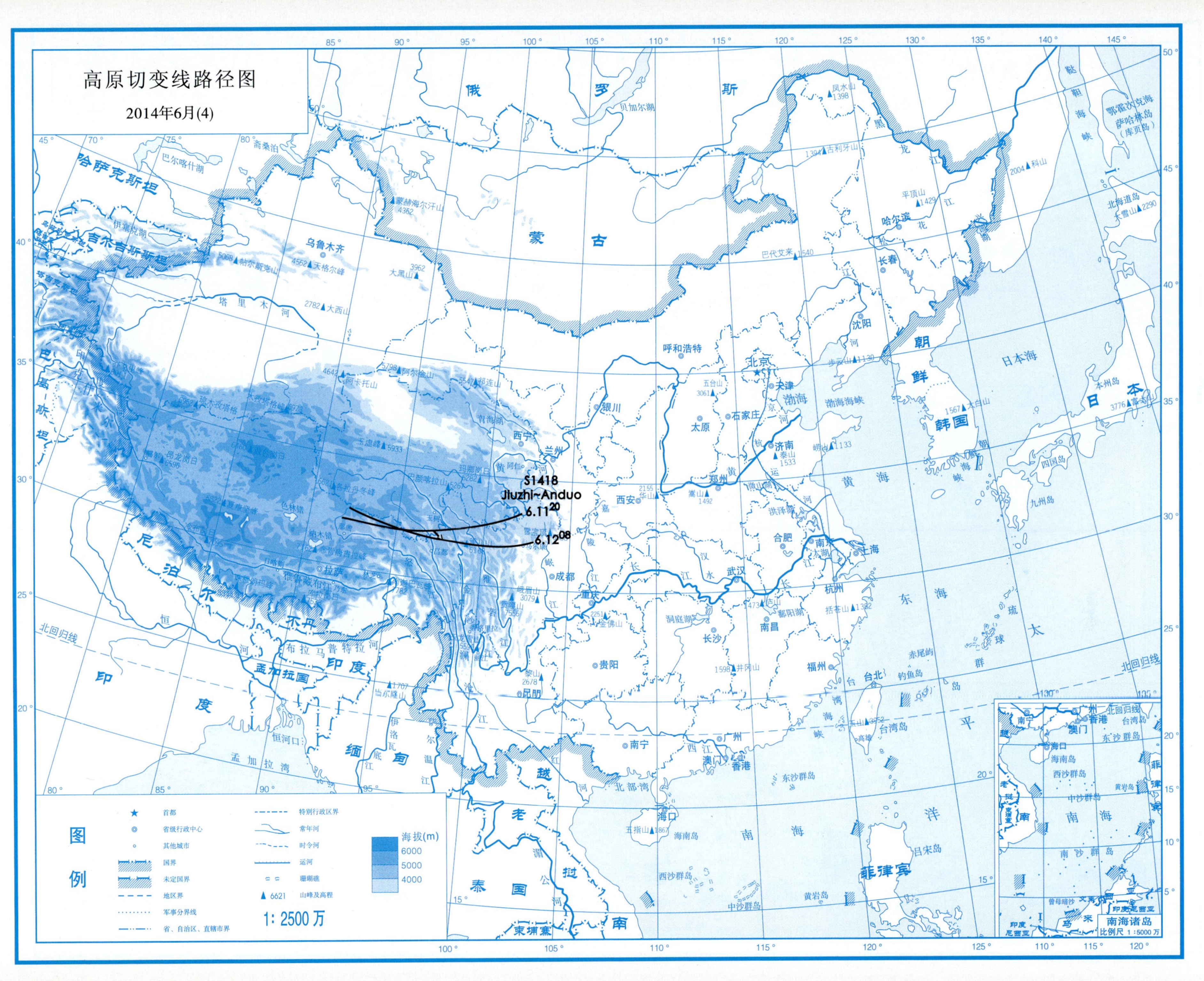
高原切变线路径图
2014年6月(4)
S1418
Jiuzhi~Anduo
6.11 20
6.12 08
图例
首都
省级行政中心
其他城市
国界
未定国界
地区界
军事分界线
省、自治区、直辖市界
特别行政区界
常年河
时令河
运河
珊瑚礁
6621 山峰及高程
海拔(m)
6000
5000
4000
1: 2500万
南海诸岛
比例尺 1:5000万

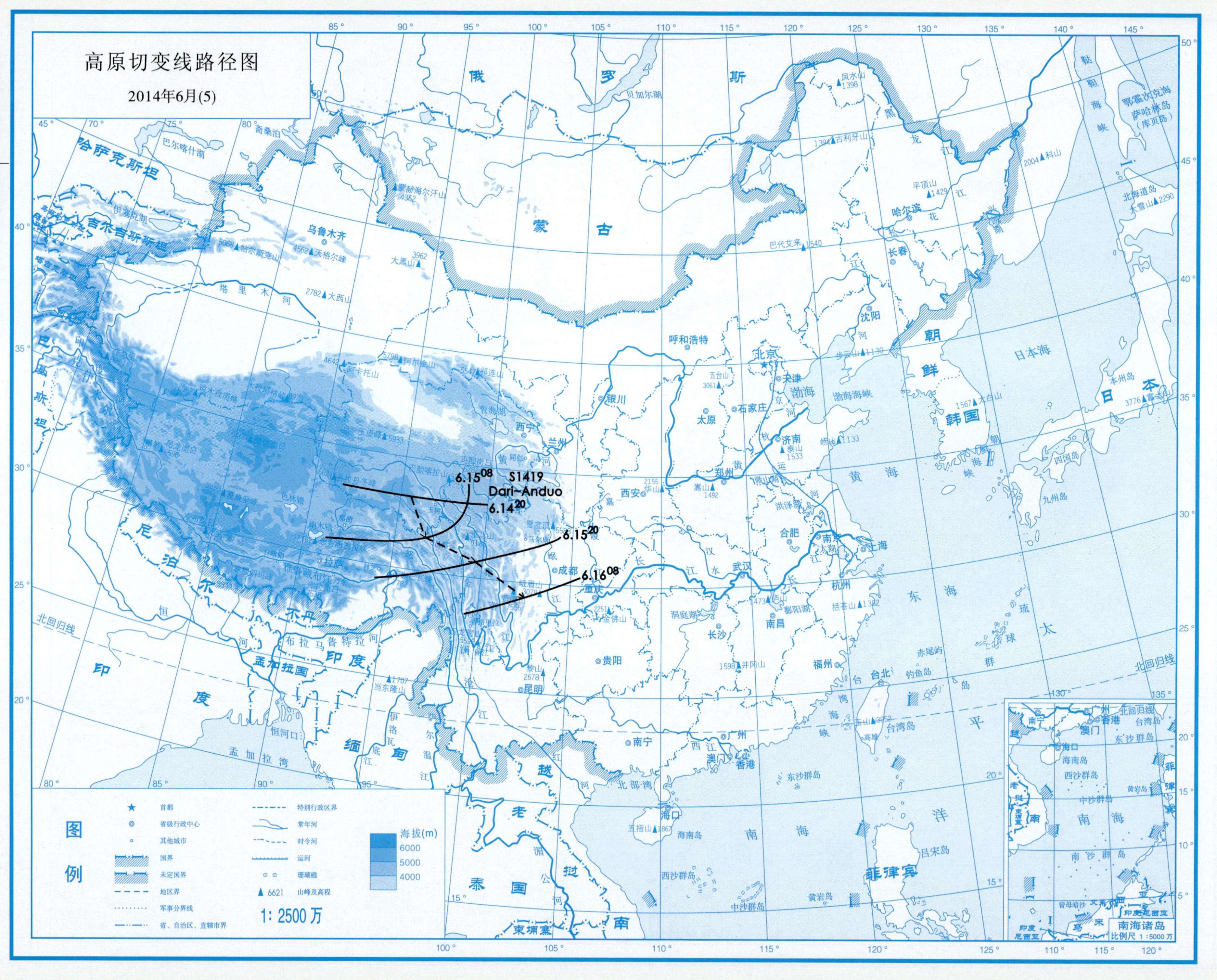

高原切变线路径图
2014年6月(5)
6.15^08
S1419
Dari-Anduo
6.14^20
6.15^20
6.16^08
图例
首都
省级行政中心
其他城市
国界
未定国界
地区界
军事分界线
省、自治区、直辖市界
特别行政区界
常年河
时令河
运河
珊瑚礁
山峰及高程
海拔(m)
6000
5000
4000
1: 2500万
南海诸岛
比例尺 1:5000万

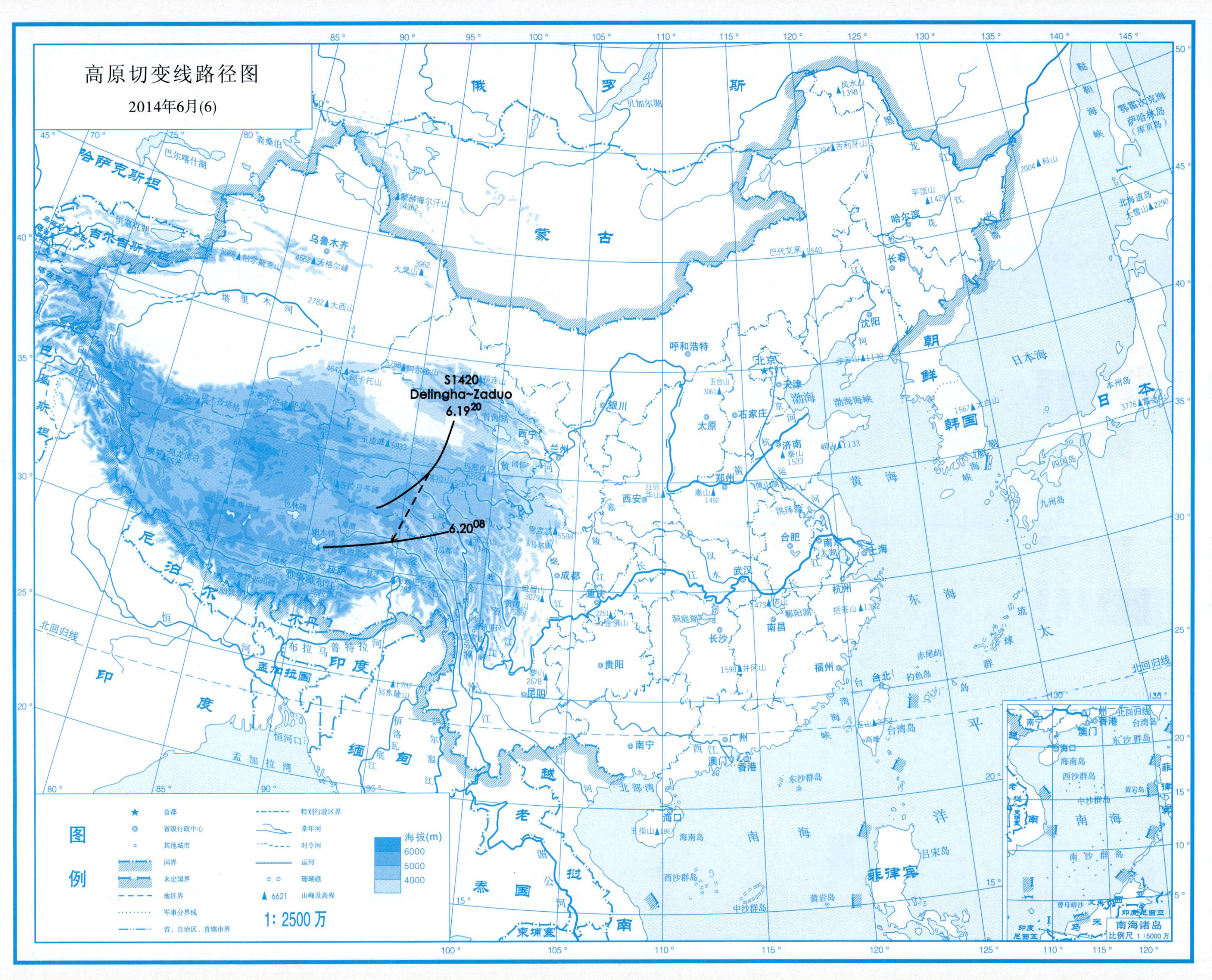
高原切变线路径图
2014年6月(6)
S1420
Delingha~Zaduo
6.19 20
6.20 08
图例
首都
省级行政中心
其他城市
国界
未定国界
地区界
军事分界线
省、自治区、直辖市界
特别行政区界
常年河
时令河
运河
珊瑚礁
山峰及高程
海拔(m)
6000
5000
4000
1: 2500万
南海诸岛
比例尺 1:5000万

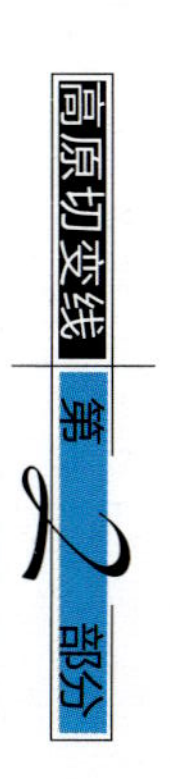
高原切变线 第2部分

高原切变线路径图

2014年6月(7)

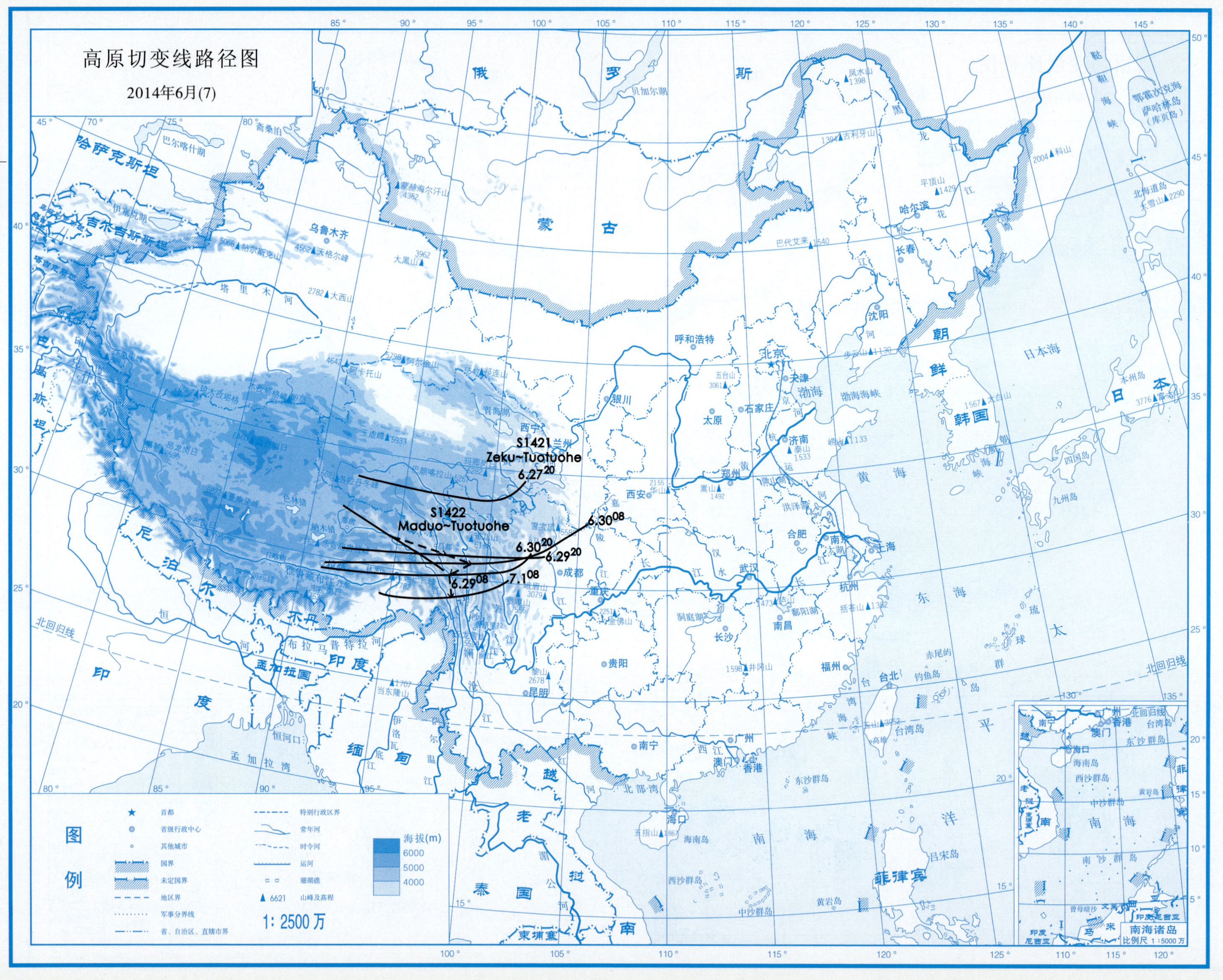

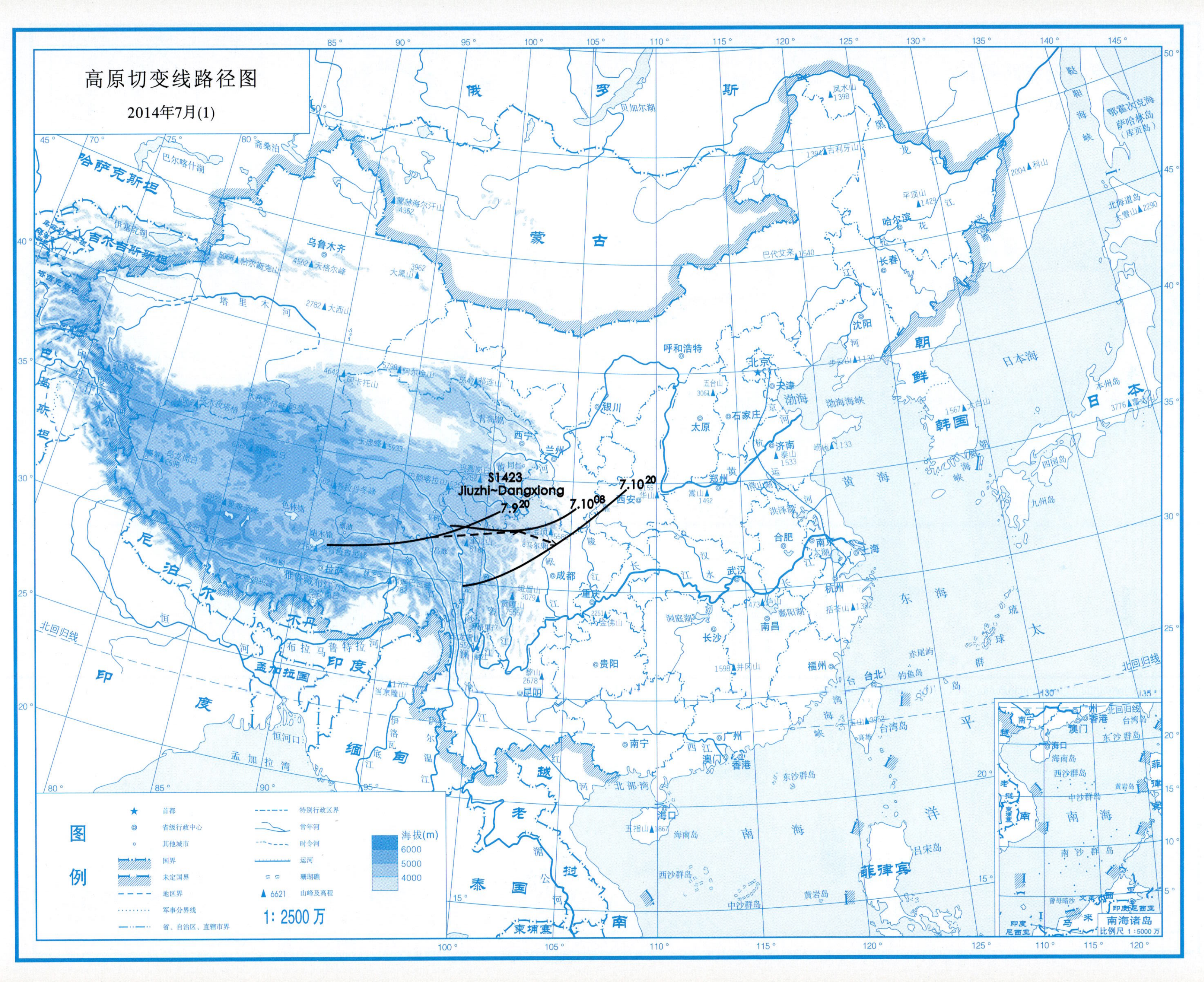
高原切变线路径图
2014年7月(1)
S1423
Jiuzhi~Dangxiong
7.9²⁰
7.10⁰⁸
7.10²⁰
图例
首都
省级行政中心
其他城市
国界
未定国界
地区界
军事分界线
省、自治区、直辖市界
特别行政区界
常年河
时令河
运河
珊瑚礁
山峰及高程
海拔(m)
6000
5000
4000
1: 2500万
南海诸岛
比例尺 1:5000万

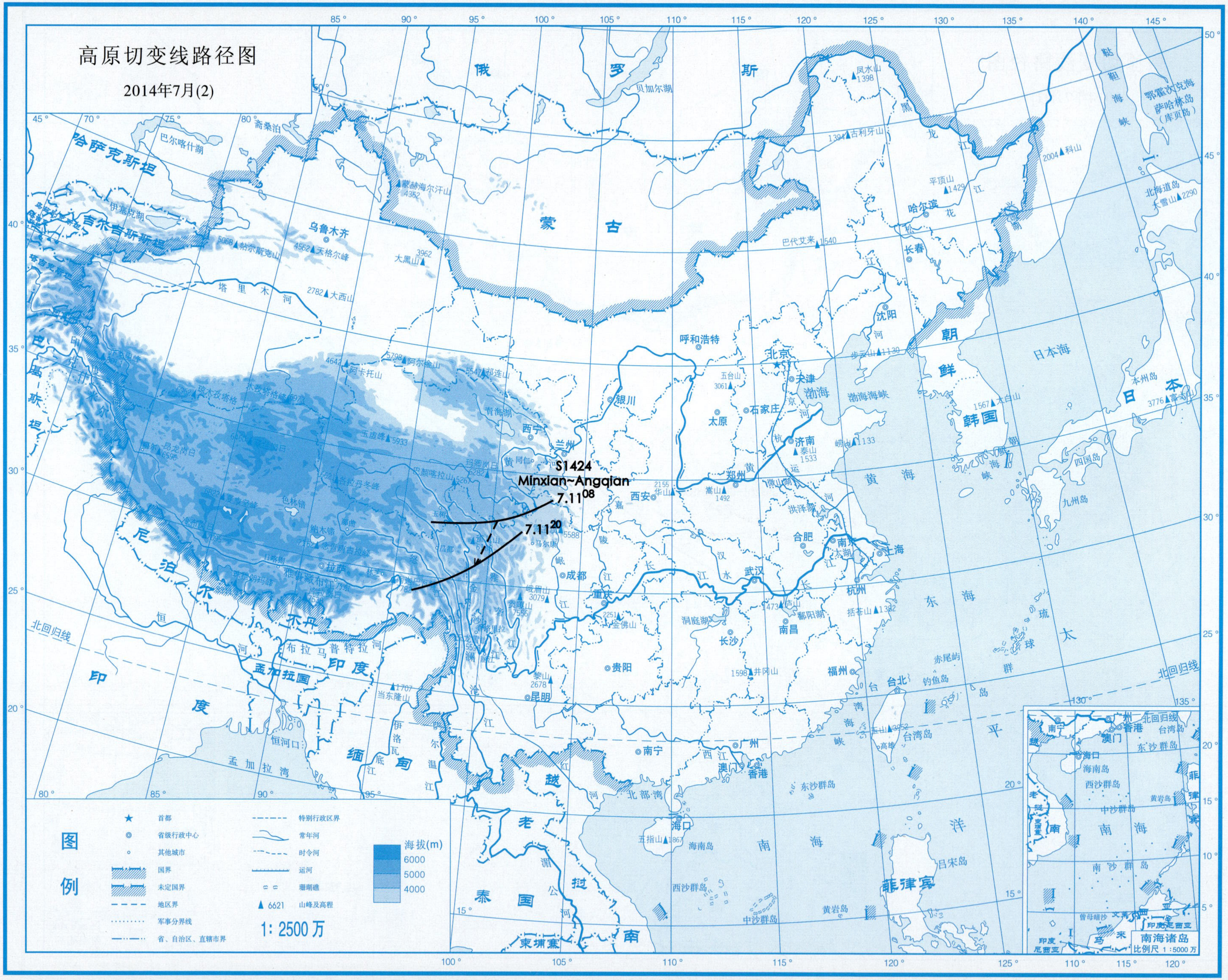
高原切变线路径图
2014年7月(2)
S1424
Minxian~Angqian
7.11 08
7.11 20
图例
首都
省级行政中心
其他城市
国界
未定国界
地区界
军事分界线
省、自治区、直辖市界
特别行政区界
常年河
时令河
运河
珊瑚礁
山峰及高程
海拔(m)
6000
5000
4000
1: 2500万
南海诸岛
比例尺 1:5000万

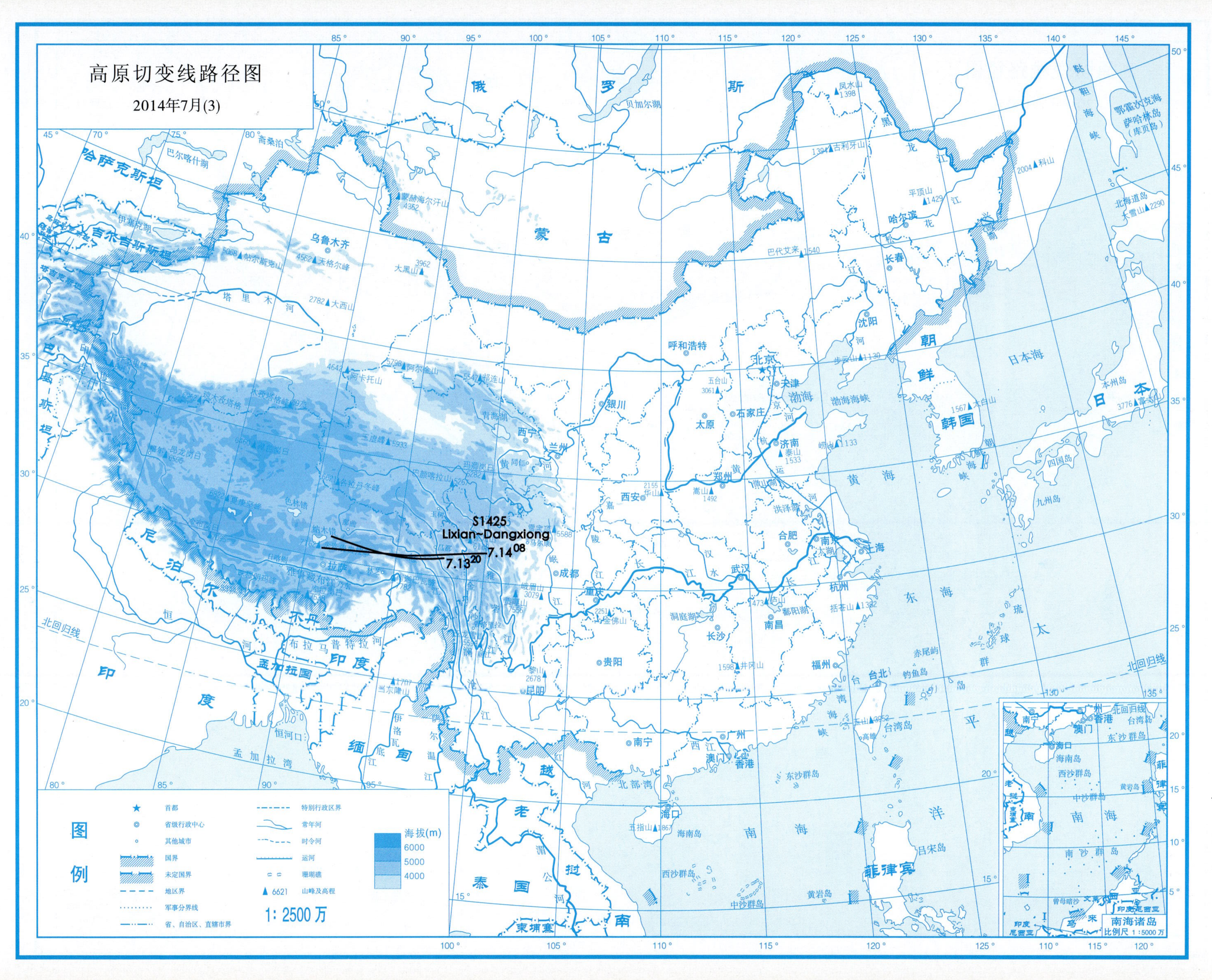
高原切变线路径图
2014年7月(3)
S1425
Lixian~Dangxiong
7.14 08
7.13 20
图例
首都
省级行政中心
其他城市
国界
未定国界
地区界
军事分界线
省、自治区、直辖市界
特别行政区界
常年河
时令河
运河
珊瑚礁
山峰及高程
海拔(m)
6000
5000
4000
1:2500万
南海诸岛
比例尺 1:5000万

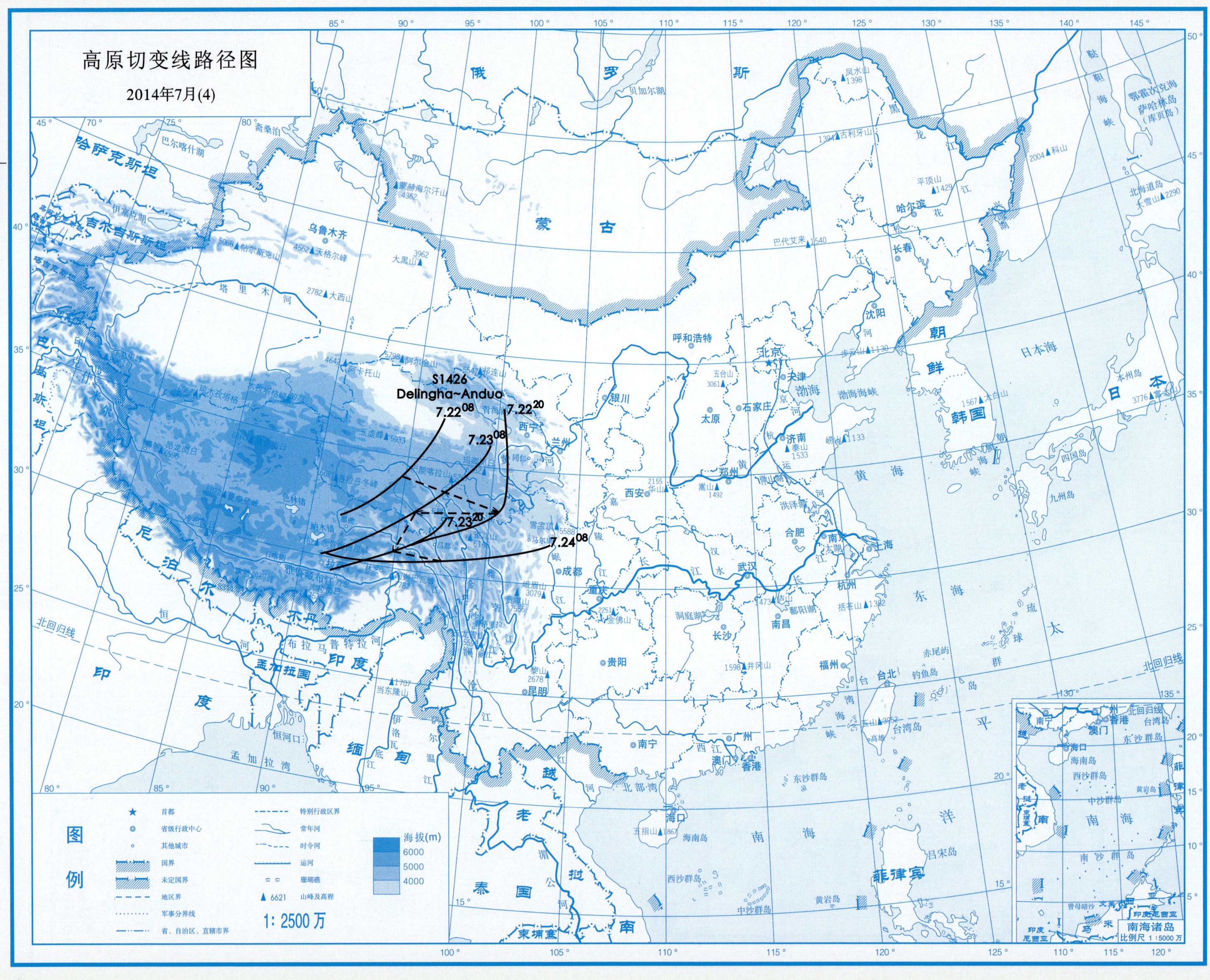
高原切变线路径图
2014年7月(4)
S1426
Delingha~Anduo
7.22 08
7.22 20
7.23 08
7.23 20
7.24 08
图例
首都
省级行政中心
其他城市
国界
未定国界
地区界
军事分界线
省、自治区、直辖市界
特别行政区界
常年河
时令河
运河
珊瑚礁
山峰及高程
海拔(m)
6000
5000
4000
1: 2500万
南海诸岛
比例尺 1:5000万

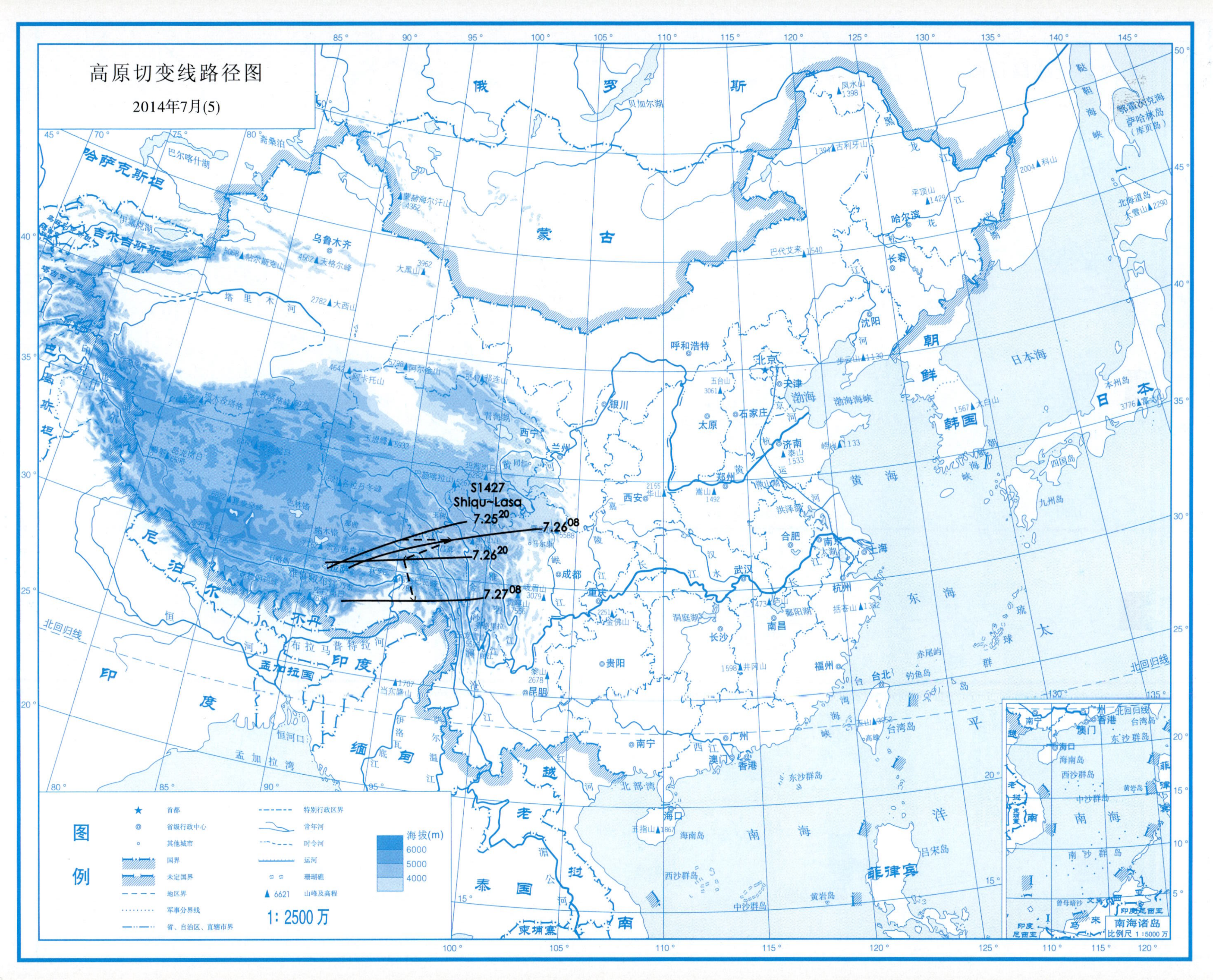

高原切变线路径图
2014年7月(5)
S1427
Shiqu~Lasa
7.25^20
7.26^08
7.26^20
7.27^08
图例
首都
省级行政中心
其他城市
国界
未定国界
地区界
军事分界线
省、自治区、直辖市界
特别行政区界
常年河
时令河
运河
珊瑚礁
6621 山峰及高程
海拔(m)
6000
5000
4000
1: 2500万
南海诸岛
比例尺 1:5000万

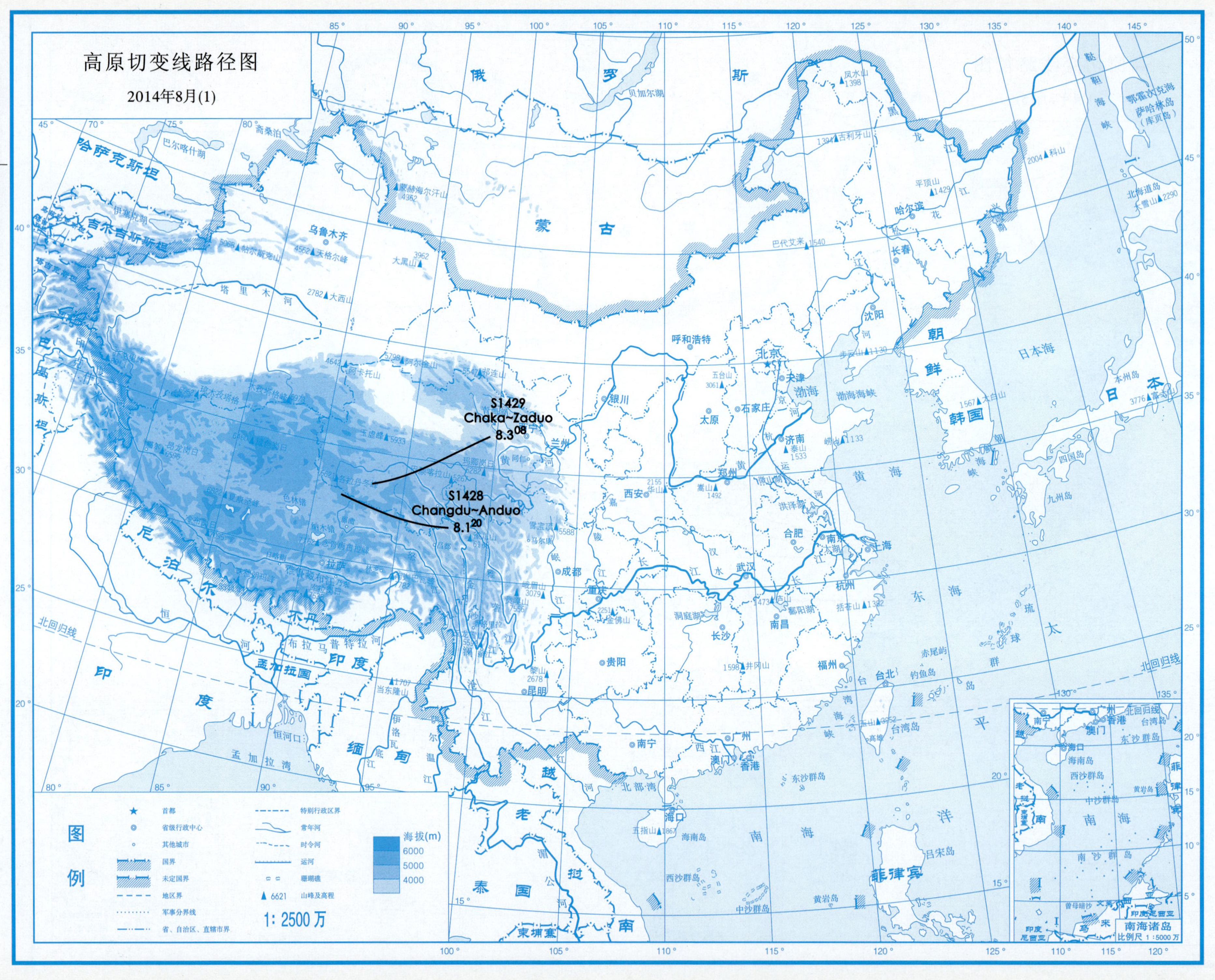
高原切变线路径图
2014年8月(1)
S1429
Chaka~Zaduo
8.3⁰⁸
S1428
Changdu~Anduo
8.1²⁰
图例
首都
省级行政中心
其他城市
国界
未定国界
地区界
军事分界线
省、自治区、直辖市界
特别行政区界
常年河
时令河
运河
珊瑚礁
山峰及高程
海拔(m)
6000
5000
4000
1: 2500万
南海诸岛
比例尺 1:5000万

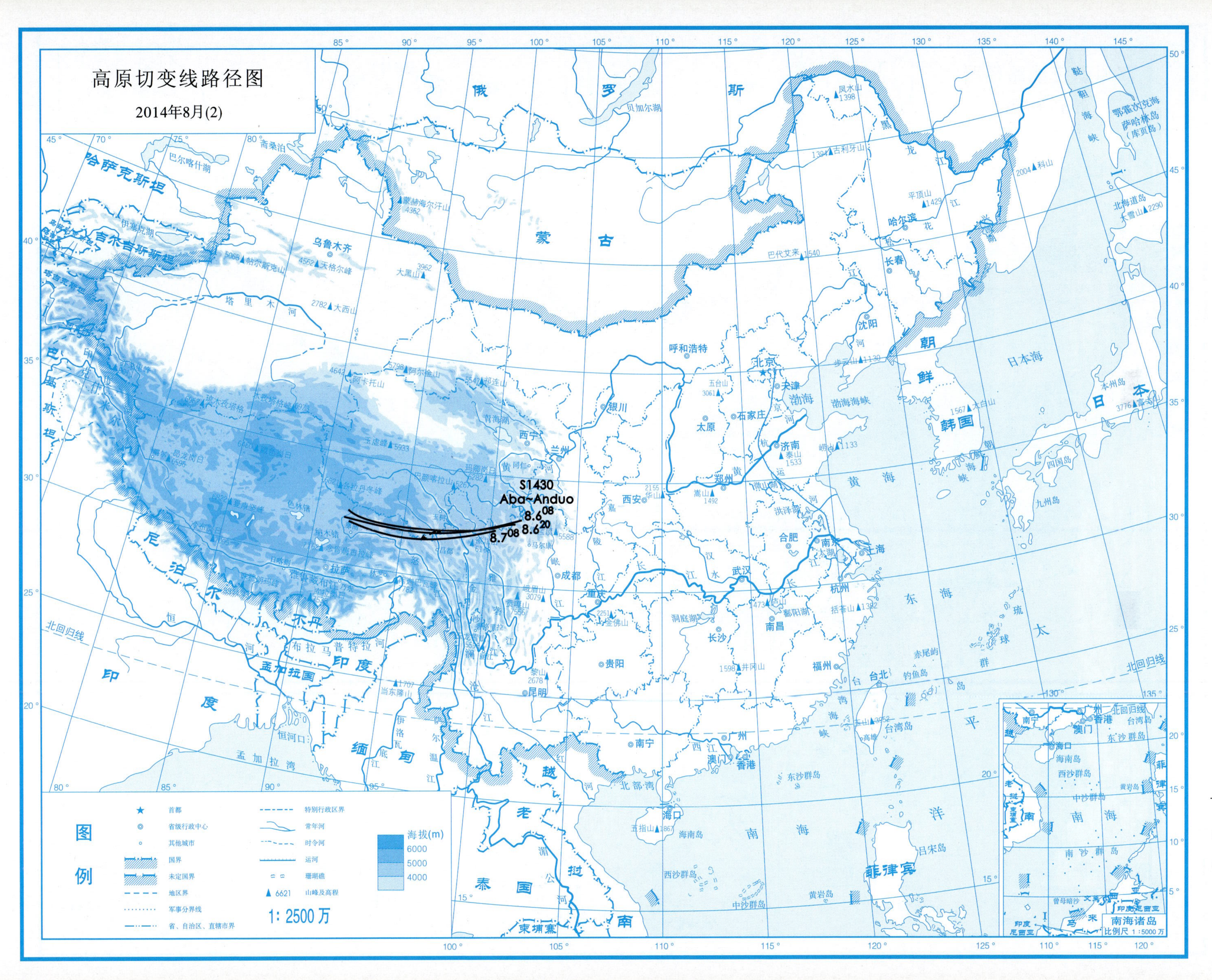
高原切变线路径图
2014年8月(2)
S1430
Aba-Anduo
8.6[08]
8.6[20]
8.7[08]
图例
首都
省级行政中心
其他城市
国界
未定国界
地区界
军事分界线
省、自治区、直辖市界
特别行政区界
常年河
时令河
运河
珊瑚礁
6621 山峰及高程
海拔(m)
6000
5000
4000
1: 2500万
南海诸岛
比例尺 1:5000万

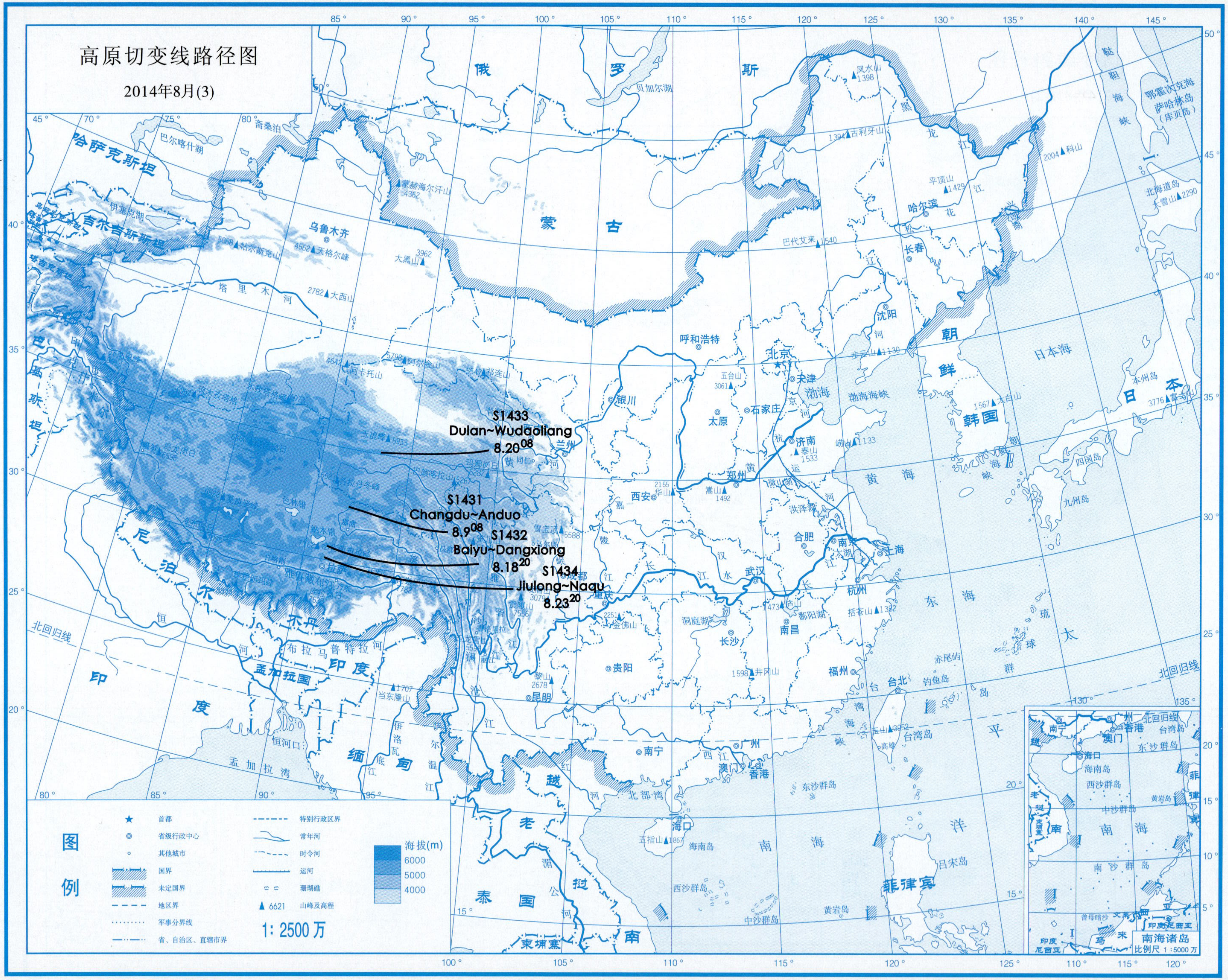
高原切变线路径图
2014年8月(3)
S1433
Dulan~Wudaoliang
8.20 08
S1431
Changdu~Anduo
8.9 08
S1432
Baiyu~Dangxiong
8.18 20
S1434
Jiulong~Naqu
8.23 20
图例
首都
省级行政中心
其他城市
国界
未定国界
地区界
军事分界线
省、自治区、直辖市界
特别行政区界
常年河
时令河
运河
珊瑚礁
6621 山峰及高程
海拔(m)
6000
5000
4000
1: 2500万
南海诸岛
比例尺 1:5000万

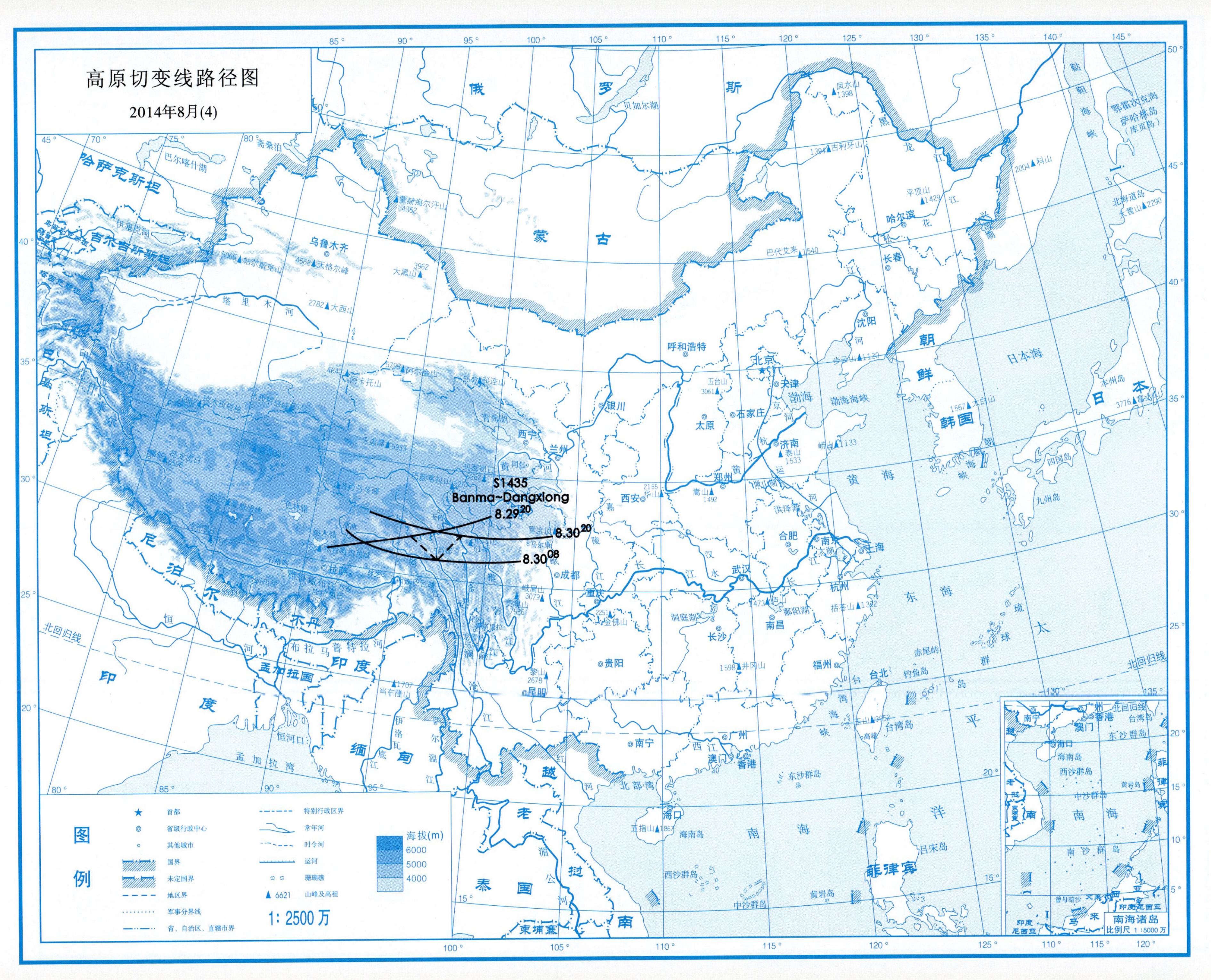
高原切变线路径图
2014年8月(4)
S1435
Banma~Dangxiong
8.29[20]
8.30[20]
8.30[08]
图例
首都
省级行政中心
其他城市
国界
未定国界
地区界
军事分界线
省、自治区、直辖市界
特别行政区界
常年河
时令河
运河
珊瑚礁
6621 山峰及高程
海拔(m)
6000
5000
4000
1: 2500万
南海诸岛
比例尺 1:5000万
北回归线

高原切变线路径图

2014年9月(1)

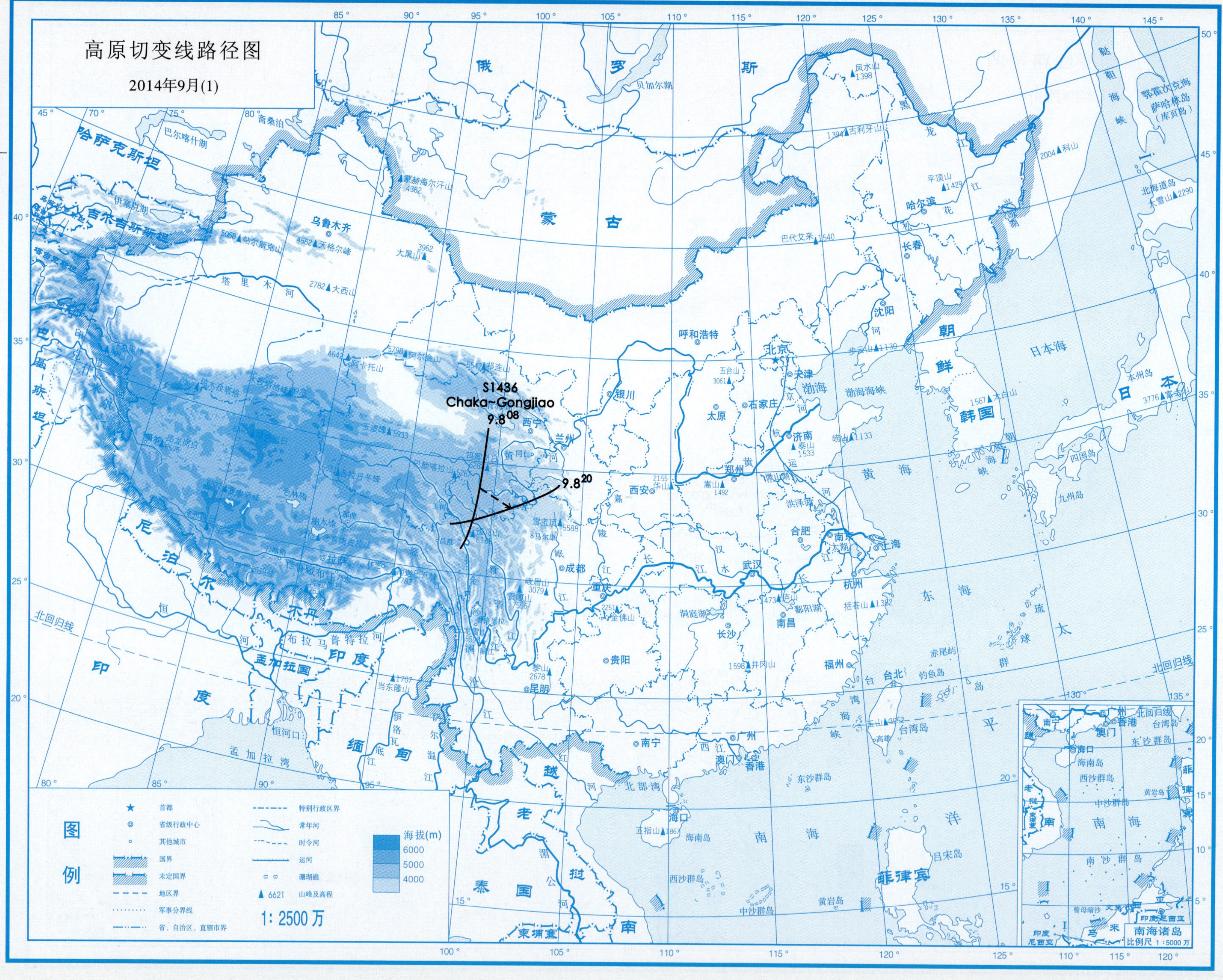

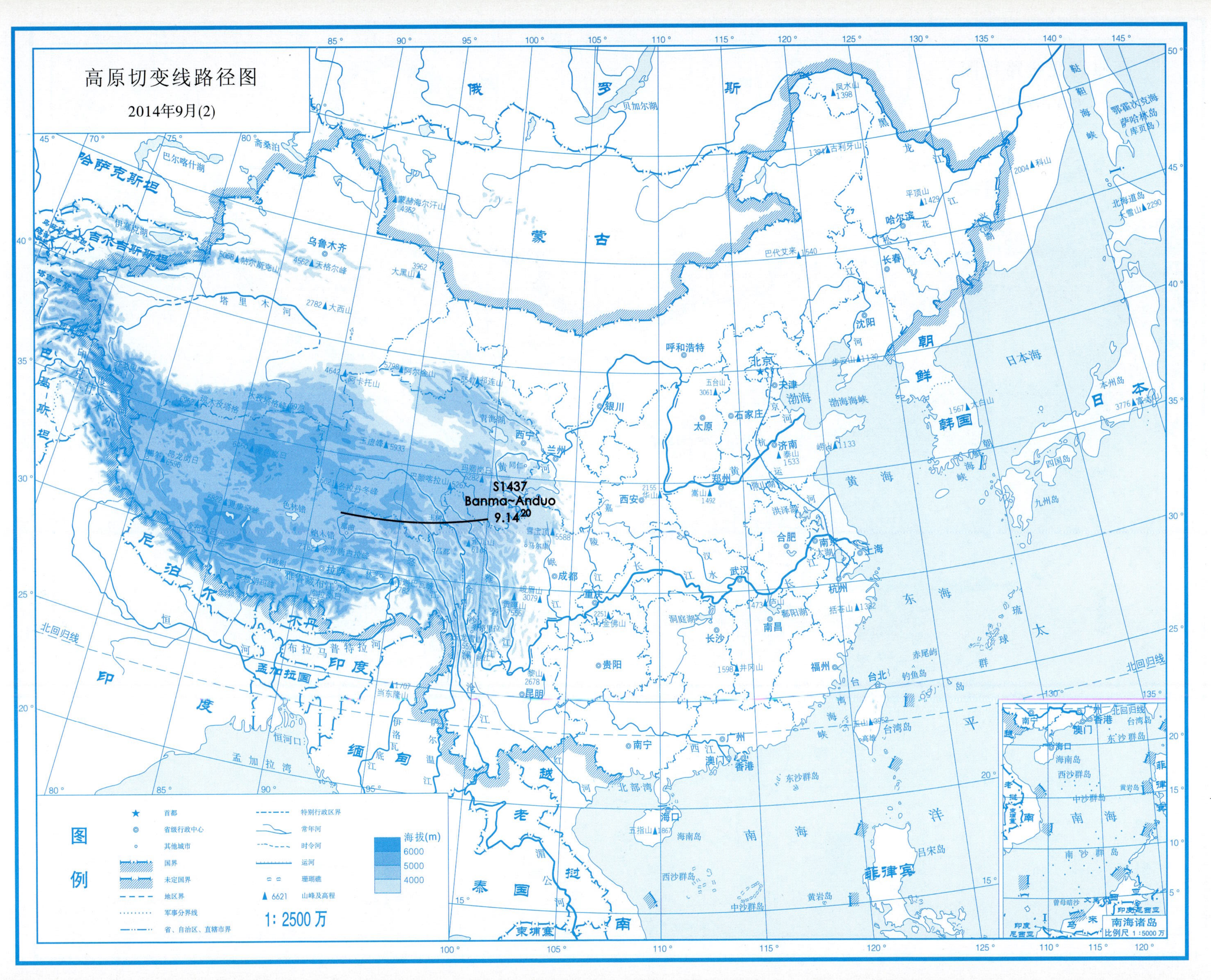
高原切变线路径图
2014年9月(2)
S1437
Banma-Anduo
9.14 20
图例
首都
省级行政中心
其他城市
国界
未定国界
地区界
军事分界线
省、自治区、直辖市界
特别行政区界
常年河
时令河
运河
珊瑚礁
6621 山峰及高程
海拔(m)
6000
5000
4000
1: 2500万
南海诸岛
比例尺 1:5000万
北回归线

高原切变线路径图

2014年9月(3)

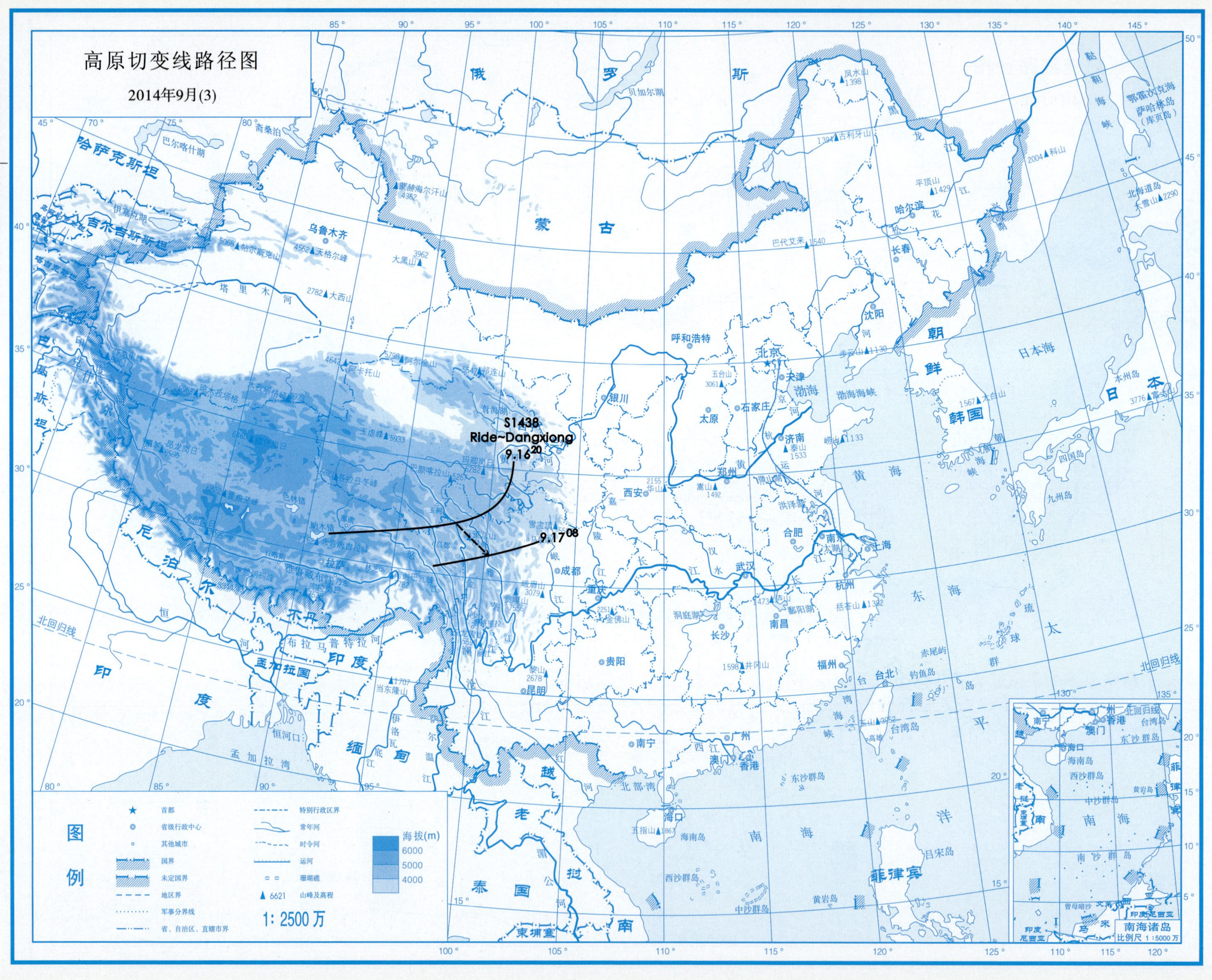

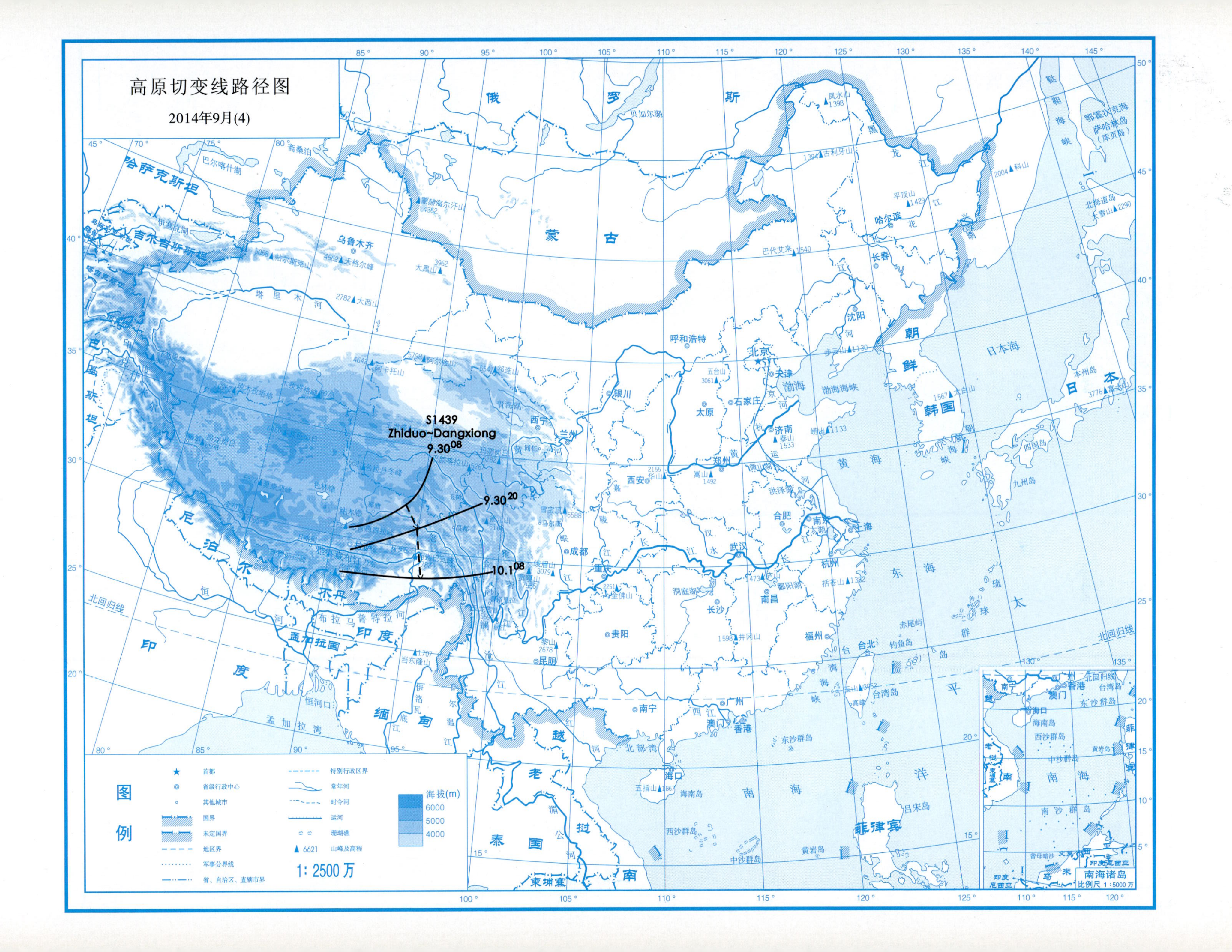
高原切变线路径图
2014年9月(4)
S1439
Zhiduo~Dangxiong
9.30 08
9.30 20
10.1 08
图例
首都
省级行政中心
其他城市
国界
未定国界
地区界
军事分界线
省、自治区、直辖市界
特别行政区界
常年河
时令河
运河
珊瑚礁
6621 山峰及高程
海拔(m)
6000
5000
4000
1: 2500万
南海诸岛
比例尺 1:5000万

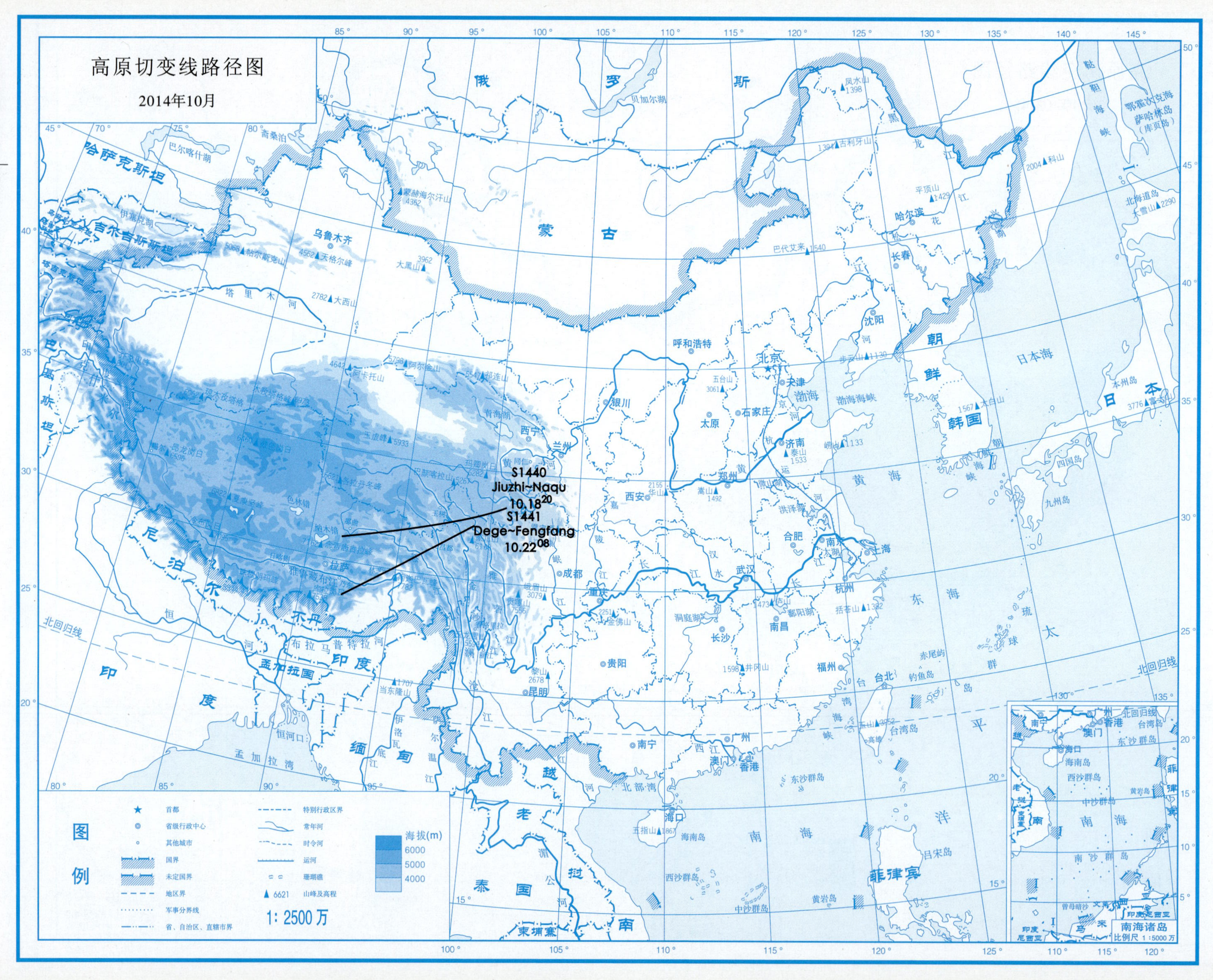
高原切变线路径图
2014年10月
S1440
Jiuzhi~Naqu
10.18[20]
S1441
Dege~Fengfang
10.22[08]
图例
首都
省级行政中心
其他城市
国界
未定国界
地区界
军事分界线
省、自治区、直辖市界
特别行政区界
常年河
时令河
运河
珊瑚礁
山峰及高程
海拔(m)
6000
5000
4000
1: 2500万
南海诸岛
比例尺 1:5000万

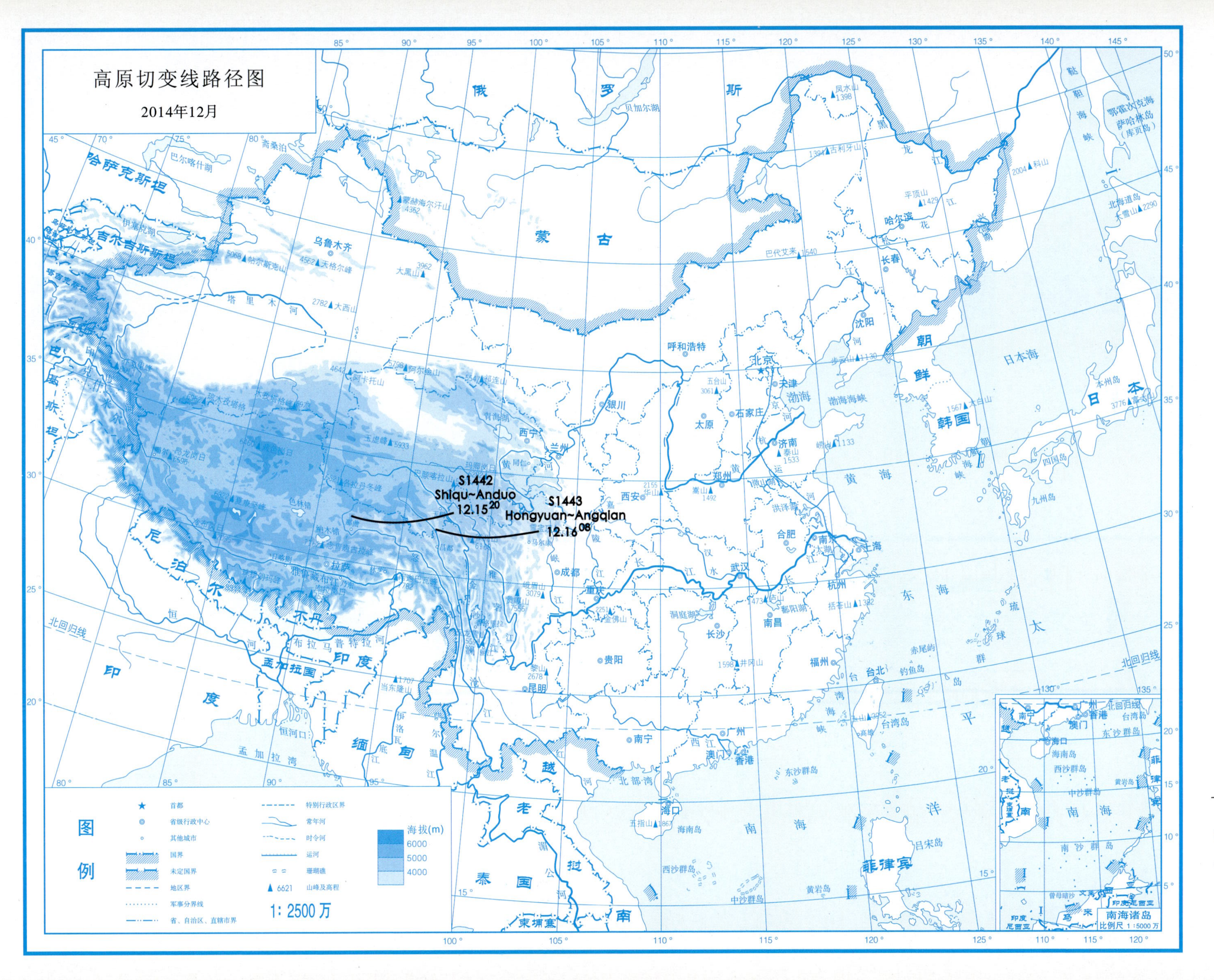
高原切变线路径图
2014年12月
S1442
Shiqu~Anduo
12.15 20
S1443
Hongyuan~Angqian
12.16 08
图例
首都
省级行政中心
其他城市
国界
未定国界
地区界
军事分界线
省、自治区、直辖市界
特别行政区界
常年河
时令河
运河
珊瑚礁
山峰及高程
海拔(m)
6000
5000
4000
1: 2500万
南海诸岛
比例尺 1:5000万

青藏高原切变线降水资料

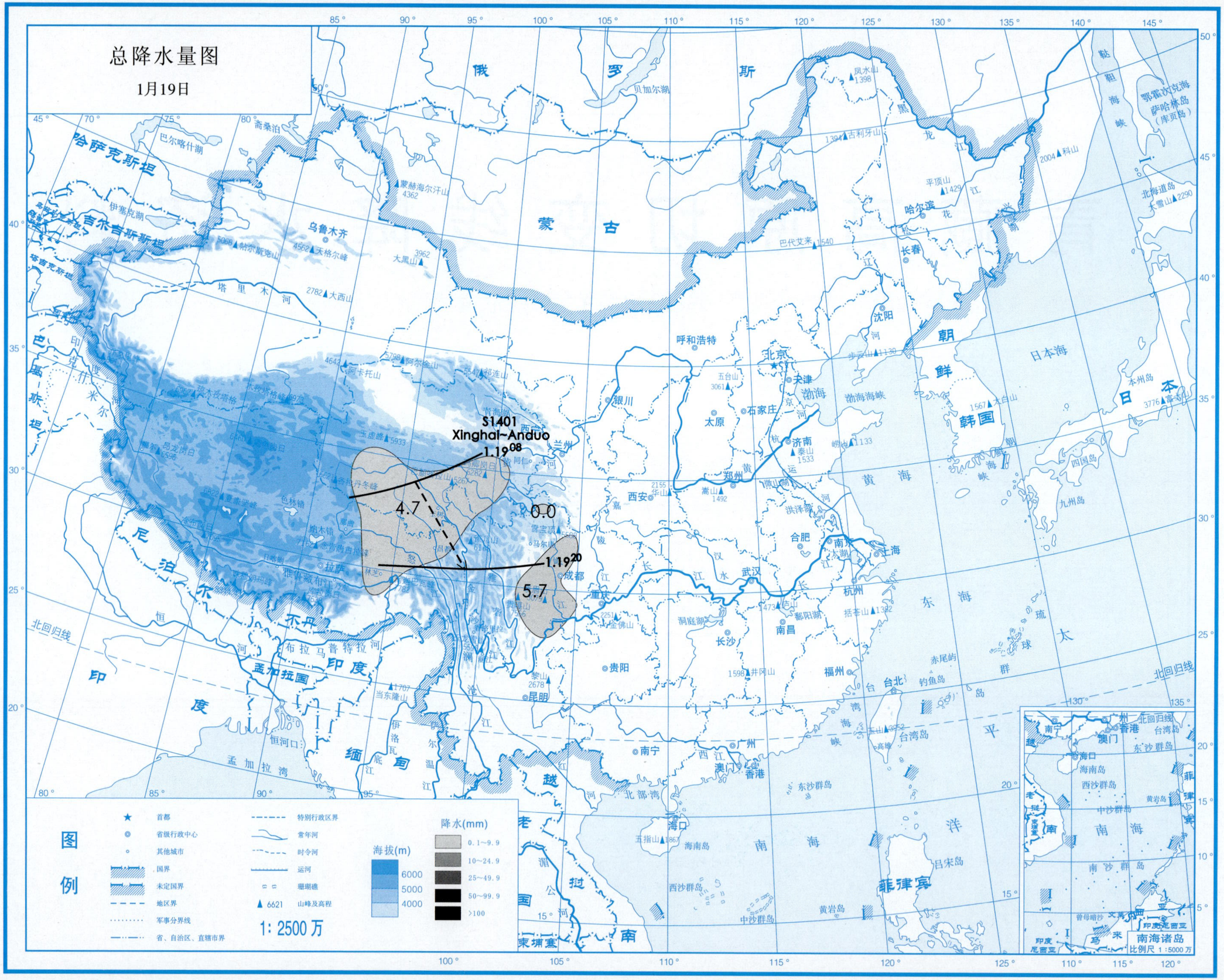
总降水量图
1月19日
S1401
Xinghai-Anduo
1.19⁰⁸
1.19²⁰
4.7
0.0
5.7
图例
首都
省级行政中心
其他城市
国界
未定国界
地区界
军事分界线
省、自治区、直辖市界
特别行政区界
常年河
时令河
运河
珊瑚礁
山峰及高程
1:2500万
海拔(m)
6000
5000
4000
降水(mm)
0.1~9.9
10~24.9
25~49.9
50~99.9
>100
南海诸岛
比例尺 1:5000万

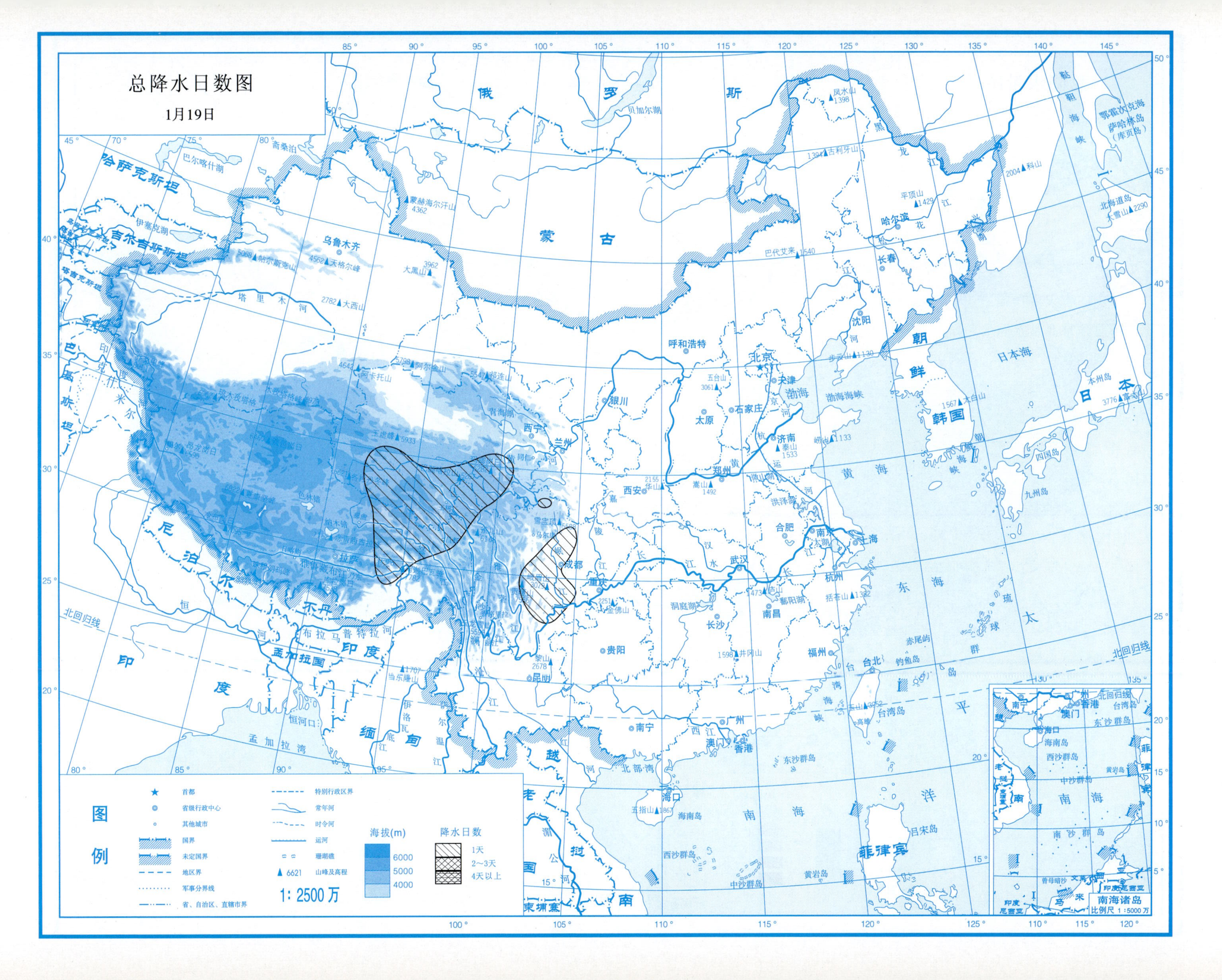
总降水日数图
1月19日
图例
首都
省级行政中心
其他城市
国界
未定国界
地区界
军事分界线
省、自治区、直辖市界
特别行政区界
常年河
时令河
运河
珊瑚礁
6621 山峰及高程
海拔(m)
6000
5000
4000
降水日数
1天
2~3天
4天以上
1：2500万
南海诸岛
比例尺 1：5000万

总降水量图

2月16~17日

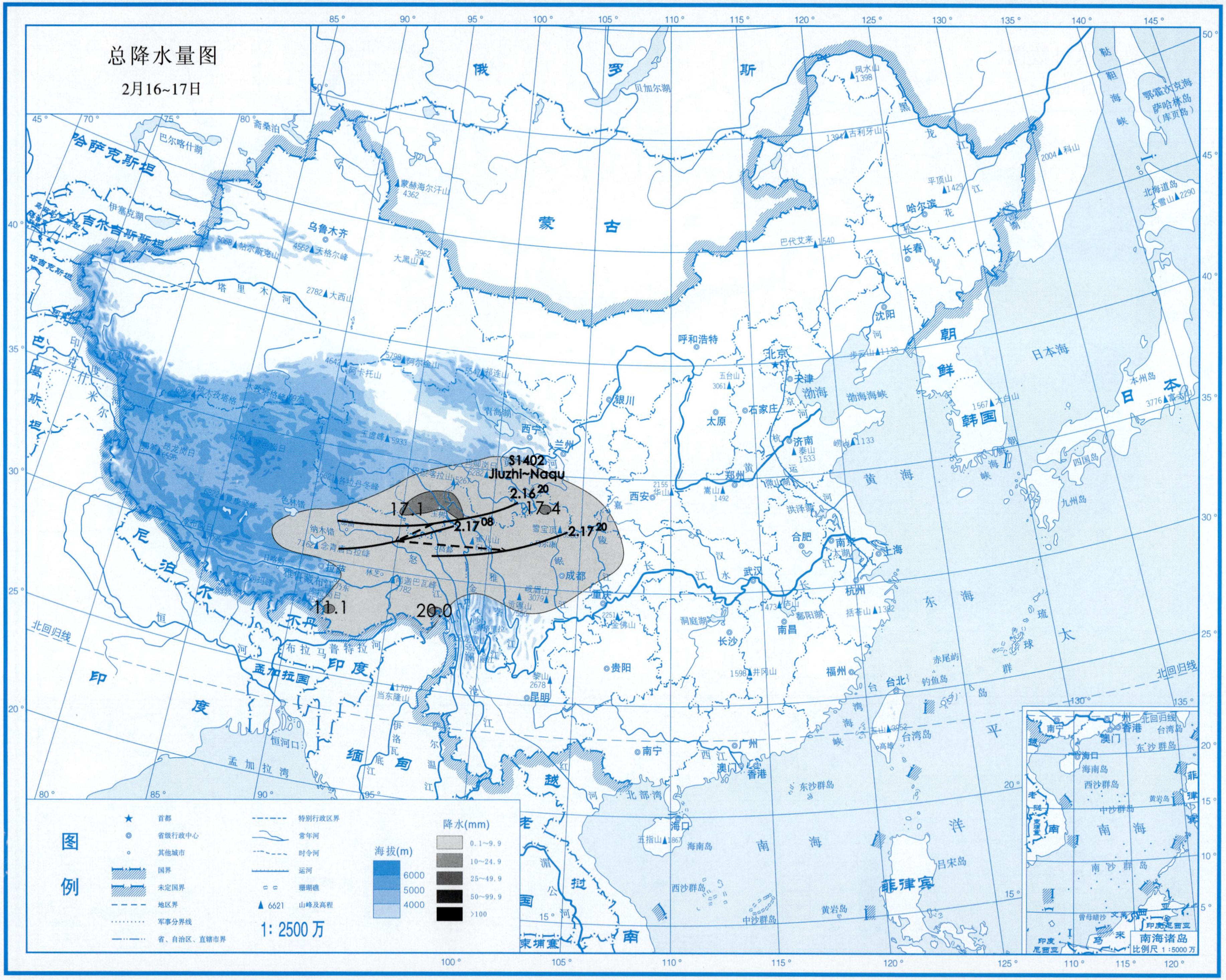
S1402
Jiuzhi~Naqu
2.16^20
2.17^08
2.17^20
17.1
17.4
11.1
20.0
图例
首都
省级行政中心
其他城市
国界
未定国界
地区界
军事分界线
省、自治区、直辖市界
特别行政区界
常年河
时令河
运河
珊瑚礁
6621 山峰及高程
1: 2500万
海拔(m)
6000
5000
4000
降水(mm)
0.1~9.9
10~24.9
25~49.9
50~99.9
>100
南海诸岛
比例尺 1:5000万

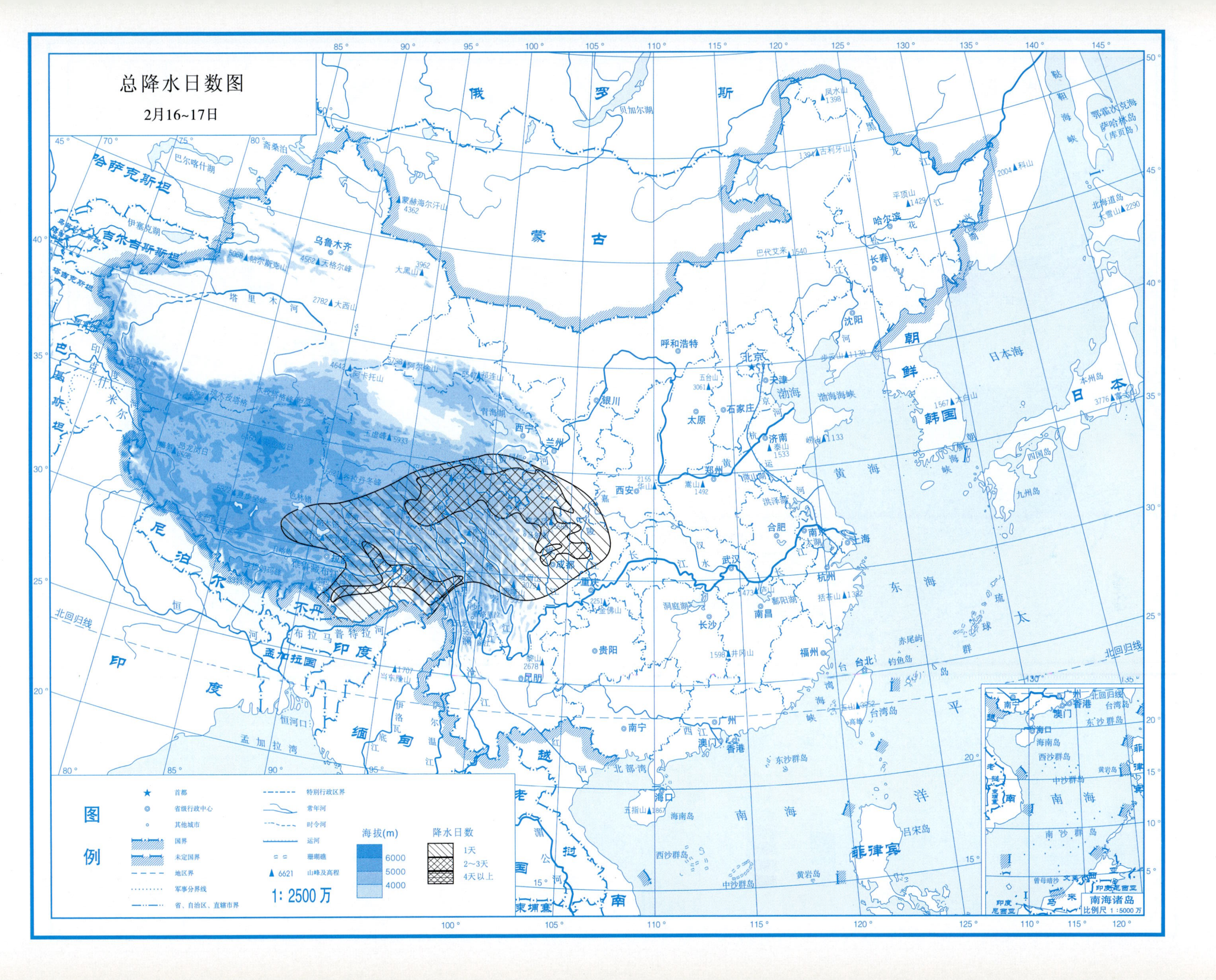
总降水日数图
2月16~17日
图例
首都
省级行政中心
其他城市
国界
未定国界
地区界
军事分界线
省、自治区、直辖市界
特别行政区界
常年河
时令河
运河
珊瑚礁
山峰及高程
海拔(m)
6000
5000
4000
降水日数
1天
2~3天
4天以上
1：2500万
南海诸岛
比例尺 1:5000万

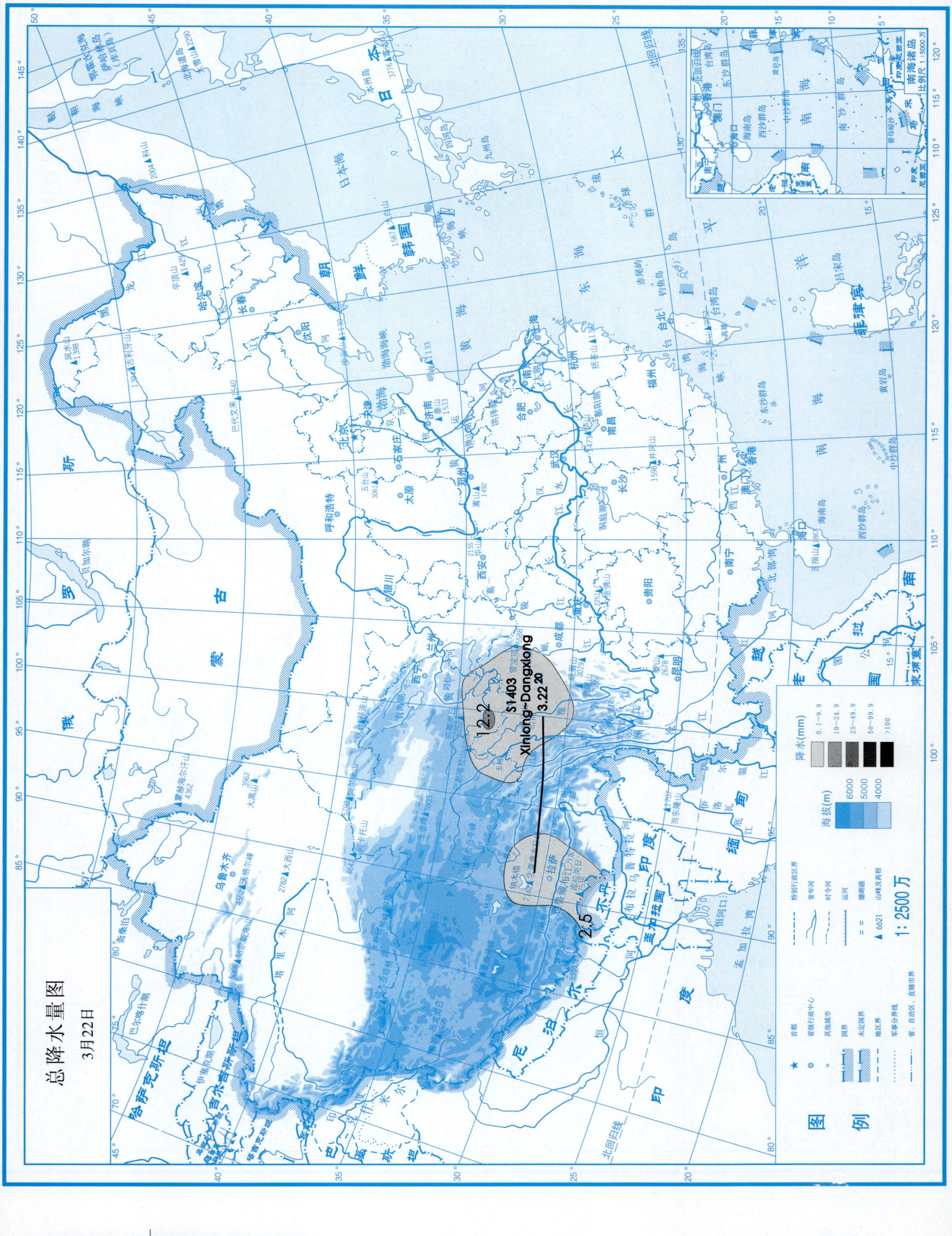
总降水量图
3月22日
S1403
Xinlong~Dangxiong
3.22 20
12.2
2.5
图例
首都
省级行政中心
其他城市
国界
未定国界
地区界
军事分界线
省、自治区、直辖市界
特别行政区界
常年河
时令河
运河
珊瑚礁
山峰及高程
海拔(m)
6000
5000
4000
降水(mm)
0.1~9.9
10~24.9
25~49.9
50~99.9
>100
1: 2500万
南海诸岛
比例尺 1:5000万

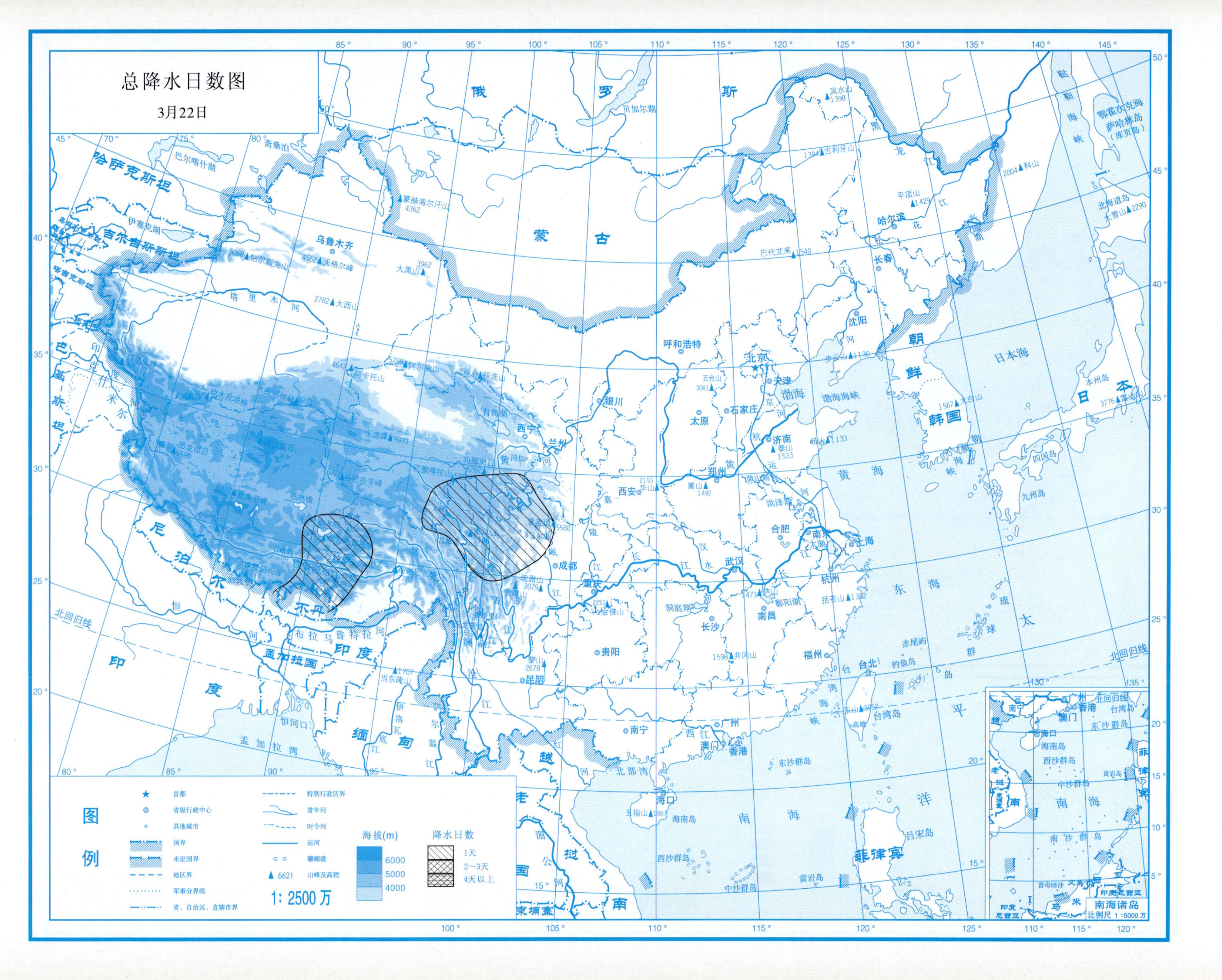
总降水日数图
3月22日
图例
首都
省级行政中心
其他城市
国界
未定国界
地区界
军事分界线
省、自治区、直辖市界
特别行政区界
常年河
时令河
运河
珊瑚礁
6621 山峰及高程
1: 2500万
海拔(m)
6000
5000
4000
降水日数
1天
2~3天
4天以上
南海诸岛
比例尺 1:5000万

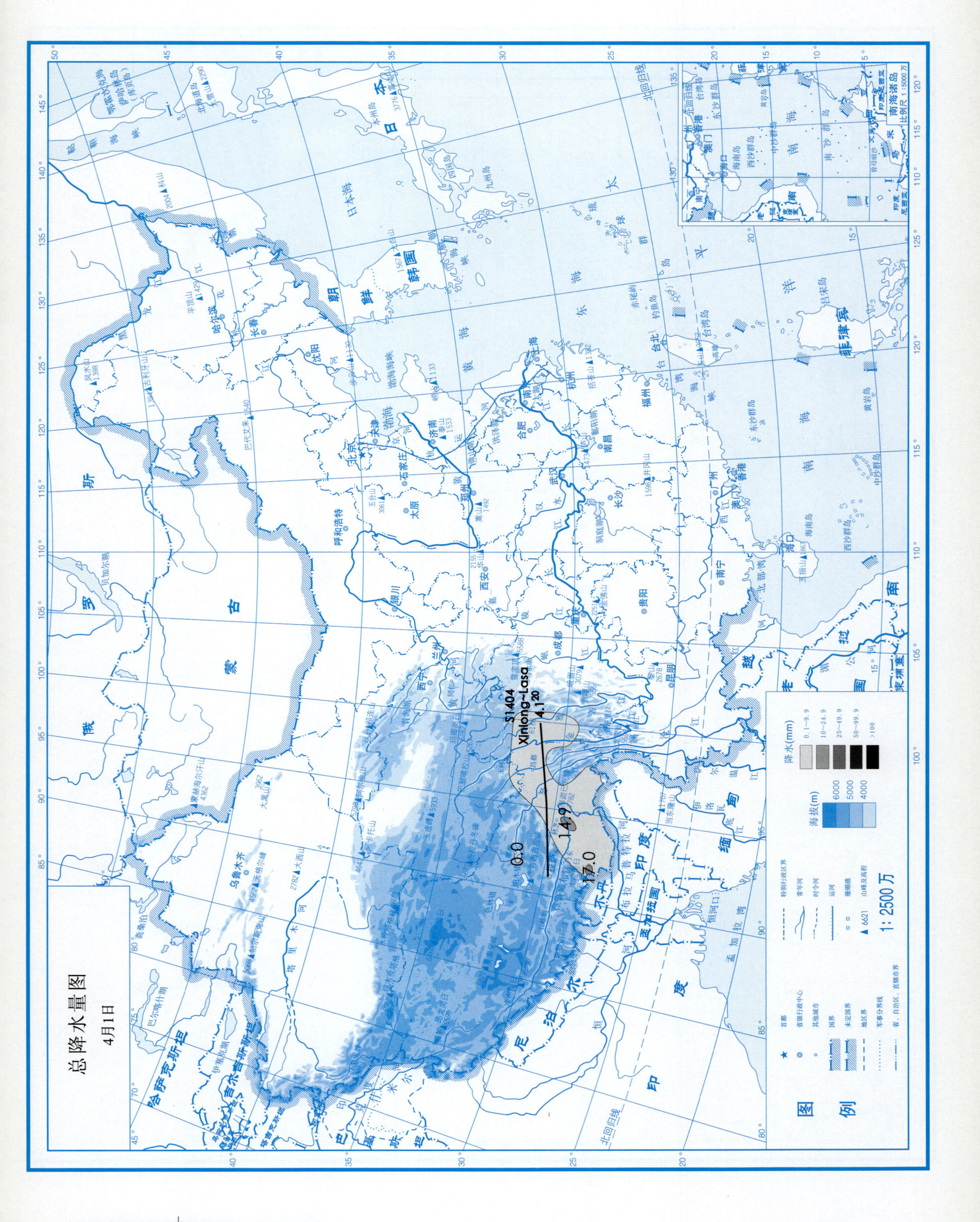
总降水量图
4月1日
S1404
Xinlong~Lasa
4.1 20
0.0
14.9
17.0
图例
首都
省级行政中心
其他城市
国界
未定国界
地区界
军事分界线
省、自治区、直辖市界
特别行政区界
常年河
时令河
运河
珊瑚礁
▲6621 山峰及高程
1: 2500万
海拔(m)
6000
5000
4000
降水(mm)
0.1~9.9
10~24.9
25~49.9
50~99.9
>100
南海诸岛
比例尺 1:5000万

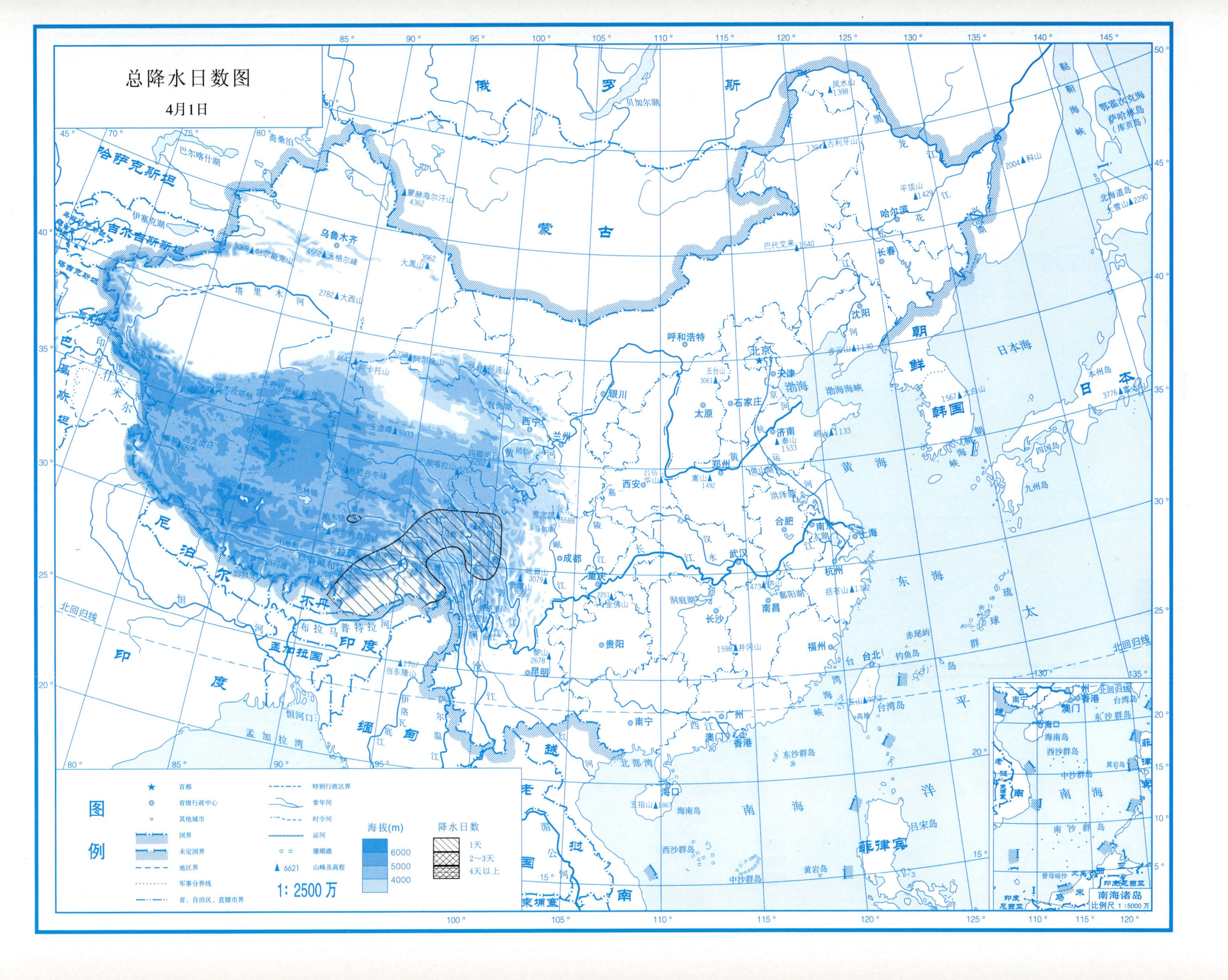
总降水日数图
4月1日
图例
首都
省级行政中心
其他城市
国界
未定国界
地区界
军事分界线
省、自治区、直辖市界
特别行政区界
常年河
时令河
运河
珊瑚礁
6621 山峰及高程
海拔(m)
6000
5000
4000
降水日数
1天
2~3天
4天以上
1:2500万
南海诸岛
比例尺 1:5000万

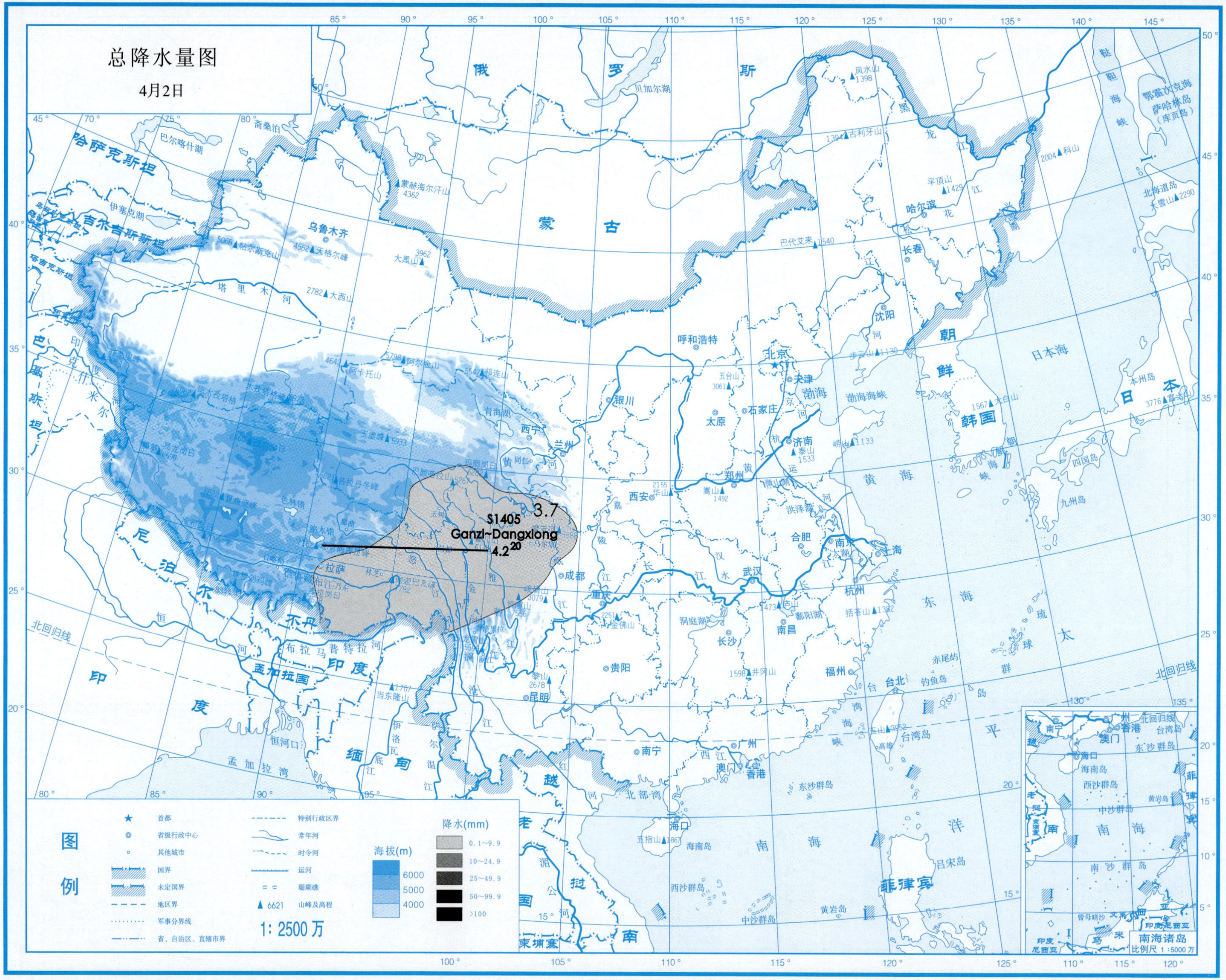
总降水量图
4月2日
S1405
Ganzi~Dangxiong
4.2 20
3.7
图例
首都
省级行政中心
其他城市
国界
未定国界
地区界
军事分界线
省、自治区、直辖市界
特别行政区界
常年河
时令河
运河
珊瑚礁
6621 山峰及高程
1: 2500万
海拔(m)
6000
5000
4000
降水(mm)
0.1~9.9
10~24.9
25~49.9
50~99.9
>100
俄
罗
斯
蒙
古
哈萨克斯坦
吉尔吉斯斯坦
尼
泊
尔
不丹
印
度
孟加拉国
缅
甸
越
老
朝
鲜
韩国
日
本
菲律宾
乌鲁木齐
拉萨
西宁
兰州
银川
呼和浩特
北京
天津
石家庄
太原
济南
郑州
西安
成都
重庆
贵阳
昆明
南宁
长沙
武汉
合肥
南京
上海
杭州
南昌
福州
台北
广州
澳门
香港
海口
沈阳
长春
哈尔滨
渤海
黄
海
东
海
南
海
日本海
北回归线
南海诸岛
比例尺 1:5000万

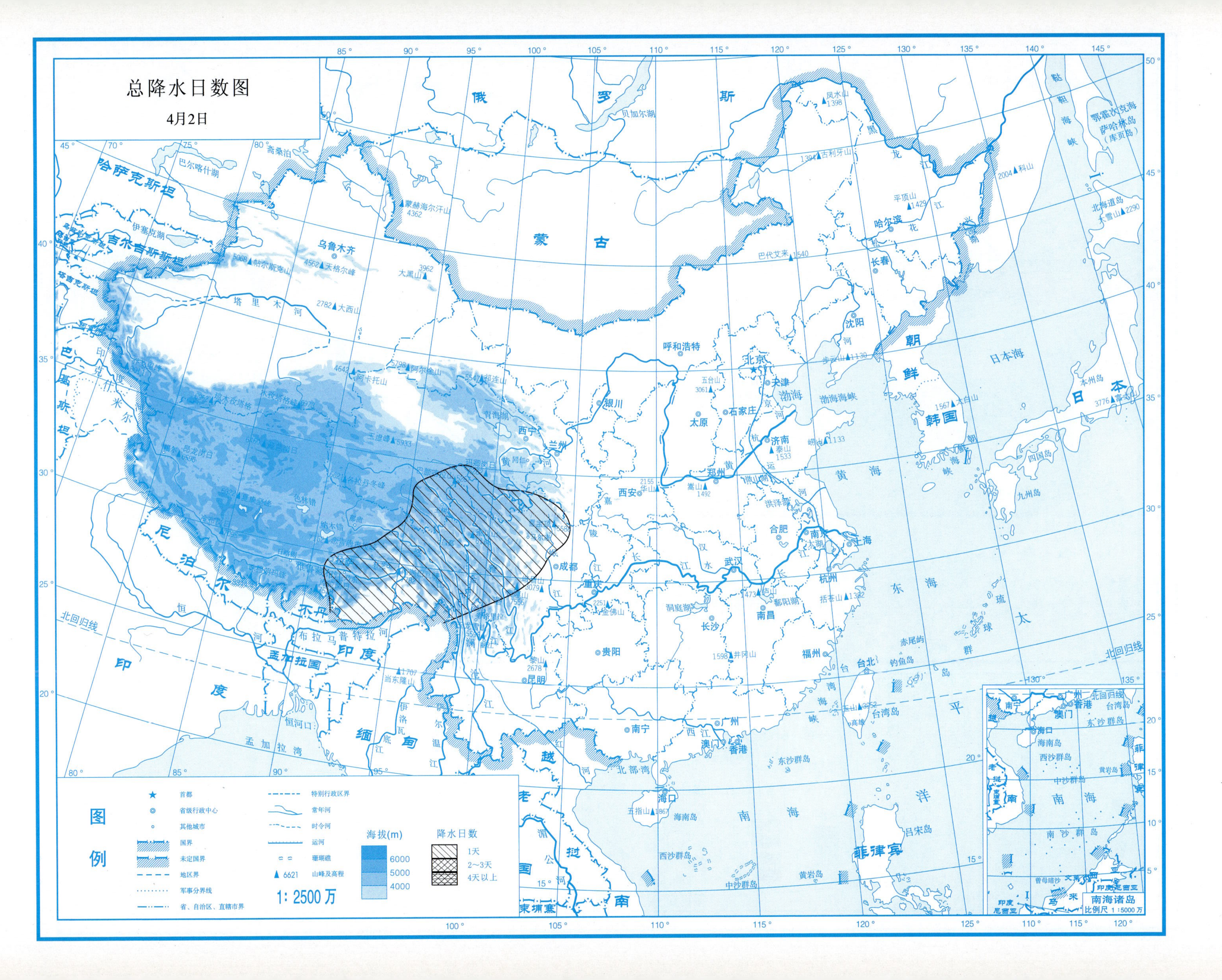
总降水日数图
4月2日
图例
首都
省级行政中心
其他城市
国界
未定国界
地区界
军事分界线
省、自治区、直辖市界
特别行政区界
常年河
时令河
运河
珊瑚礁
6621 山峰及高程
1: 2500万
海拔(m)
6000
5000
4000
降水日数
1天
2~3天
4天以上
南海诸岛
比例尺 1:5000万

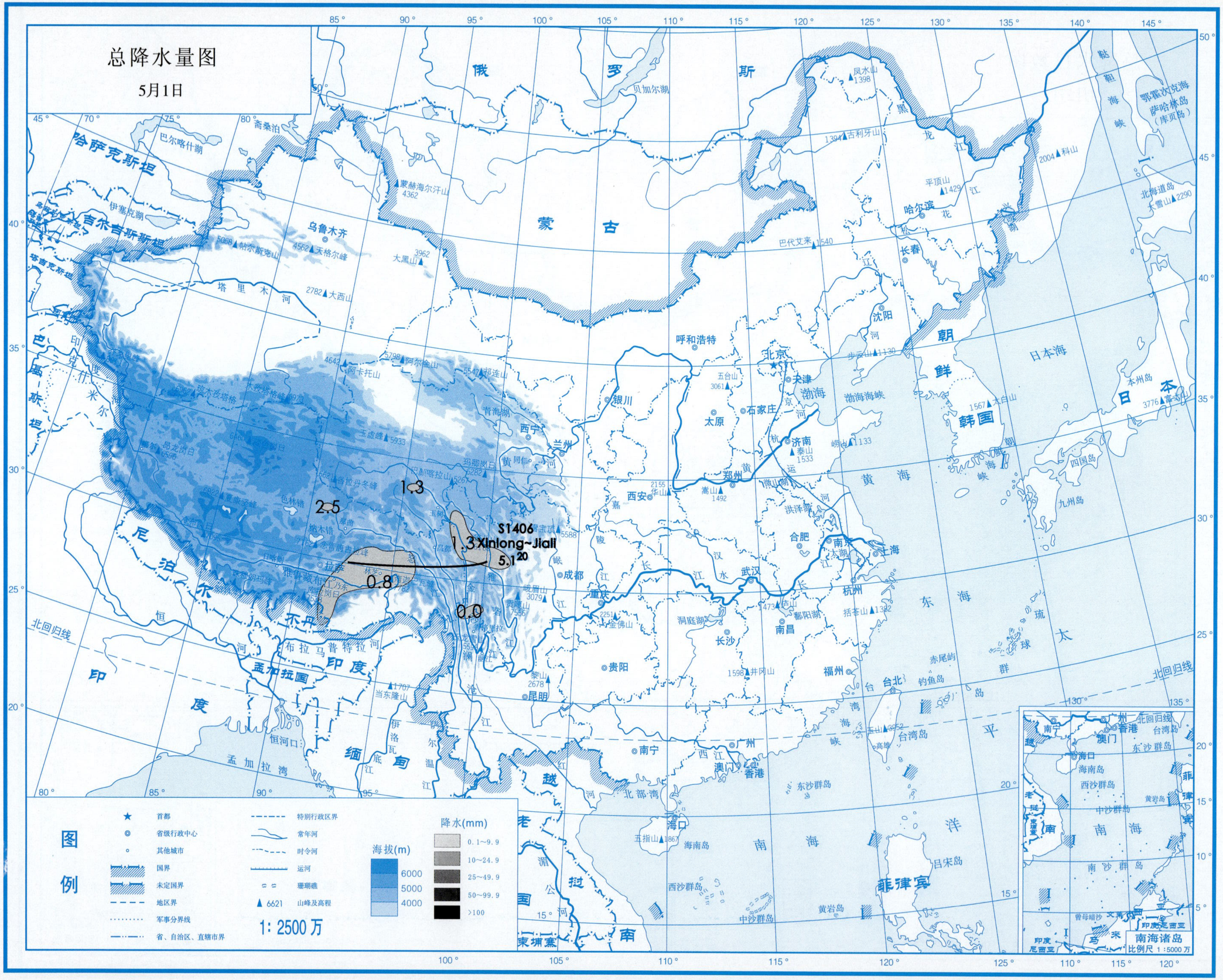
总降水量图
5月1日
2.5
1.3
0.8
0.0
1.3
S1406
Xinlong~Jiali
5.1 20
图例
首都
省级行政中心
其他城市
国界
未定国界
地区界
军事分界线
省、自治区、直辖市界
特别行政区界
常年河
时令河
运河
珊瑚礁
6621 山峰及高程
1: 2500万
海拔(m)
6000
5000
4000
降水(mm)
0.1~9.9
10~24.9
25~49.9
50~99.9
>100
南海诸岛
比例尺 1:5000万

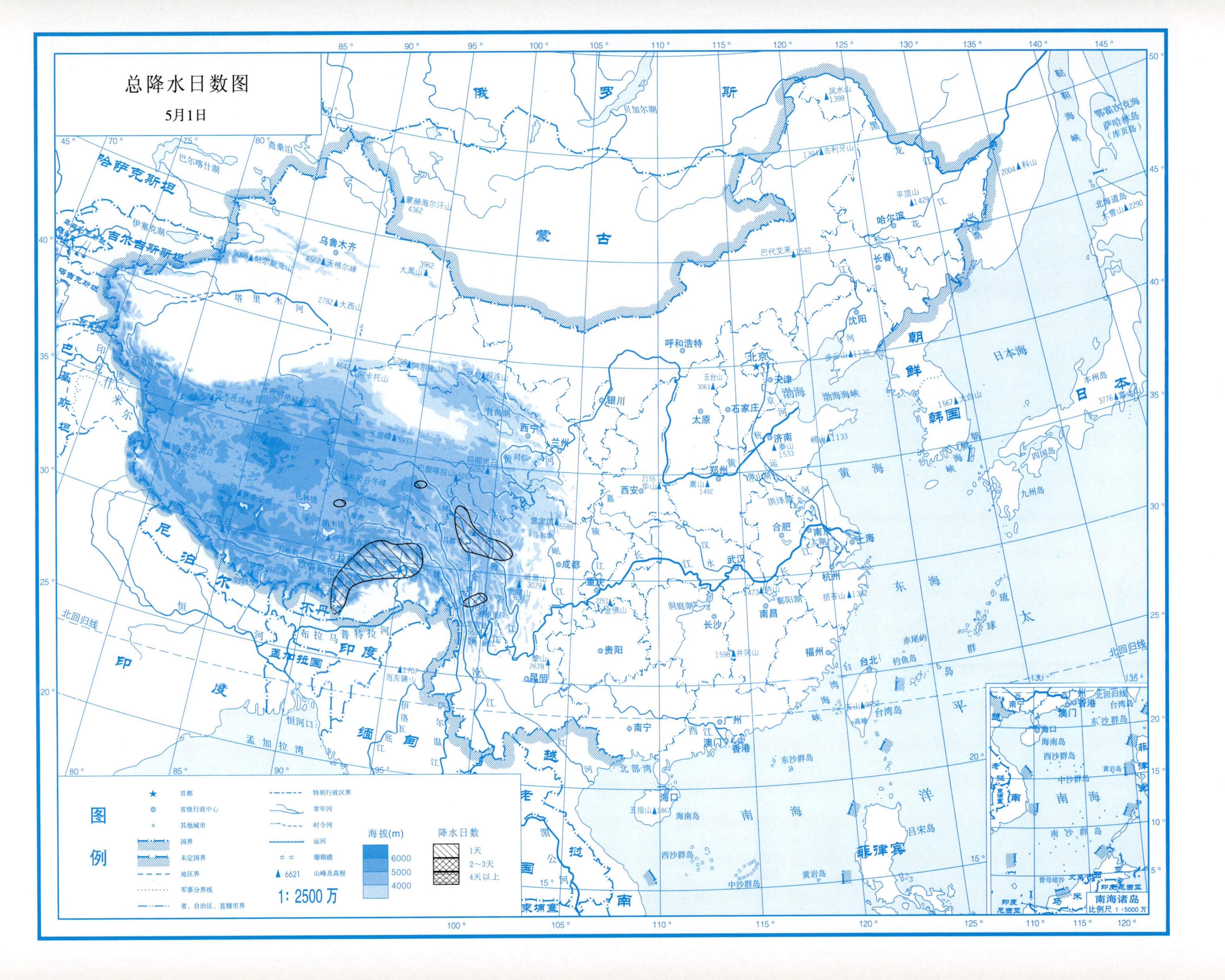
总降水日数图
5月1日
图例
首都
省级行政中心
其他城市
国界
未定国界
地区界
军事分界线
省、自治区、直辖市界
特别行政区界
常年河
时令河
运河
珊瑚礁
山峰及高程
海拔(m)
6000
5000
4000
降水日数
1天
2~3天
4天以上
1: 2500万
南海诸岛
比例尺 1:5000万

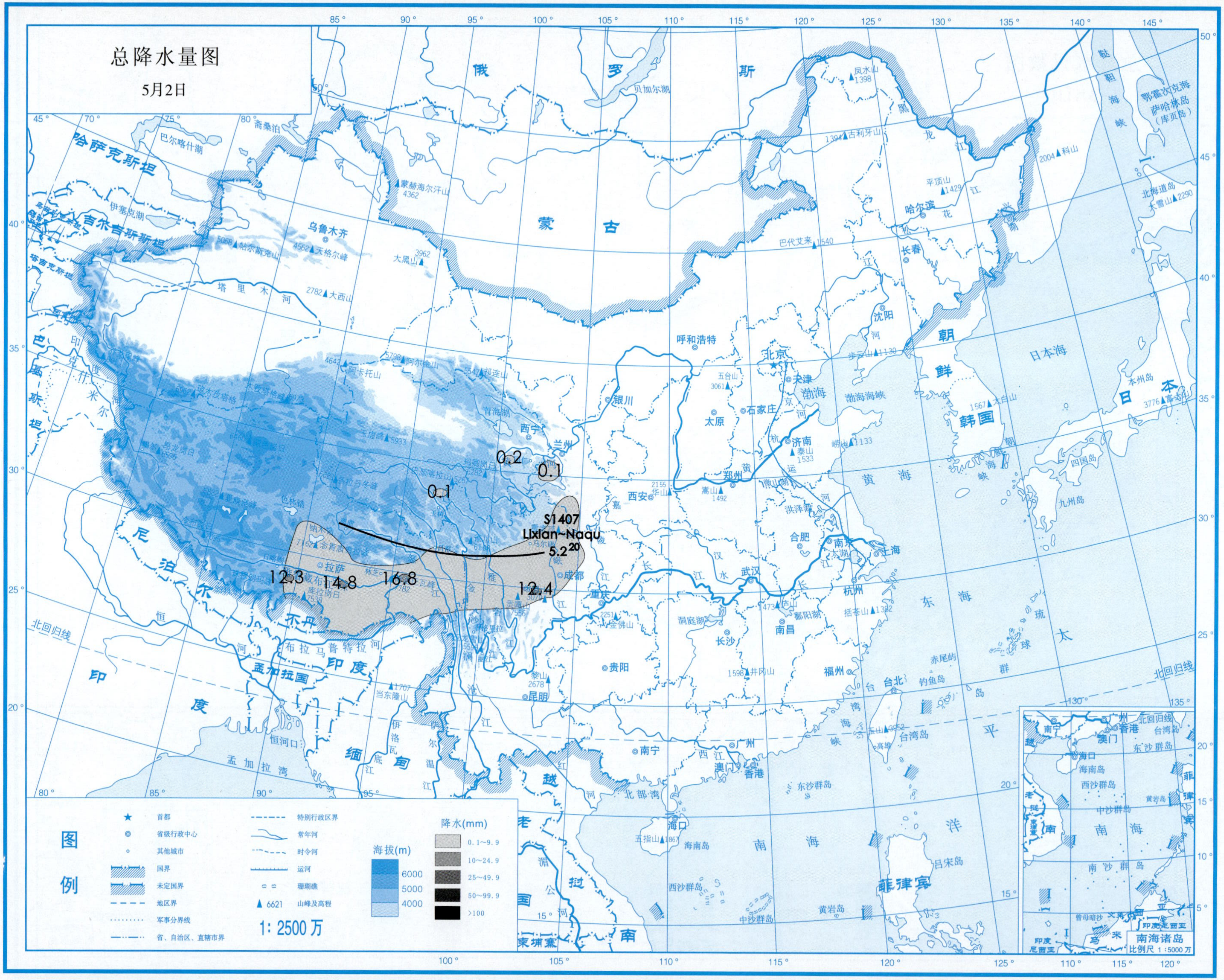
总降水量图
5月2日
S1407
Lixian~Naqu
5.2 20
12.3
14.8
16.8
12.4
0.1
0.2
0.1
图例
首都
省级行政中心
其他城市
国界
未定国界
地区界
军事分界线
省、自治区、直辖市界
特别行政区界
常年河
时令河
运河
珊瑚礁
6621 山峰及高程
海拔(m)
6000
5000
4000
降水(mm)
0.1~9.9
10~24.9
25~49.9
50~99.9
>100
1: 2500万
南海诸岛
比例尺 1:5000万

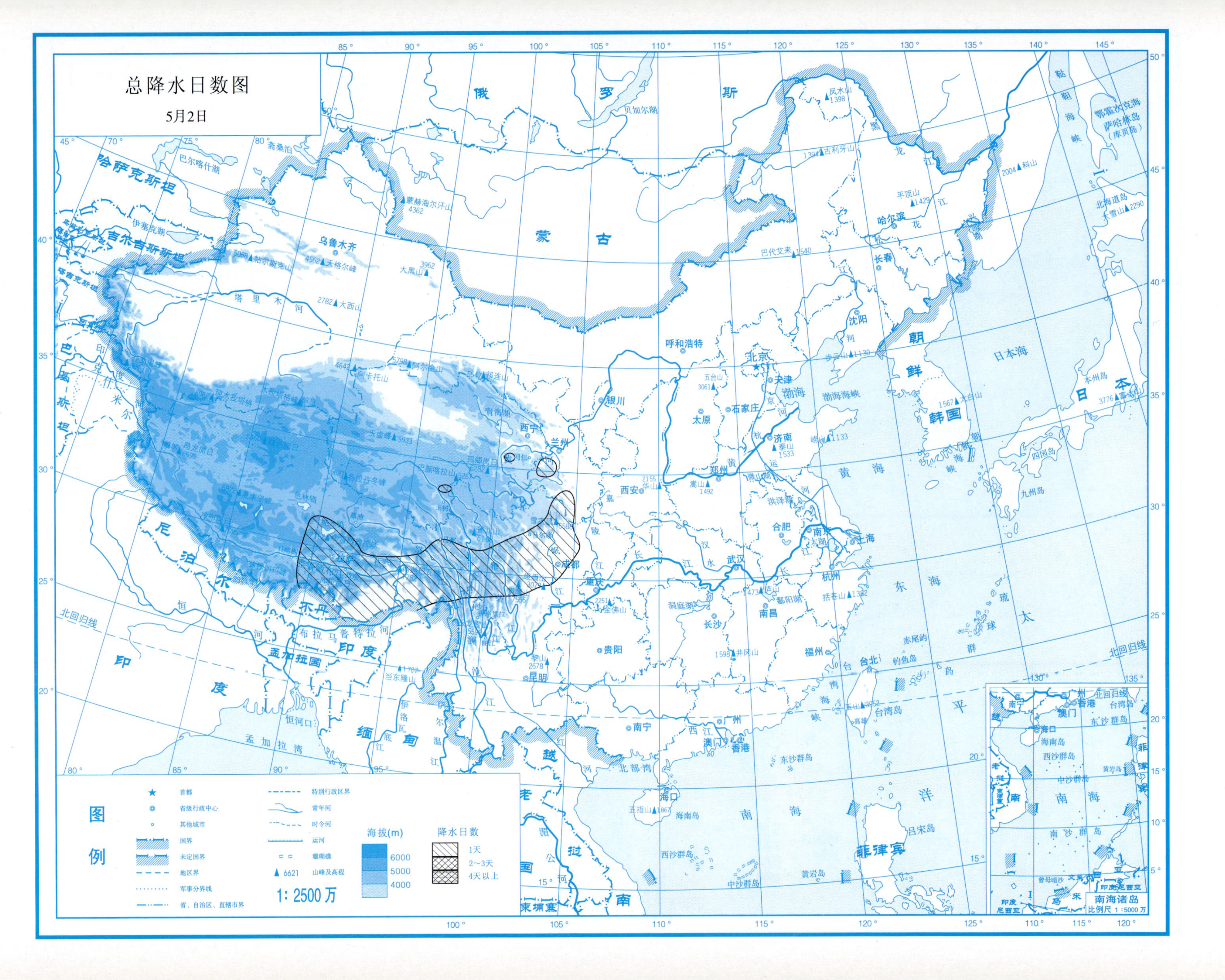
总降水日数图
5月2日
图例
首都
省级行政中心
其他城市
国界
未定国界
地区界
军事分界线
省、自治区、直辖市界
特别行政区界
常年河
时令河
运河
珊瑚礁
山峰及高程
1:2500万
海拔(m)
6000
5000
4000
降水日数
1天
2~3天
4天以上
南海诸岛
比例尺 1:5000万

总降水量图

5月3~4日

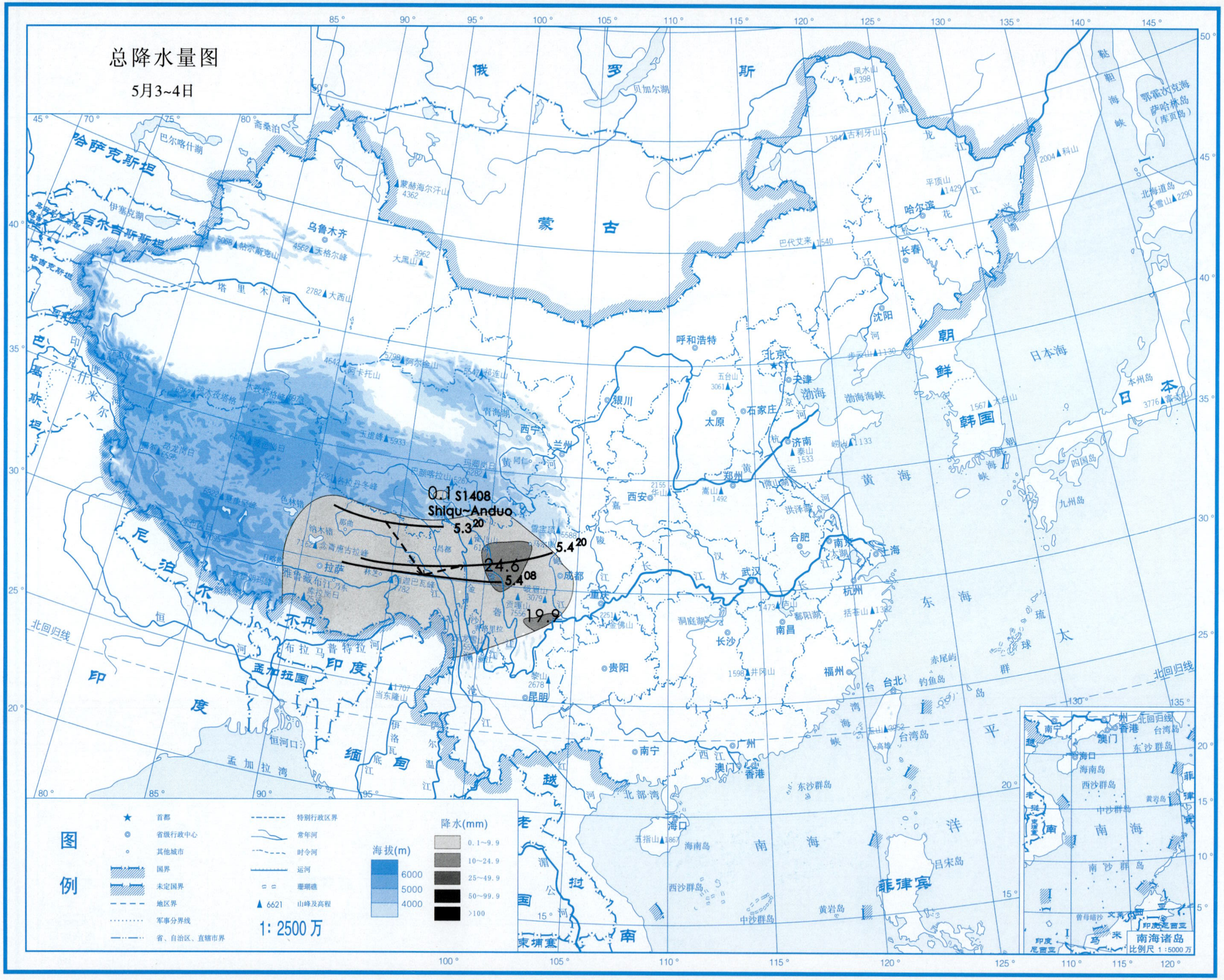
0.1 S1408
Shiqu~Anduo
5.3 20
5.4 20
24.6
5.4 08
19.9
图例
首都
省级行政中心
其他城市
国界
未定国界
地区界
军事分界线
省、自治区、直辖市界
特别行政区界
常年河
时令河
运河
珊瑚礁
6621 山峰及高程
1: 2500万
海拔(m)
6000
5000
4000
降水(mm)
0.1~9.9
10~24.9
25~49.9
50~99.9
>100
南海诸岛
比例尺 1:5000万

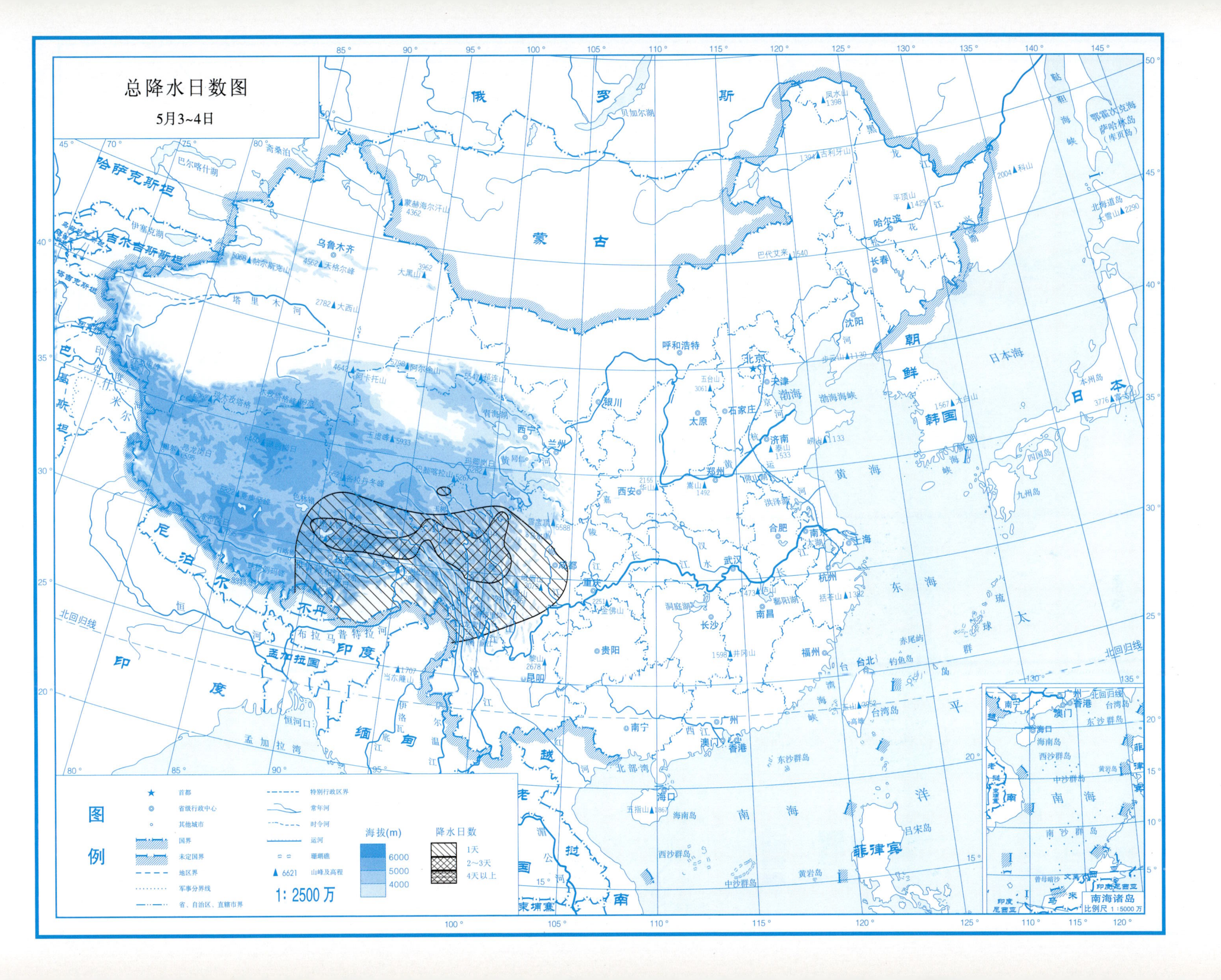
总降水日数图
5月3~4日
图例
首都
省级行政中心
其他城市
国界
未定国界
地区界
军事分界线
省、自治区、直辖市界
特别行政区界
常年河
时令河
运河
珊瑚礁
6621 山峰及高程
1: 2500万
海拔(m)
6000
5000
4000
降水日数
1天
2~3天
4天以上
南海诸岛
比例尺 1:5000万

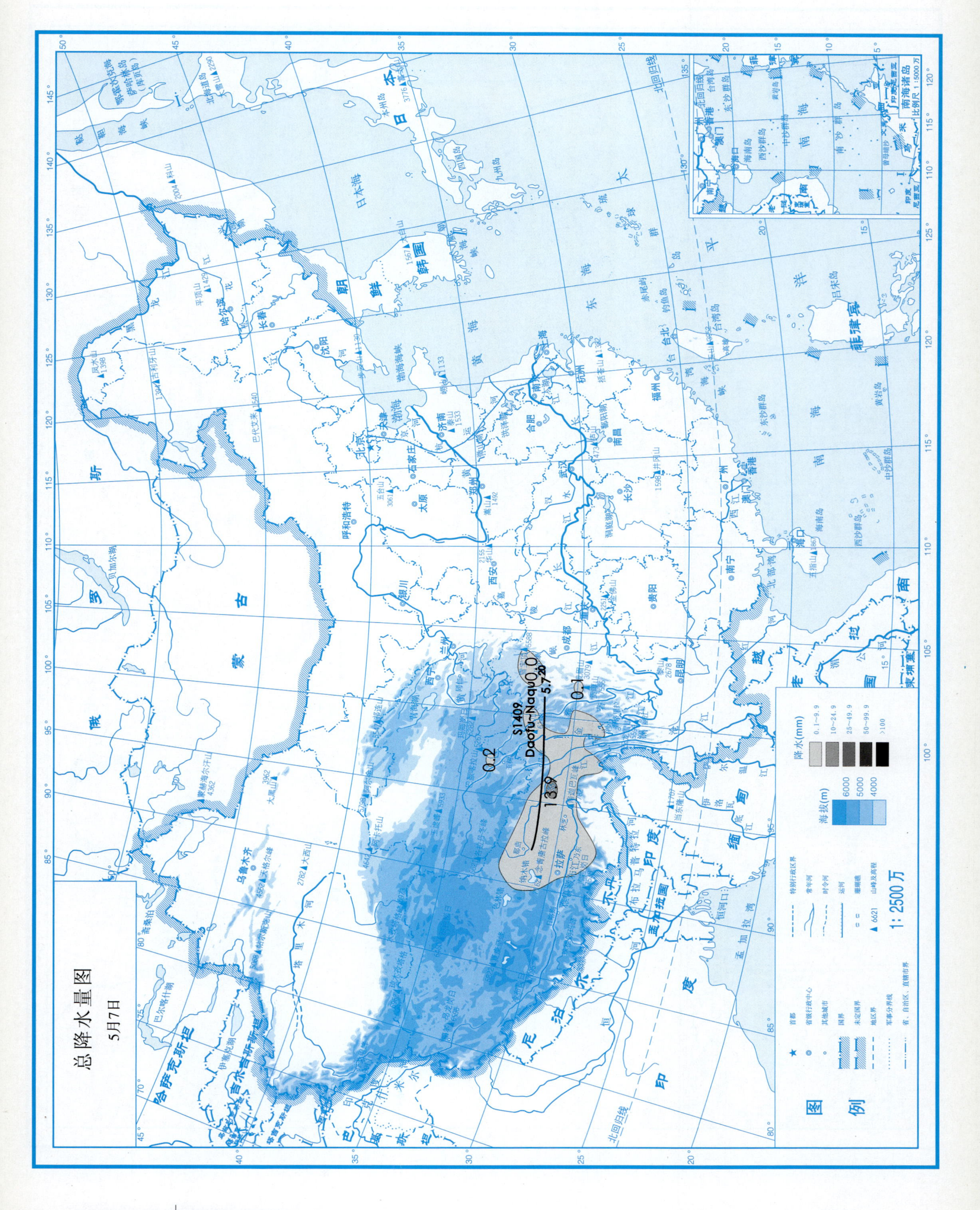

总降水量图
5月7日
S1409
Daofu-Naqu
0.2
13.9
0.1
0.0
5.7
图例
首都
省级行政中心
其他城市
国界
未定国界
地区界
军事分界线
省、自治区、直辖市界
特别行政区界
常年河
时令河
运河
珊瑚礁
▲6621 山峰及高程
1: 2500万
海拔(m)
6000
5000
4000
降水(mm)
0.1~9.9
10~24.9
25~49.9
50~99.9
>100
南海诸岛
比例尺 1:15000万

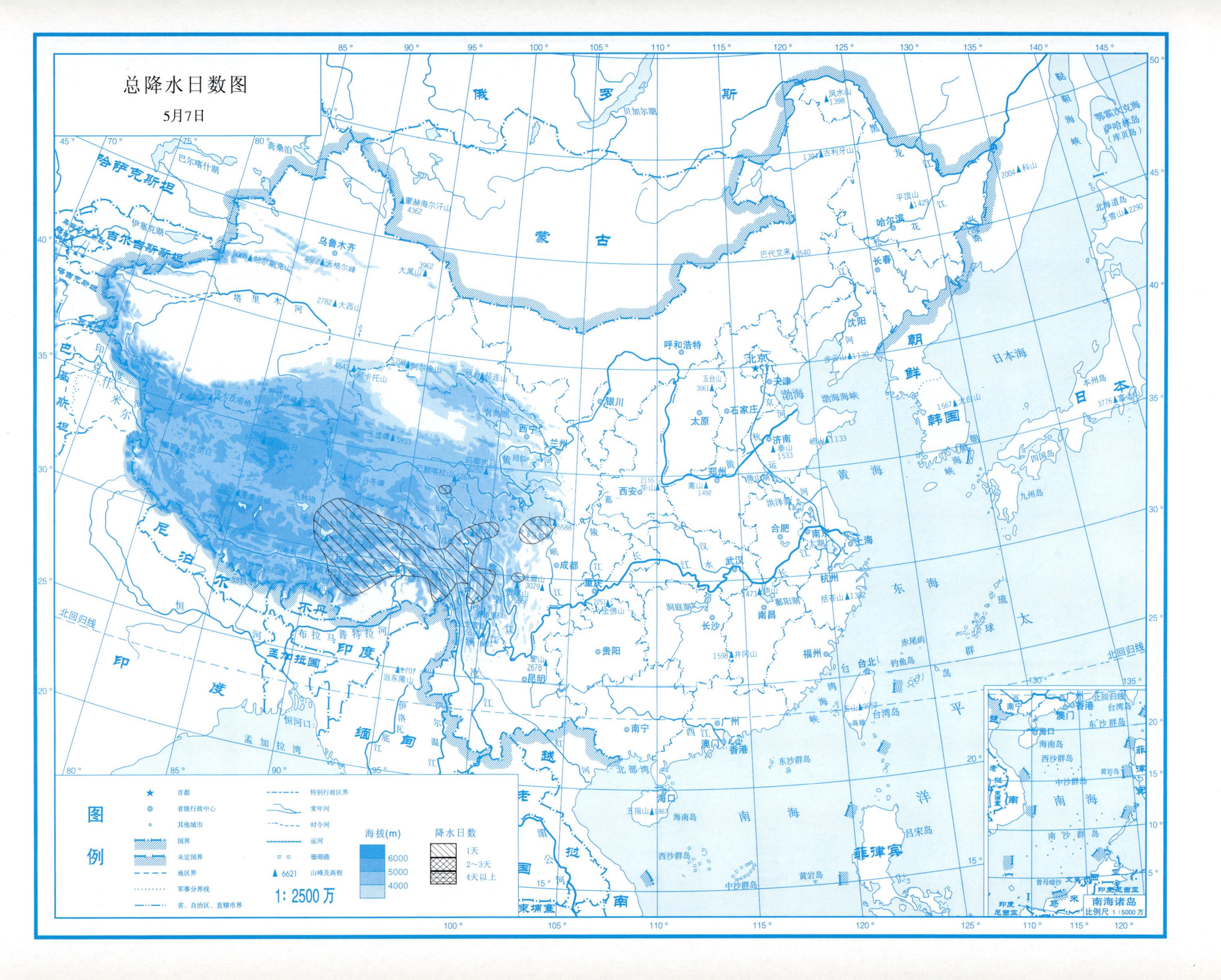
总降水日数图
5月7日
图例
首都
省级行政中心
其他城市
国界
未定国界
地区界
军事分界线
省、自治区、直辖市界
特别行政区界
常年河
时令河
运河
珊瑚礁
山峰及高程
1:2500万
海拔(m)
6000
5000
4000
降水日数
1天
2~3天
4天以上
南海诸岛
比例尺 1:5000万

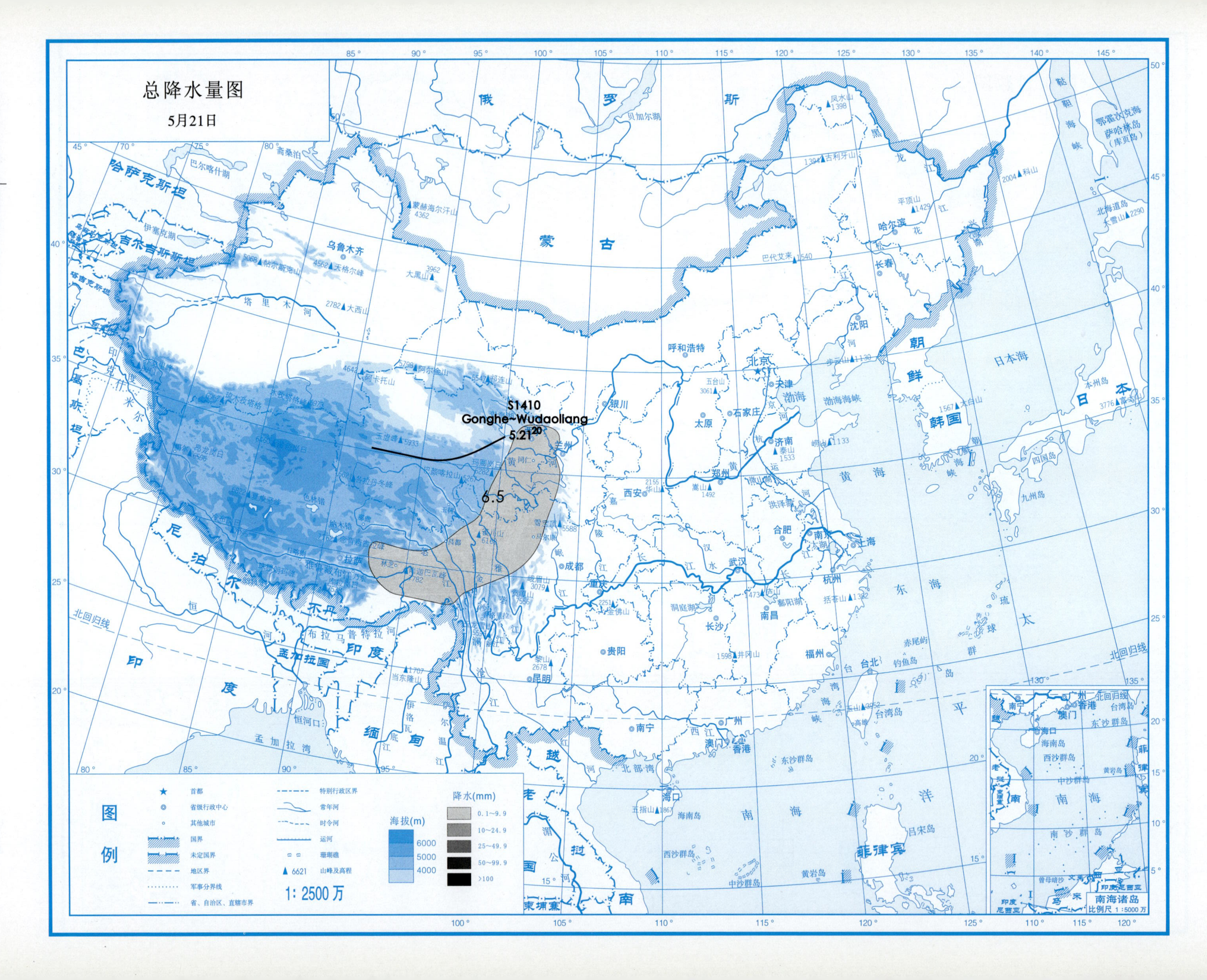
总降水量图
5月21日
S1410
Gonghe-Wudaoliang
5.21 20
6.5
图例
海拔(m)
6000
5000
4000
降水(mm)
0.1~9.9
10~24.9
25~49.9
50~99.9
>100
1: 2500万

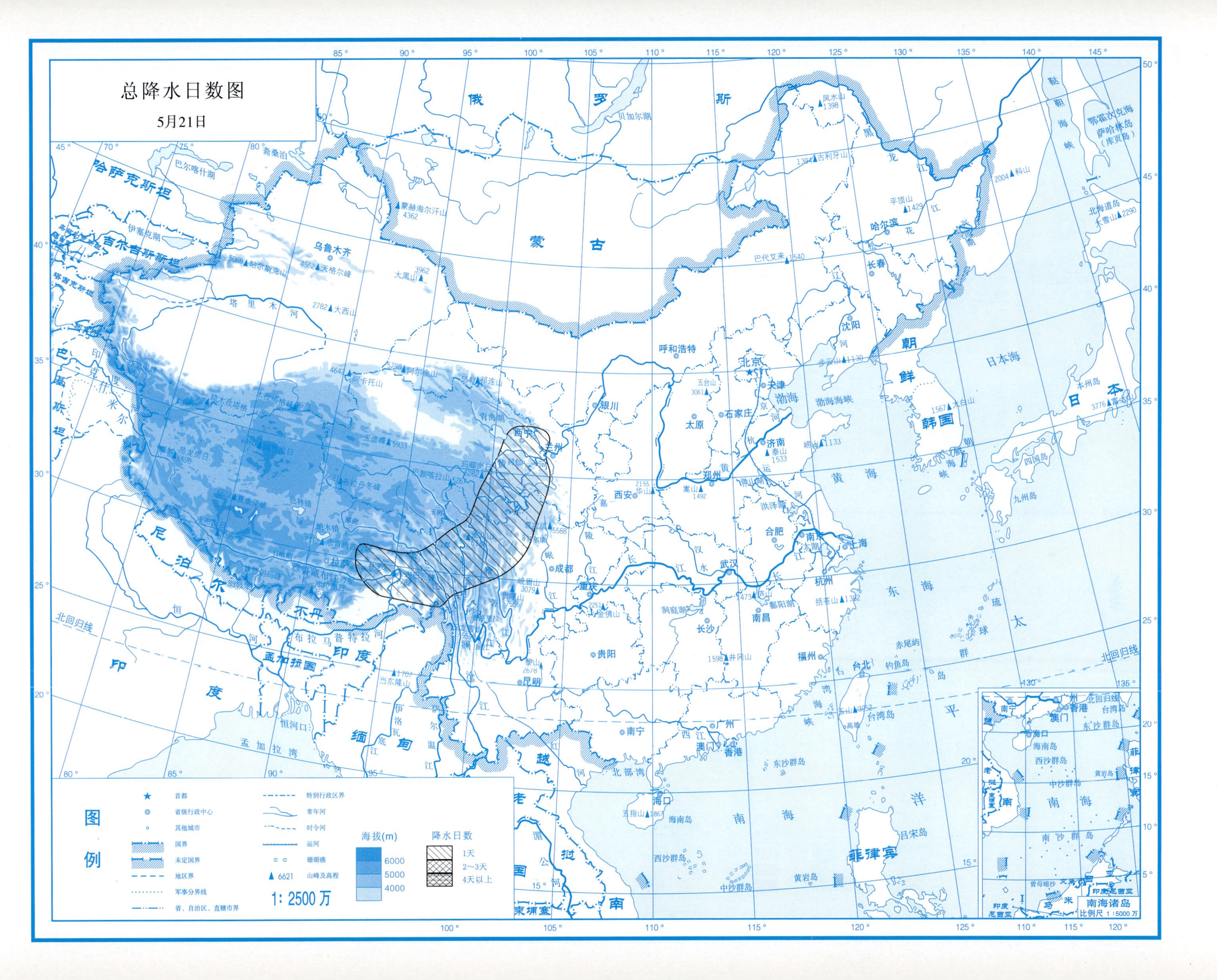
总降水日数图
5月21日
图例
首都
省级行政中心
其他城市
国界
未定国界
地区界
军事分界线
省、自治区、直辖市界
特别行政区界
常年河
时令河
运河
珊瑚礁
山峰及高程
海拔(m)
6000
5000
4000
降水日数
1天
2~3天
4天以上
1: 2500万
南海诸岛
比例尺 1:5000万

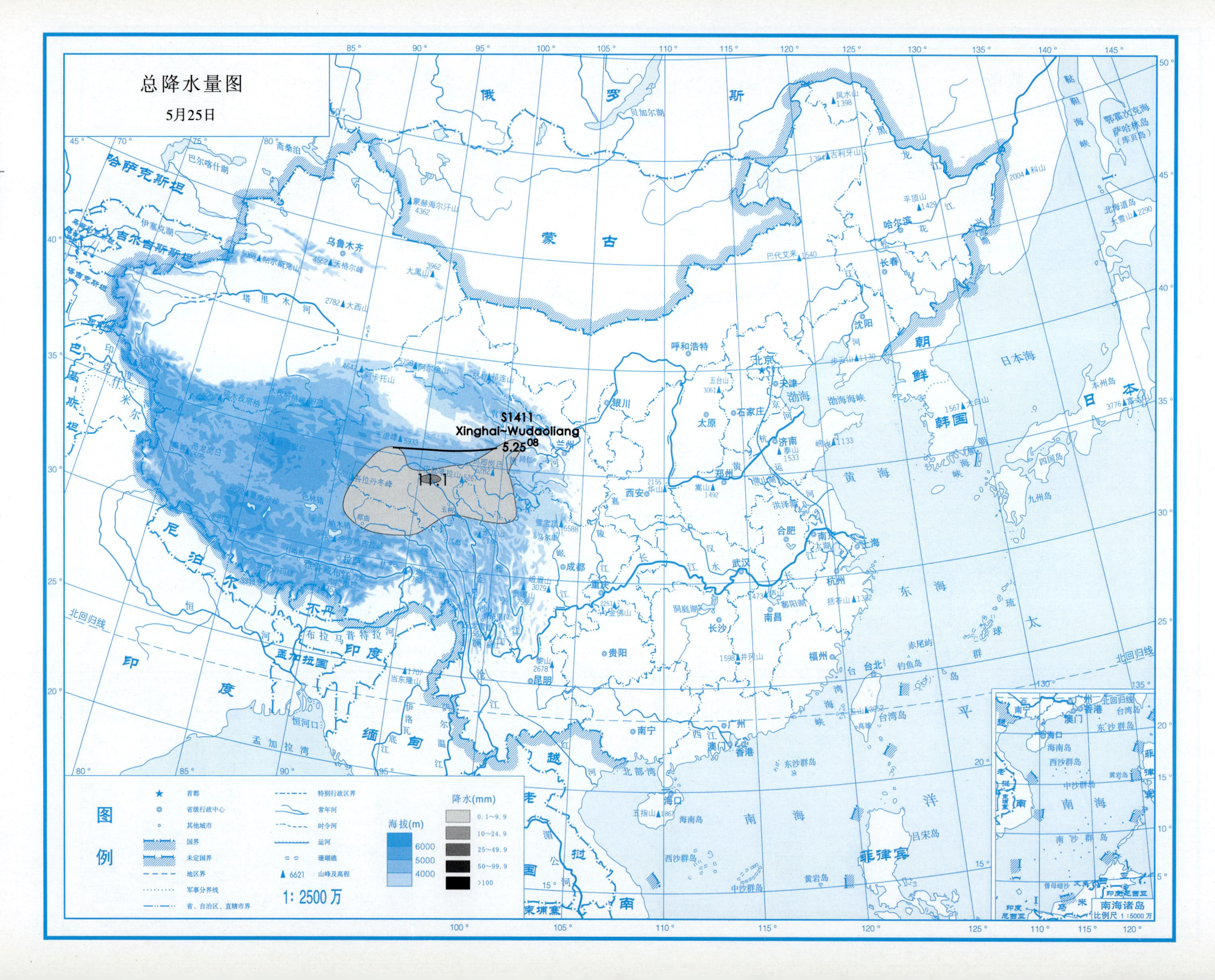
总降水量图
5月25日
S1411
Xinghai~Wudaoliang
5.25 08
11.1
图例
首都
省级行政中心
其他城市
国界
未定国界
地区界
军事分界线
省、自治区、直辖市界
特别行政区界
常年河
时令河
运河
珊瑚礁
▲6621 山峰及高程
海拔(m)
6000
5000
4000
降水(mm)
0.1~9.9
10~24.9
25~49.9
50~99.9
>100
1:2500万
南海诸岛
比例尺 1:5000万

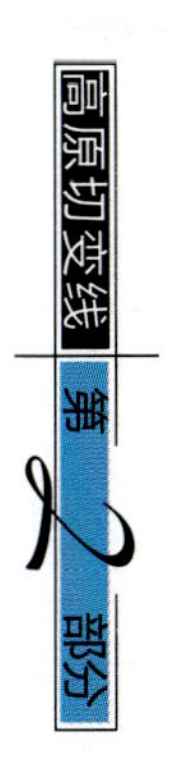

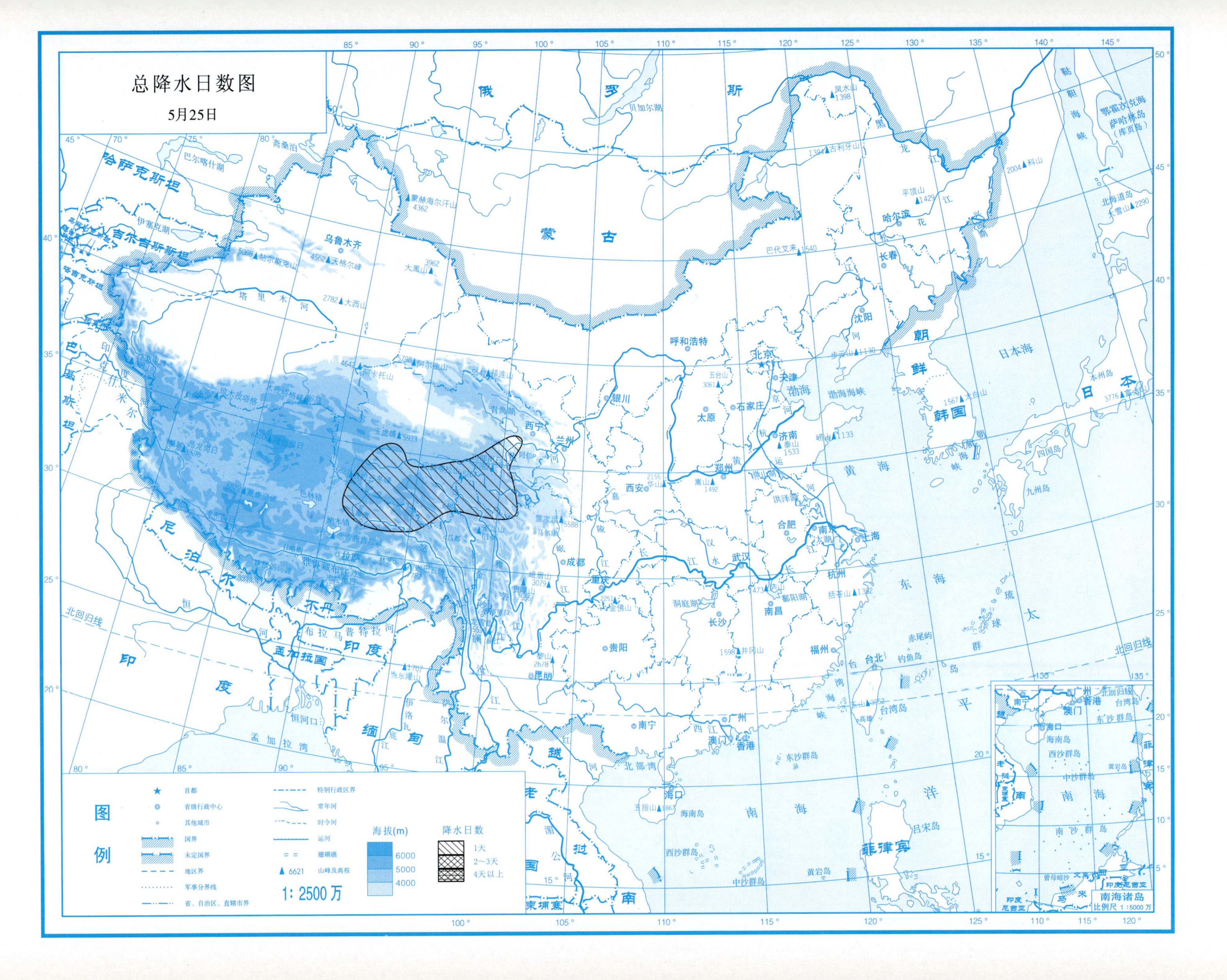

总降水日数图
5月25日
图例
首都
省级行政中心
其他城市
国界
未定国界
地区界
军事分界线
省、自治区、直辖市界
特别行政区界
常年河
时令河
运河
珊瑚礁
6621 山峰及高程
海拔(m)
6000
5000
4000
降水日数
1天
2~3天
4天以上
1: 2500万
南海诸岛
比例尺 1:5000万

总降水量图

5月26日

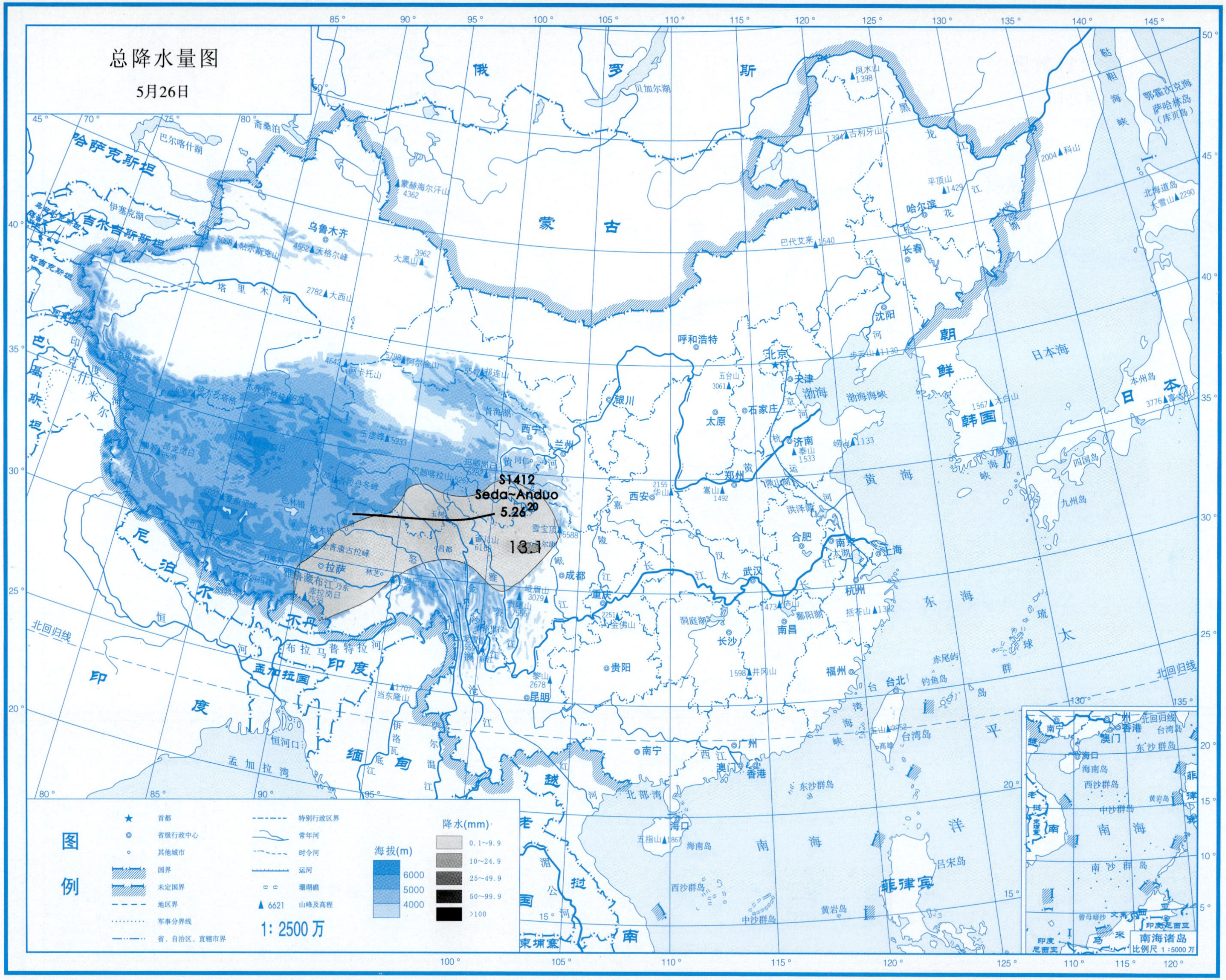
S1412
Seda-Anduo
5.26 20
13.1
图例
首都
省级行政中心
其他城市
国界
未定国界
地区界
军事分界线
省、自治区、直辖市界
特别行政区界
常年河
时令河
运河
珊瑚礁
6621 山峰及高程
海拔(m)
6000
5000
4000
降水(mm)
0.1~9.9
10~24.9
25~49.9
50~99.9
>100
1: 2500万
南海诸岛
比例尺 1:5000万
俄
罗
斯
蒙
古
哈萨克斯坦
吉尔吉斯斯坦
塔吉克斯坦
巴基斯坦
印度
尼泊尔
不丹
孟加拉国
缅甸
老挝
越南
柬埔寨
菲律宾
朝鲜
韩国
日本
北京
天津
石家庄
太原
呼和浩特
沈阳
长春
哈尔滨
济南
郑州
西安
银川
兰州
西宁
乌鲁木齐
拉萨
成都
重庆
贵阳
昆明
南宁
广州
香港
澳门
海口
长沙
武汉
南昌
合肥
南京
上海
杭州
福州
台北
渤海
黄海
东海
南海
日本海
太平洋
北回归线

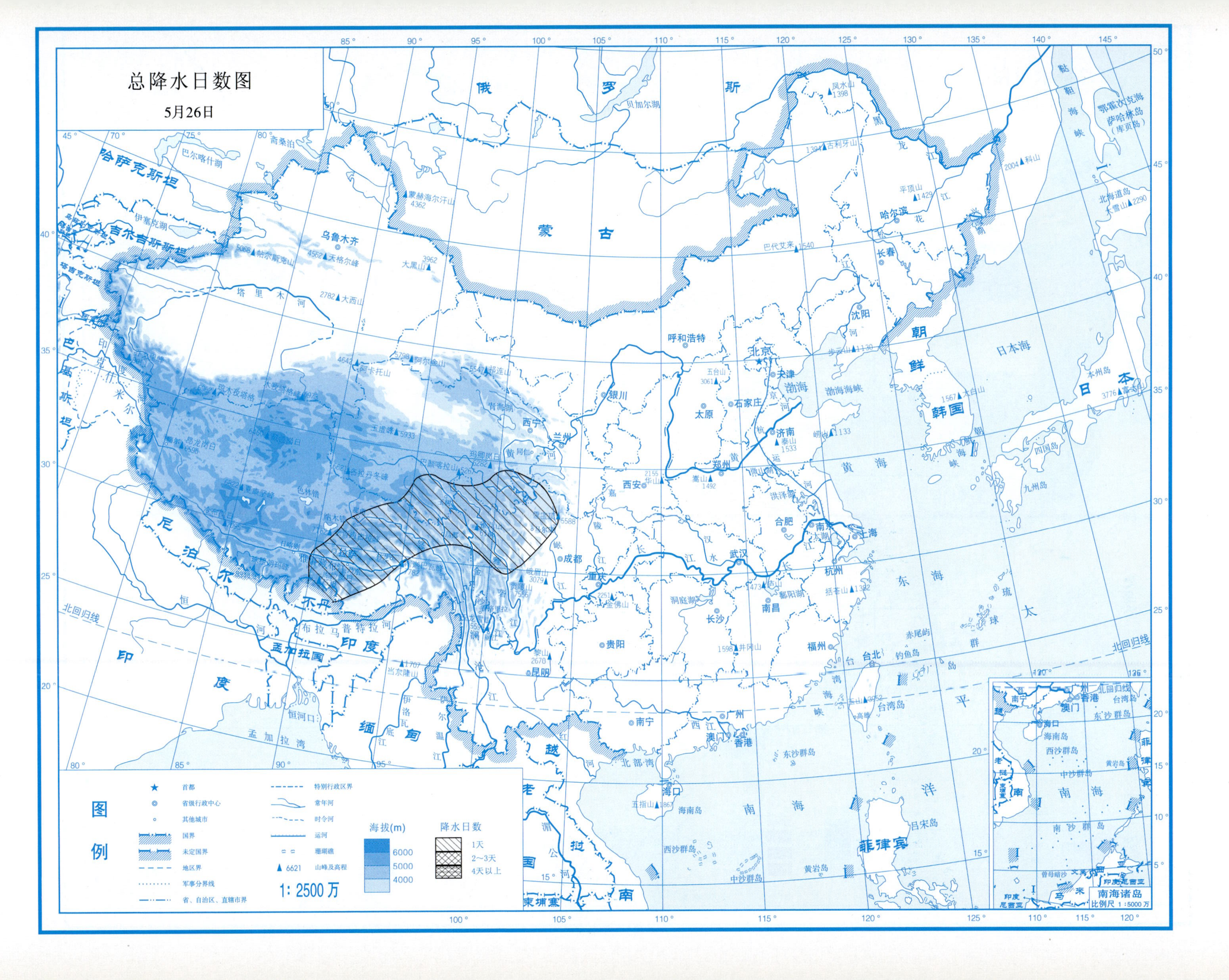
总降水日数图
5月26日
图例
首都
省级行政中心
其他城市
国界
未定国界
地区界
军事分界线
省、自治区、直辖市界
特别行政区界
常年河
时令河
运河
珊瑚礁
6621 山峰及高程
海拔(m)
6000
5000
4000
降水日数
1天
2~3天
4天以上
1: 2500万
南海诸岛
比例尺 1:5000万

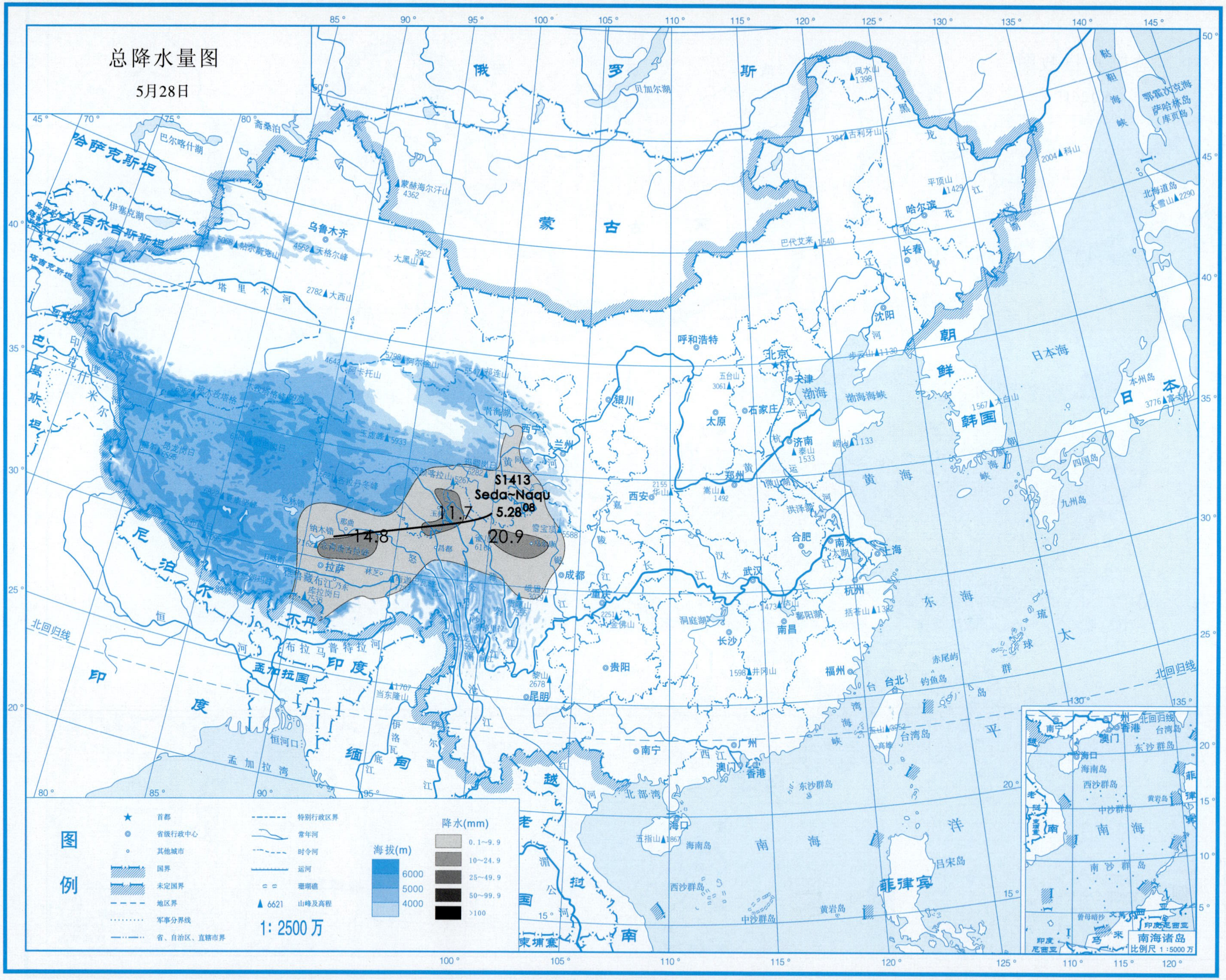
总降水量图
5月28日
S1413
Seda~Naqu
5.28 08
14.8
11.7
20.9
图例
首都
省级行政中心
其他城市
国界
未定国界
地区界
军事分界线
省、自治区、直辖市界
特别行政区界
常年河
时令河
运河
珊瑚礁
6621 山峰及高程
1: 2500万
海拔(m)
6000
5000
4000
降水(mm)
0.1~9.9
10~24.9
25~49.9
50~99.9
>100
南海诸岛
比例尺 1:5000万

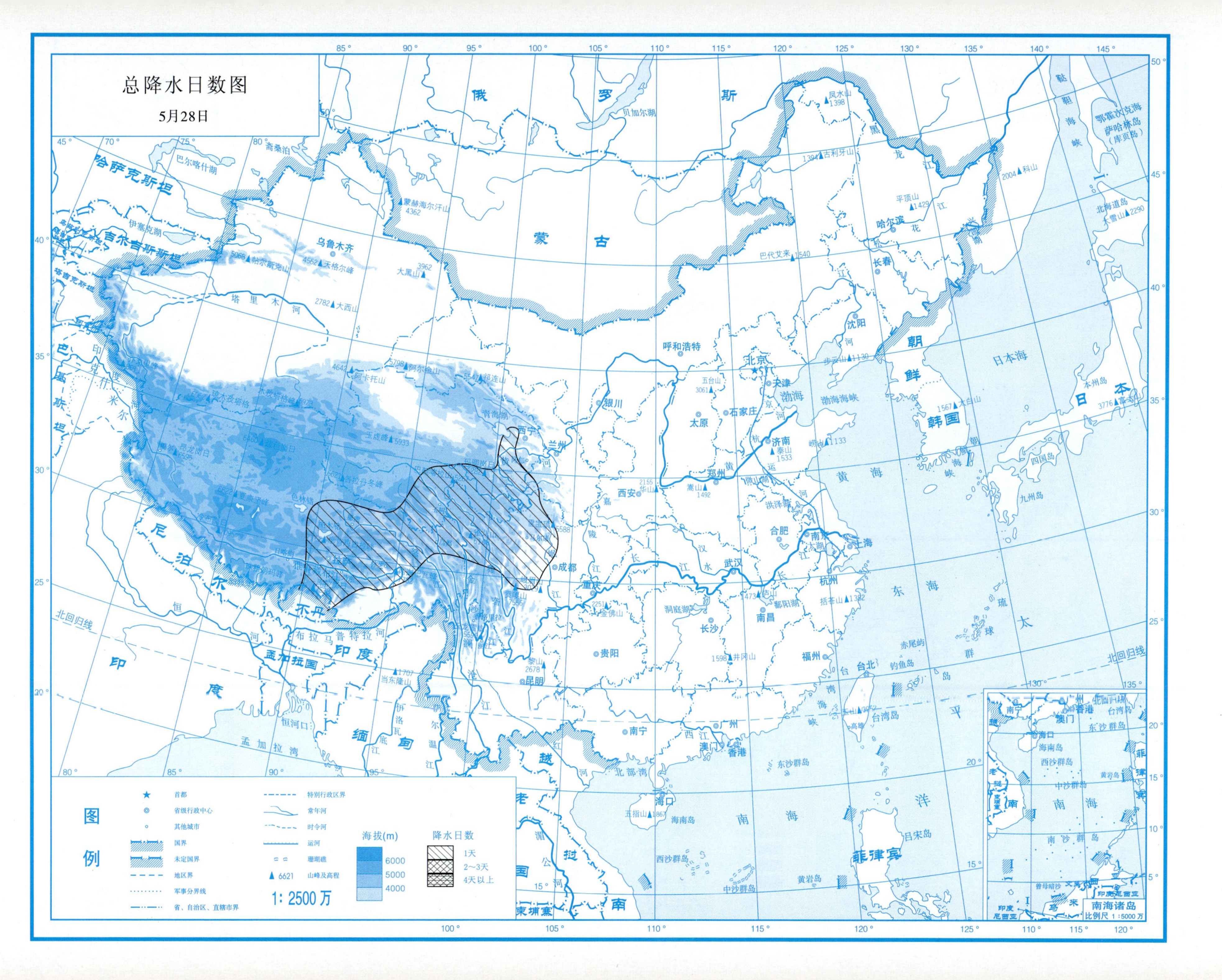
总降水日数图
5月28日
图例
首都
省级行政中心
其他城市
国界
未定国界
地区界
军事分界线
省、自治区、直辖市界
特别行政区界
常年河
时令河
运河
珊瑚礁
山峰及高程
1: 2500万
海拔(m)
6000
5000
4000
降水日数
1天
2~3天
4天以上
南海诸岛
比例尺 1:5000万

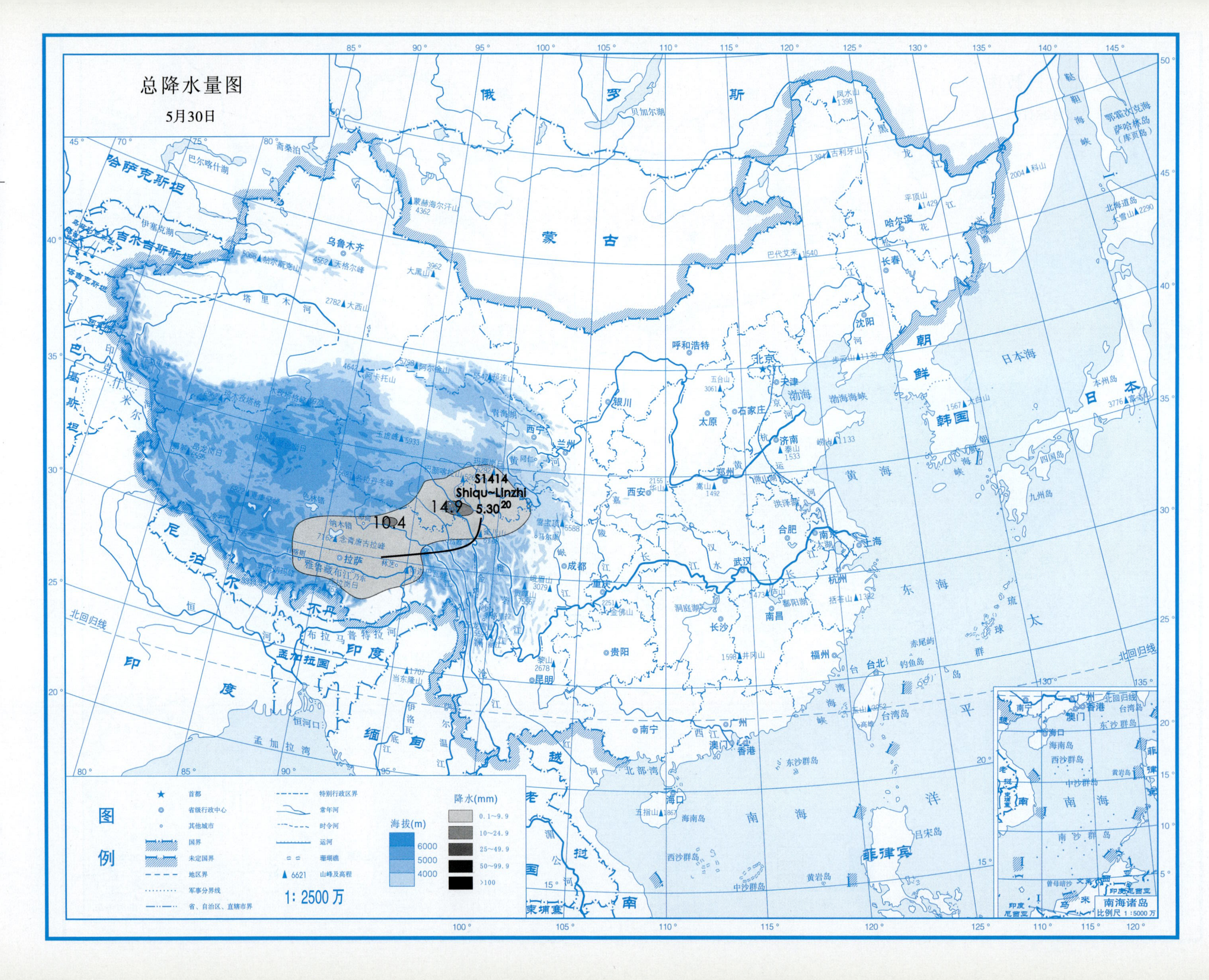
总降水量图
5月30日
S1414
Shiqu~Linzhi
5.30[20]
14.9
10.4
图例
首都
省级行政中心
其他城市
国界
未定国界
地区界
军事分界线
省、自治区、直辖市界
特别行政区界
常年河
时令河
运河
珊瑚礁
6621 山峰及高程
1: 2500万
海拔(m)
6000
5000
4000
降水(mm)
0.1~9.9
10~24.9
25~49.9
50~99.9
>100
南海诸岛
比例尺 1:5000万

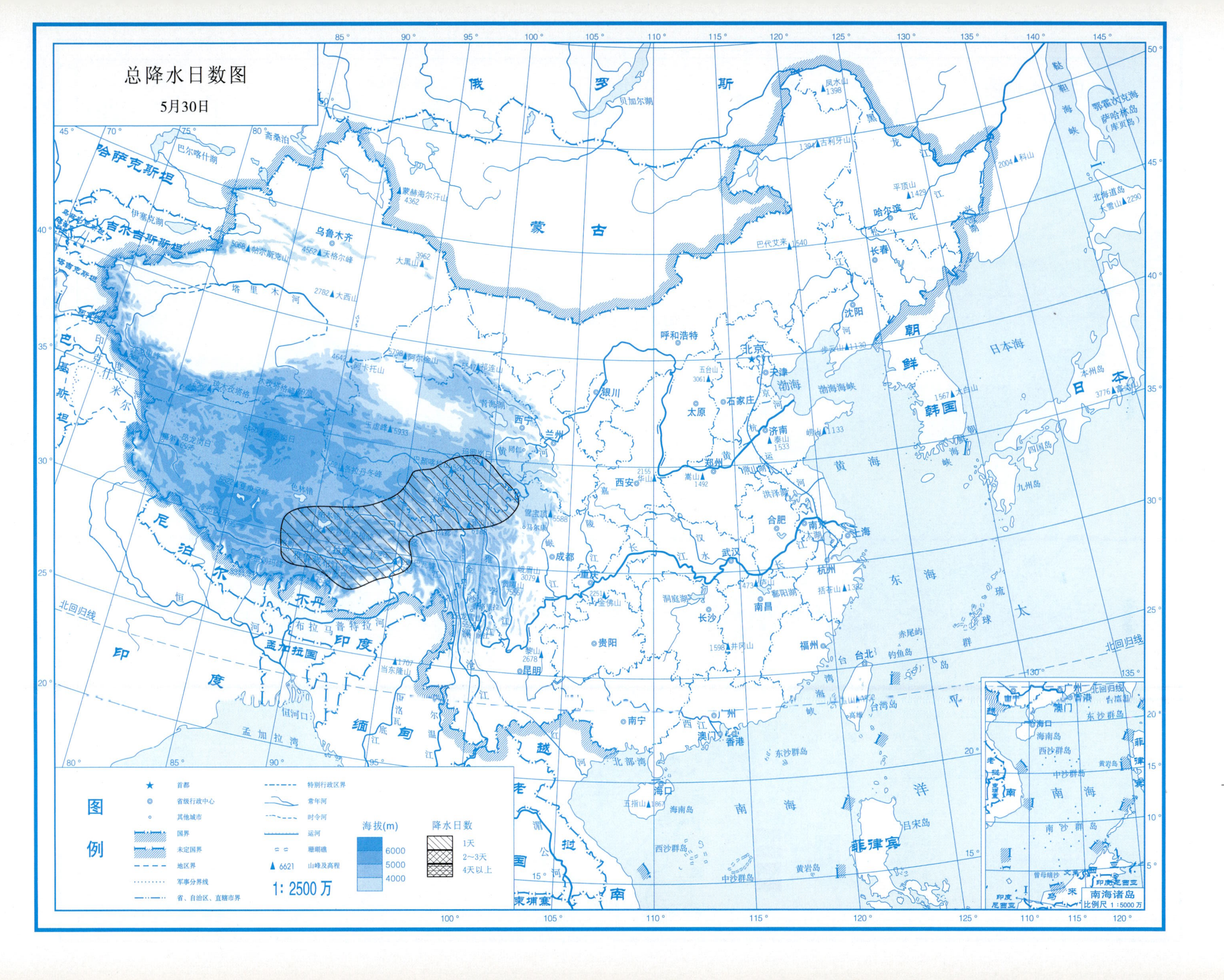
总降水日数图
5月30日
图例
首都
省级行政中心
其他城市
国界
未定国界
地区界
军事分界线
省、自治区、直辖市界
特别行政区界
常年河
时令河
运河
珊瑚礁
山峰及高程
海拔(m)
6000
5000
4000
降水日数
1天
2~3天
4天以上
1: 2500万
南海诸岛

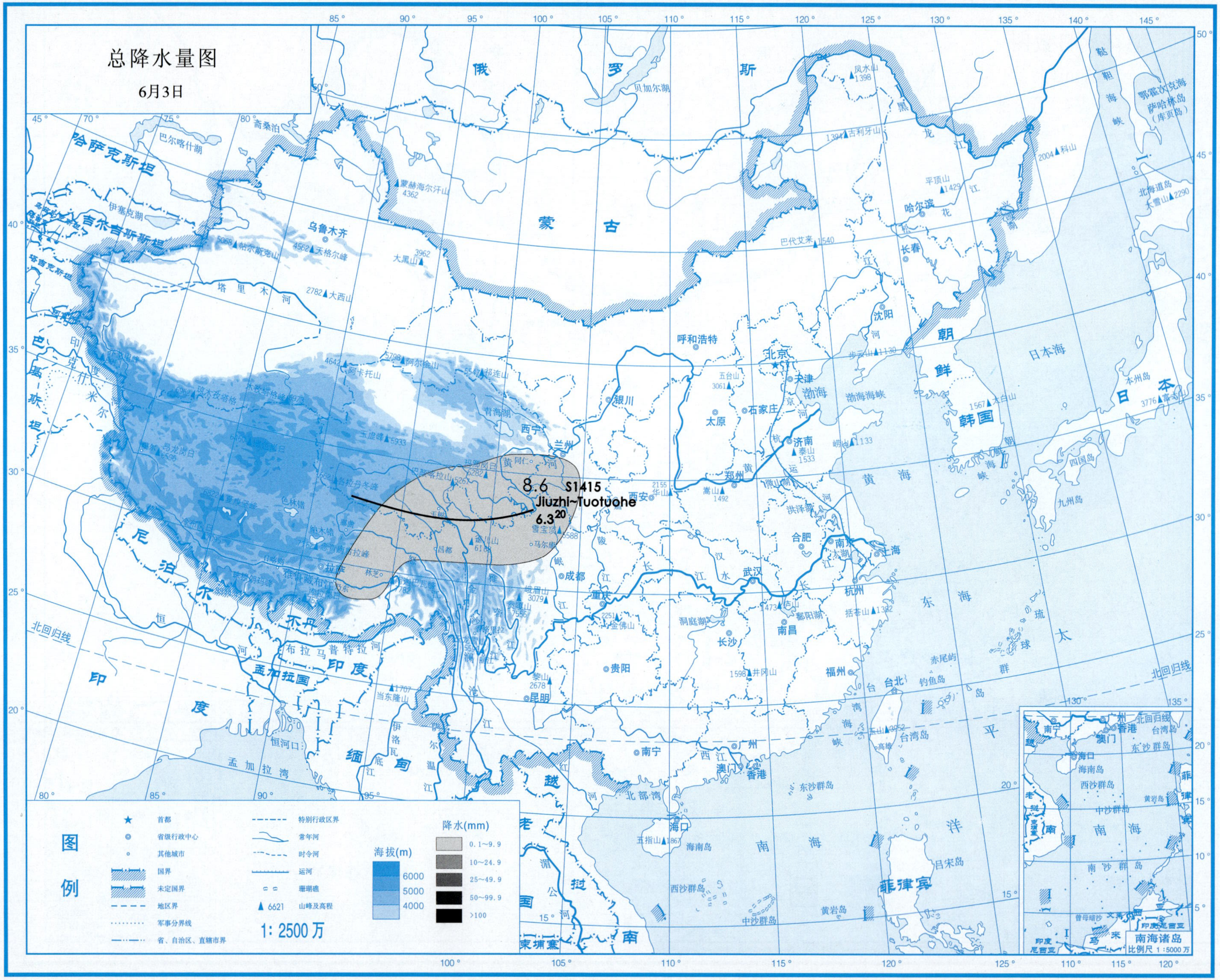
总降水量图
6月3日
8.6
S1415
Jiuzhi~Tuotuohe
6.3[20]
图例
首都
省级行政中心
其他城市
国界
未定国界
地区界
军事分界线
省、自治区、直辖市界
特别行政区界
常年河
时令河
运河
珊瑚礁
6621 山峰及高程
1: 2500万
海拔(m)
6000
5000
4000
降水(mm)
0.1~9.9
10~24.9
25~49.9
50~99.9
>100
南海诸岛
比例尺 1:5000万

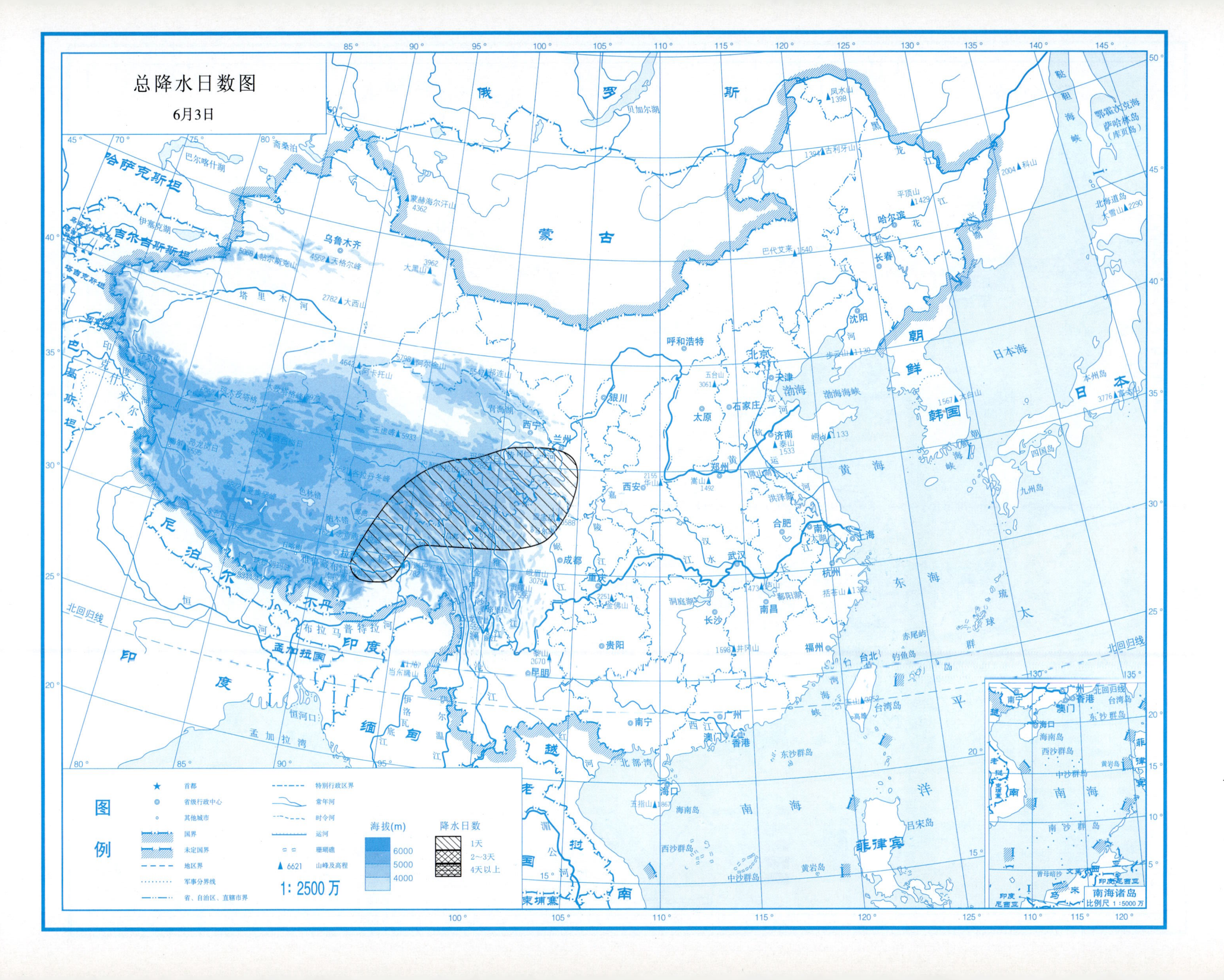
总降水日数图
6月3日
图例
首都
省级行政中心
其他城市
国界
未定国界
地区界
军事分界线
省、自治区、直辖市界
特别行政区界
常年河
时令河
运河
珊瑚礁
山峰及高程
1: 2500万
海拔(m)
6000
5000
4000
降水日数
1天
2~3天
4天以上
南海诸岛
比例尺 1:5000万

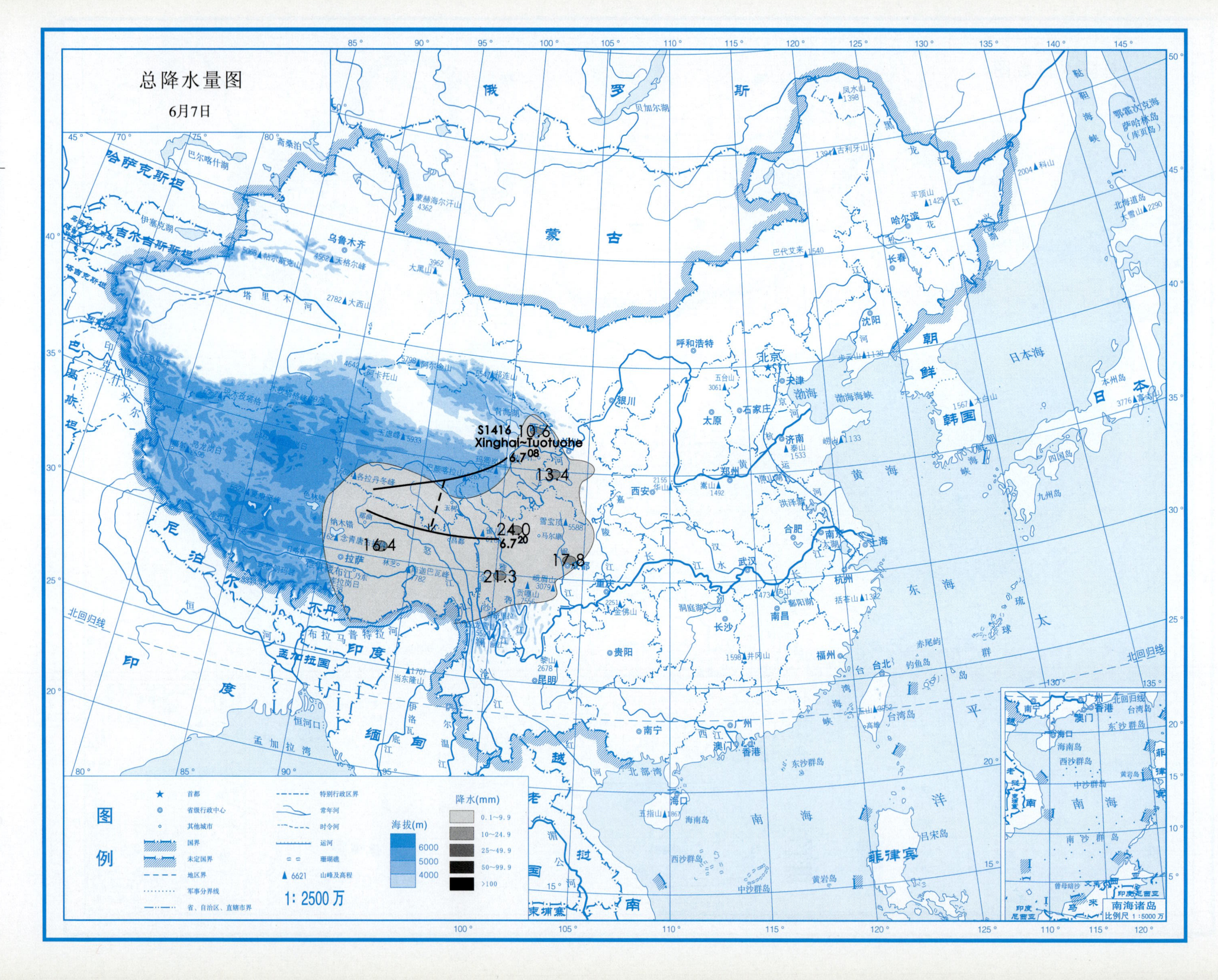
总降水量图
6月7日
S1416 10.6
Xinghai~Tuotuohe
6.7 08
13.4
24.0
6.7 20
16.4
21.3
17.8
图例
首都
省级行政中心
其他城市
国界
未定国界
地区界
军事分界线
省、自治区、直辖市界
特别行政区界
常年河
时令河
运河
珊瑚礁
6621 山峰及高程
海拔(m)
6000
5000
4000
降水(mm)
0.1~9.9
10~24.9
25~49.9
50~99.9
>100
1: 2500万
南海诸岛
比例尺 1:5000万

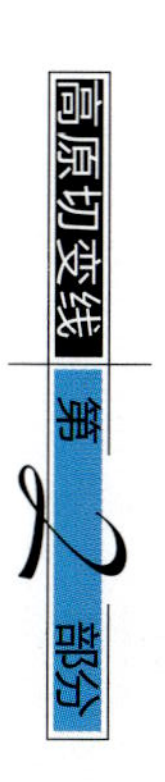
高原切变线
第2部分

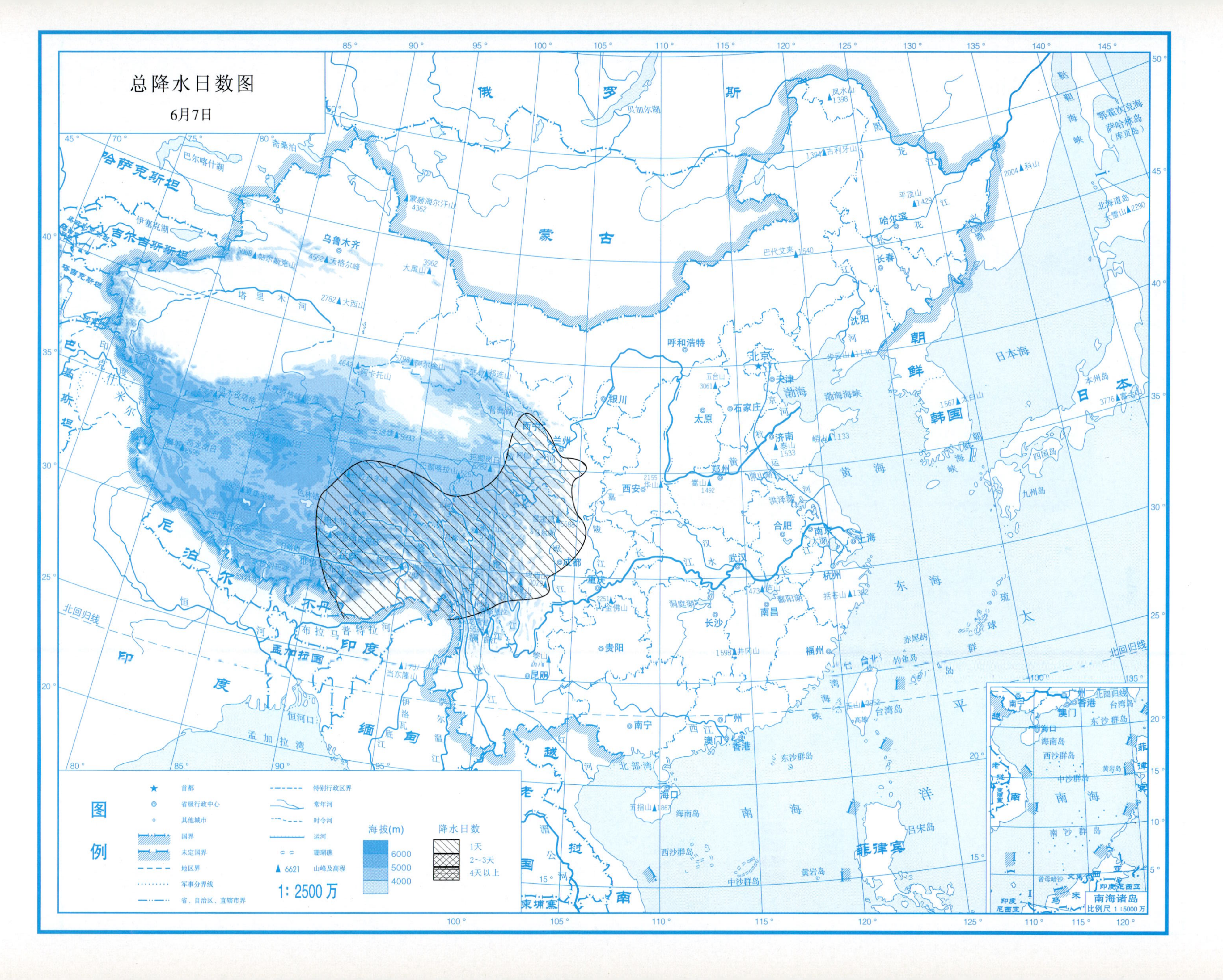
总降水日数图
6月7日
图例
首都
省级行政中心
其他城市
国界
未定国界
地区界
军事分界线
省、自治区、直辖市界
特别行政区界
常年河
时令河
运河
珊瑚礁
山峰及高程
海拔(m)
6000
5000
4000
降水日数
1天
2~3天
4天以上
1:2500万
南海诸岛
比例尺 1:5000万

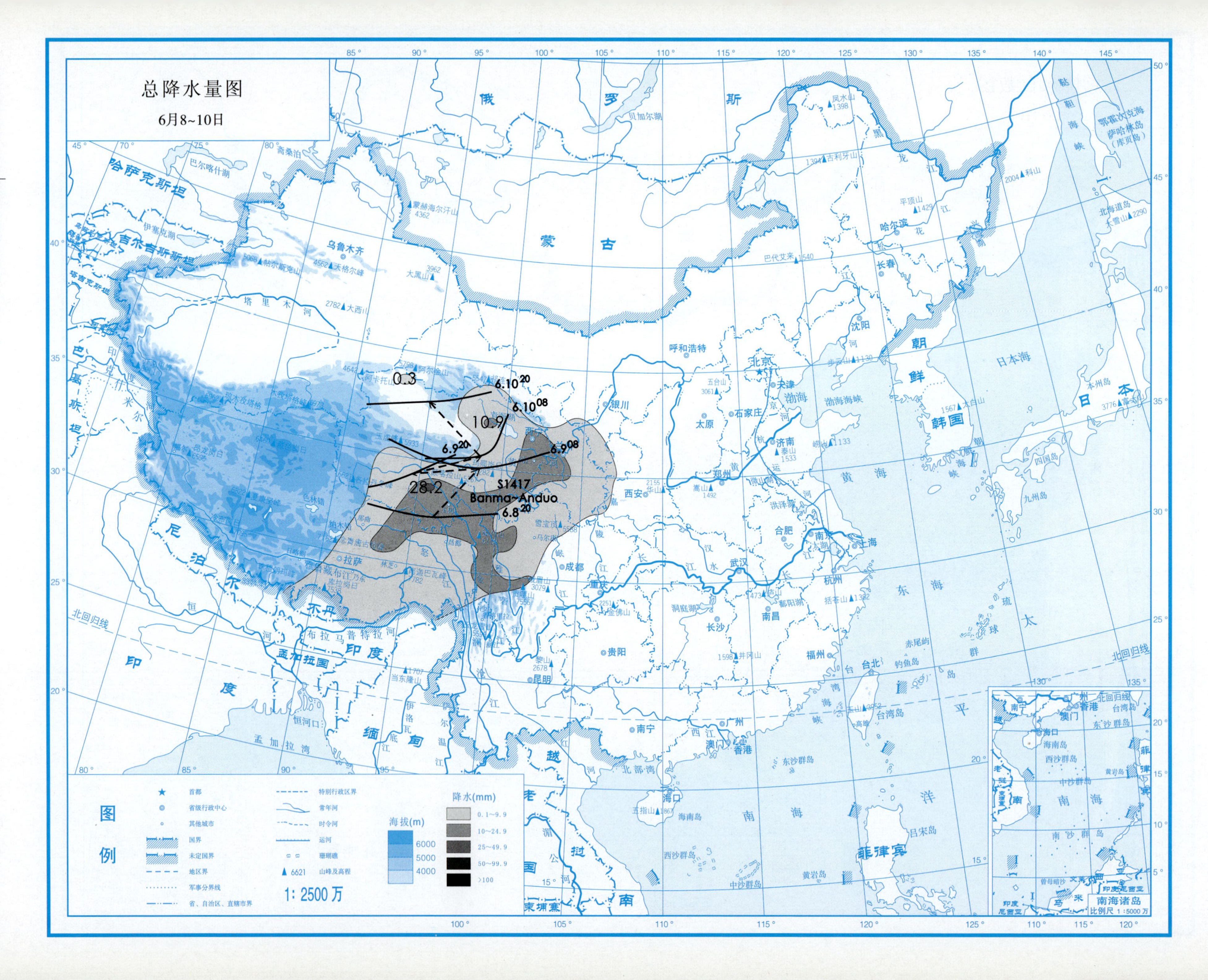
总降水量图
6月8~10日
0.3
10.9
28.2
6.10 20
6.10 08
6.9 20
6.9 08
6.8 20
S1417
Banma~Anduo
图例
首都
省级行政中心
其他城市
国界
未定国界
地区界
军事分界线
省、自治区、直辖市界
特别行政区界
常年河
时令河
运河
珊瑚礁
6621 山峰及高程
1: 2500万
海拔(m)
6000
5000
4000
降水(mm)
0.1~9.9
10~24.9
25~49.9
50~99.9
>100
南海诸岛
比例尺 1:5000万

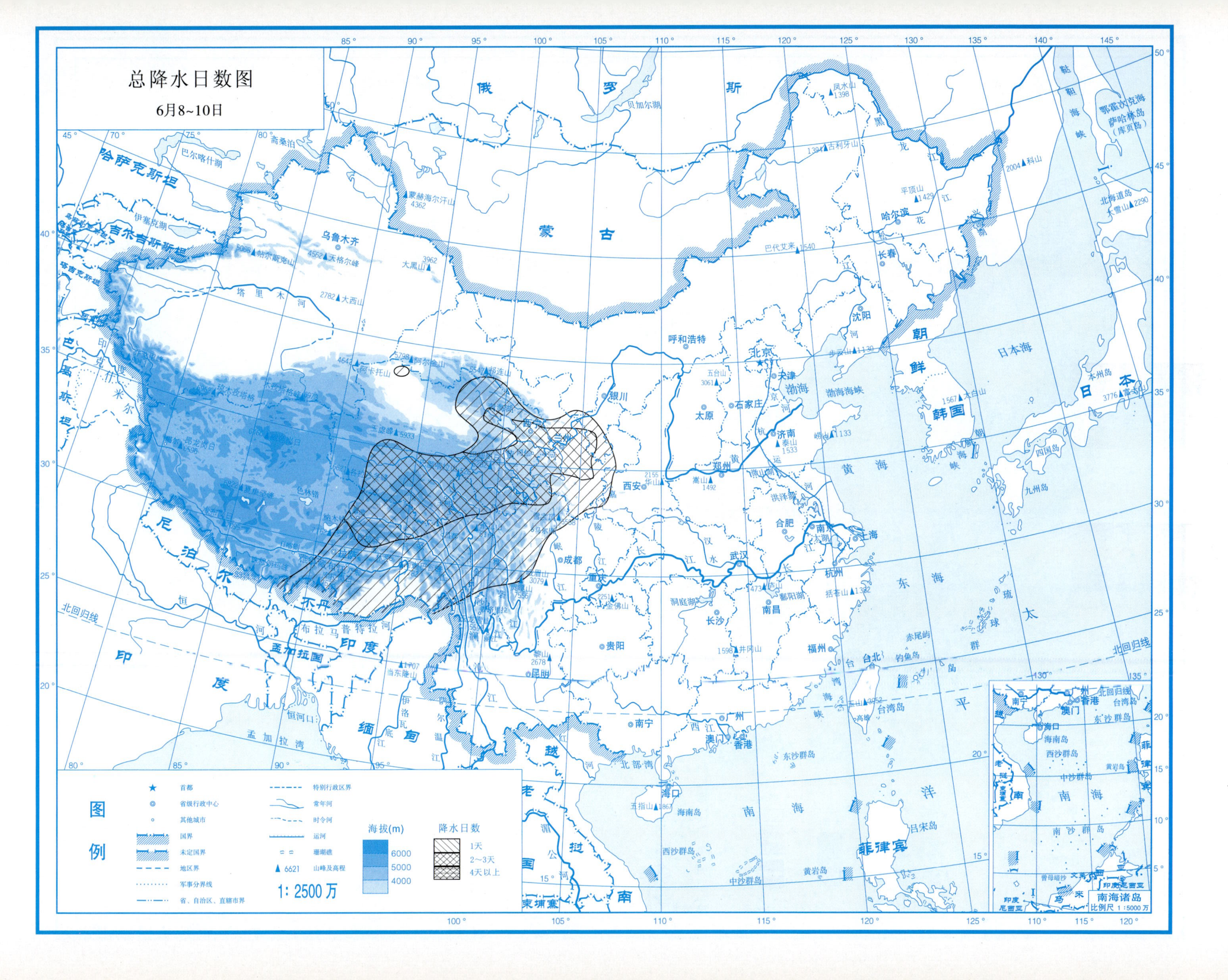
总降水日数图
6月8~10日
图例
首都
省级行政中心
其他城市
国界
未定国界
地区界
军事分界线
省、自治区、直辖市界
特别行政区界
常年河
时令河
运河
珊瑚礁
6621 山峰及高程
海拔(m)
6000
5000
4000
降水日数
1天
2~3天
4天以上
1:2500万
南海诸岛
比例尺 1:5000万

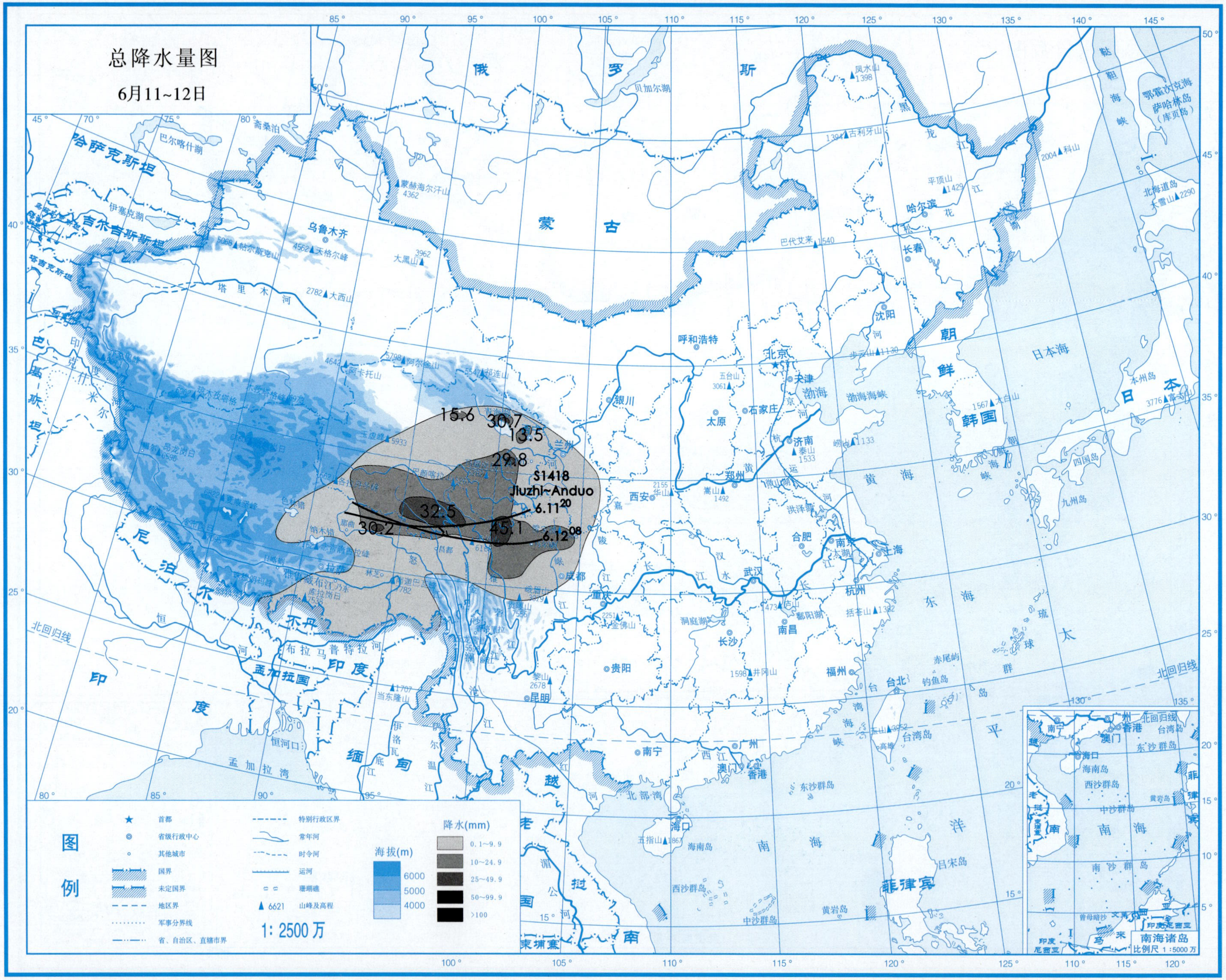
总降水量图
6月11~12日
15.6
30.7
13.5
29.8
S1418
Jiuzhi~Anduo
6.11[20]
32.5
30.2
45.1
6.12[08]
图例
首都
省级行政中心
其他城市
国界
未定国界
地区界
军事分界线
省、自治区、直辖市界
特别行政区界
常年河
时令河
运河
珊瑚礁
6621 山峰及高程
1: 2500万
海拔(m)
6000
5000
4000
降水(mm)
0.1~9.9
10~24.9
25~49.9
50~99.9
>100
南海诸岛
比例尺 1:5000万

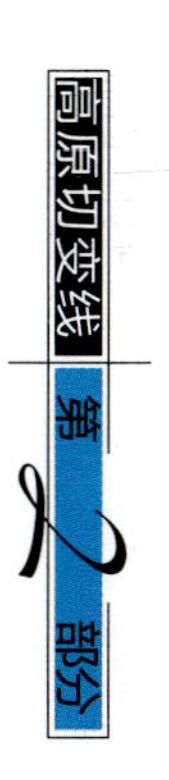

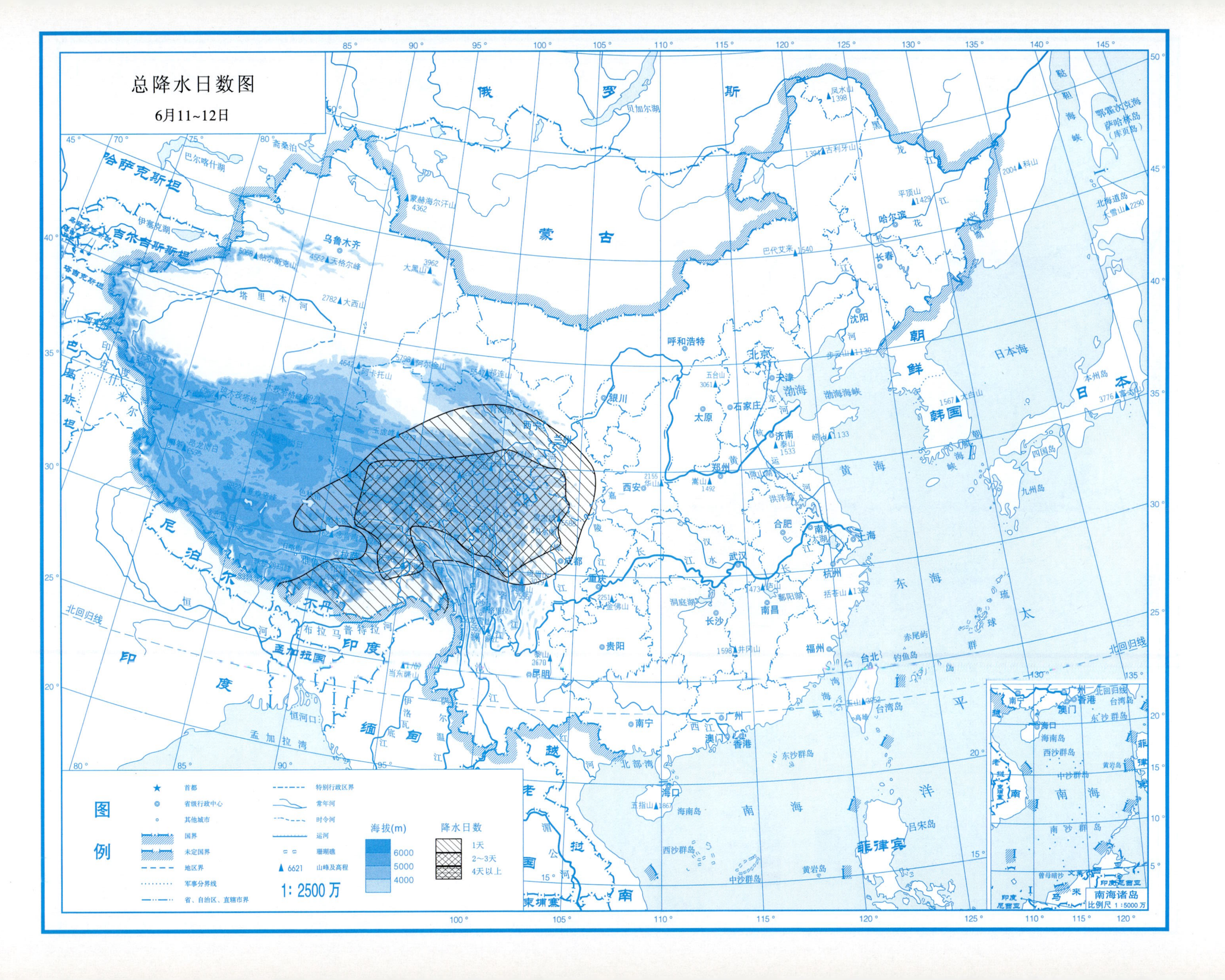
总降水日数图
6月11~12日
图例
首都
省级行政中心
其他城市
国界
未定国界
地区界
军事分界线
省、自治区、直辖市界
特别行政区界
常年河
时令河
运河
珊瑚礁
6621 山峰及高程
海拔(m)
6000
5000
4000
降水日数
1天
2~3天
4天以上
1: 2500万
南海诸岛
比例尺 1:5000万

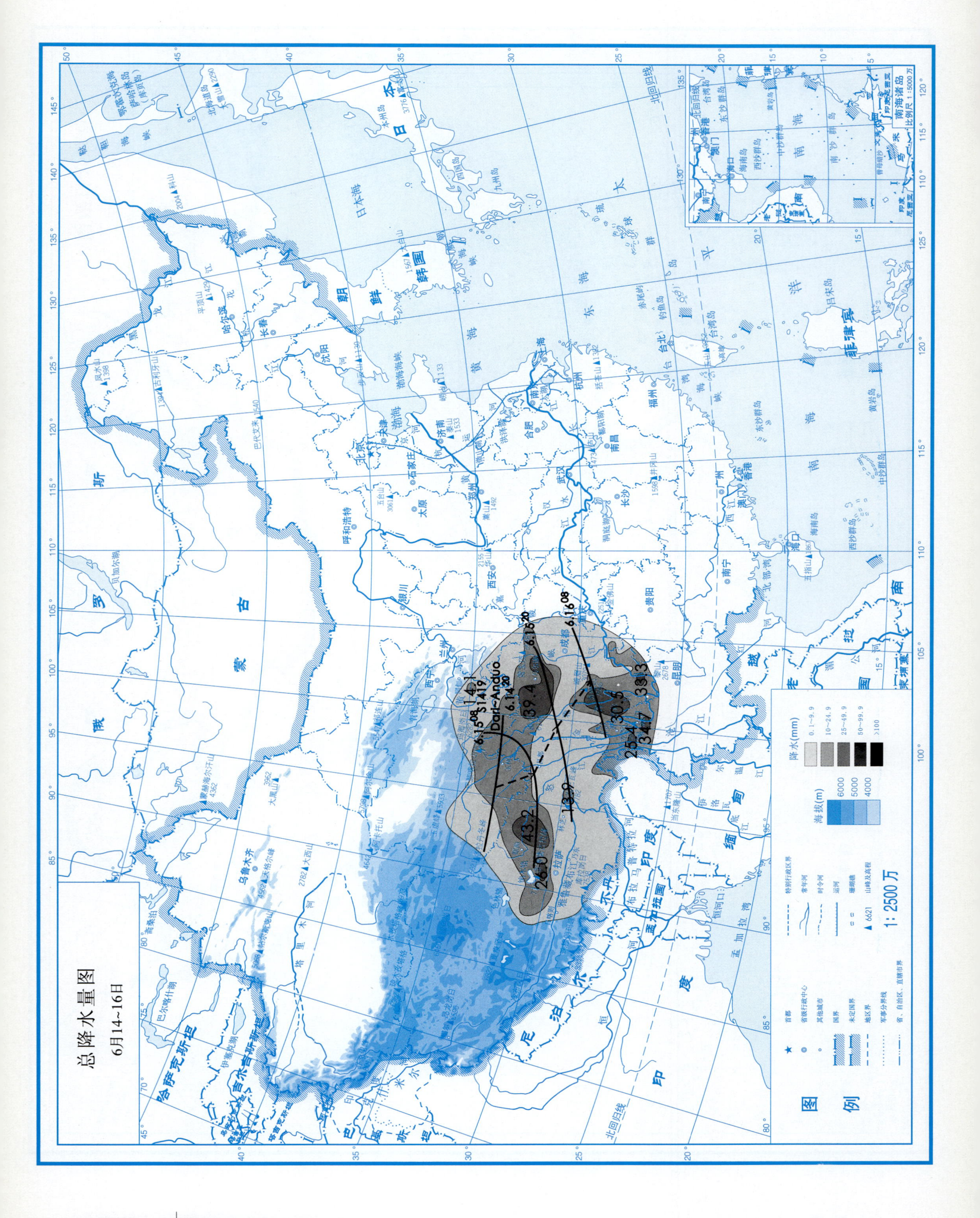
总降水量图
6月14~16日
6.15 08
S1419
Dari-Anduo
6.14 20
6.15 20
6.16 08
14.1
39.4
43.2
26.0
13.9
30.5
25.4
34.7
33.3
图例
降水(mm)
0.1~9.9
10~24.9
25~49.9
50~99.9
>100
海拔(m)
6000
5000
4000
1: 2500万
南海诸岛
比例尺 1:5000万

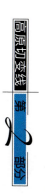

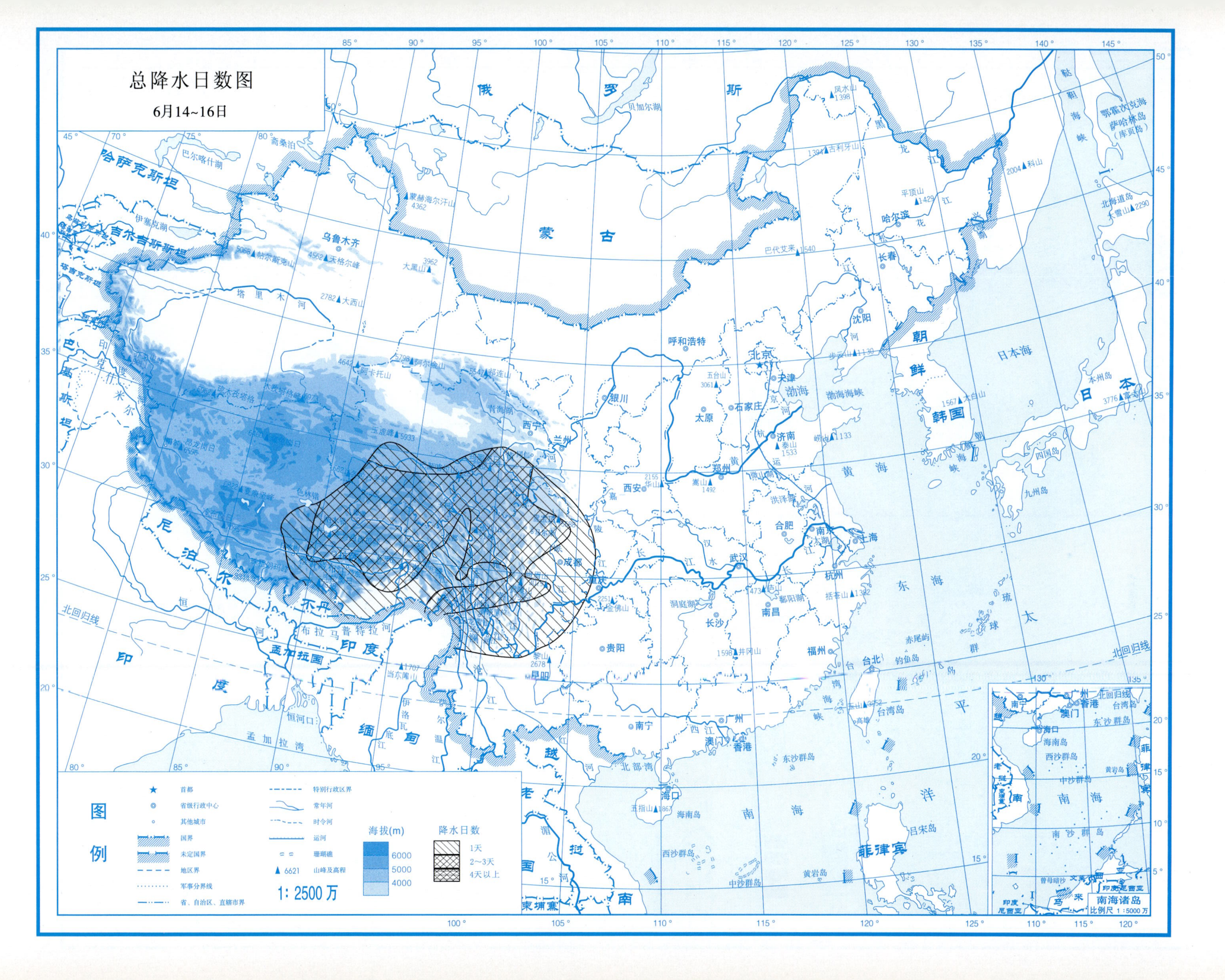
总降水日数图
6月14~16日
图例
首都
省级行政中心
其他城市
国界
未定国界
地区界
军事分界线
省、自治区、直辖市界
特别行政区界
常年河
时令河
运河
珊瑚礁
6621 山峰及高程
1: 2500万
海拔(m)
6000
5000
4000
降水日数
1天
2~3天
4天以上
南海诸岛
比例尺 1:5000万

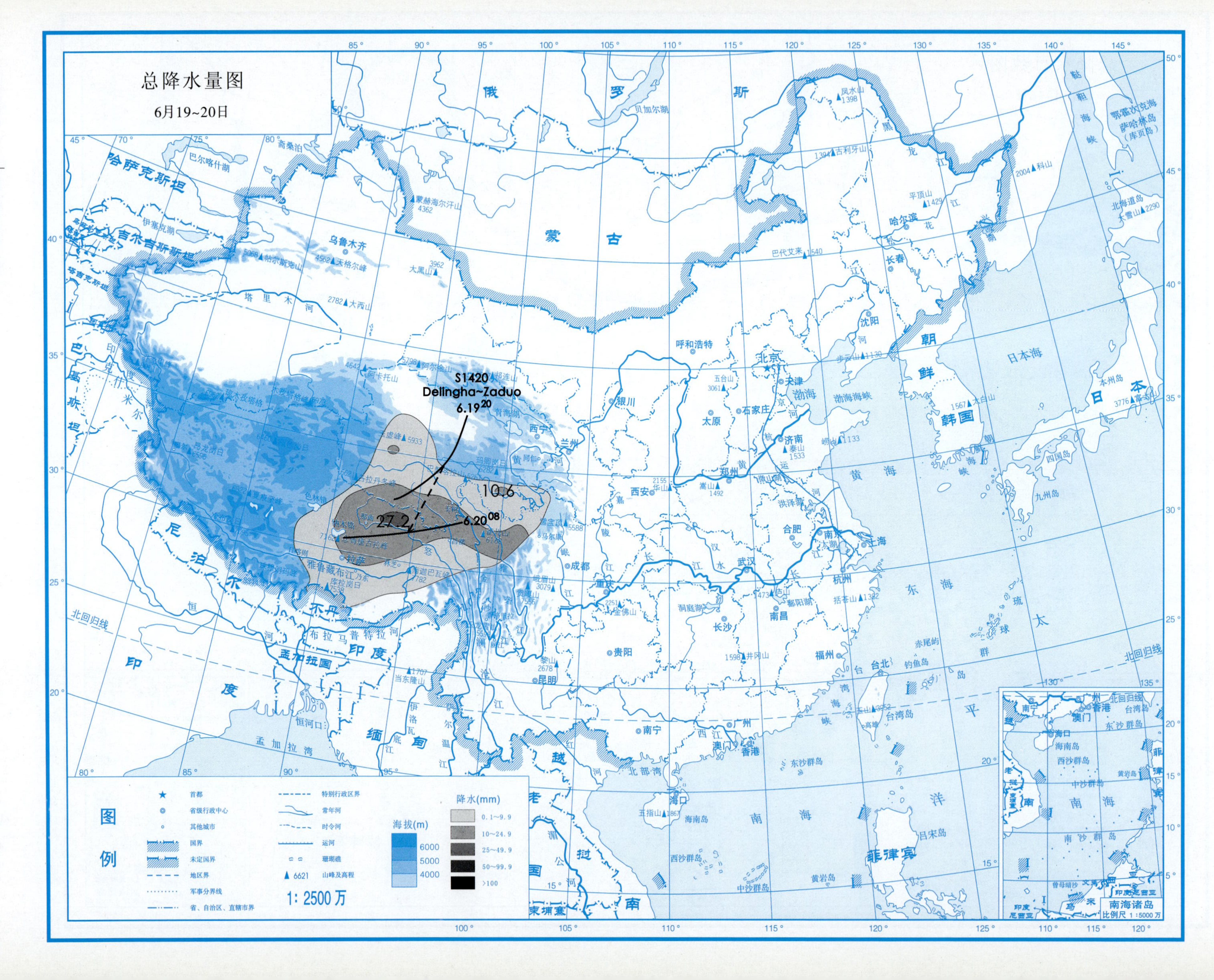
总降水量图
6月19~20日
S1420
Delingha~Zaduo
6.19 20
6.20 08
27.2
10.6
图例
首都
省级行政中心
其他城市
国界
未定国界
地区界
军事分界线
省、自治区、直辖市界
特别行政区界
常年河
时令河
运河
珊瑚礁
山峰及高程
海拔(m)
6000
5000
4000
降水(mm)
0.1~9.9
10~24.9
25~49.9
50~99.9
>100
1: 2500万
南海诸岛
比例尺 1:5000万

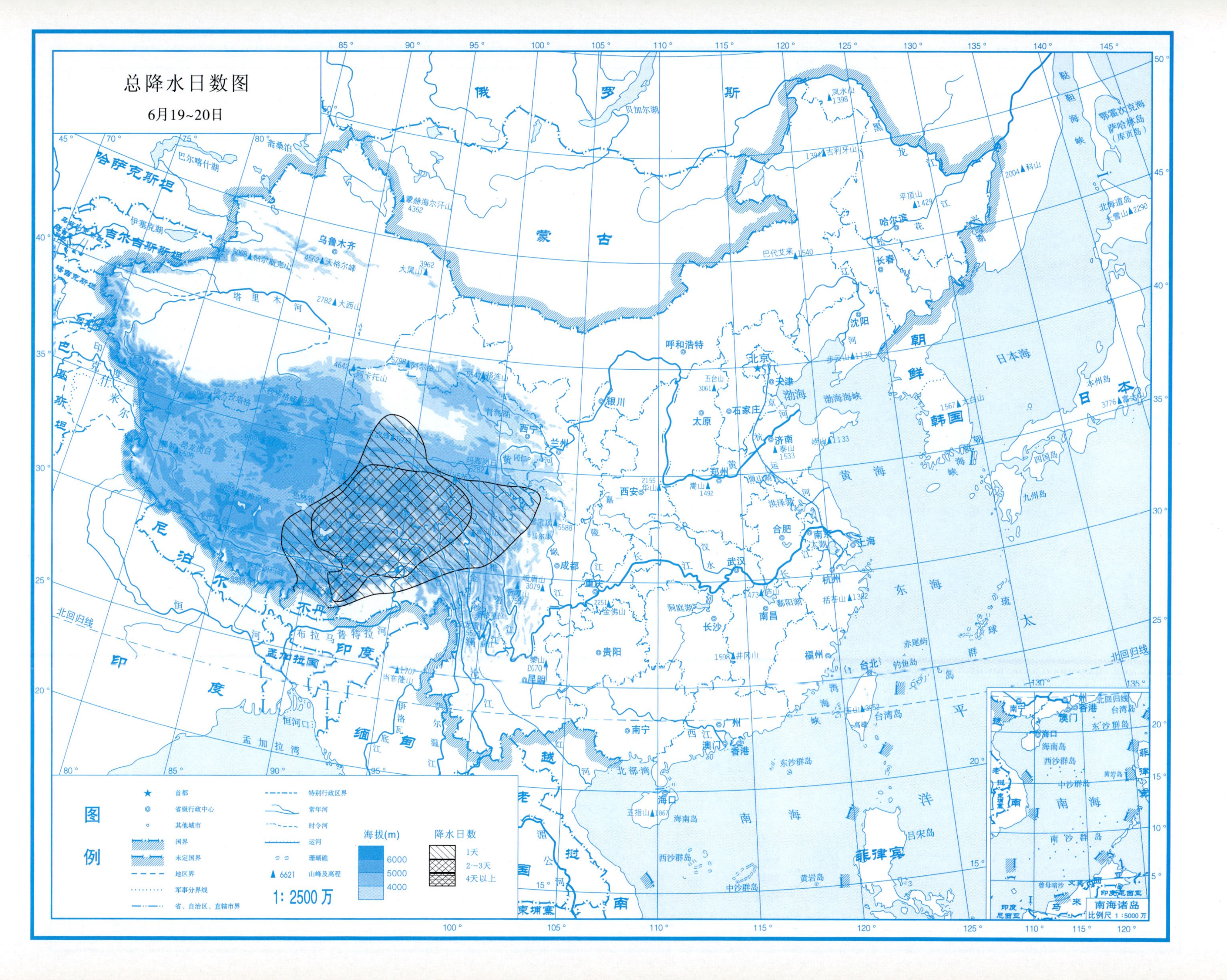
总降水日数图
6月19~20日
图例
首都
省级行政中心
其他城市
国界
未定国界
地区界
军事分界线
省、自治区、直辖市界
特别行政区界
常年河
时令河
运河
珊瑚礁
6621 山峰及高程
1: 2500万
海拔(m)
6000
5000
4000
降水日数
1天
2~3天
4天以上
南海诸岛
比例尺 1:5000万

总降水量图

6月27日

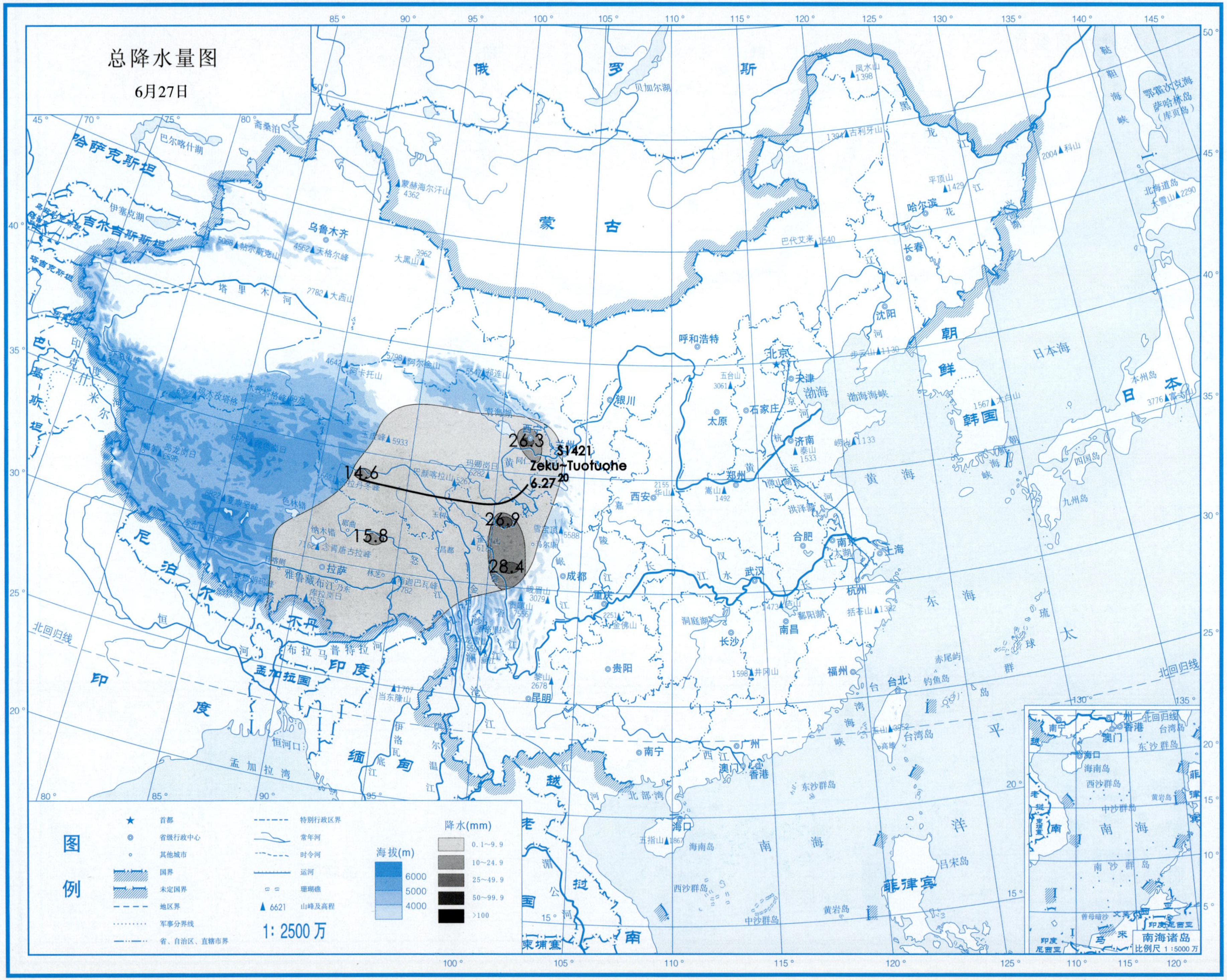
14.6
15.8
26.9
28.4
26.3
S1421
Zeku-Tuotuohe
6.27 20
图例
首都
省级行政中心
其他城市
国界
未定国界
地区界
军事分界线
省、自治区、直辖市界
特别行政区界
常年河
时令河
运河
珊瑚礁
6621 山峰及高程
1: 2500万
海拔(m)
6000
5000
4000
降水(mm)
0.1~9.9
10~24.9
25~49.9
50~99.9
>100
南海诸岛
比例尺 1:5000万

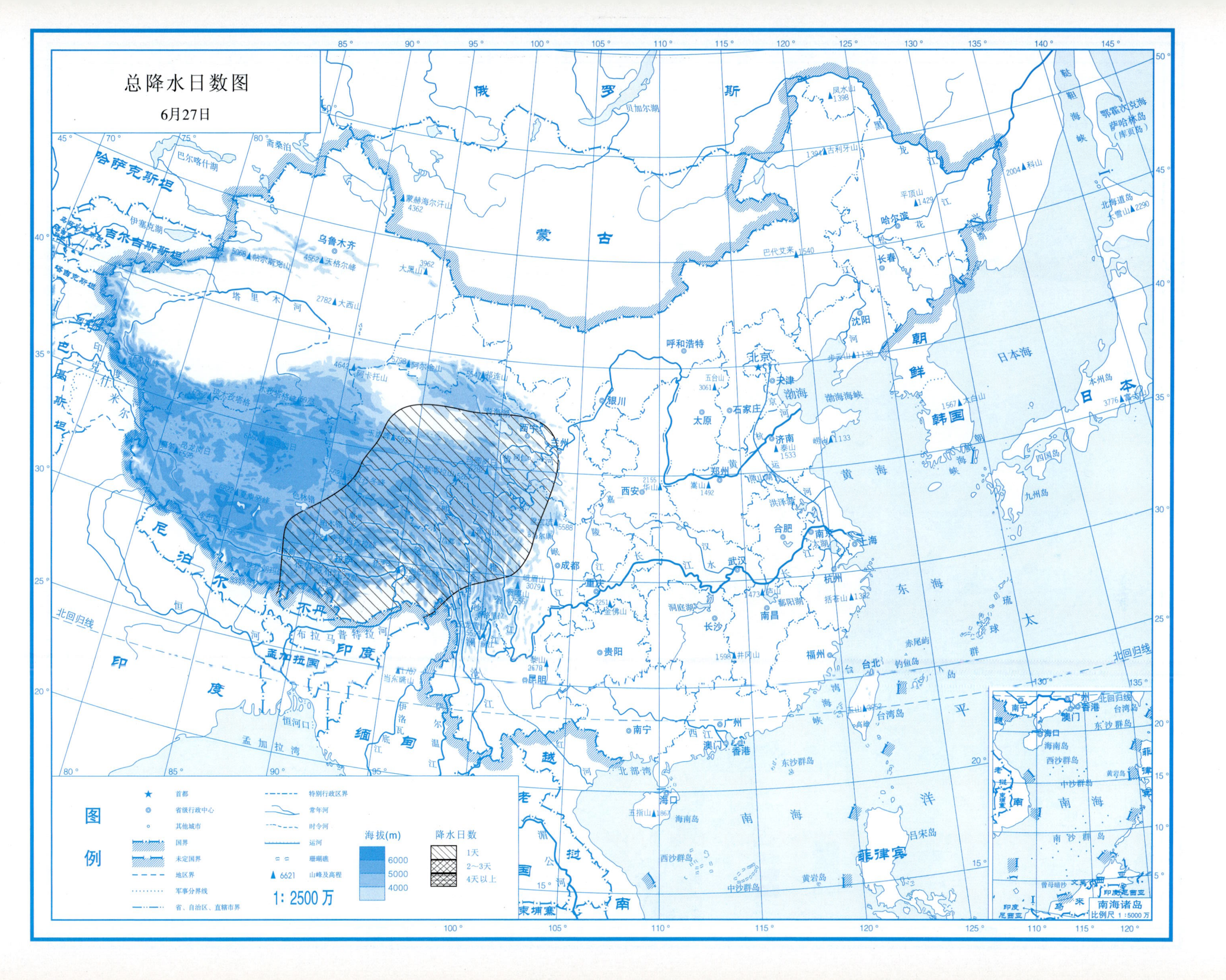
总降水日数图
6月27日
图例
首都
省级行政中心
其他城市
国界
未定国界
地区界
军事分界线
省、自治区、直辖市界
特别行政区界
常年河
时令河
运河
珊瑚礁
6621 山峰及高程
1:2500万
海拔(m)
6000
5000
4000
降水日数
1天
2~3天
4天以上
南海诸岛
比例尺 1:5000万

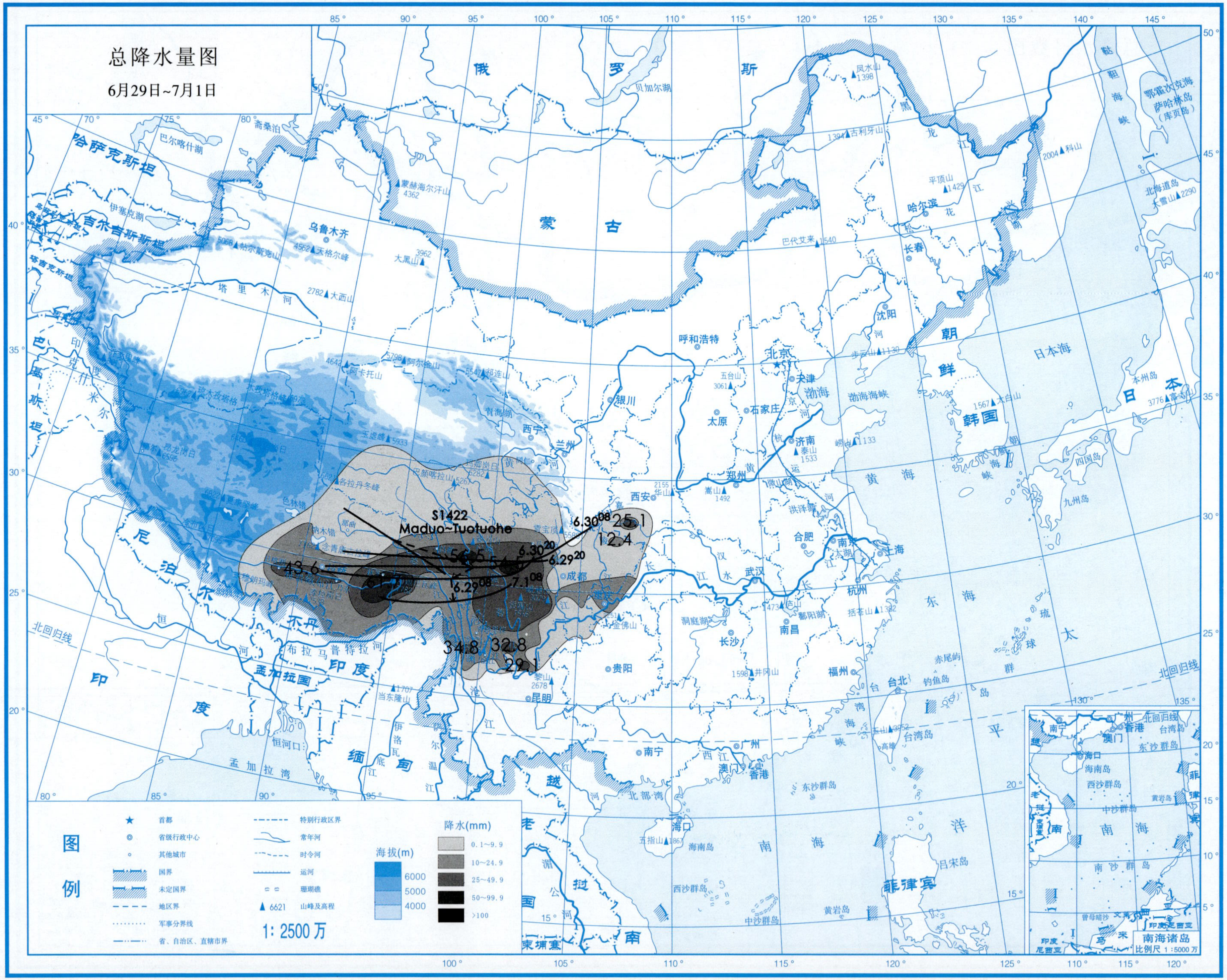
总降水量图
6月29日~7月1日
S1422
Maduo~Tuotuohe
43.6
56.5
54.5
34.8
32.8
29.1
25.1
12.4
6.30^08
6.30^20
6.29^20
6.29^08
7.1^08
图例
首都
省级行政中心
其他城市
国界
未定国界
地区界
军事分界线
省、自治区、直辖市界
特别行政区界
常年河
时令河
运河
珊瑚礁
6621 山峰及高程
1:2500万
海拔(m)
6000
5000
4000
降水(mm)
0.1~9.9
10~24.9
25~49.9
50~99.9
>100
南海诸岛
比例尺 1:5000万

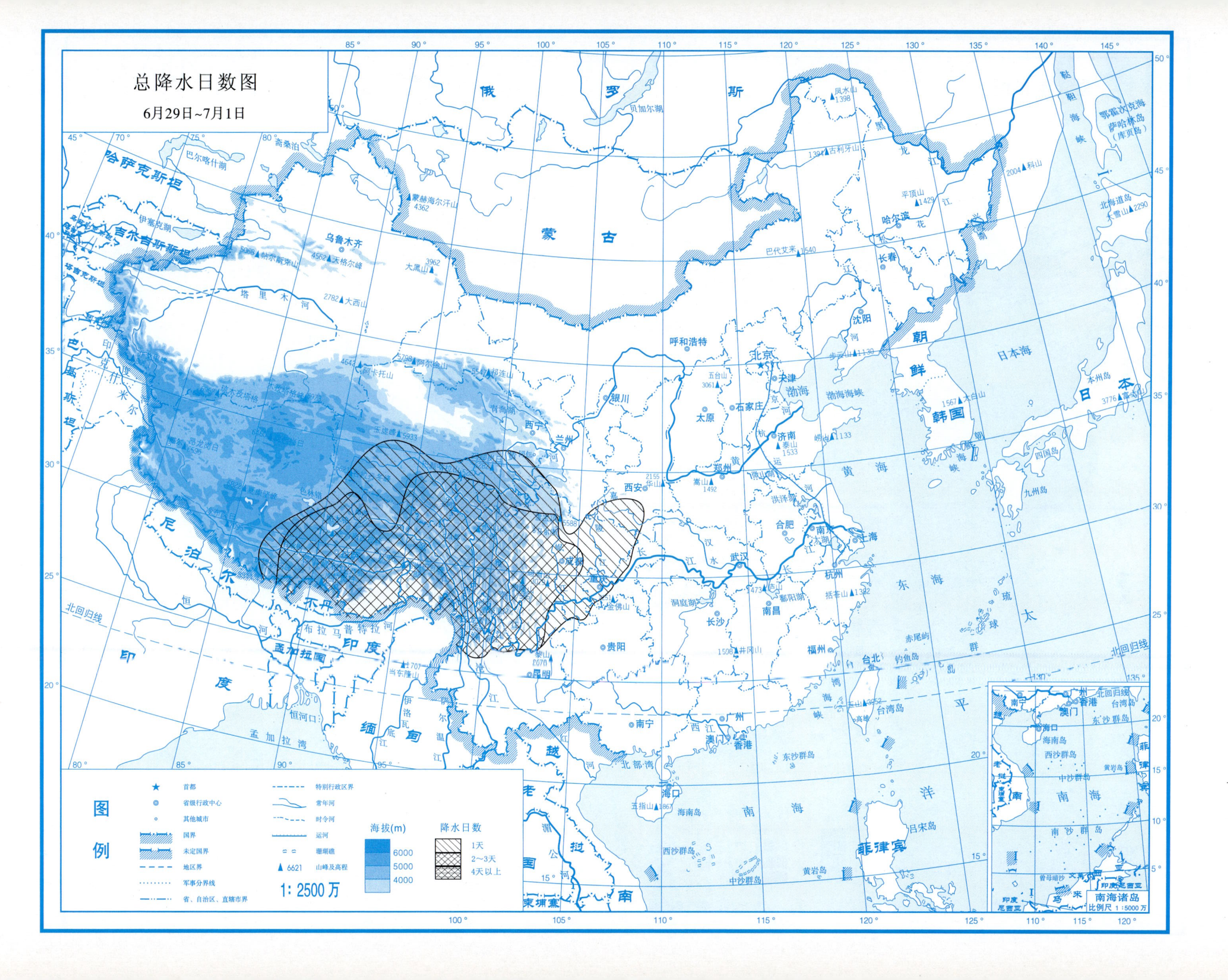
总降水日数图
6月29日~7月1日
图例
首都
省级行政中心
其他城市
国界
未定国界
地区界
军事分界线
省、自治区、直辖市界
特别行政区界
常年河
时令河
运河
珊瑚礁
山峰及高程
海拔(m)
6000
5000
4000
降水日数
1天
2~3天
4天以上
1: 2500万
南海诸岛
比例尺 1:5000万

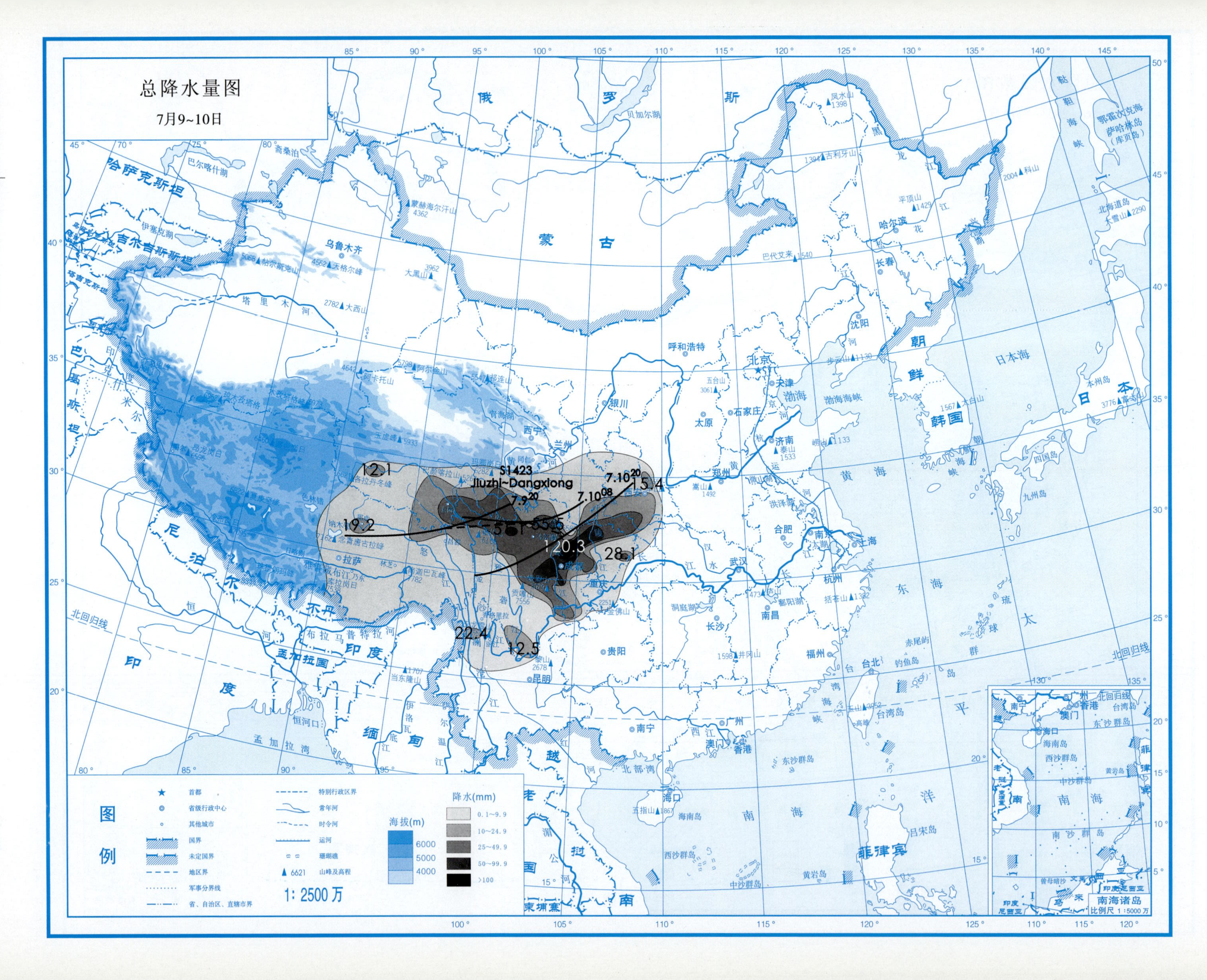
总降水量图
7月9~10日
S1423
Jiuzhi~Dangxiong
7.9²⁰
7.10⁰⁸
7.10²⁰
12.1
19.2
55.6
120.3
28.1
15.4
22.4
12.5
图例
首都
省级行政中心
其他城市
国界
未定国界
地区界
军事分界线
省、自治区、直辖市界
特别行政区界
常年河
时令河
运河
珊瑚礁
山峰及高程
1: 2500万
海拔(m)
6000
5000
4000
降水(mm)
0.1~9.9
10~24.9
25~49.9
50~99.9
>100
南海诸岛
比例尺 1:5000万
俄罗斯
蒙古
哈萨克斯坦
吉尔吉斯斯坦
印度
尼泊尔
不丹
孟加拉国
缅甸
老挝
越南
朝鲜
韩国
日本
菲律宾
北京
天津
石家庄
太原
呼和浩特
沈阳
长春
哈尔滨
济南
郑州
西安
银川
兰州
西宁
拉萨
成都
重庆
贵阳
昆明
南宁
广州
长沙
武汉
南昌
合肥
南京
上海
杭州
福州
台北
海口
澳门
香港
乌鲁木齐
日本海
黄海
东海
南海
太平洋
北回归线

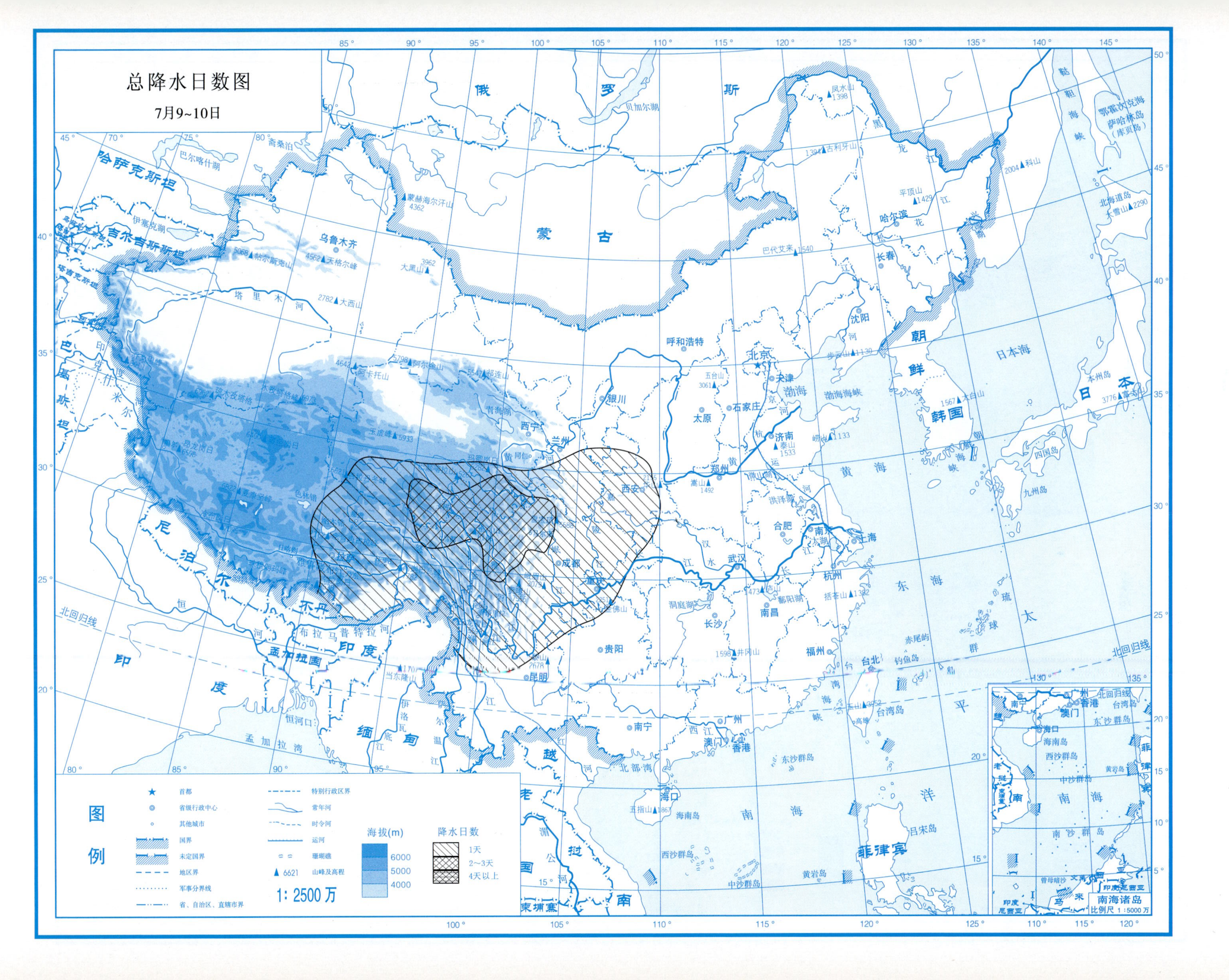
总降水日数图
7月9~10日
图例
首都
省级行政中心
其他城市
国界
未定国界
地区界
军事分界线
省、自治区、直辖市界
特别行政区界
常年河
时令河
运河
珊瑚礁
6621 山峰及高程
1: 2500万
海拔(m)
6000
5000
4000
降水日数
1天
2~3天
4天以上
南海诸岛
比例尺 1:5000万

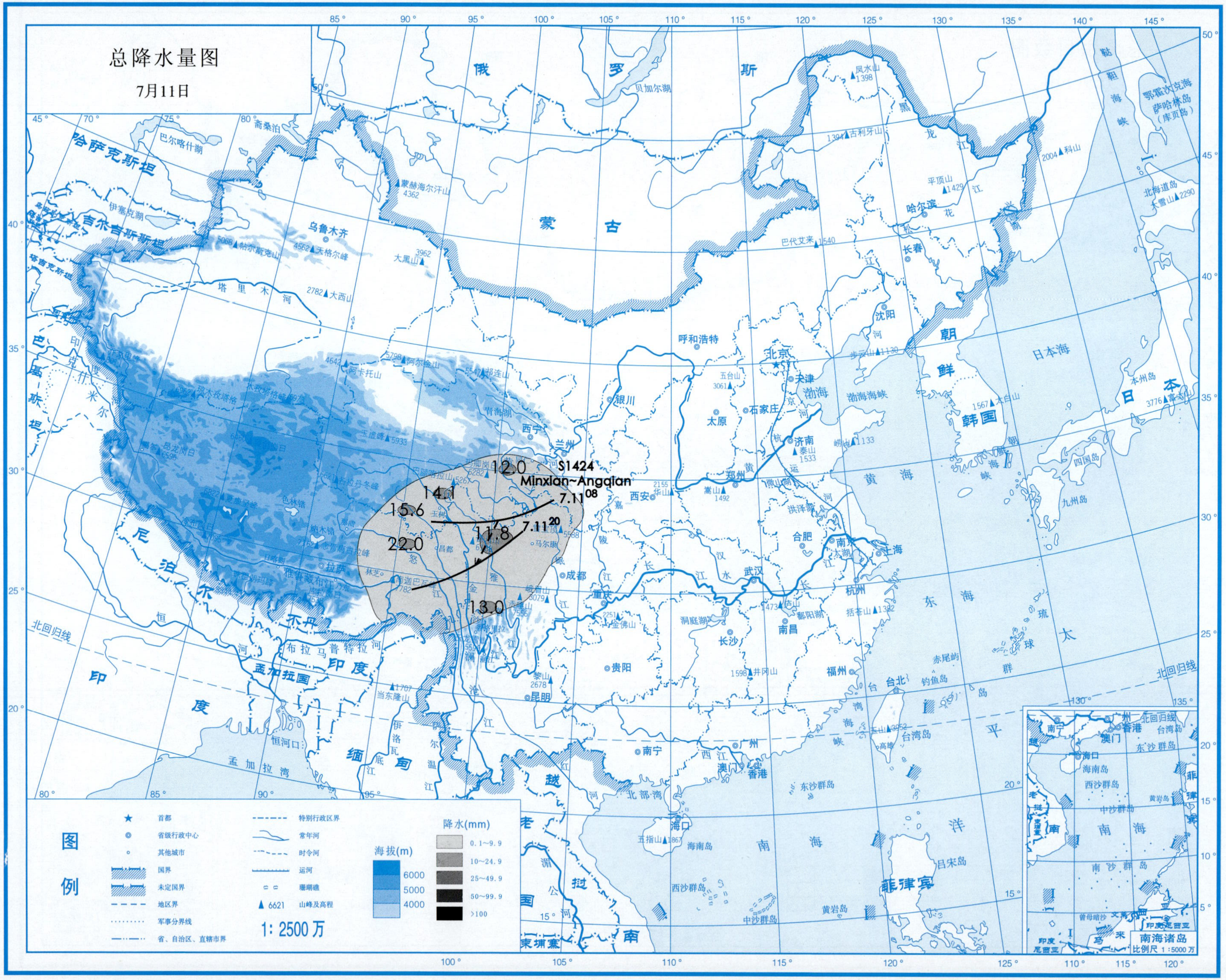
总降水量图
7月11日
S1424
Minxian-Angqian
7.11[08]
7.11[20]
12.0
14.1
15.6
22.0
11.8
13.0
图例
首都
省级行政中心
其他城市
国界
未定国界
地区界
军事分界线
省、自治区、直辖市界
特别行政区界
常年河
时令河
运河
珊瑚礁
▲6621 山峰及高程
海拔(m)
6000
5000
4000
降水(mm)
0.1~9.9
10~24.9
25~49.9
50~99.9
>100
1: 2500万
南海诸岛
比例尺 1:5000万
俄 罗 斯
蒙 古
哈萨克斯坦
吉尔吉斯斯坦
印 度
尼泊尔
不丹
孟加拉国
缅 甸
越 南
老挝
菲律宾
朝 鲜
韩国
日 本
日本海
黄 海
东 海
南 海
太 平 洋
北回归线

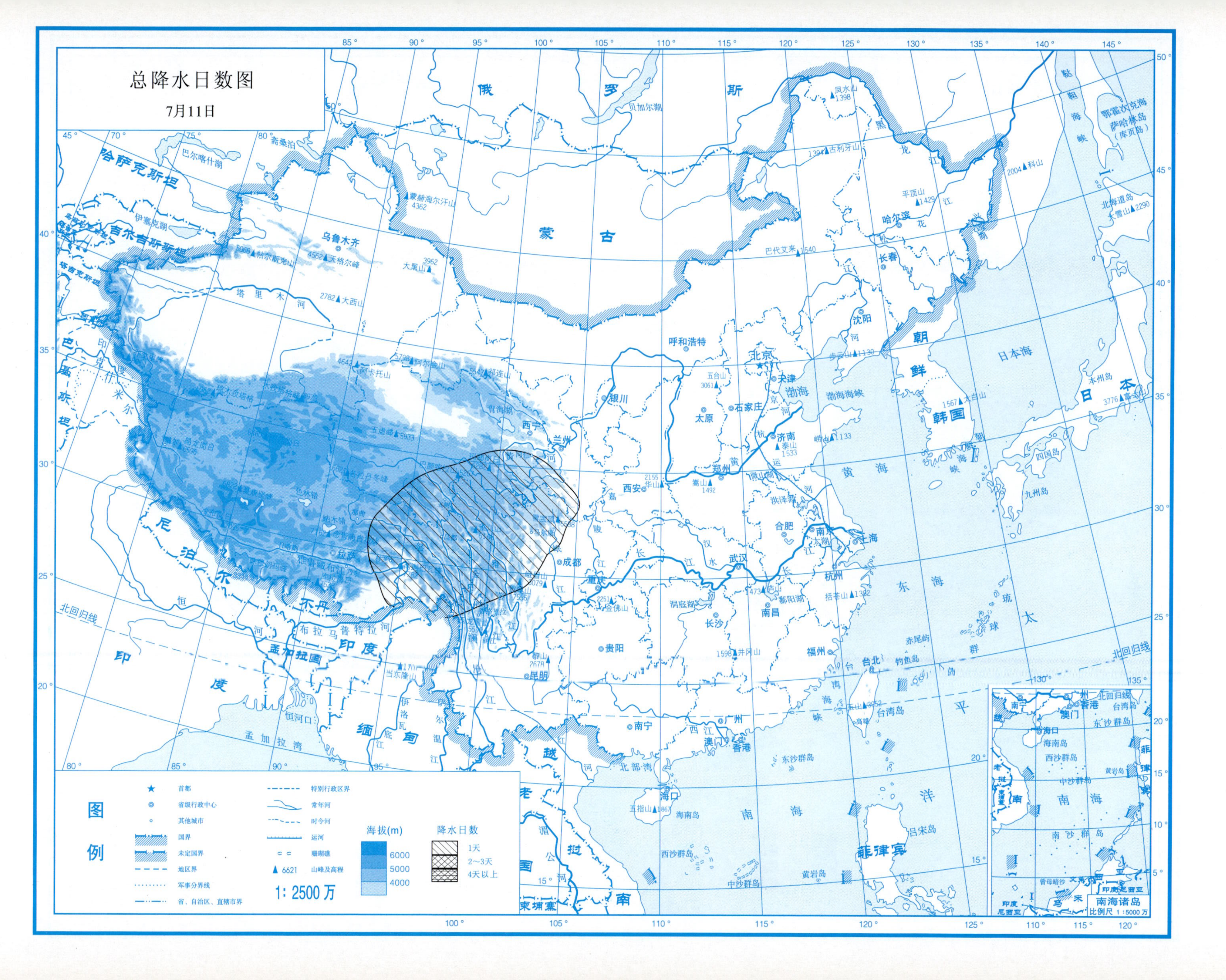
总降水日数图
7月11日
图例
首都
省级行政中心
其他城市
国界
未定国界
地区界
军事分界线
省、自治区、直辖市界
特别行政区界
常年河
时令河
运河
珊瑚礁
6621 山峰及高程
1:2500万
海拔(m)
6000
5000
4000
降水日数
1天
2~3天
4天以上
南海诸岛
比例尺 1:5000万

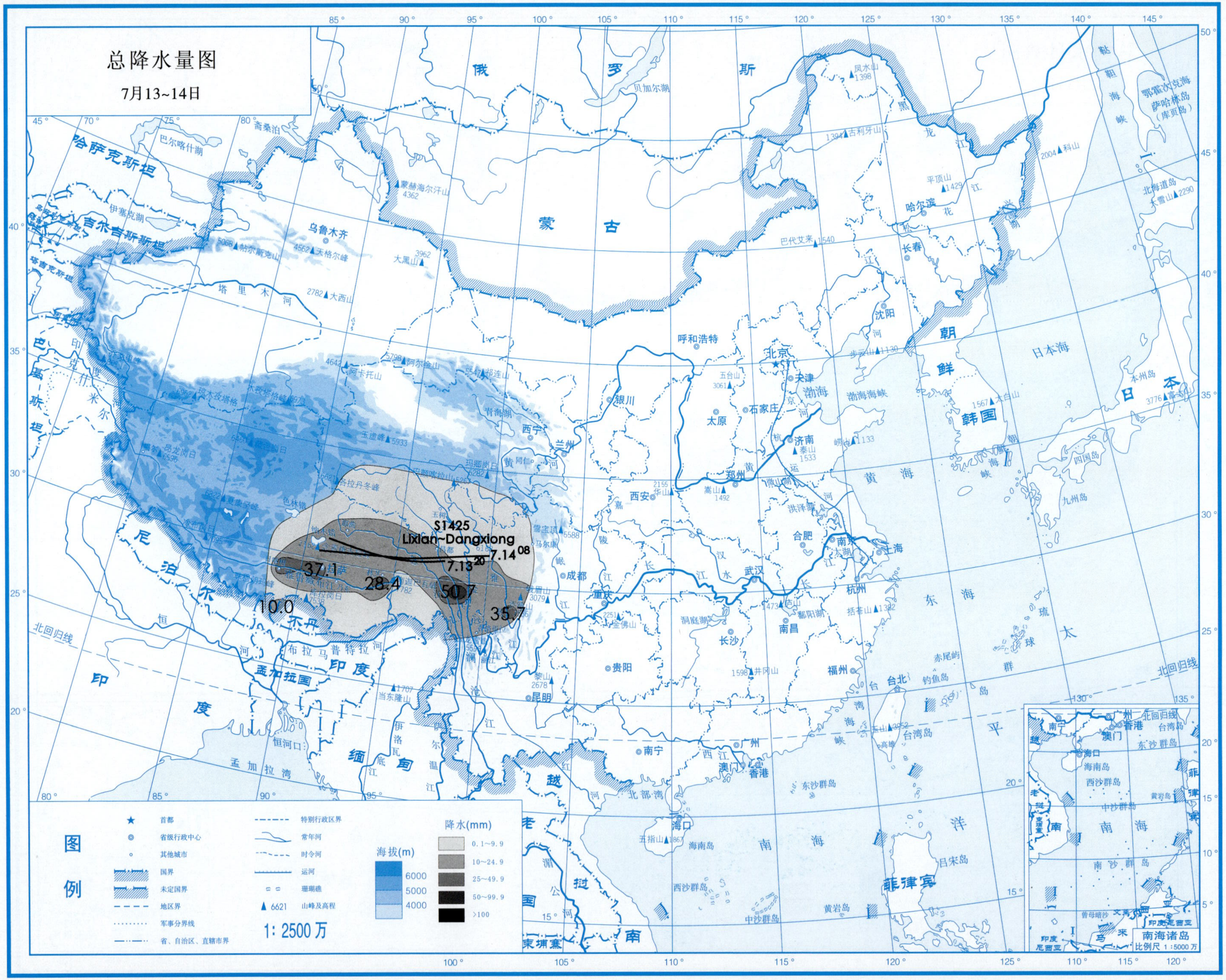
总降水量图
7月13~14日
S1425
Lixian~Dangxiong
7.13^20
7.14^08
37.1
28.4
50.7
35.7
10.0
图例
首都
省级行政中心
其他城市
国界
未定国界
地区界
军事分界线
省、自治区、直辖市界
特别行政区界
常年河
时令河
运河
珊瑚礁
6621 山峰及高程
1: 2500 万
海拔(m)
6000
5000
4000
降水(mm)
0.1~9.9
10~24.9
25~49.9
50~99.9
>100
南海诸岛
比例尺 1:5000 万

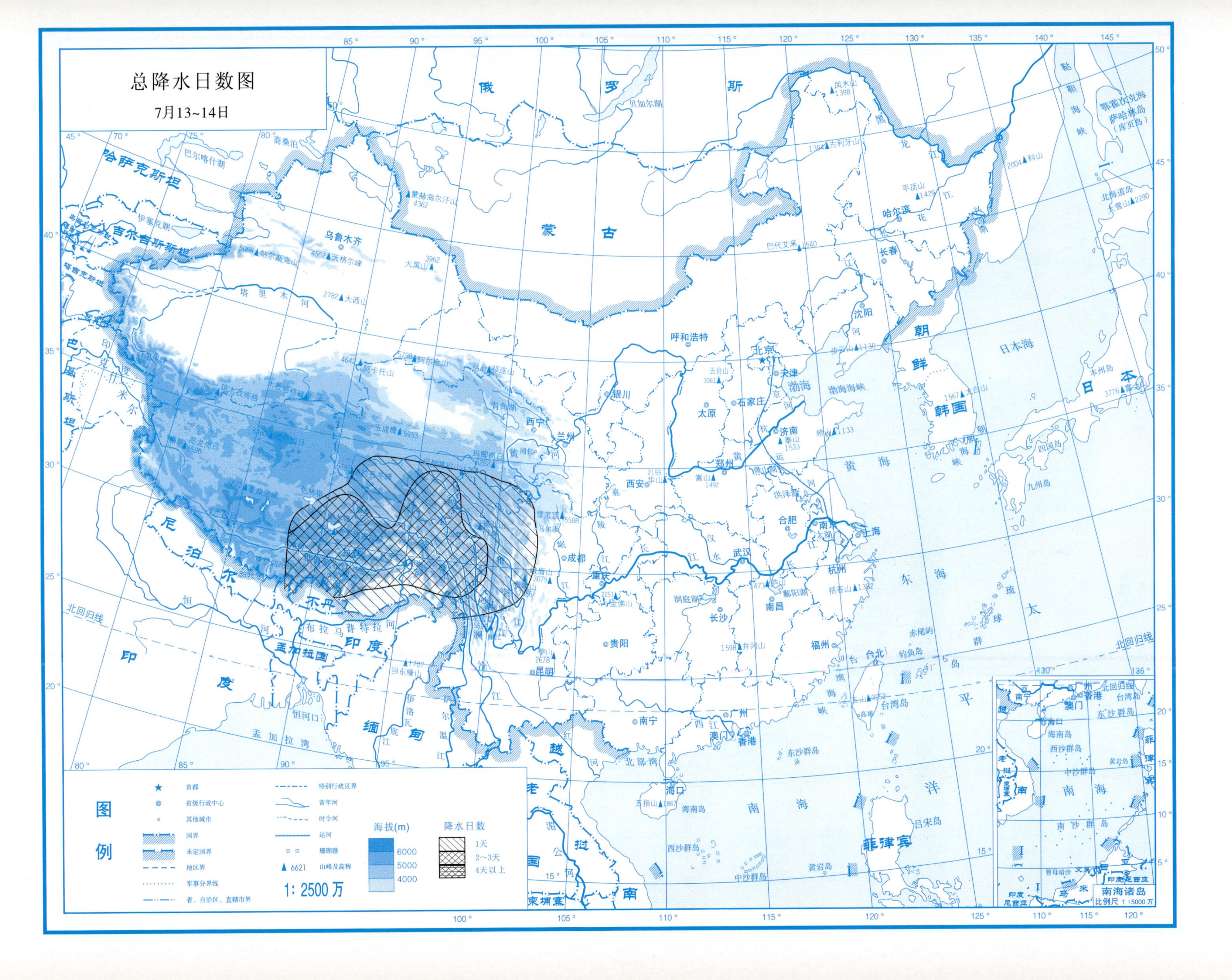
总降水日数图
7月13~14日
图例
首都
省级行政中心
其他城市
国界
未定国界
地区界
军事分界线
省、自治区、直辖市界
特别行政区界
常年河
时令河
运河
珊瑚礁
山峰及高程
海拔(m)
6000
5000
4000
降水日数
1天
2~3天
4天以上
1: 2500万

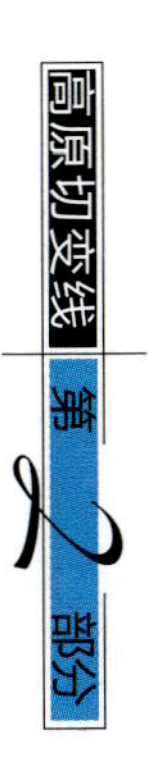
高原切变线
第2部分

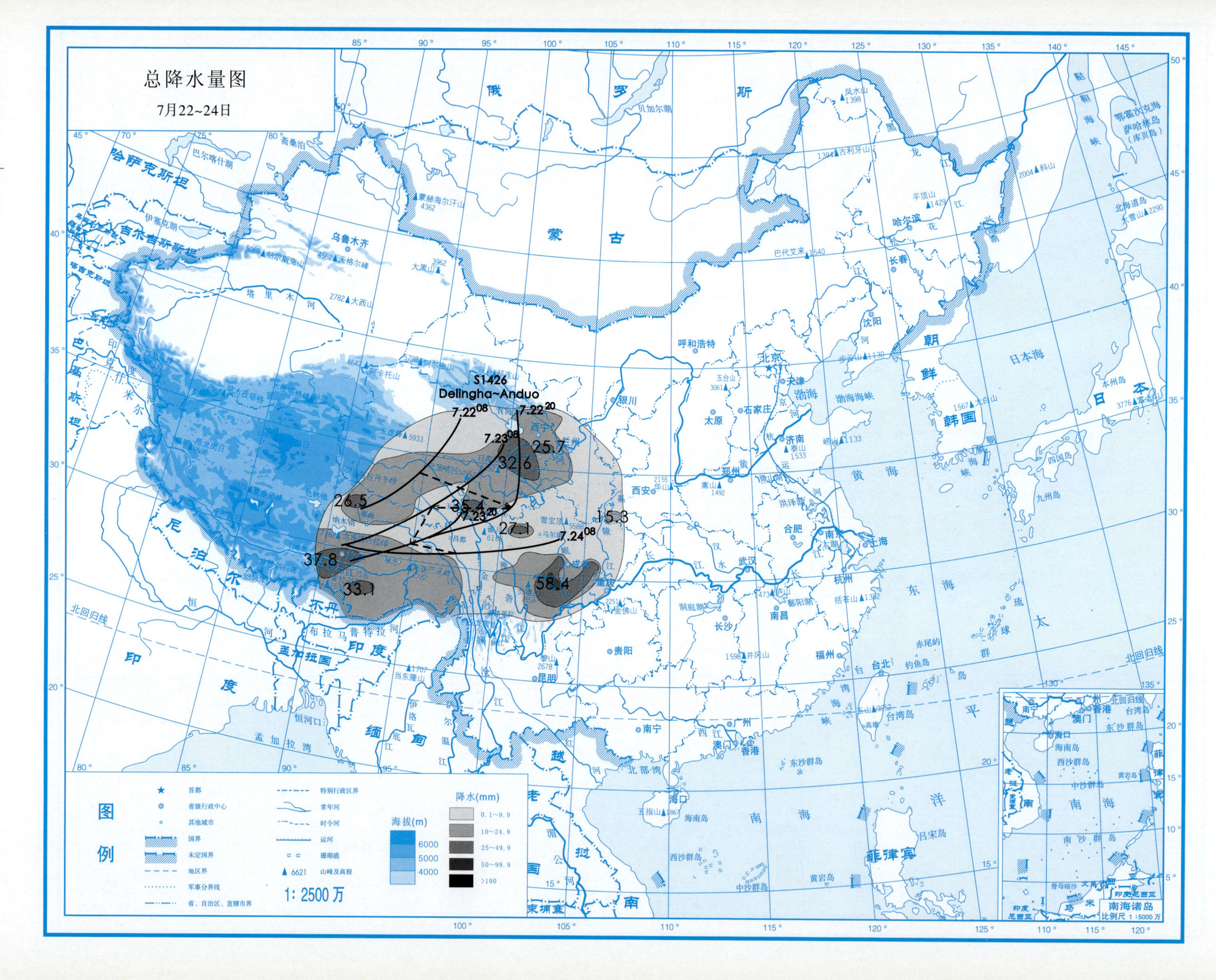
总降水量图
7月22~24日
S1426
Delingha~Anduo
7.22 08
7.22 20
7.23 08
7.23 20
7.24 08
37.8
33.1
26.5
35.4
32.6
25.7
27.1
58.4
15.3
图例
首都
省级行政中心
其他城市
国界
未定国界
地区界
军事分界线
省、自治区、直辖市界
特别行政区界
常年河
时令河
运河
珊瑚礁
6621 山峰及高程
1: 2500 万
海拔(m)
6000
5000
4000
降水(mm)
0.1~9.9
10~24.9
25~49.9
50~99.9
>100
南海诸岛
比例尺 1:5000 万

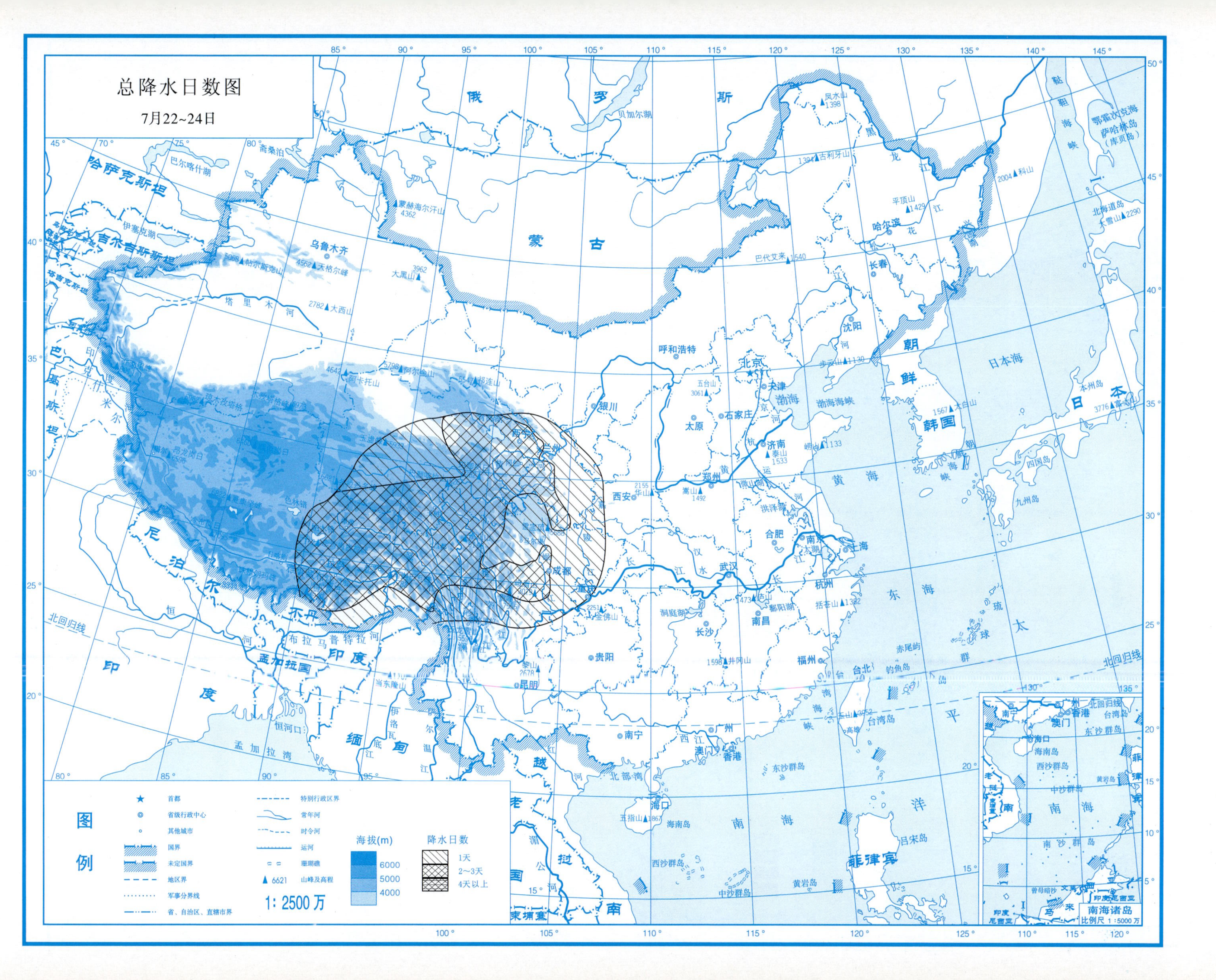
总降水日数图
7月22~24日
图例
首都
省级行政中心
其他城市
国界
未定国界
地区界
军事分界线
省、自治区、直辖市界
特别行政区界
常年河
时令河
运河
珊瑚礁
山峰及高程
海拔(m)
6000
5000
4000
降水日数
1天
2~3天
4天以上
1: 2500万
南海诸岛
比例尺 1:5000万

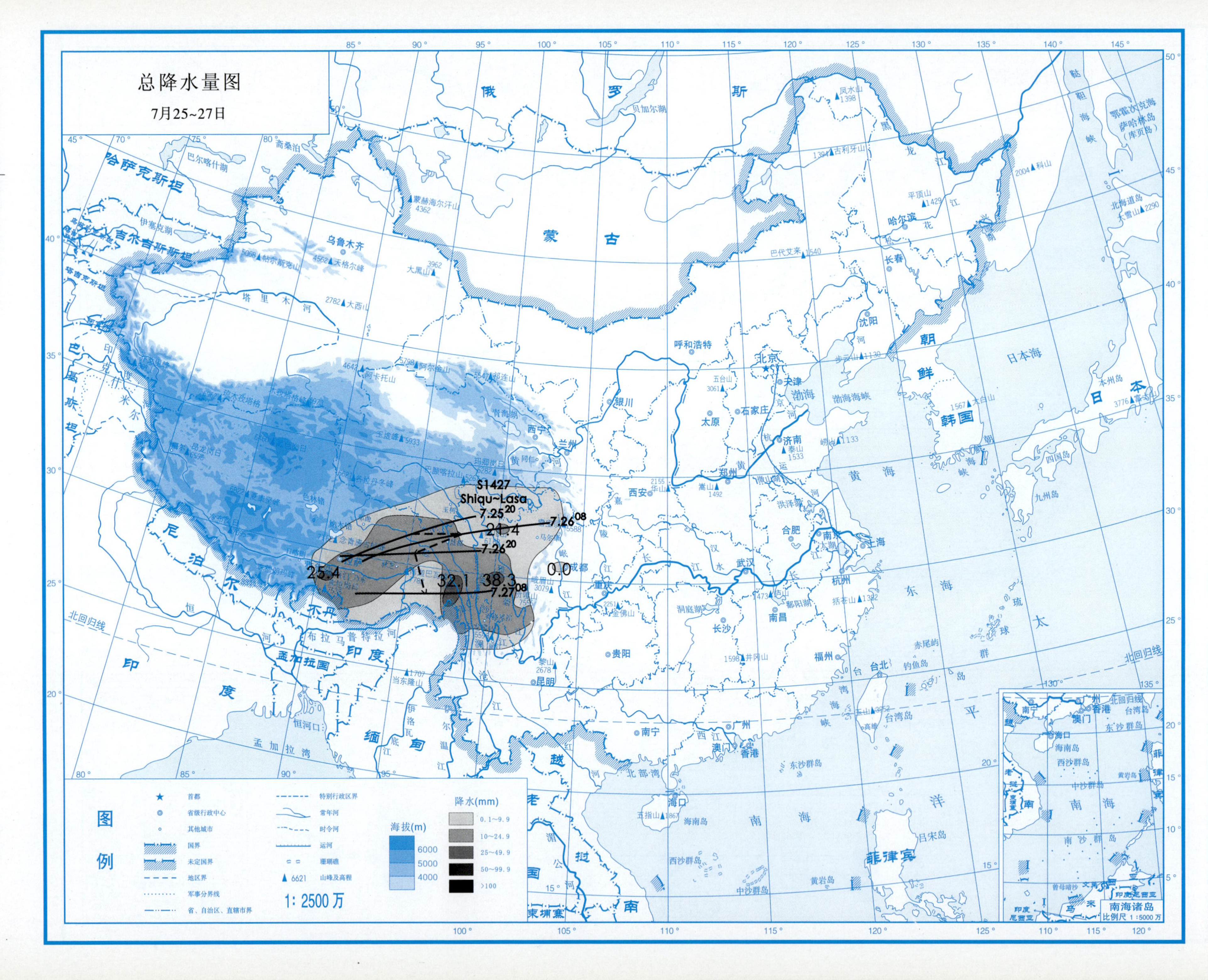
总降水量图
7月25~27日
S1427
Shiqu~Lasa
7.25[20]
7.26[08]
7.26[20]
7.27[08]
25.4
21.4
32.1
38.3
0.0
图例
首都
省级行政中心
其他城市
国界
未定国界
地区界
军事分界线
省、自治区、直辖市界
特别行政区界
常年河
时令河
运河
珊瑚礁
6621 山峰及高程
1: 2500 万
海拔(m)
6000
5000
4000
降水(mm)
0.1~9.9
10~24.9
25~49.9
50~99.9
>100
南海诸岛
比例尺 1:5000 万

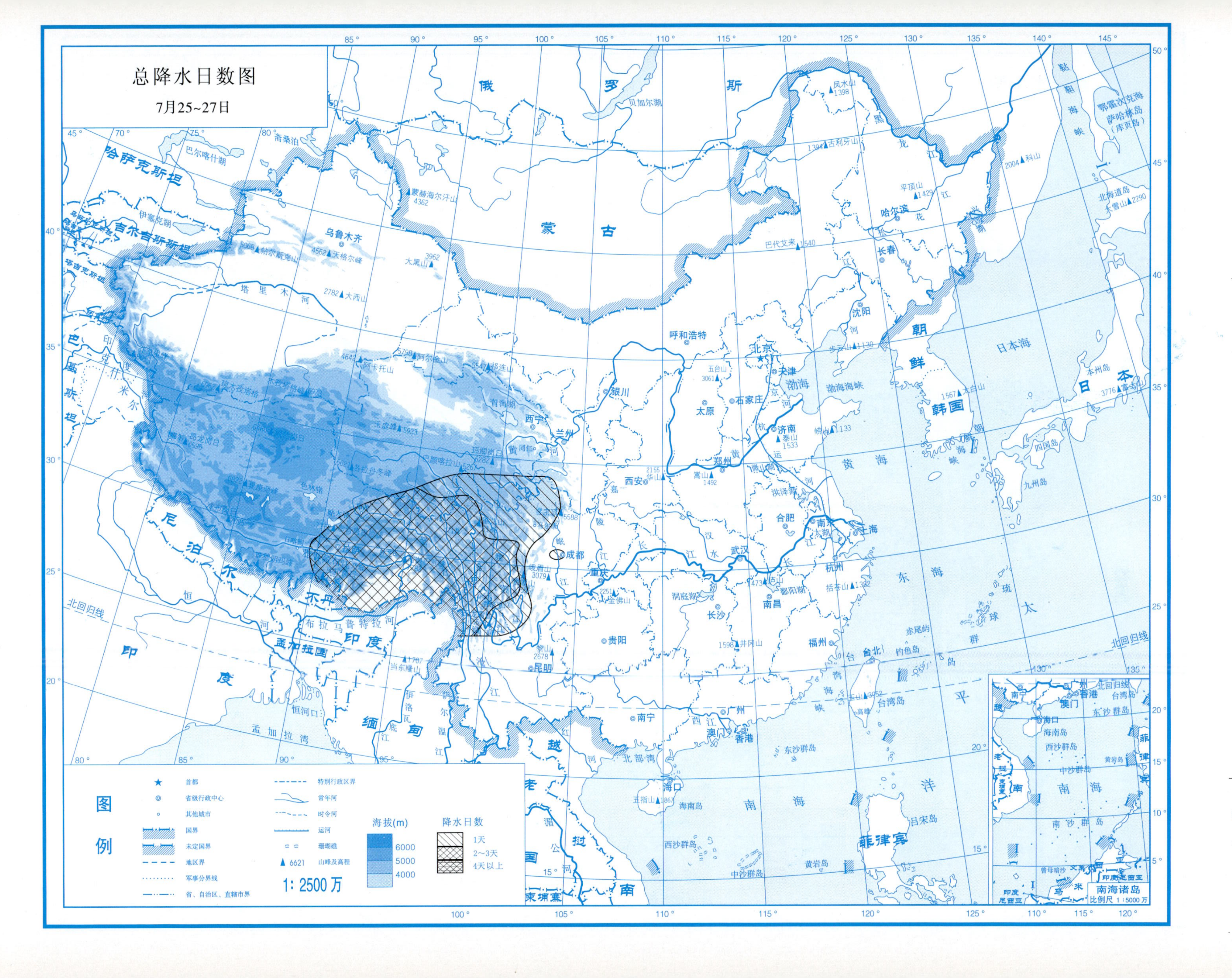
总降水日数图
7月25~27日
图例
首都
省级行政中心
其他城市
国界
未定国界
地区界
军事分界线
省、自治区、直辖市界
特别行政区界
常年河
时令河
运河
珊瑚礁
6621 山峰及高程
海拔(m)
6000
5000
4000
降水日数
1天
2~3天
4天以上
1:2500万
南海诸岛
比例尺 1:5000万

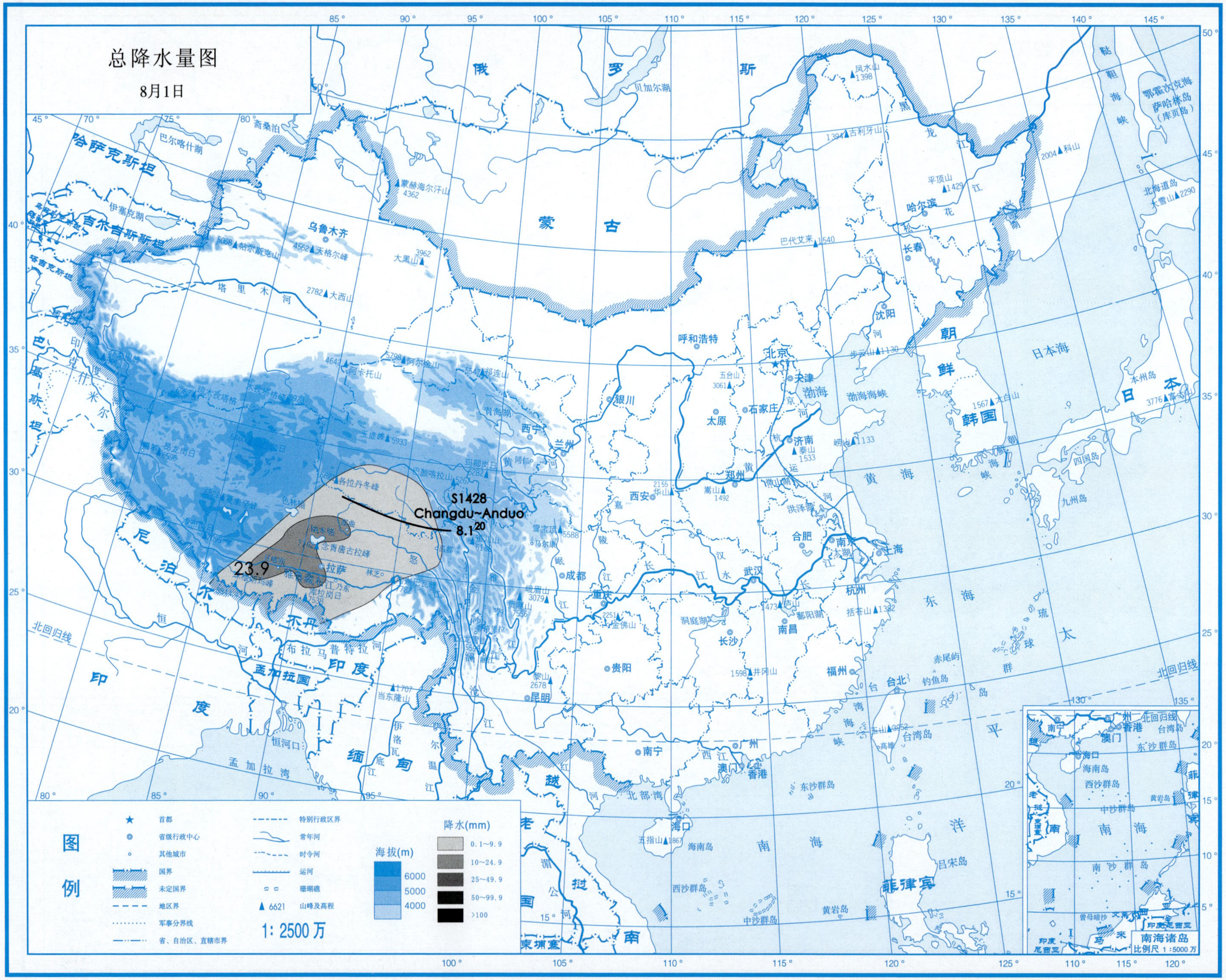
总降水量图
8月1日
23.9
S1428
Changdu~Anduo
8.1^20
图例
首都
省级行政中心
其他城市
国界
未定国界
地区界
军事分界线
省、自治区、直辖市界
特别行政区界
常年河
时令河
运河
珊瑚礁
6621 山峰及高程
1: 2500万
海拔(m)
6000
5000
4000
降水(mm)
0.1~9.9
10~24.9
25~49.9
50~99.9
>100
南海诸岛
比例尺 1:5000万

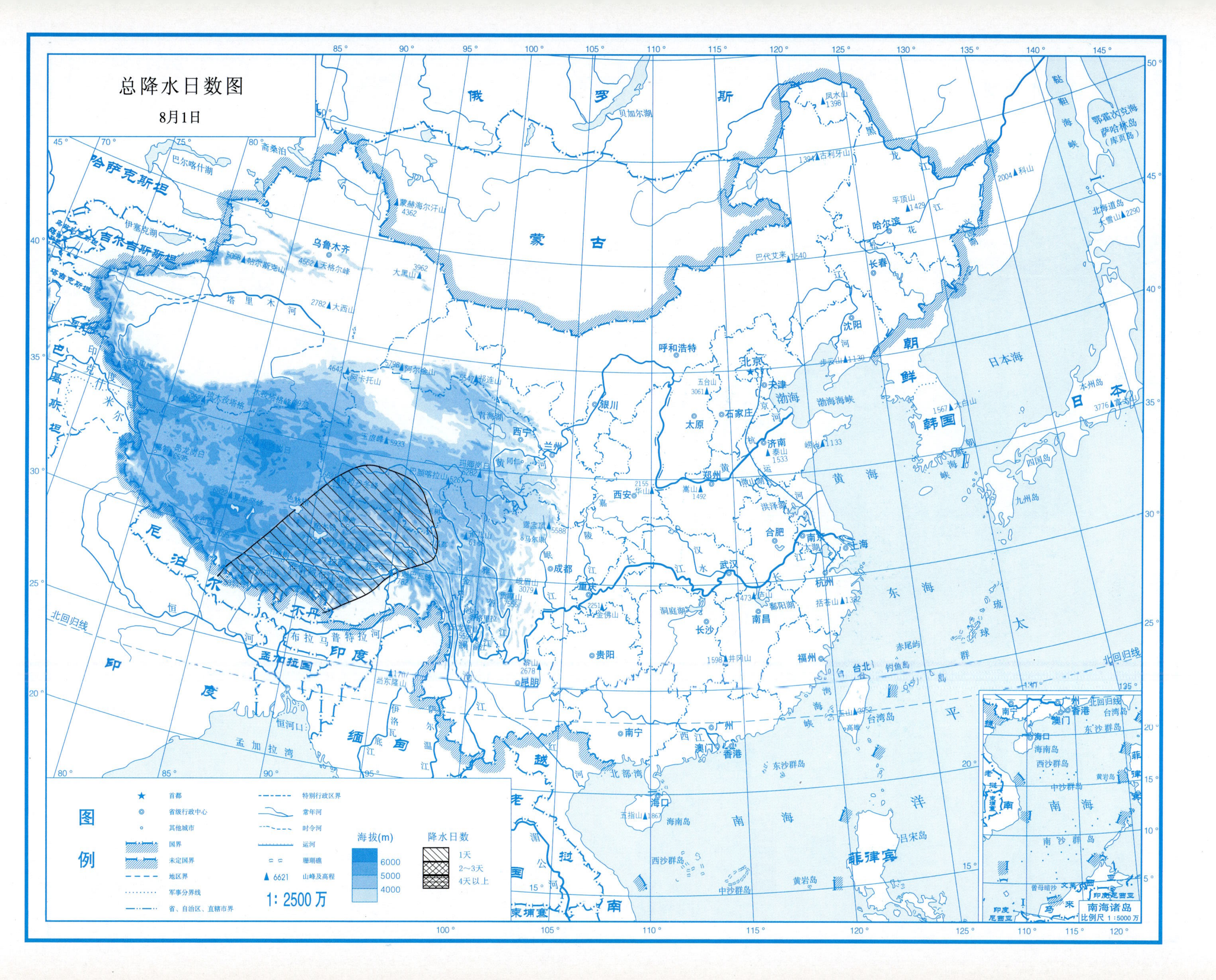
总降水日数图
8月1日
图例
首都
省级行政中心
其他城市
国界
未定国界
地区界
军事分界线
省、自治区、直辖市界
特别行政区界
常年河
时令河
运河
珊瑚礁
6621 山峰及高程
1: 2500万
海拔(m)
6000
5000
4000
降水日数
1天
2~3天
4天以上
南海诸岛
比例尺 1:5000万

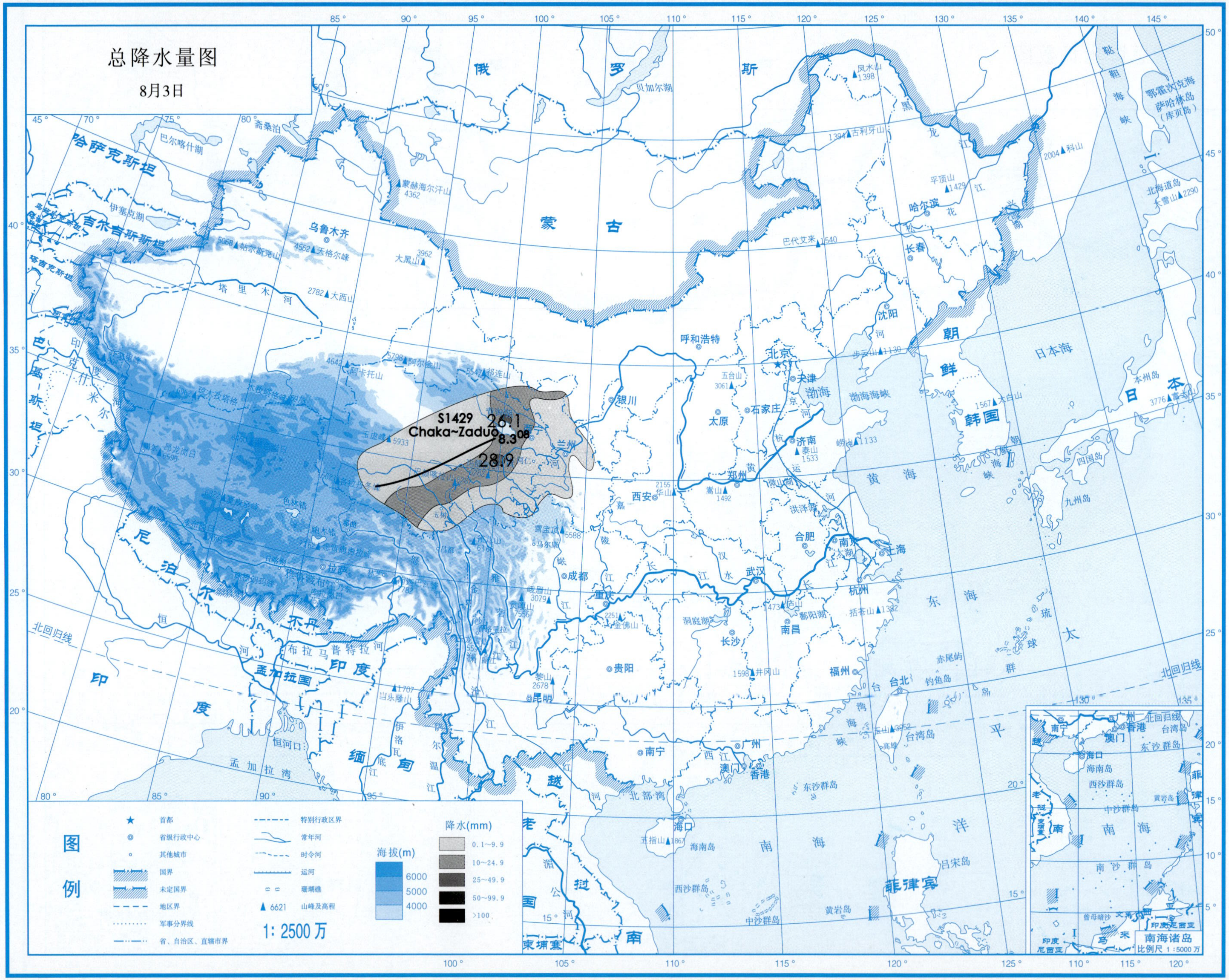
总降水量图
8月3日
S1429
Chaka~Zaduo
26.1
8.3 08
28.9
图例
首都
省级行政中心
其他城市
国界
未定国界
地区界
军事分界线
省、自治区、直辖市界
特别行政区界
常年河
时令河
运河
珊瑚礁
6621 山峰及高程
1: 2500 万
海拔(m)
6000
5000
4000
降水(mm)
0.1~9.9
10~24.9
25~49.9
50~99.9
>100
南海诸岛
比例尺 1:5000 万

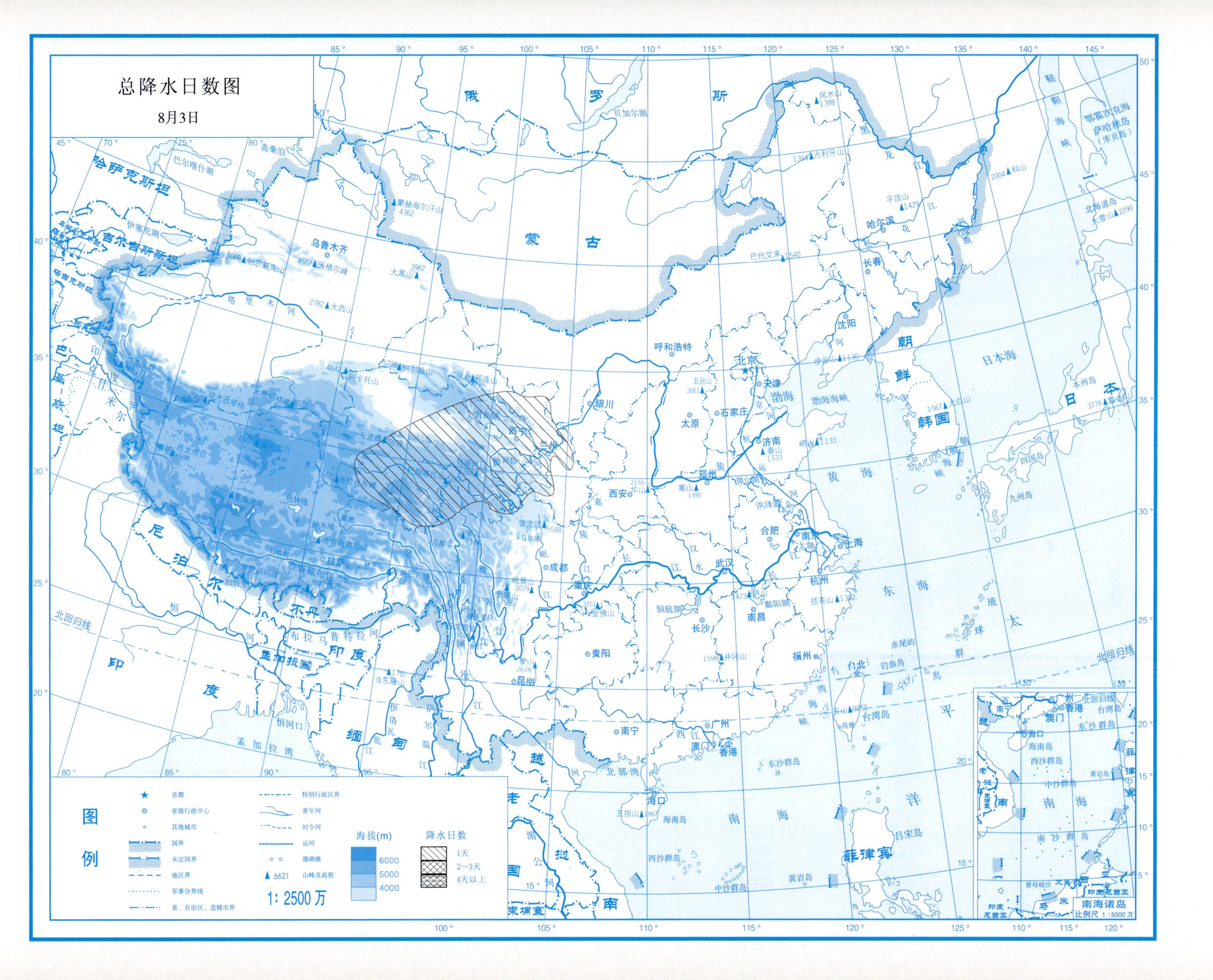
总降水日数图
8月3日
图例
首都
省级行政中心
其他城市
国界
未定国界
地区界
军事分界线
省、自治区、直辖市界
特别行政区界
常年河
时令河
运河
珊瑚礁
山峰及高程
海拔(m)
6000
5000
4000
降水日数
1天
2~3天
4天以上
1: 2500万
南海诸岛
比例尺 1:5000万

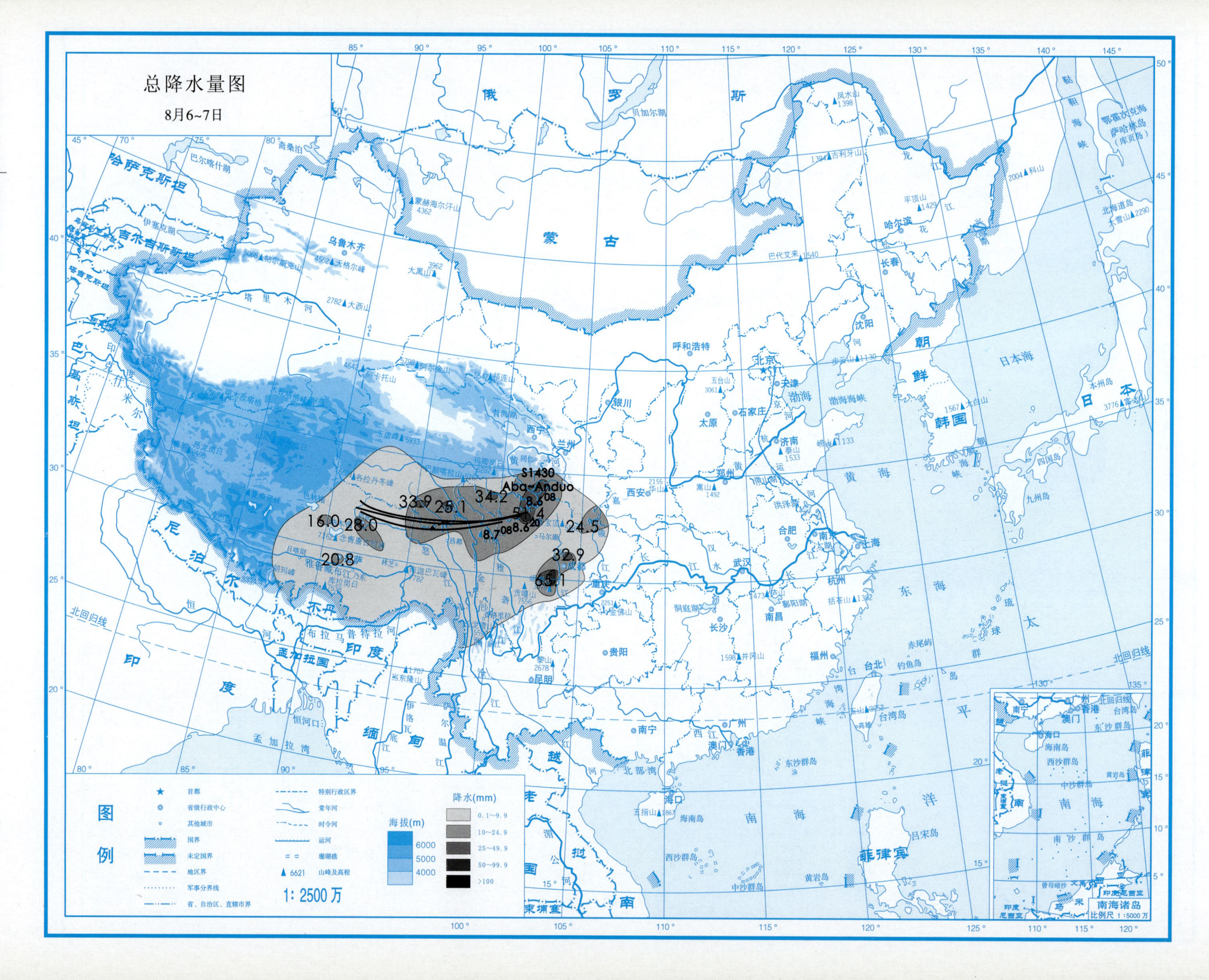
总降水量图
8月6~7日
16.0
28.0
20.8
33.9
25.1
34.2
S1430
Aba-Anduo
8.6
08
8.7
8.6
20
24.5
32.9
65.1
图例
首都
省级行政中心
其他城市
国界
未定国界
地区界
军事分界线
省、自治区、直辖市界
特别行政区界
常年河
时令河
运河
珊瑚礁
6621 山峰及高程
1：2500万
海拔(m)
6000
5000
4000
降水(mm)
0.1~9.9
10~24.9
25~49.9
50~99.9
>100
南海诸岛
比例尺 1：5000万

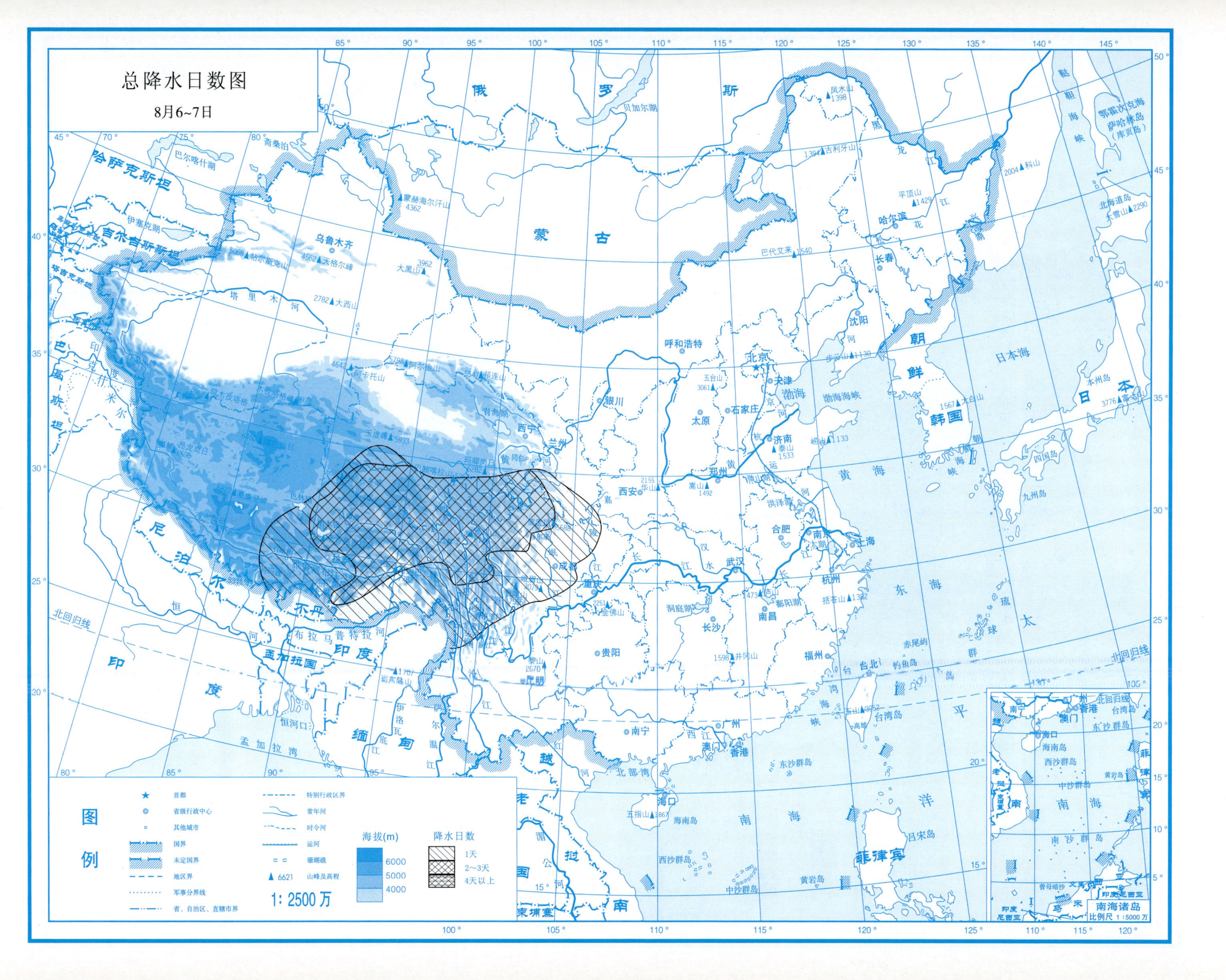
总降水日数图
8月6~7日
图例
首都
省级行政中心
其他城市
国界
未定国界
地区界
军事分界线
省、自治区、直辖市界
特别行政区界
常年河
时令河
运河
珊瑚礁
山峰及高程
海拔(m)
6000
5000
4000
降水日数
1天
2~3天
4天以上
1: 2500万
南海诸岛
比例尺 1:5000万

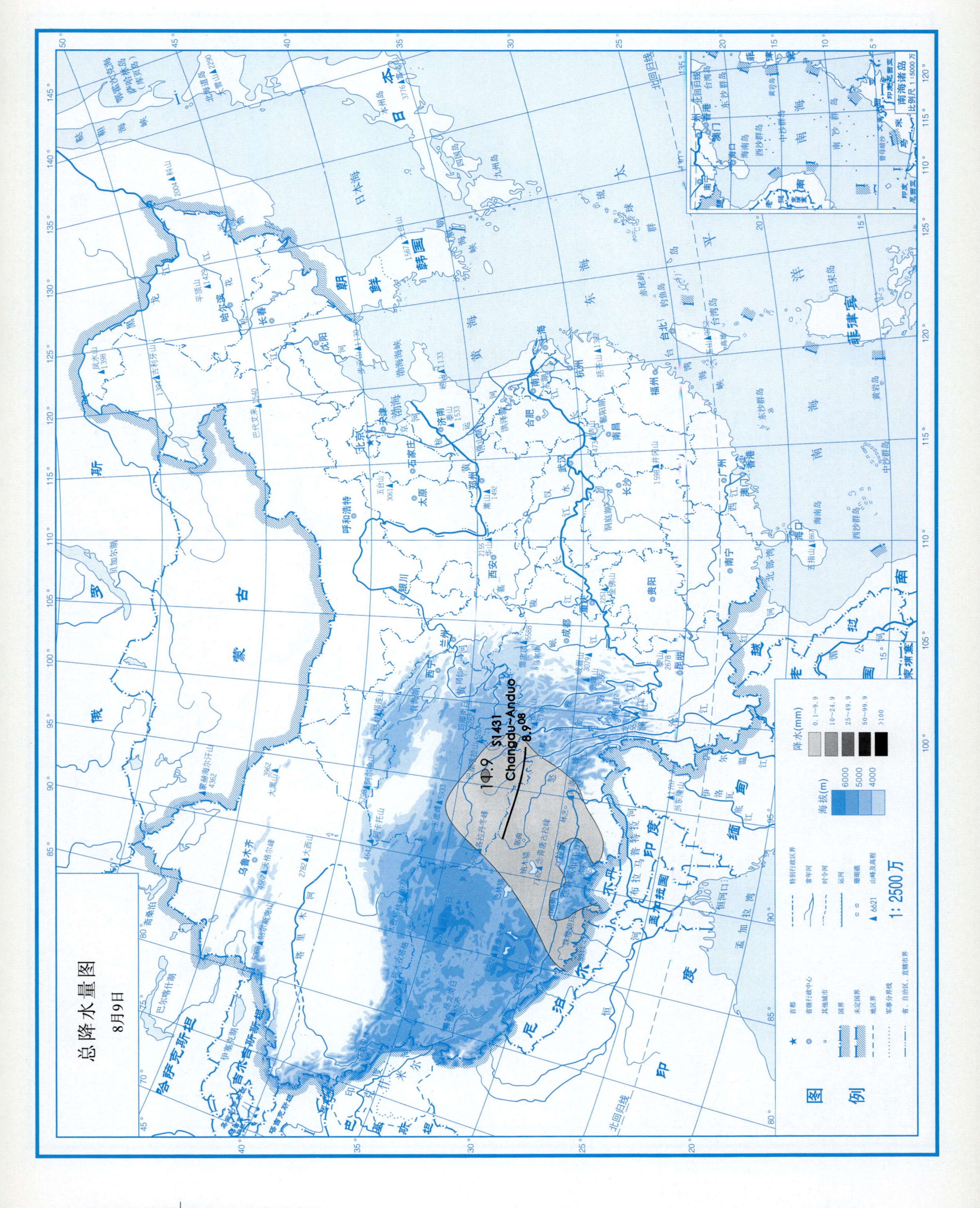

总降水量图
8月9日
14.9
S1431
Changdu-Anduo
8.9 08
图例
首都
省级行政中心
其他城市
国界
未定国界
地区界
军事分界线
省、自治区、直辖市界
特别行政区界
常年河
时令河
运河
珊瑚礁
山峰及高程
1: 2500万
海拔(m)
6000
5000
4000
降水(mm)
0.1~9.9
10~24.9
25~49.9
50~99.9
>100
南海诸岛
比例尺 1:5000万

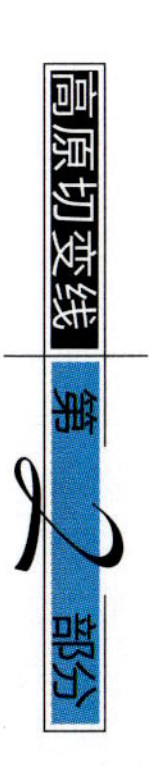

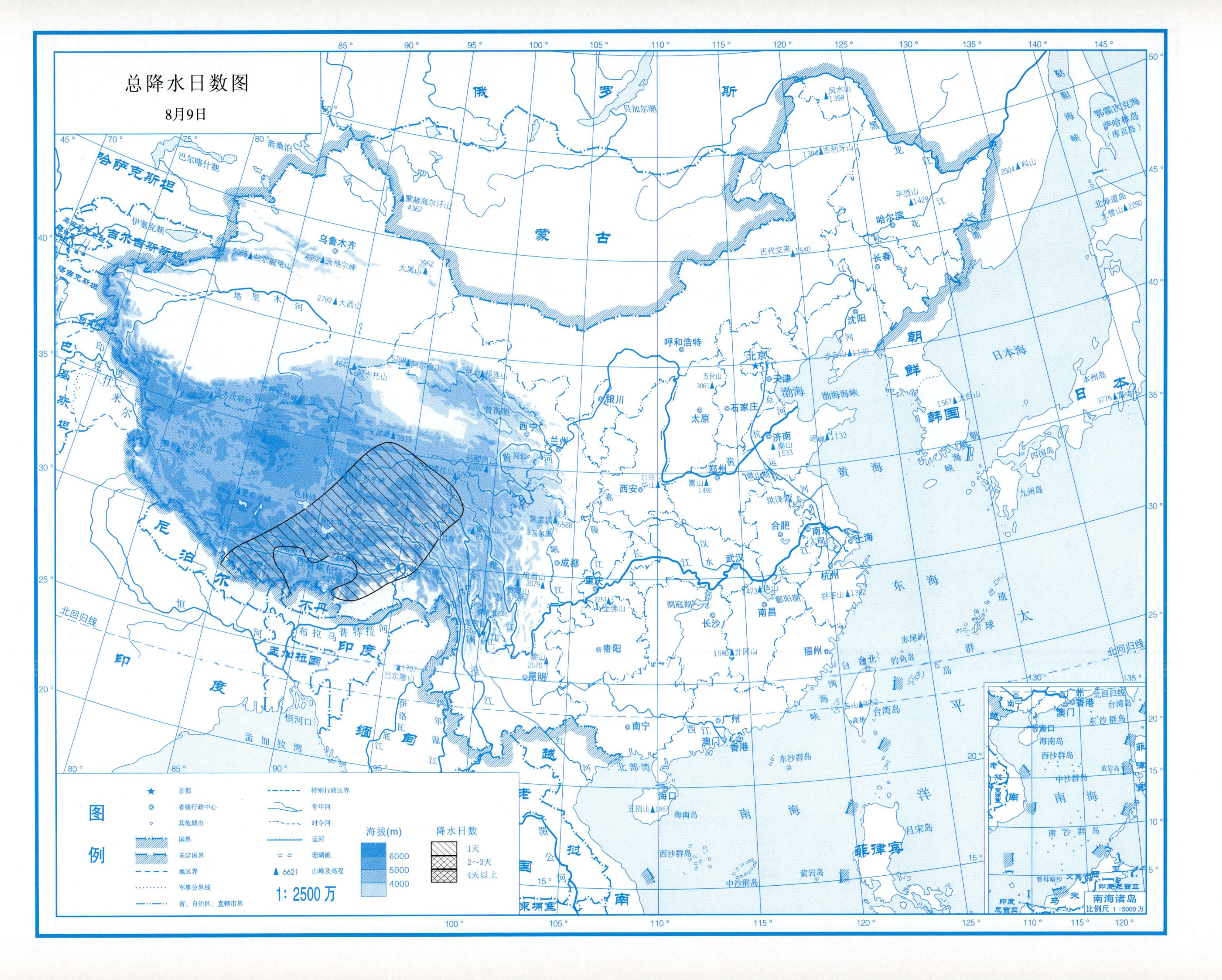
总降水日数图
8月9日
图例
首都
省级行政中心
其他城市
国界
未定国界
地区界
军事分界线
省、自治区、直辖市界
特别行政区界
常年河
时令河
运河
珊瑚礁
6621 山峰及高程
海拔(m)
6000
5000
4000
降水日数
1天
2~3天
4天以上
1: 2500万
南海诸岛
比例尺 1:5000万

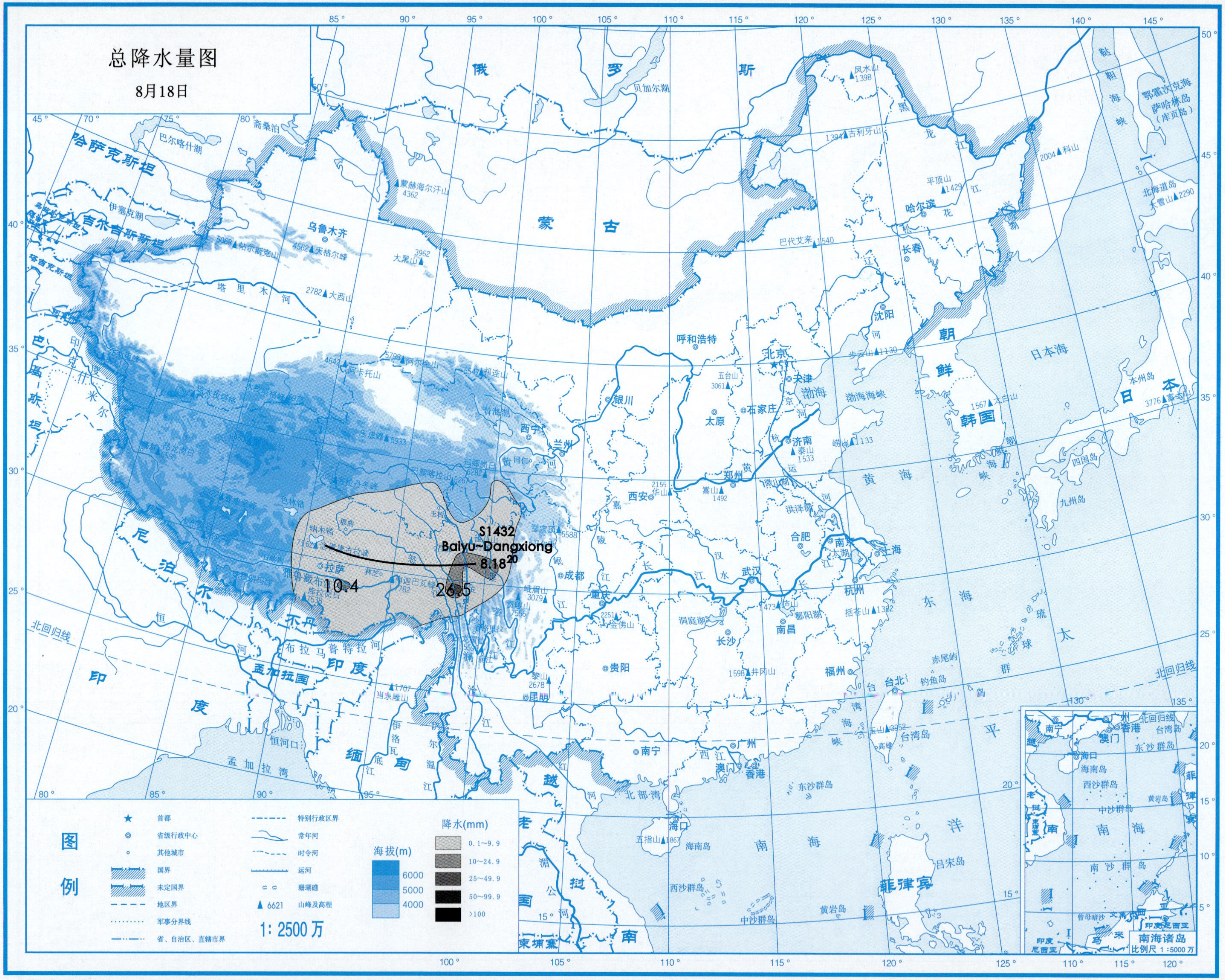
总降水量图
8月18日
S1432
Baiyu~Dangxiong
8.18 20
10.4
26.5
图例
首都
省级行政中心
其他城市
国界
未定国界
地区界
军事分界线
省、自治区、直辖市界
特别行政区界
常年河
时令河
运河
珊瑚礁
6621 山峰及高程
海拔(m)
6000
5000
4000
降水(mm)
0.1~9.9
10~24.9
25~49.9
50~99.9
>100
1: 2500 万
南海诸岛
比例尺 1:5000 万

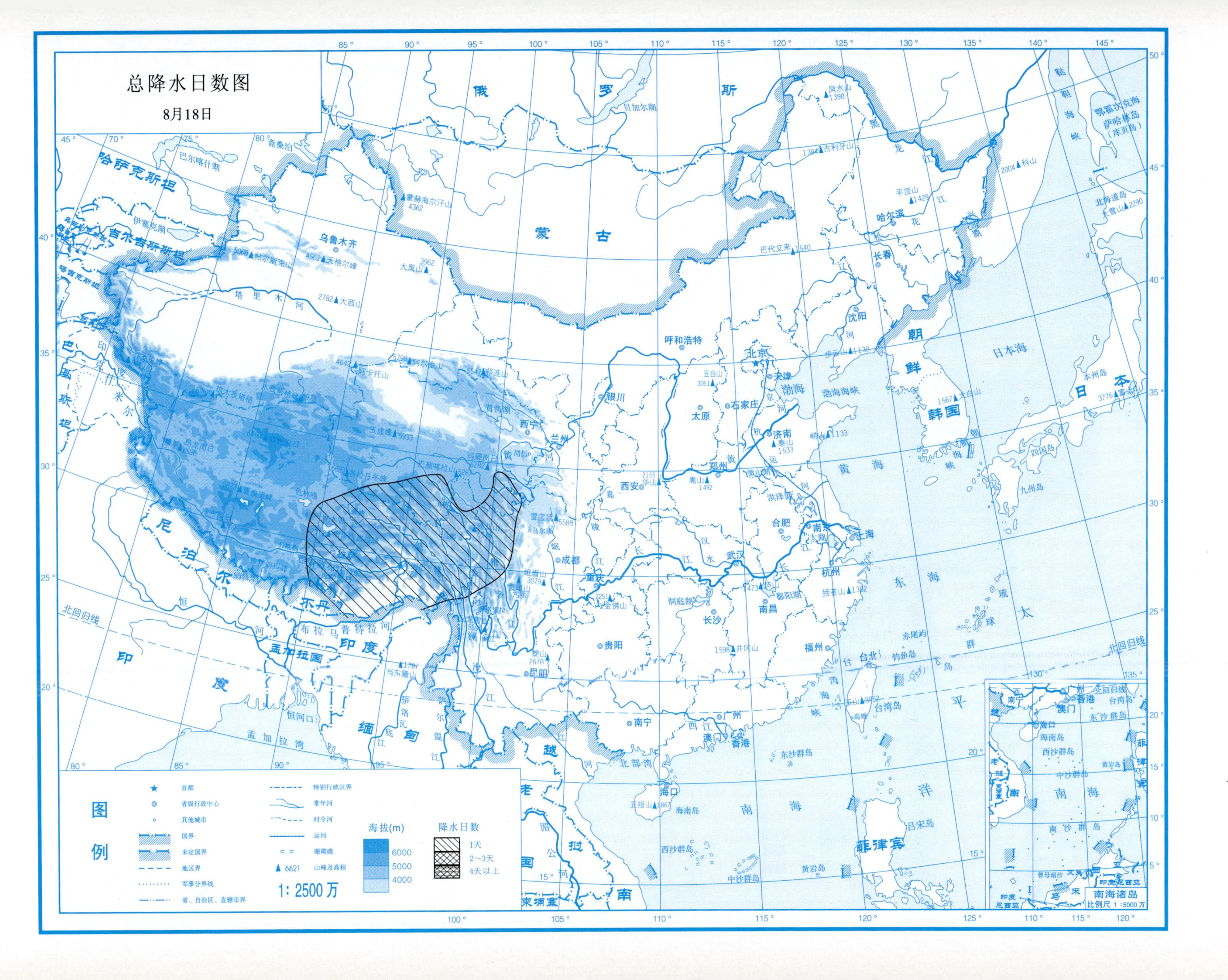
总降水日数图
8月18日
图例
首都
省级行政中心
其他城市
国界
未定国界
地区界
军事分界线
省、自治区、直辖市界
特别行政区界
常年河
时令河
运河
珊瑚礁
▲6621 山峰及高程
海拔(m)
6000
5000
4000
降水日数
1天
2~3天
4天以上
1: 2500万
南海诸岛
比例尺 1:5000万

总降水量图

8月20日

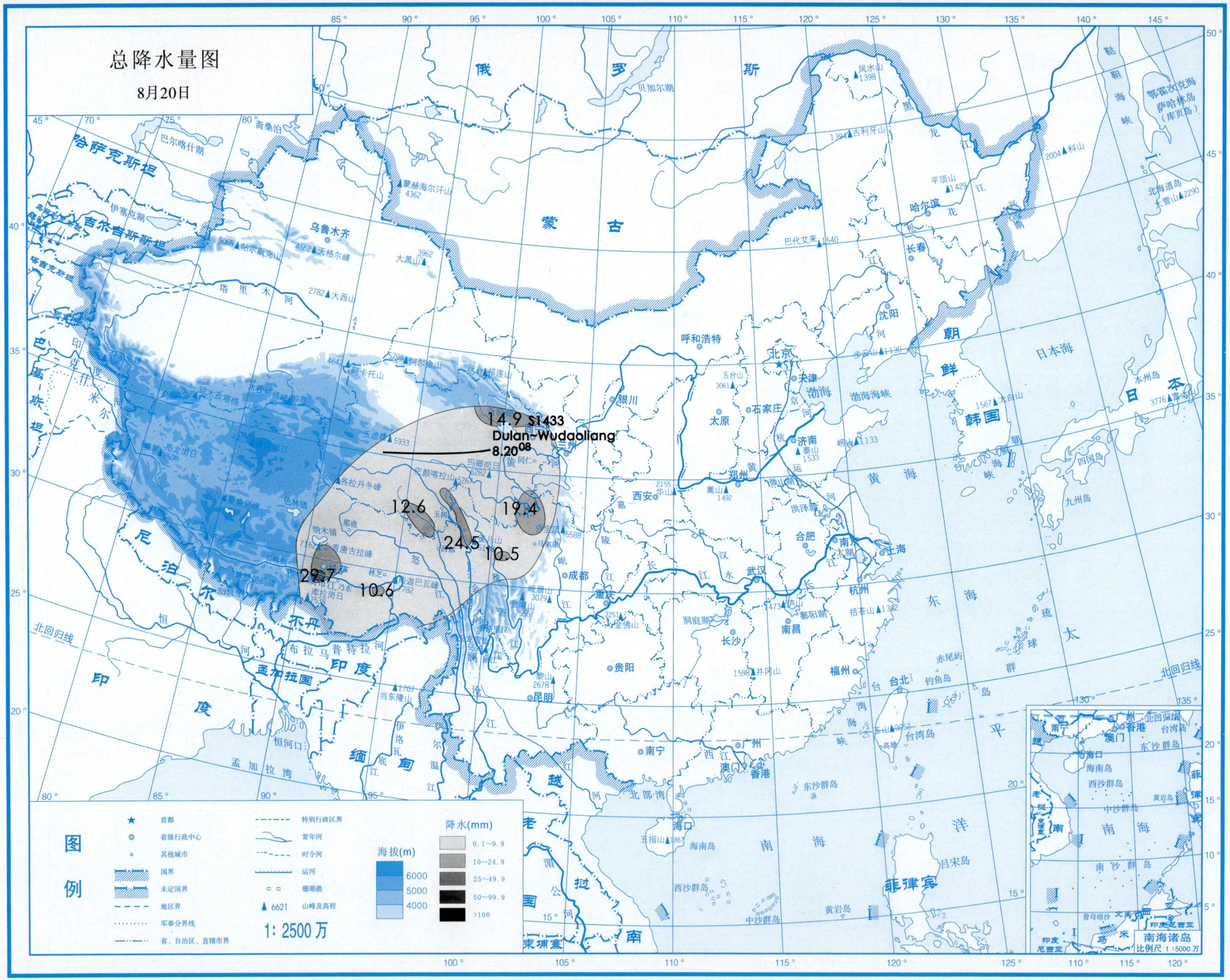
14.9
S1433
Dulan-Wudaoliang
8.20[08]
12.6
19.4
24.5
10.5
29.7
10.6
图例
首都
省级行政中心
其他城市
国界
未定国界
地区界
军事分界线
省、自治区、直辖市界
特别行政区界
常年河
时令河
运河
珊瑚礁
6621 山峰及高程
1: 2500万
海拔(m)
6000
5000
4000
降水(mm)
0.1~9.9
10~24.9
25~49.9
50~99.9
>100
南海诸岛
比例尺 1:5000万

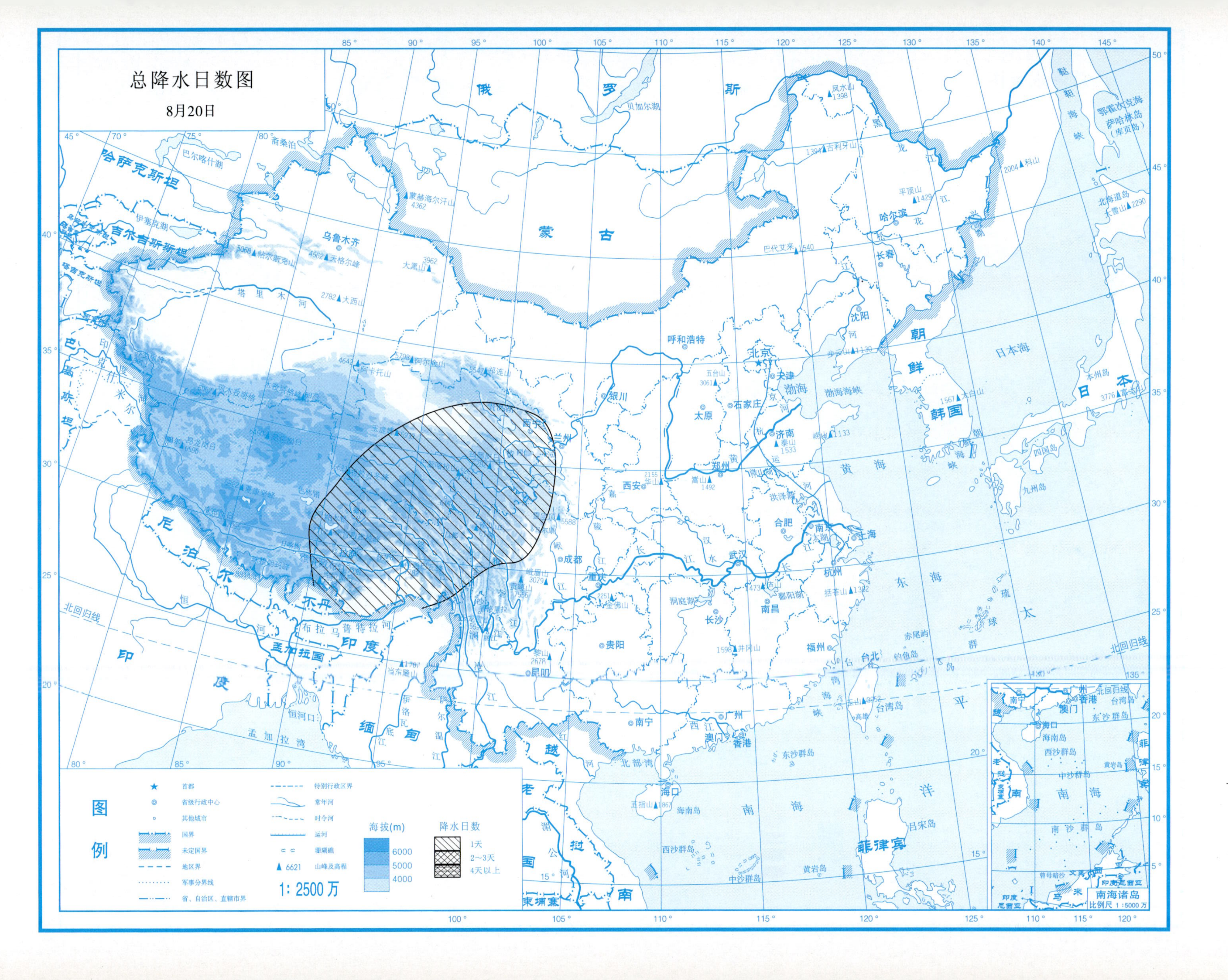
总降水日数图
8月20日
图例
首都
省级行政中心
其他城市
国界
未定国界
地区界
军事分界线
省、自治区、直辖市界
特别行政区界
常年河
时令河
运河
珊瑚礁
山峰及高程
海拔(m)
6000
5000
4000
降水日数
1天
2~3天
4天以上
1:2500万
南海诸岛
比例尺 1:5000万

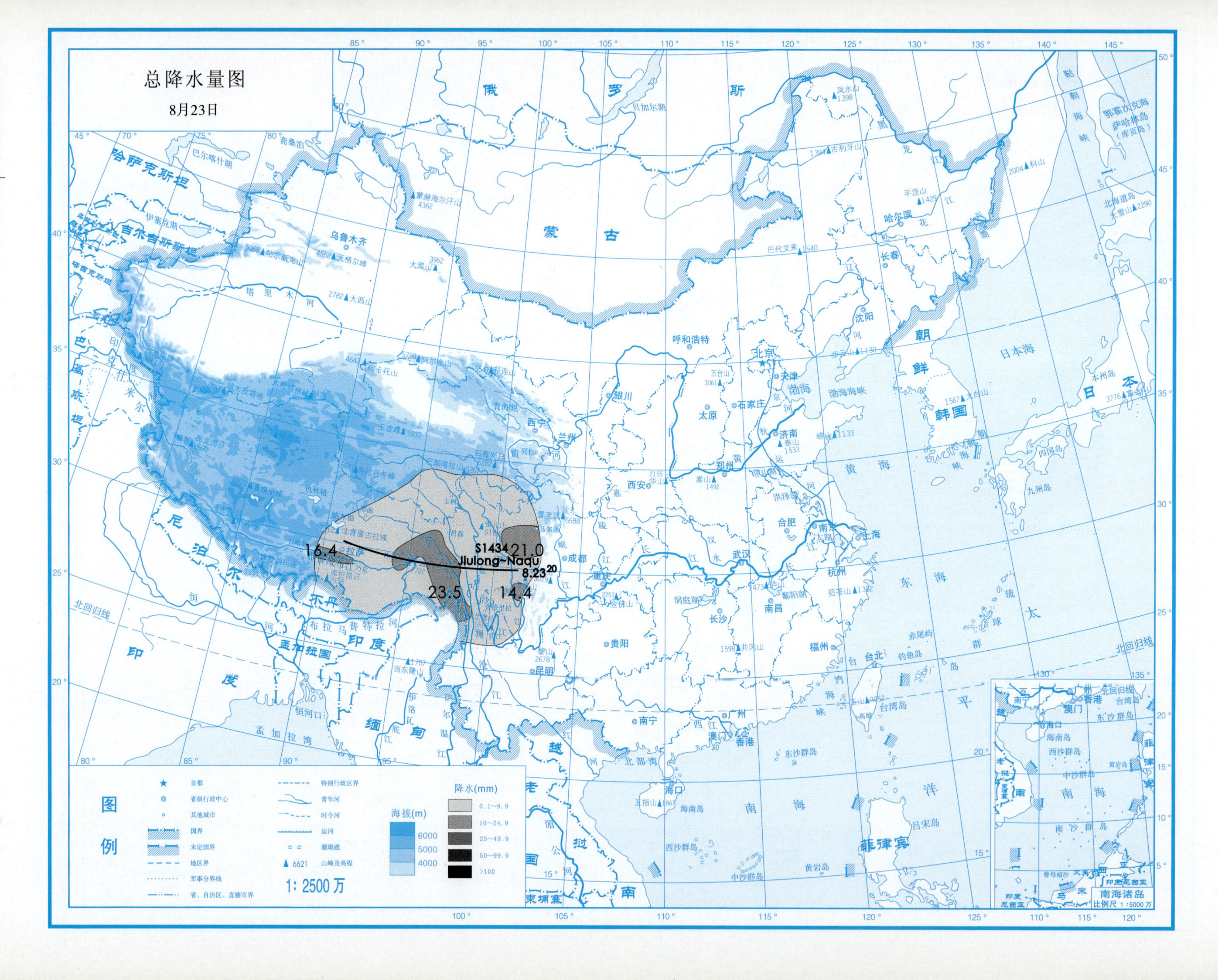
总降水量图
8月23日
16.4
23.5
14.4
21.0
S1434
Jiulong~Naqu
8.23 20
图例
首都
省级行政中心
其他城市
国界
未定国界
地区界
军事分界线
省、自治区、直辖市界
特别行政区界
常年河
时令河
运河
珊瑚礁
山峰及高程
海拔(m)
6000
5000
4000
降水(mm)
0.1~9.9
10~24.9
25~49.9
50~99.9
>100
1: 2500万
南海诸岛
比例尺 1:5000万

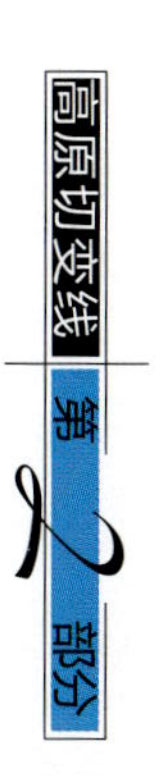

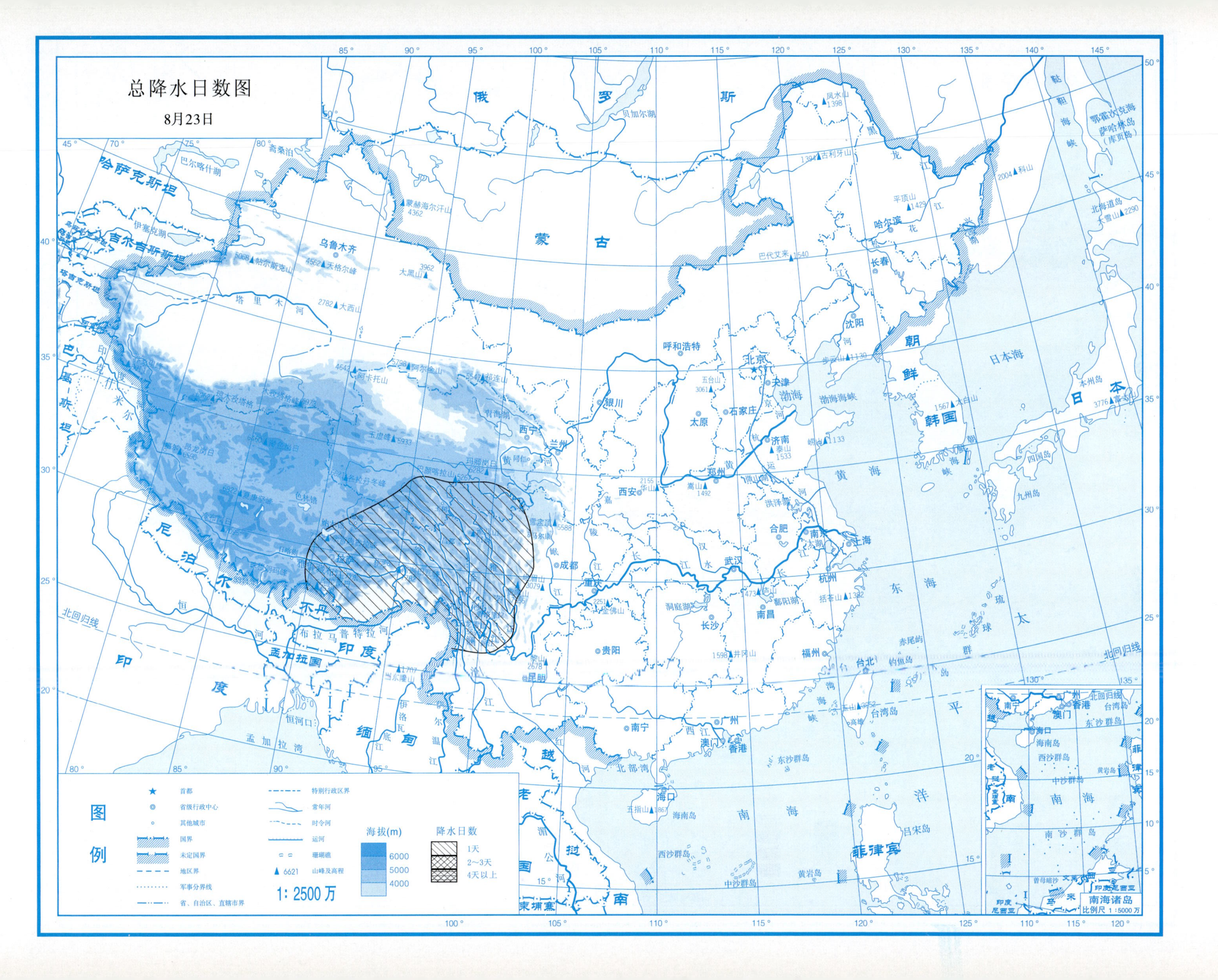
总降水日数图
8月23日
图例
首都
省级行政中心
其他城市
国界
未定国界
地区界
军事分界线
省、自治区、直辖市界
特别行政区界
常年河
时令河
运河
珊瑚礁
山峰及高程
海拔(m)
6000
5000
4000
降水日数
1天
2~3天
4天以上
1:2500万
南海诸岛
比例尺 1:5000万

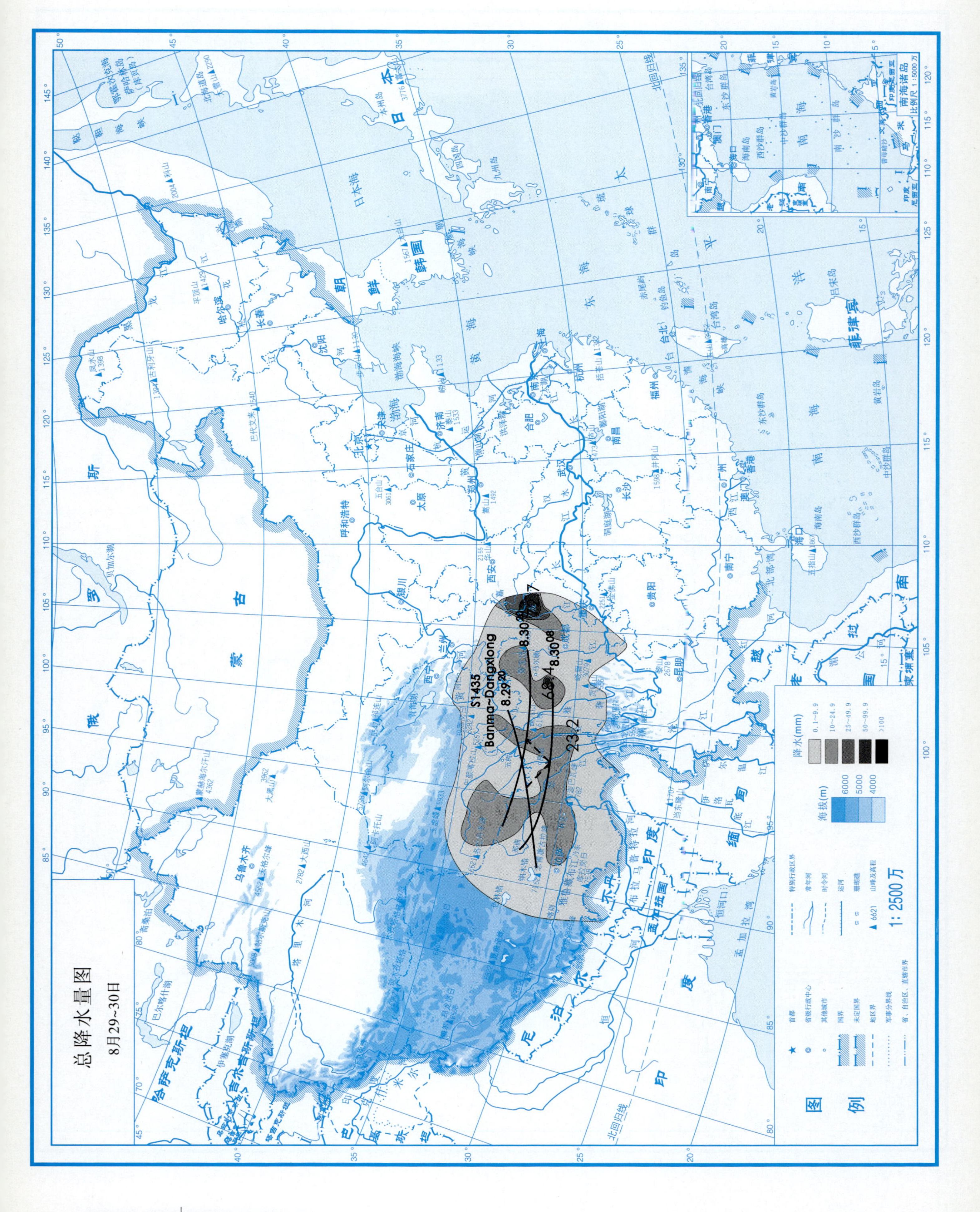

总降水量图
8月29~30日
S1435
Banma-Dangxiong
8.2920
8.3008
8.3020
23.2
68.4
图例
首都
省级行政中心
其他城市
国界
未定国界
地区界
军事分界线
省、自治区、直辖市界
特别行政区界
常年河
时令河
运河
珊瑚礁
山峰及高程
海拔(m)
6000
5000
4000
降水(mm)
0.1~9.9
10~24.9
25~49.9
50~99.9
>100
1: 2500万
南海诸岛
比例尺 1:15000万

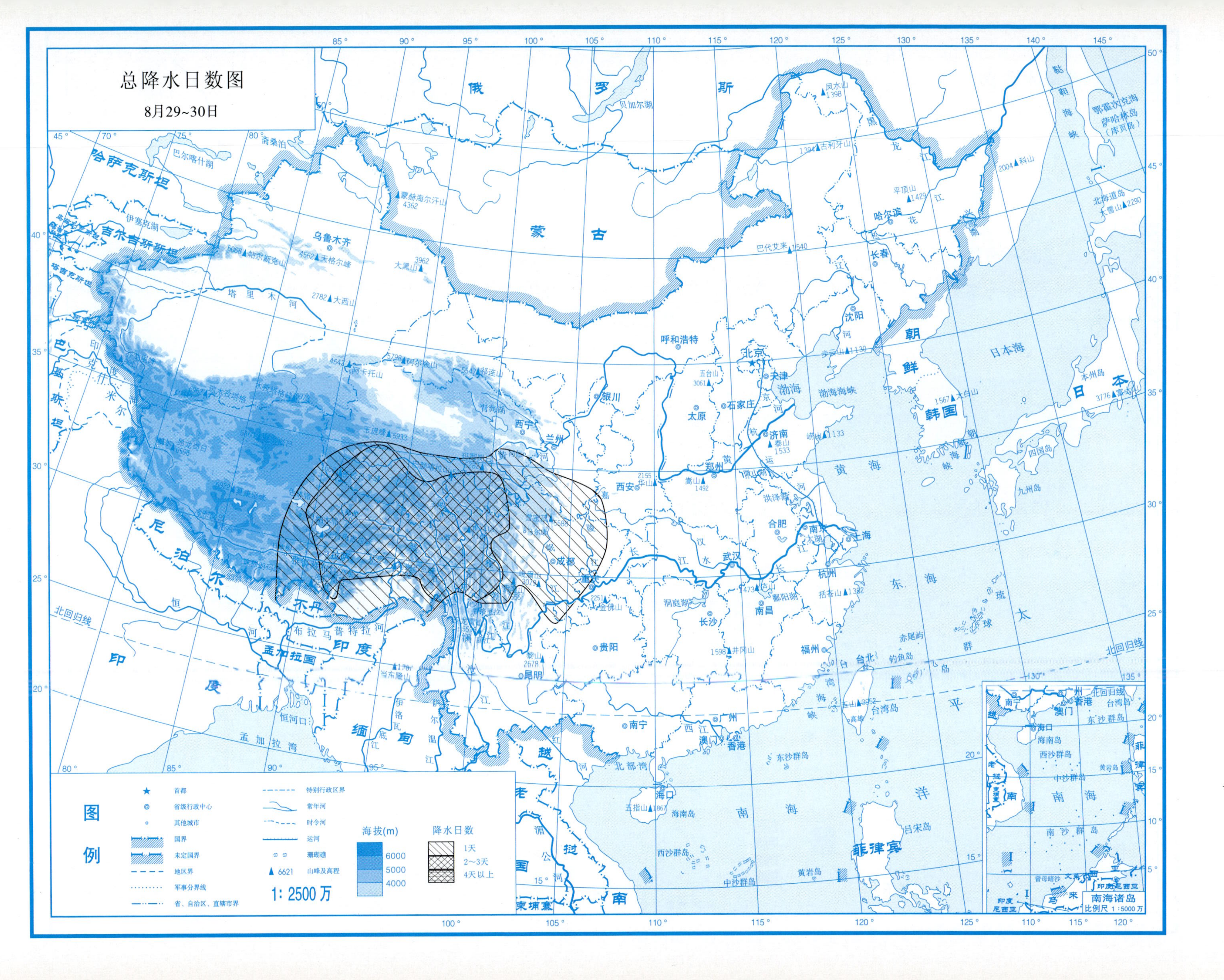
总降水日数图
8月29~30日
图例
首都
省级行政中心
其他城市
国界
未定国界
地区界
军事分界线
省、自治区、直辖市界
特别行政区界
常年河
时令河
运河
珊瑚礁
6621 山峰及高程
1: 2500万
海拔(m)
6000
5000
4000
降水日数
1天
2~3天
4天以上

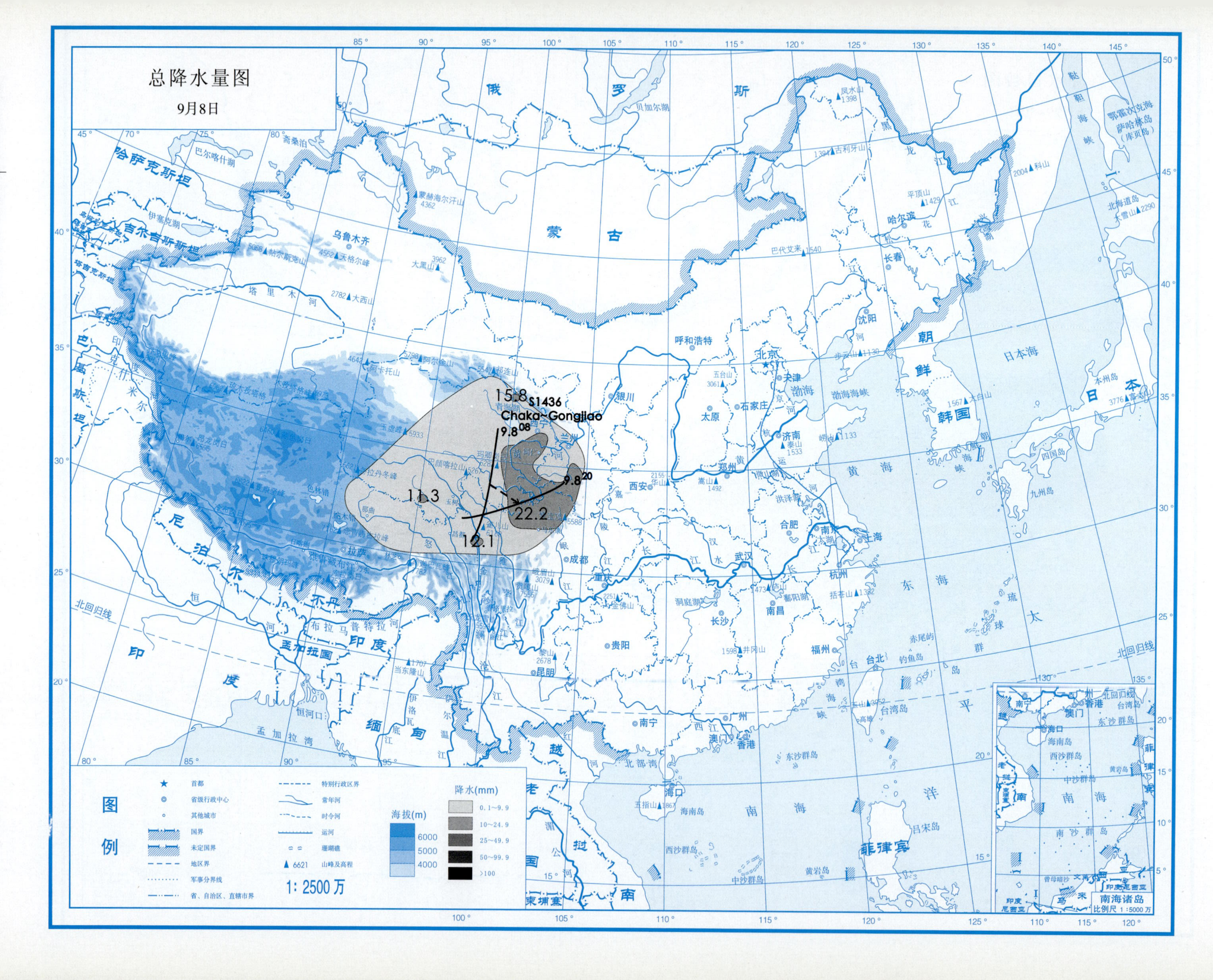
总降水量图
9月8日
15.8
S1436
Chaka~Gongjiao
9.8 08
9.8 20
11.3
22.2
12.1
图例
首都
省级行政中心
其他城市
国界
未定国界
地区界
军事分界线
省、自治区、直辖市界
特别行政区界
常年河
时令河
运河
珊瑚礁
6621 山峰及高程
1: 2500万
海拔(m)
6000
5000
4000
降水(mm)
0.1~9.9
10~24.9
25~49.9
50~99.9
>100
南海诸岛
比例尺 1:5000万

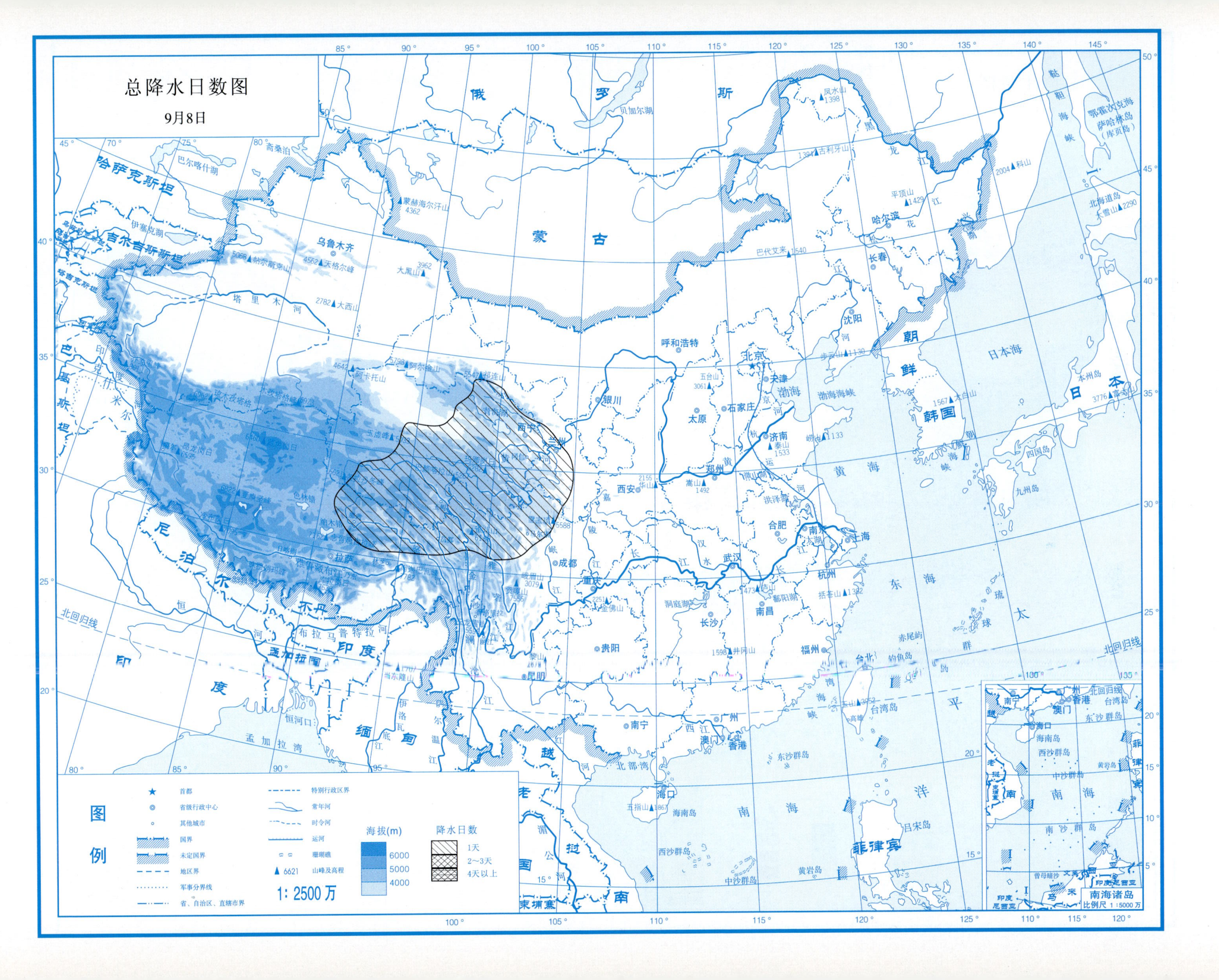
总降水日数图
9月8日
图例
首都
省级行政中心
其他城市
国界
未定国界
地区界
军事分界线
省、自治区、直辖市界
特别行政区界
常年河
时令河
运河
珊瑚礁
山峰及高程
1: 2500万
海拔(m)
6000
5000
4000
降水日数
1天
2~3天
4天以上
南海诸岛
比例尺 1:5000万

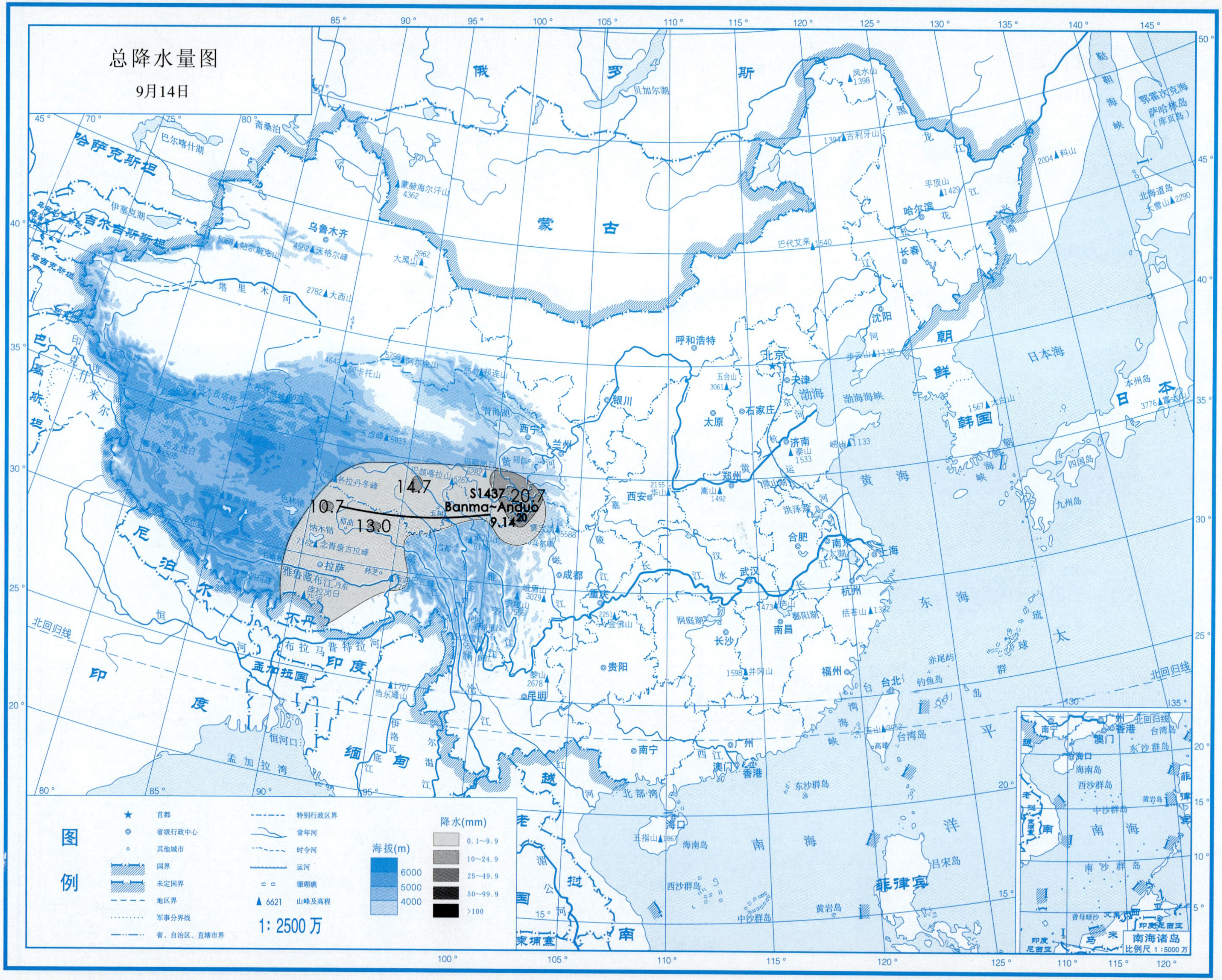
总降水量图
9月14日
10.7
13.0
14.7
S1437 20.7
Banma~Anduo
9.14
20
图例
首都
省级行政中心
其他城市
国界
未定国界
地区界
军事分界线
省、自治区、直辖市界
特别行政区界
常年河
时令河
运河
珊瑚礁
6621 山峰及高程
海拔(m)
6000
5000
4000
降水(mm)
0.1~9.9
10~24.9
25~49.9
50~99.9
>100
1: 2500 万
南海诸岛
比例尺 1:5000 万

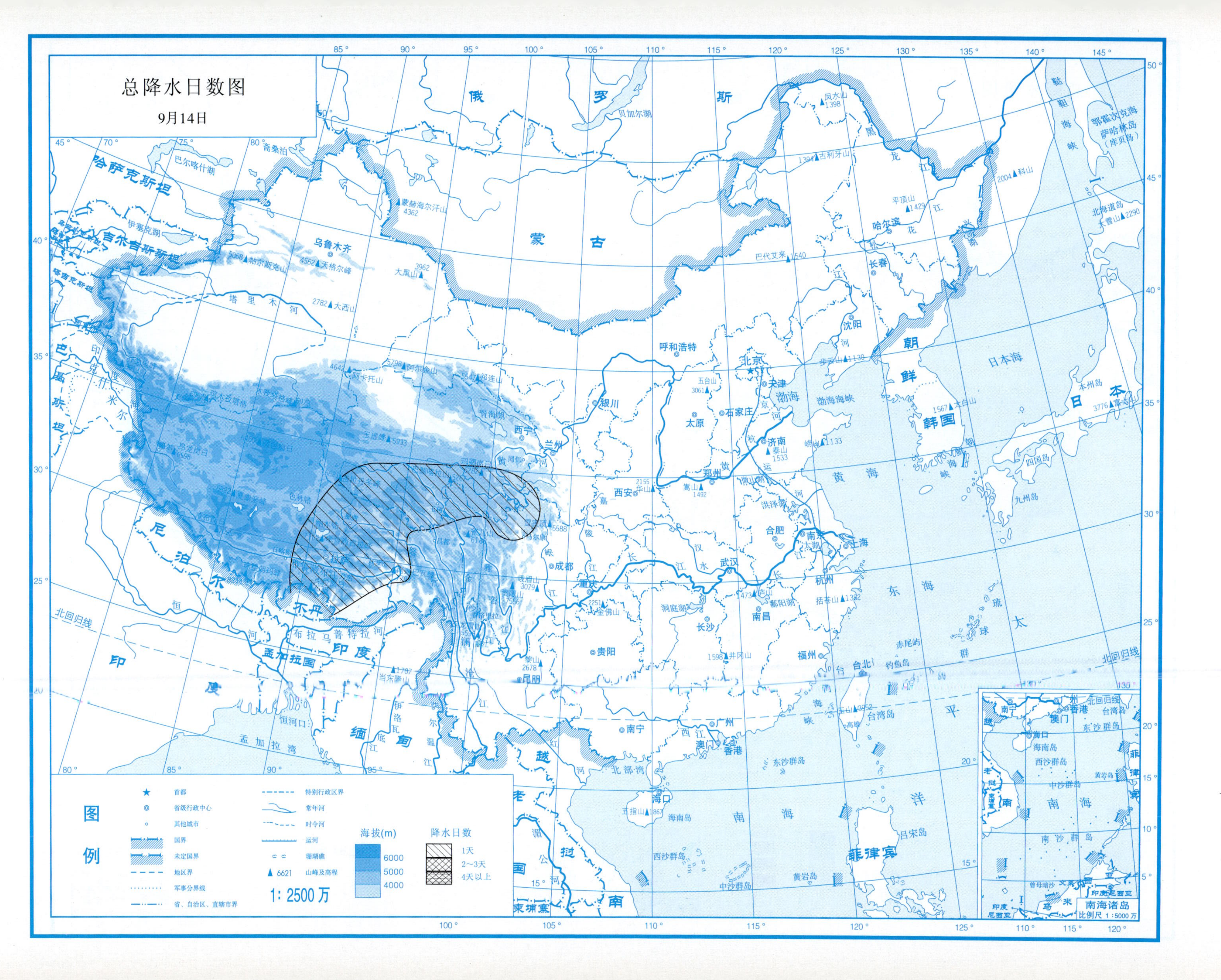
总降水日数图
9月14日
图例
首都
省级行政中心
其他城市
国界
未定国界
地区界
军事分界线
省、自治区、直辖市界
特别行政区界
常年河
时令河
运河
珊瑚礁
山峰及高程
海拔(m)
6000
5000
4000
降水日数
1天
2~3天
4天以上
1: 2500万
南海诸岛
比例尺 1:5000万

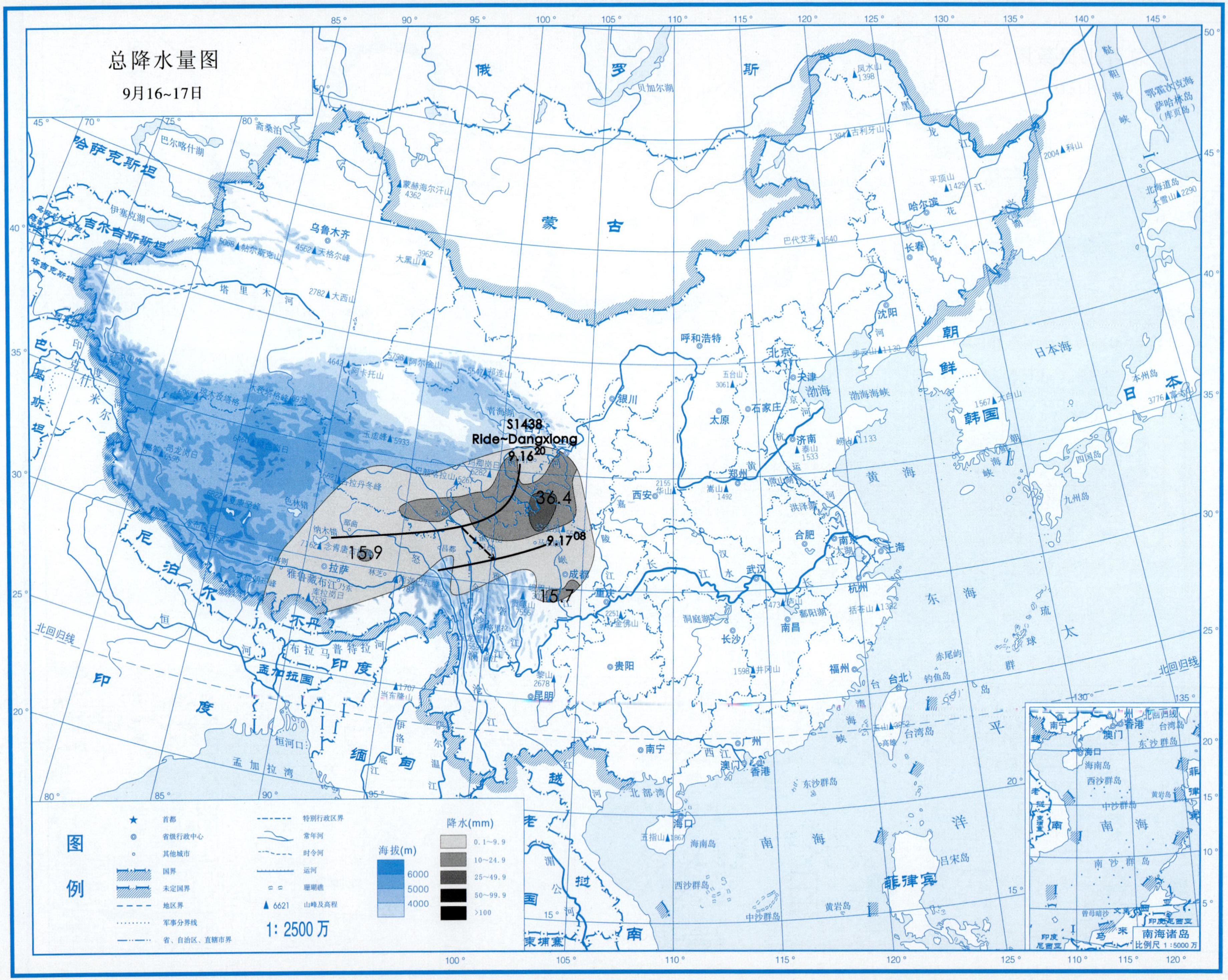
总降水量图
9月16~17日
S1438
Ride~Dangxiong
9.16²⁰
9.17⁰⁸
36.4
15.9
15.7
图例
首都
省级行政中心
其他城市
国界
未定国界
地区界
军事分界线
省、自治区、直辖市界
特别行政区界
常年河
时令河
运河
珊瑚礁
6621 山峰及高程
海拔(m)
6000
5000
4000
降水(mm)
0.1~9.9
10~24.9
25~49.9
50~99.9
>100
1: 2500万
南海诸岛
比例尺 1:5000万

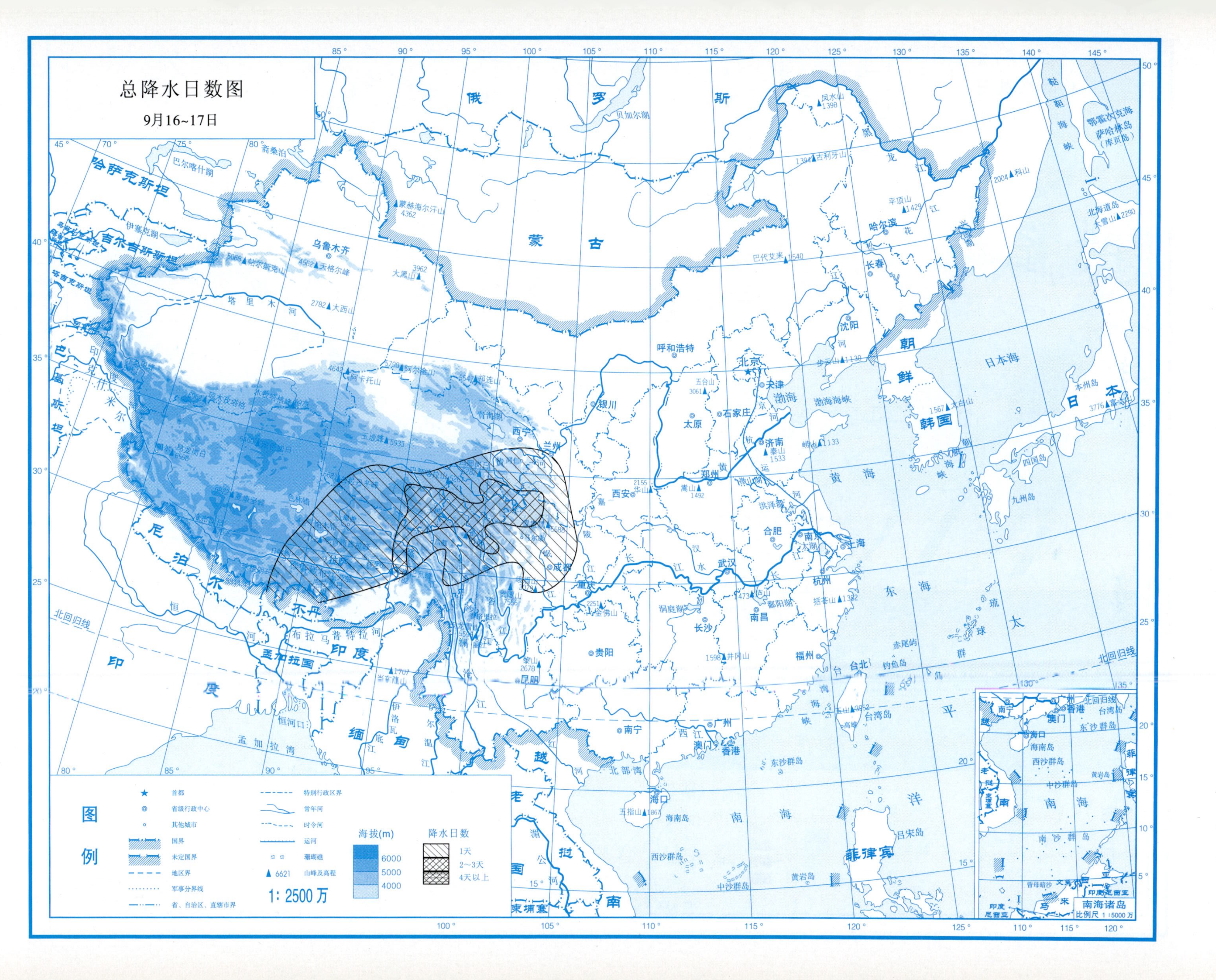
总降水日数图
9月16~17日
图例
首都
省级行政中心
其他城市
国界
未定国界
地区界
军事分界线
省、自治区、直辖市界
特别行政区界
常年河
时令河
运河
珊瑚礁
山峰及高程
1:2500万
海拔(m)
6000
5000
4000
降水日数
1天
2~3天
4天以上
南海诸岛
比例尺 1:5000万

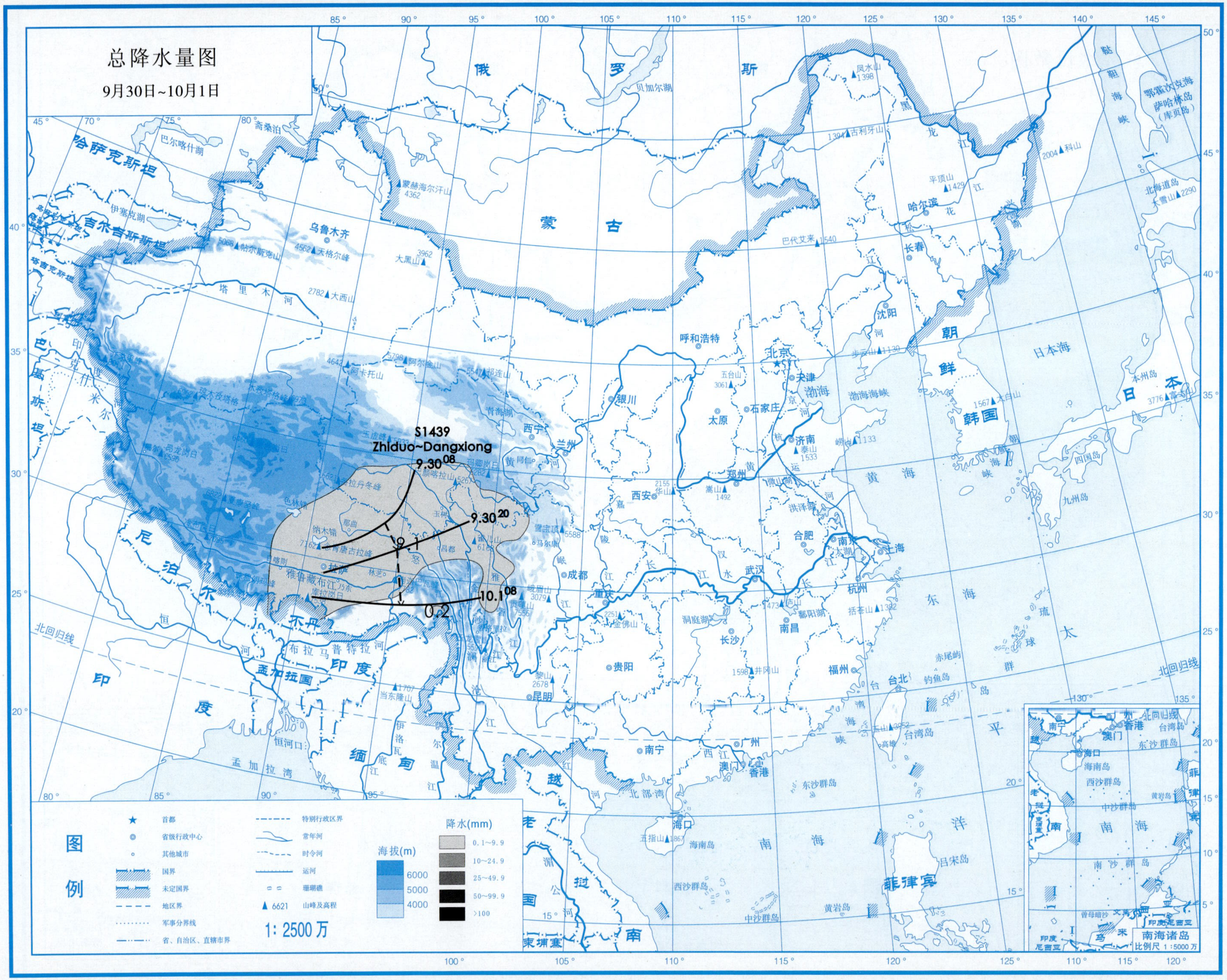
总降水量图
9月30日~10月1日
S1439
Zhiduo~Dangxiong
9.30 08
9.30 20
10.1 08
0.1
0.2
图例
首都
省级行政中心
其他城市
国界
未定国界
地区界
军事分界线
省、自治区、直辖市界
特别行政区界
常年河
时令河
运河
珊瑚礁
6621 山峰及高程
海拔(m)
6000
5000
4000
降水(mm)
0.1~9.9
10~24.9
25~49.9
50~99.9
>100
1: 2500万
南海诸岛
比例尺 1:5000万

高原切变线
第2部分

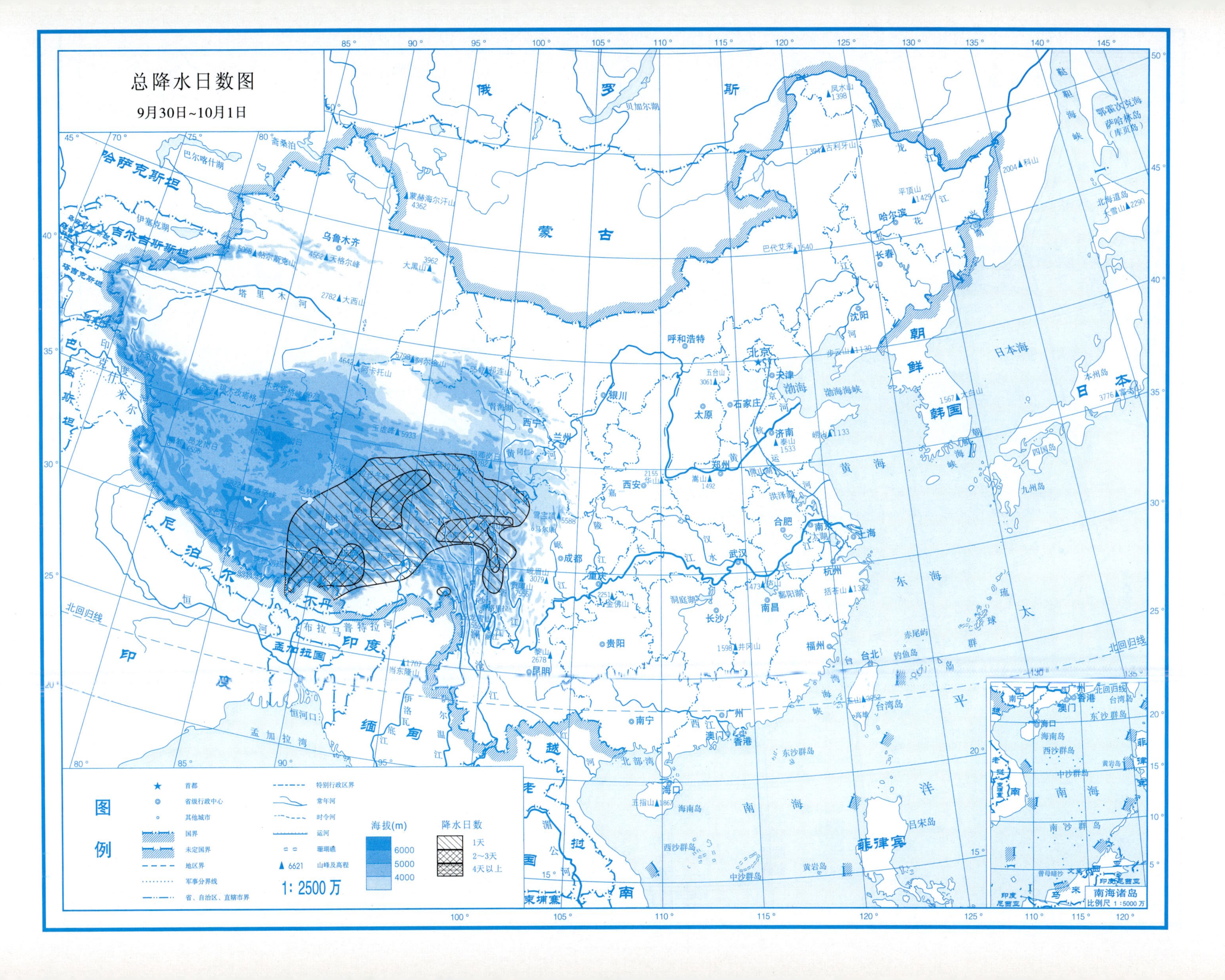
总降水日数图
9月30日~10月1日
图例
首都
省级行政中心
其他城市
国界
未定国界
地区界
军事分界线
省、自治区、直辖市界
特别行政区界
常年河
时令河
运河
珊瑚礁
6621 山峰及高程
1: 2500万
海拔(m)
6000
5000
4000
降水日数
1天
2~3天
4天以上
南海诸岛
比例尺 1:5000万

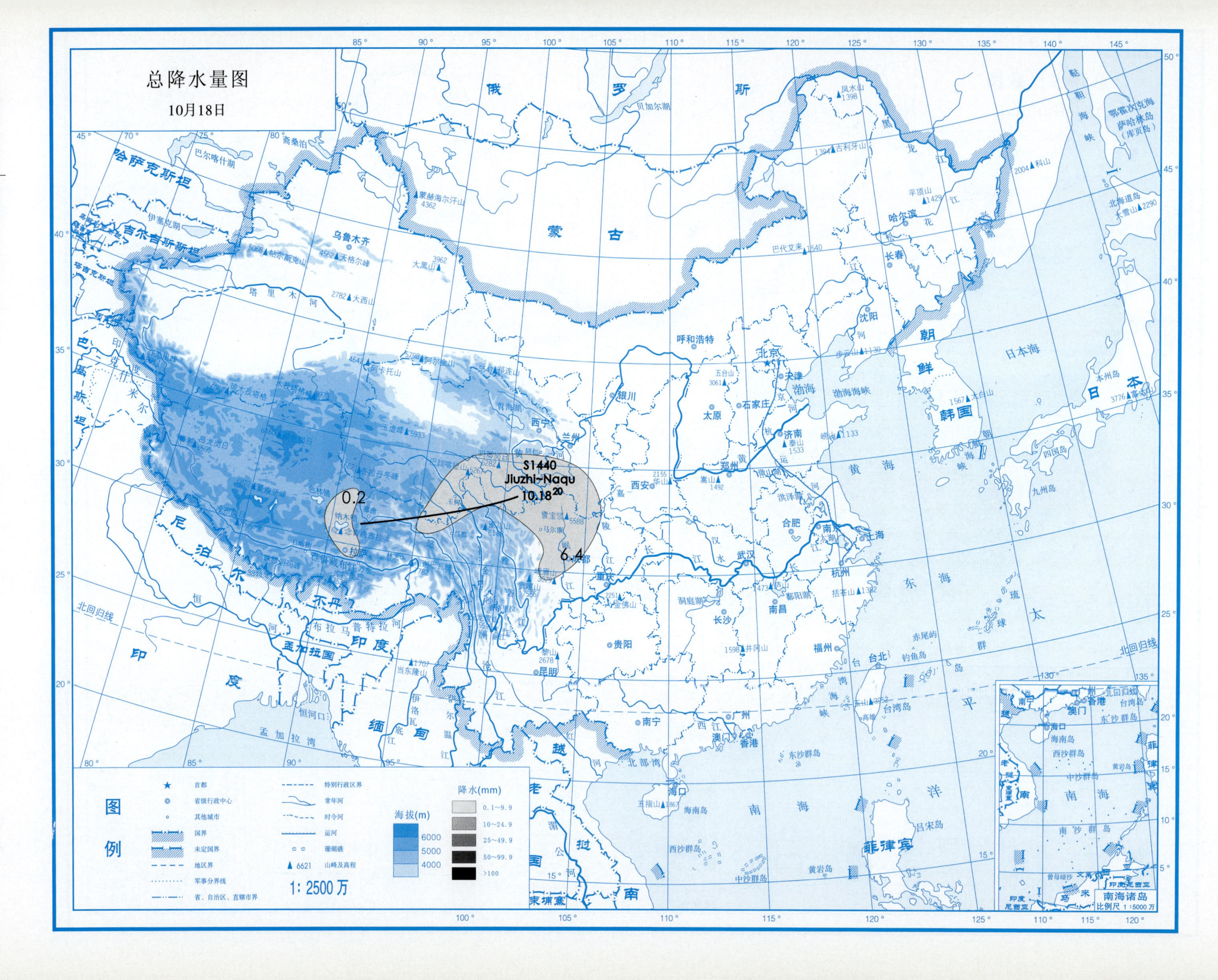
总降水量图
10月18日
S1440
Jiuzhi-Naqu
10.18^20
0.2
6.4
图例
首都
省级行政中心
其他城市
国界
未定国界
地区界
军事分界线
省、自治区、直辖市界
特别行政区界
常年河
时令河
运河
珊瑚礁
6621 山峰及高程
海拔(m)
6000
5000
4000
降水(mm)
0.1~9.9
10~24.9
25~49.9
50~99.9
>100
1: 2500万
南海诸岛
比例尺 1:5000万

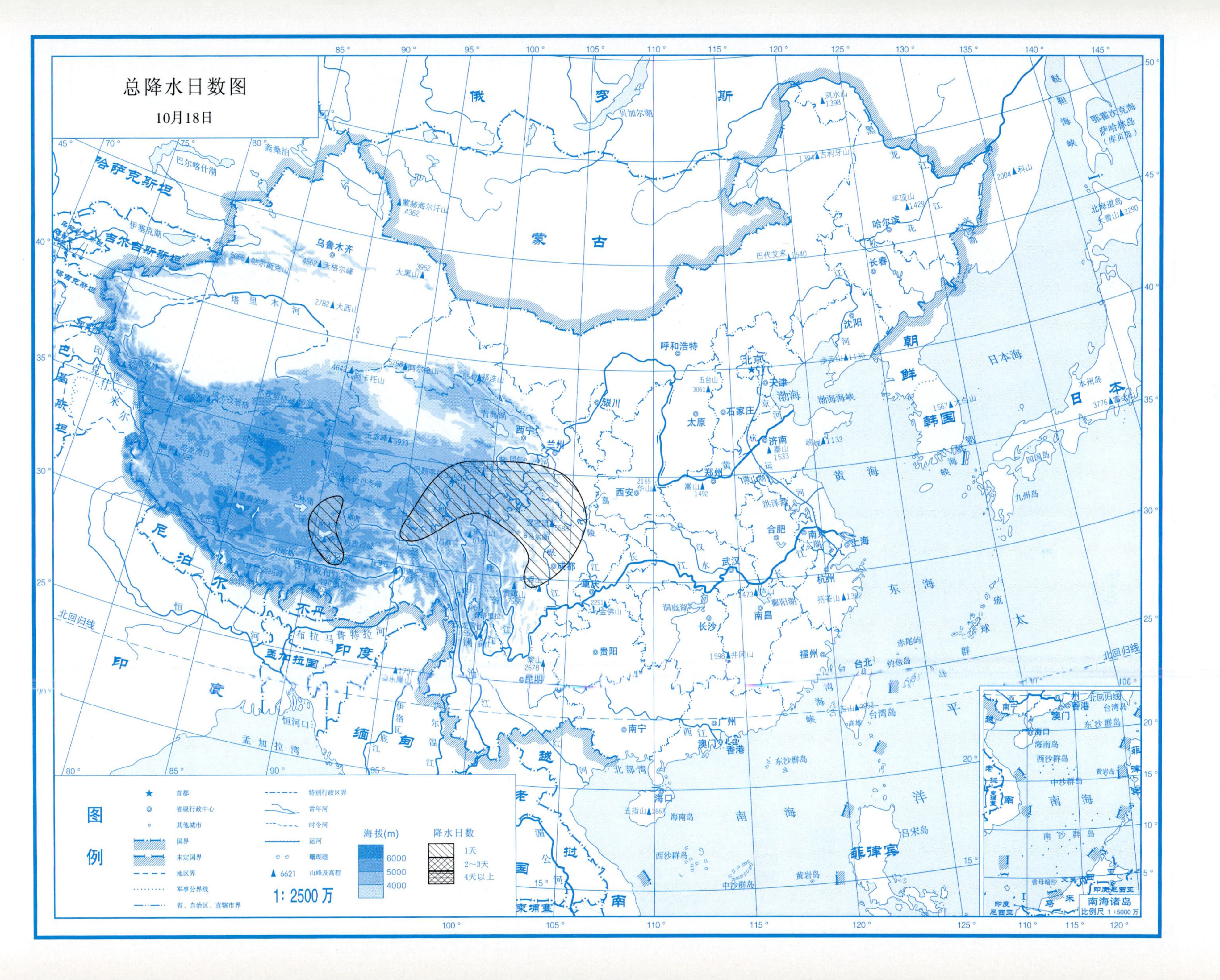
总降水日数图
10月18日
图例
首都
省级行政中心
其他城市
国界
未定国界
地区界
军事分界线
省、自治区、直辖市界
特别行政区界
常年河
时令河
运河
珊瑚礁
山峰及高程
海拔(m)
6000
5000
4000
降水日数
1天
2~3天
4天以上
1:2500万
南海诸岛
比例尺 1:5000万

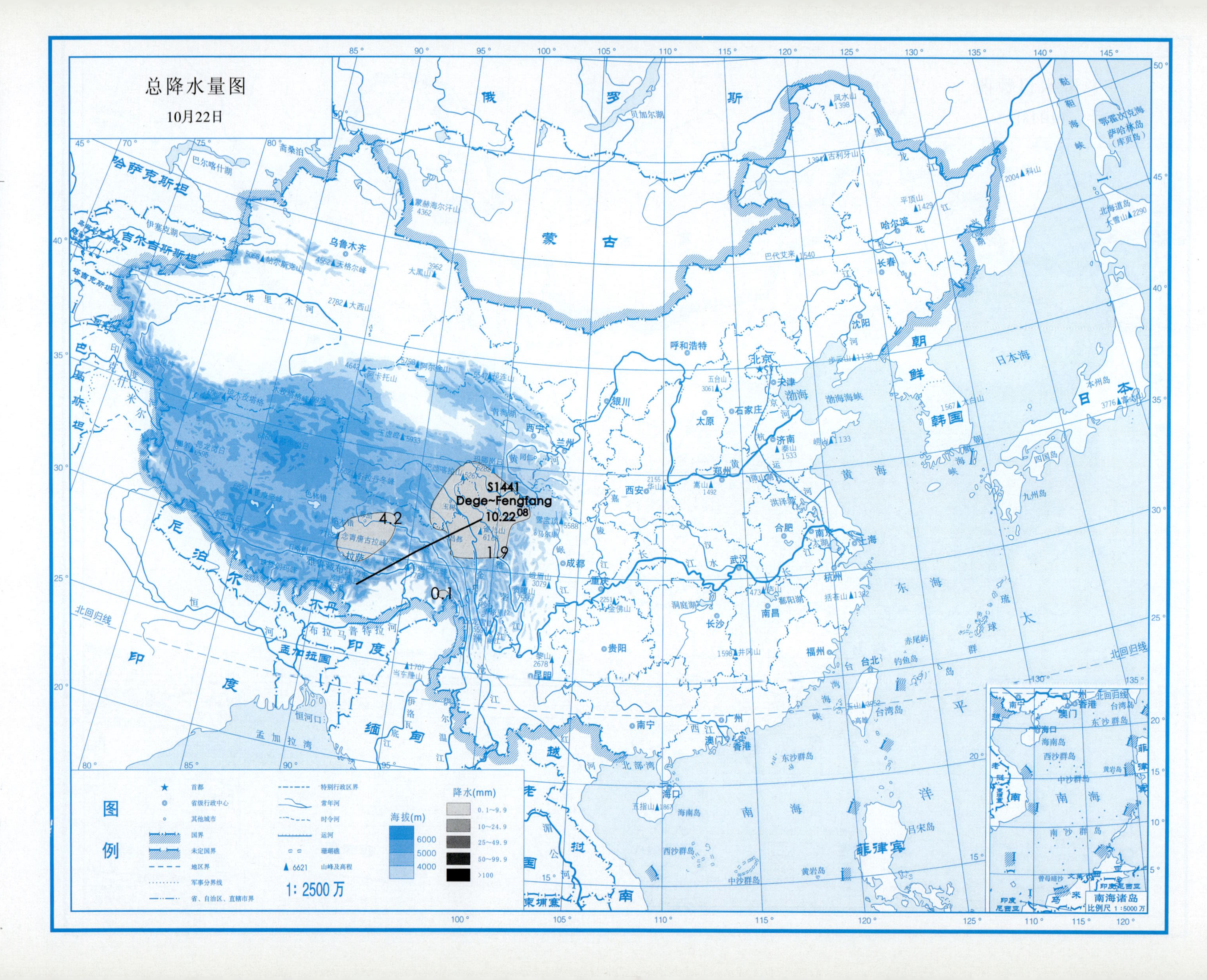
总降水量图
10月22日
S1441
Dege~Fengfang
10.22 08
4.2
1.9
0.1
图例
首都
省级行政中心
其他城市
国界
未定国界
地区界
军事分界线
省、自治区、直辖市界
特别行政区界
常年河
时令河
运河
珊瑚礁
6621 山峰及高程
1: 2500 万
海拔(m)
6000
5000
4000
降水(mm)
0.1~9.9
10~24.9
25~49.9
50~99.9
>100
南海诸岛
比例尺 1:5000 万

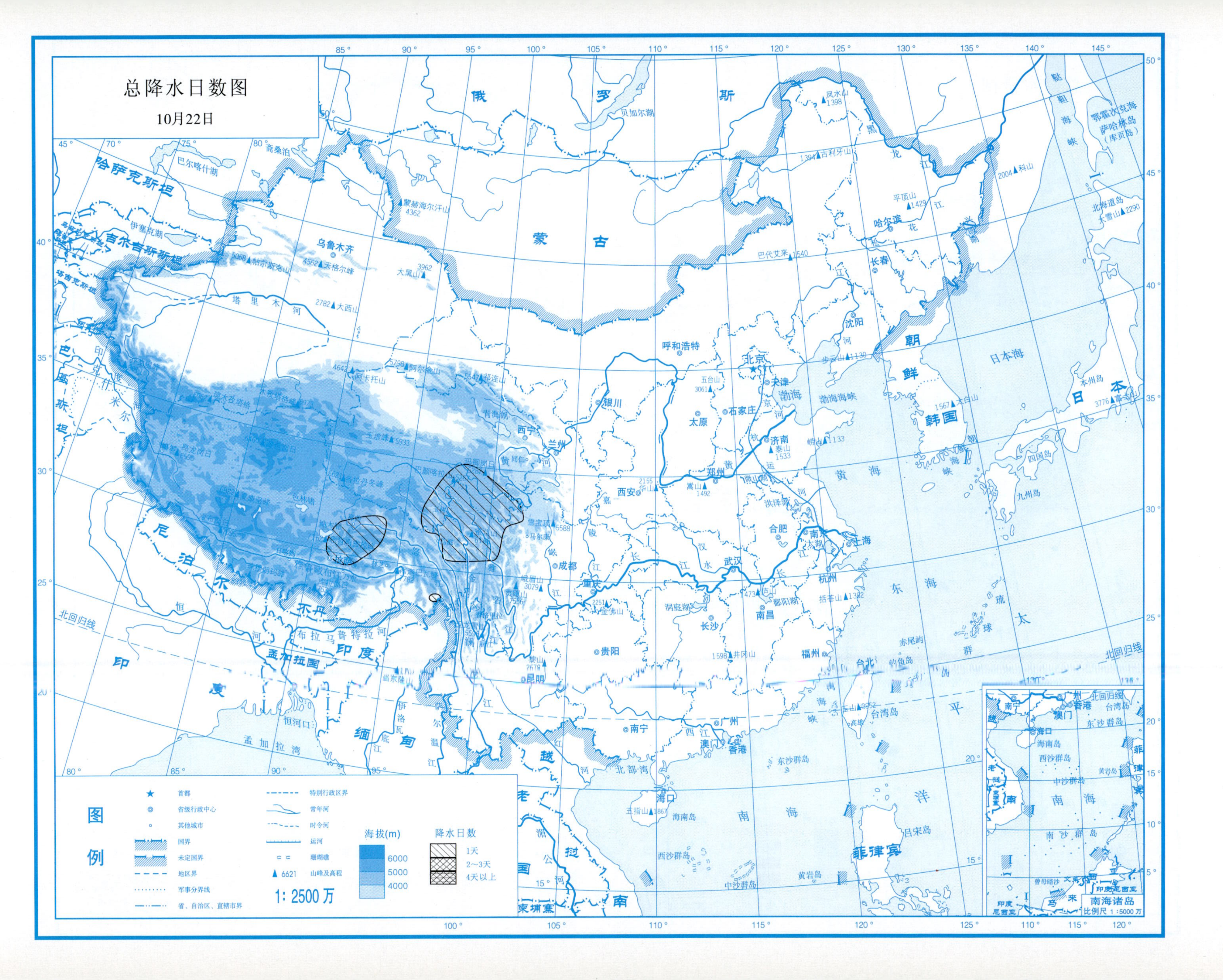
总降水日数图
10月22日
图例
首都
省级行政中心
其他城市
国界
未定国界
地区界
军事分界线
省、自治区、直辖市界
特别行政区界
常年河
时令河
运河
珊瑚礁
山峰及高程
1: 2500万
海拔(m)
6000
5000
4000
降水日数
1天
2~3天
4天以上
南海诸岛
比例尺 1:5000万

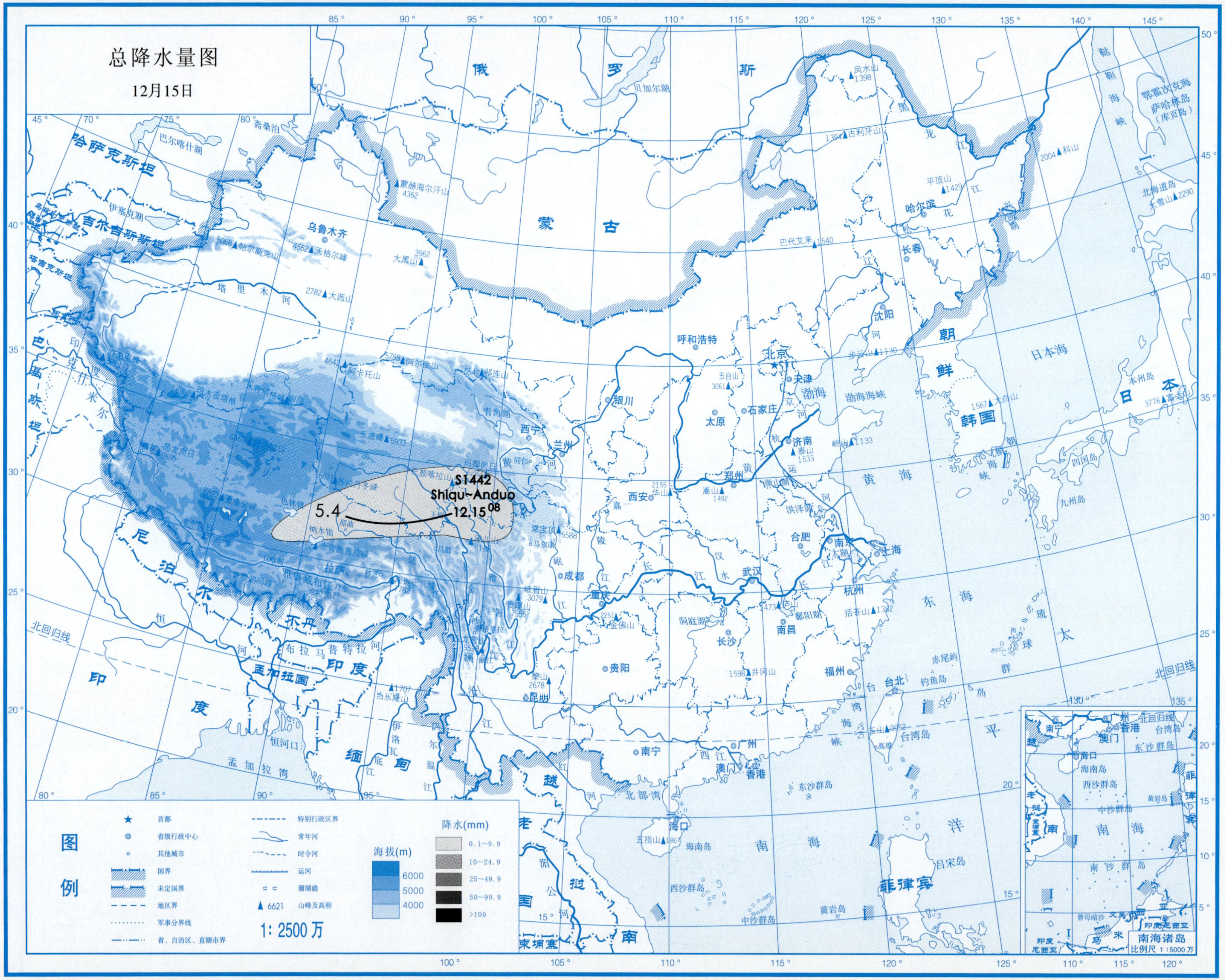
总降水量图
12月15日
S1442
Shiqu-Anduo
12.15 08
5.4
图例
首都
省级行政中心
其他城市
国界
未定国界
地区界
军事分界线
省、自治区、直辖市界
特别行政区界
常年河
时令河
运河
珊瑚礁
6621 山峰及高程
海拔(m)
6000
5000
4000
降水(mm)
0.1~9.9
10~24.9
25~49.9
50~99.9
>100
1: 2500万
南海诸岛
比例尺 1:15000万

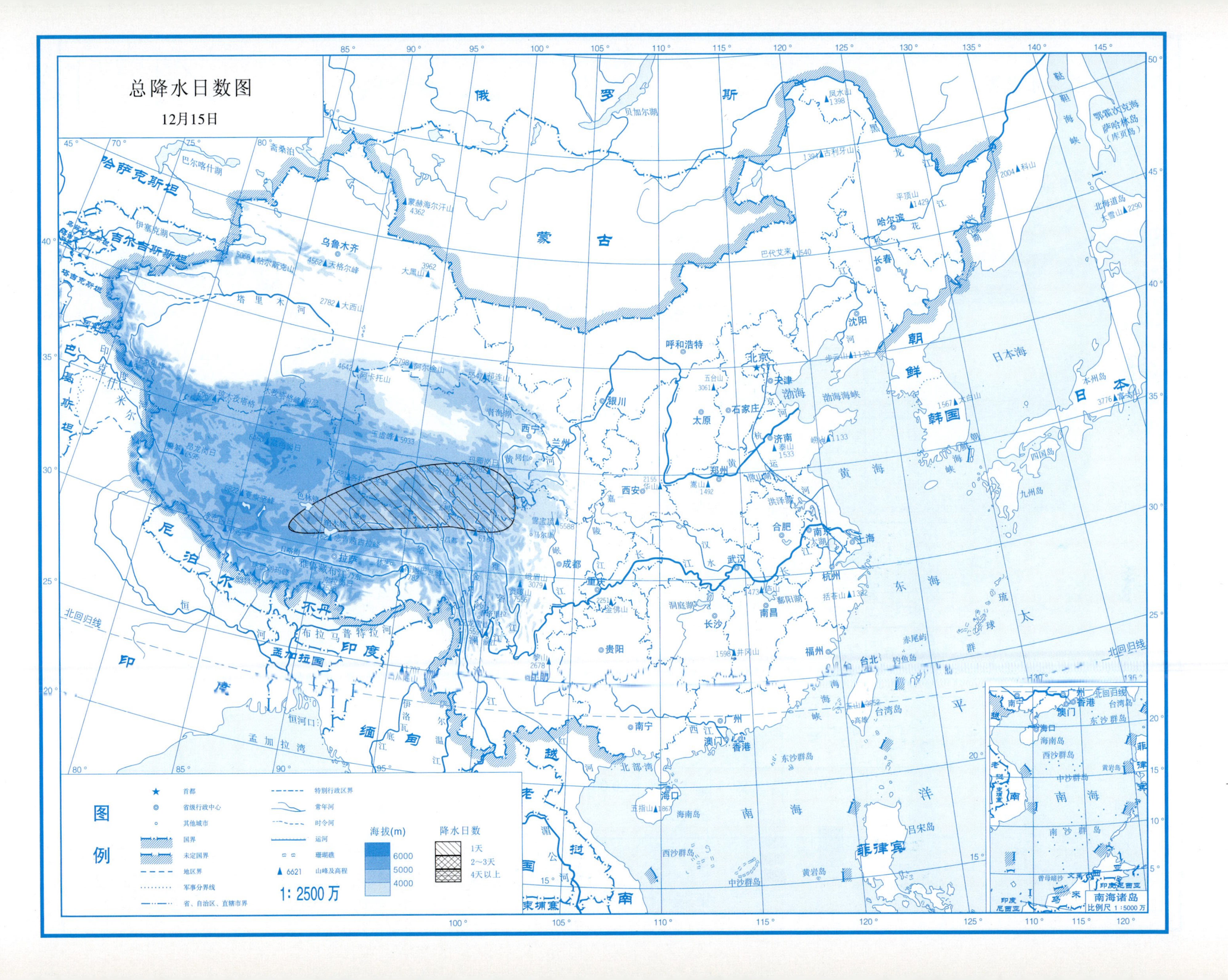
总降水日数图
12月15日
图例
首都
省级行政中心
其他城市
国界
未定国界
地区界
军事分界线
省、自治区、直辖市界
特别行政区界
常年河
时令河
运河
珊瑚礁
山峰及高程
海拔(m)
6000
5000
4000
降水日数
1天
2~3天
4天以上
1: 2500万
南海诸岛
比例尺 1:5000万

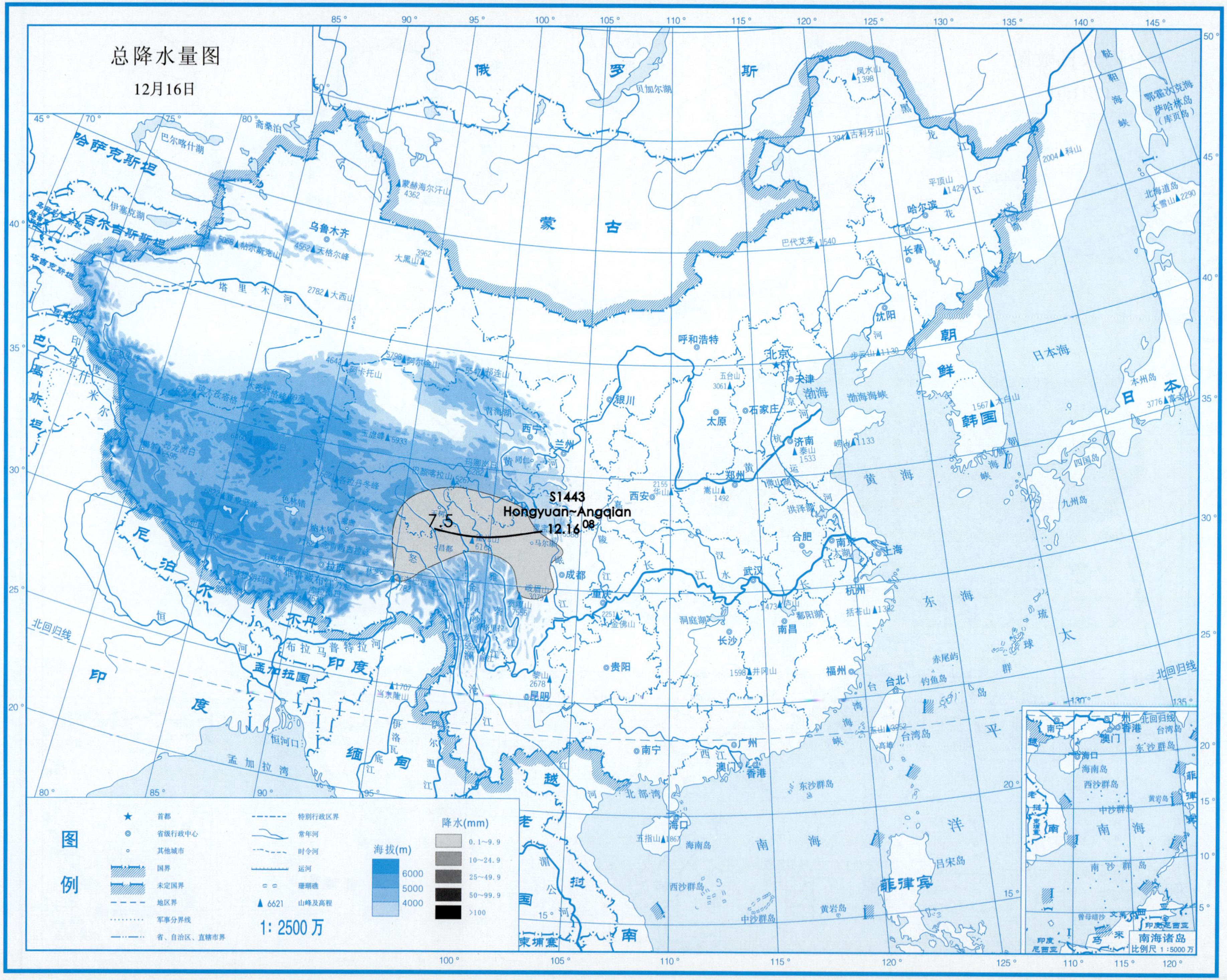
总降水量图
12月16日
7.5
S1443
Hongyuan~Angqian
12.16 08
图例
首都
省级行政中心
其他城市
国界
未定国界
地区界
军事分界线
省、自治区、直辖市界
特别行政区界
常年河
时令河
运河
珊瑚礁
6621 山峰及高程
1: 2500 万
海拔(m)
6000
5000
4000
降水(mm)
0.1~9.9
10~24.9
25~49.9
50~99.9
>100
南海诸岛
比例尺 1:5000 万

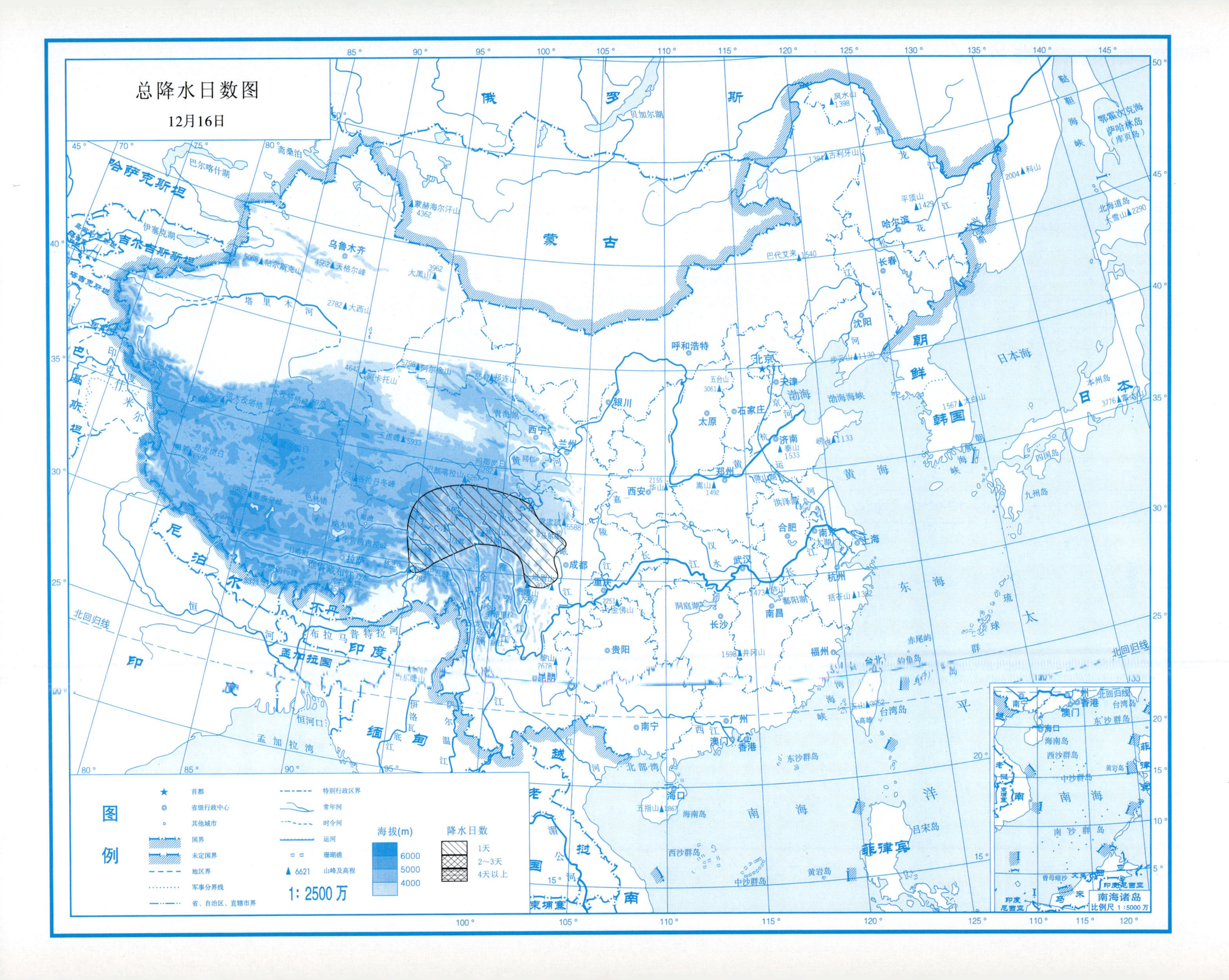
总降水日数图
12月16日
图例
首都
省级行政中心
其他城市
国界
未定国界
地区界
军事分界线
省、自治区、直辖市界
特别行政区界
常年河
时令河
运河
珊瑚礁
6621 山峰及高程
1∶2500万
海拔(m)
6000
5000
4000
降水日数
1天
2~3天
4天以上
南海诸岛
比例尺 1∶5000万

高原切变线位置资料表

月	日	时	起点位置		中点位置		拐点位置		终点位置		切变线两侧最大风速	
			北纬/(°)	东经/(°)	北纬/(°)	东经/(°)	北纬/(°)	东经/(°)	北纬/(°)	东经/(°)	北侧 /(m/s)	南侧 /(m/s)
①1月19日												
（S1401）兴海–安多，Xinghai–Anduo												
1	19	08	35.6	99.2	34.0	95.5			32.8	92.0	14	16
		20	31.0	103.2	30.5	98.8			30.1	94.2	16	20
消失												
②2月16~17日												
（S1402）久治–那曲，Jiuzhi–Naqu												
2	16	20	33.6	101.4	32.2	96.8			31.7	91.6	16	18
	17	08	32.3	97.9	31.3	94.9			30.5	91.9	8	14
		20	32.4	104.2	31.4	100.9			30.8	97.0	14	30
合并入槽												
③3月22日												
（S1403）新龙–当雄，Xinlong–Dangxiong												
3	22	20	31.0	100.0	30.6	95.8			30.3	91.3	8	8
消失												
④4月1日												
（S1404）新龙–拉萨，Xinlong–Lasa												
4	1	20	31.1	100.0	30.4	95.3			29.7	91.1	12	12
消失												

高原切变线位置资料表(续-1)

月	日	时	起点位置		中点位置		拐点位置		终点位置		切变线两侧最大风速	
			北纬/(°)	东经/(°)	北纬/(°)	东经/(°)	北纬/(°)	东经/(°)	北纬/(°)	东经/(°)	北侧 / (m/s)	南侧 / (m/s)
⑤ 4月2日 (S1405) 甘孜–当雄，Ganzi–Dangxiong												
4	2	20	31.4	100.0	31.0	95.3			30.5	91.0	16	10
消失												
⑥ 5月1日 (S1406) 新龙–嘉黎，Xinlong–Jiali												
5	1	20	30.8	100.0	30.3	96.6			30.0	92.7	10	10
消失												
⑦ 5月2日 (S1407) 理县–那曲，Lixian–Naqu												
5	2	20	31.5	103.2	31.0	97.7			31.6	91.7	10	8
消失												
⑧ 5月3~4日 (S1408) 石渠–安多，Shiqu –Anduo												
5	3	20	32.2	97.5	32.1	94.2			32.4	91.3	8	8
	4	08	30.1	100.9	30.0	96.7			30.0	92.3	6	14
		20	31.6	103.6	30.6	98.7			30.3	93.2	8	12
消失												

高原切变线位置资料表(续-2)

月	日	时	起点位置		中点位置		拐点位置		终点位置		切变线两侧最大风速	
			北纬/(°)	东经/(°)	北纬/(°)	东经/(°)	北纬/(°)	东经/(°)	北纬/(°)	东经/(°)	北侧/(m/s)	南侧/(m/s)
⑨5月7日												
(S1409)道孚–那曲，Daofu–Naqu												
5	7	20	31.4	101.3	31.1	96.8			31.0	92.2	6	12
消失												
⑩5月21日												
(S1410)共和–五道梁，Gonghe–Wudaoliang												
5	21	20	36.6	100.1	35.0	96.3	35.0	96.3	35.1	91.8	10	16
消失												
⑪5月25日												
(S1411)兴海–五道梁，Xinghai–Wudaoliang												
5	25	08	35.9	99.6	35.4	96.2			35.2	93.2	12	14
消失												
⑫5月26日												
(S1412)色达–安多，Seda–Anduo												
5	26	20	33.0	100.1	32.4	96.2			32.1	92.3	8	8
消失												

高原切变线位置资料表(续-3)

月	日	时	起点位置		中点位置		拐点位置		终点位置		切变线两侧最大风速	
			北纬/(°)	东经/(°)	北纬/(°)	东经/(°)	北纬/(°)	东经/(°)	北纬/(°)	东经/(°)	北侧 / (m/s)	南侧 / (m/s)
⑬ 5月28日 (S1413) 色达–那曲，Seda–Naqu												
5	28	08	33.0	100.0	32.0	96.0			31.0	91.6	8	14
消失												
⑭ 5月30日 (S1414) 石渠–林芝，Shiqu–Linzhi												
5	30	20	32.5	98.9	30.8	97.2	31.3	98.6	30.0	93.4	8	10
消失												
⑮ 6月3日 (S1415) 久治–沱沱河，Jiuzhi–Tuotuohe												
6	3	20	33.4	102.3	32.6	97.2			32.9	92.1	12	12
消失												
⑯ 6月7日 (S1416) 兴海–沱沱河，Xinghai–Tuotuohe												
6	7	08	35.4	100.0	34.0	96.5			33.0	92.3	10	10
		20	31.5	100.0	31.4	96.0			32.0	92.0	6	10
消失												

高原切变线位置资料表(续-4)

月	日	时	起点位置		中点位置		拐点位置		终点位置		切变线两侧最大风速	
			北纬/(°)	东经/(°)	北纬/(°)	东经/(°)	北纬/(°)	东经/(°)	北纬/(°)	东经/(°)	北侧 / (m/s)	南侧 / (m/s)
⑰ 6月8~10日												
(S1417)班玛–安多，Banma–Anduo												
6	8	20	32.9	100.0	32.3	96.2			32.4	92.2	6	12
	9	08	36.0	102.9	34.9	98.6			35.6	92.8	6	6
		20	35.4	97.0	34.2	94.6			33.2	92.0	6	10
	10	08	37.6	100.1	35.5	98.5	36.0	99.4	35.0	95.2	6	10
		20	38.6	98.9	37.7	95.0			37.0	91.0	10	6
消失												
⑱ 6月11日												
(S1418)久治–安多，Jiuzhi–Anduo												
6	11	20	33.4	102.1	32.2	97.1			32.1	91.8	10	8
	12	08	32.1	102.9	31.8	97.5			32.7	92.2	8	12
消失												

高原切变线位置资料表(续-5)

月	日	时	起点位置		中点位置		拐点位置		终点位置		切变线两侧最大风速	
			北纬/(°)	东经/(°)	北纬/(°)	东经/(°)	北纬/(°)	东经/(°)	北纬/(°)	东经/(°)	北侧/(m/s)	南侧/(m/s)
⑲6月14~16日												
(S1419)达日-安多，Dari-Anduo												
6	14	20	33.2	100.0	33.1	95.6			33.1	91.6	6	14
	15	08	34.0	98.7	31.4	96.6	33.0	98.8	30.7	91.2	4	14
		20	32.0	104.2	30.6	99.6			29.3	94.2	10	12
	16	08	30.3	105.5	29.2	102.5			28.2	99.2	14	14
消失												
⑳6月19~20日												
(S1420)德令哈-杂多，Delingha-Zaduo												
6	19	20	37.2	97.2	34.6	96.2			32.7	93.5	10	10
	20	08	32.1	97.8	31.3	94.7			30.5	91.0	10	20
消失												
㉑6月27日												
(S1421)泽库-沱沱河，Zeku-Tuotuohe												
6	27	20	34.5	101.8	33.5	97.8	33.5	100.0	33.7	92.3	10	8
消失												

高原切变线位置资料表(续-6)

月	日	时	起点位置		中点位置		拐点位置		终点位置		切变线两侧最大风速	
			北纬/(°)	东经/(°)	北纬/(°)	东经/(°)	北纬/(°)	东经/(°)	北纬/(°)	东经/(°)	北侧 / (m/s)	南侧 / (m/s)
㉒6月29日~7月1日												
（S1422）玛多–索县，Maduo–Suoxian												
6	29	08	30.2	97.7	31.3	94.6			32.3	91.8	6	6
		20	31.2	103.2	30.8	97.8			30.4	92.1	8	8
	30	08	32.8	105.5	30.6	99.1			29.6	91.2	8	20
		20	31.3	102.4	30.0	98.1	30.5	101.5	29.4	91.1	10	8
7	1	08	30.0	101.3	29.0	98.3			28.8	94.5	12	8
消失												
㉓7月9~10日												
（S1423）久治–当雄，Jiuzhi–Dangxiong												
7	9	20	33.3	100.8	31.8	97.0			30.7	91.2	8	12
	10	08	33.7	105.2	32.5	102.0			32.4	97.9	6	12
		20	34.7	108.2	32.0	104.2			29.8	99.1	10	14
消失												
㉔7月11日												
（S1424）岷县–昂欠，Minxian–Angqian												
7	11	08	33.9	103.4	32.7	100.4			32.3	96.7	12	8
		20	32.4	101.8	30.7	99.4			29.2	96.1	12	6
消失												

高原切变线位置资料表(续-7)

月	日	时	起点位置		中点位置		拐点位置		终点位置		切变线两侧最大风速	
			北纬/(°)	东经/(°)	北纬/(°)	东经/(°)	北纬/(°)	东经/(°)	北纬/(°)	东经/(°)	北侧 / (m/s)	南侧 / (m/s)
㉕ 7月13~14日 (S1425) 理县–当雄，Lixian–Dangxiong												
7	13	20	30.7	97.6	30.6	94.3			30.9	91.2	6	8
	14	08	31.2	100.0	30.6	95.2			30.3	90.8	6	10
消失												
㉖ 7月22~24日 (S1426) 德令哈–安多，Delingha–Anduo												
7	22	08	36.8	96.8	34.0	94.8			31.8	91.7	4	6
		20	37.5	100.3	33.0	100.6	34.0	100.8	31.0	95.8	8	10
	23	08	35.9	99.7	32.5	95.8			30.0	91.0	12	8
		20	32.5	97.6	30.6	95.0			29.3	91.7	8	4
	24	08	31.7	103.5	30.5	97.7			30.0	91.1	10	4
消失												

高原切变线位置资料表(续-8)

月	日	时	起点位置		中点位置		拐点位置		终点位置		切变线两侧最大风速	
			北纬/(°)	东经/(°)	北纬/(°)	东经/(°)	北纬/(°)	东经/(°)	北纬/(°)	东经/(°)	北侧 /(m/s)	南侧 /(m/s)
㉗ 7月25~27日												
(S1427)石渠–拉萨，Shiqu–Lasa												
7	25	20	32.6	98.6	31.3	95.0			29.5	91.2	6	8
	26	08	32.6	103.0	31.6	97.9			29.7	92.4	8	8
		20	31.0	99.1	30.5	95.3			29.7	91.0	8	8
	27	08	29.2	100.0	28.7	96.2			28.1	92.3	6	4
消失												
㉘ 8月1日												
(S1428)昌都–安多，Changdu–Anduo												
8	1	20	32.1	97.8	32.3	94.4			32.8	91.5	6	4
消失												
㉙ 8月3日												
(S1429)茶卡–杂多，Chaka–Zaduo												
8	3	08	36.4	99.6	34.9	96.8			33.5	93.2	8	12
消失												

高原切变线位置资料表(续-9)

月	日	时	起点位置		中点位置		拐点位置		终点位置		切变线两侧最大风速	
			北纬/(°)	东经/(°)	北纬/(°)	东经/(°)	北纬/(°)	东经/(°)	北纬/(°)	东经/(°)	北侧 / (m/s)	南侧 / (m/s)
㉚ 8月6~7日												
（S1430）阿坝–安多，Aba–Anduo												
8	6	08	33.0	101.8	32.0	97.1			32.0	91.6	6	6
		20	32.8	101.4	32.2	97.0			32.4	91.7	8	8
	7	08	32.4	100.3	31.6	96.1			31.9	91.8	8	6
消失												
㉛ 8月9日												
（S1431）昌都–安多，Changdu–Anduo												
8	9	08	32.0	97.6	32.2	94.3			32.4	92.0	6	8
消失												
㉜ 8月18日												
（S1432）白玉–当雄，Baiyu–Dangxiong												
8	18	20	30.8	99.5	30.3	95.4			30.5	91.2	6	4
消失												
㉝ 8月20日												
（S1433）都兰–五道梁，Dulan–Wudaoliang												
8	20	08	35.8	99.4	35.3	96.3			35.0	93.2	6	10
消失												

高原切变线位置资料表(续-10)

月	日	时	起点位置		中点位置		拐点位置		终点位置		切变线两侧最大风速	
			北纬/(°)	东经/(°)	北纬/(°)	东经/(°)	北纬/(°)	东经/(°)	北纬/(°)	东经/(°)	北侧 /(m/s)	南侧 /(m/s)
㉞ 8月23日												
(S1434)九龙–那曲，Jiulong–Naqu												
8	23	20	29.8	101.4	29.6	96.3			30.0	91.1	8	14
消失												
㉟ 8月29~30日												
(S1435)班玛–当雄，Banma–Dangxiong												
8	29	20	33.0	100.0	31.7	95.6			30.6	91.1	10	10
	30	08	31.1	102.0	30.8	97.2			31.5	91.9	8	10
		20	32.3	103.7	32.0	98.4			32.5	93.2	8	10
消失												
㊱ 9月8日												
(S1436)茶卡–贡觉，Chaka–Gongjue												
9	8	08	36.4	99.3	33.7	99.2			31.0	98.5	10	12
		20	34.2	103.7	33.0	101.0			32.0	97.8	8	8
消失												
㊲ 9月14日												
(S1437)班玛–安多，Banma–Anduo												
9	14	20	32.9	100.0	32.4	95.9			32.3	91.7	16	10
消失												

高原切变线位置资料表(续-11)

月	日	时	起点位置		中点位置		拐点位置		终点位置		切变线两侧最大风速	
			北纬/(°)	东经/(°)	北纬/(°)	东经/(°)	北纬/(°)	东经/(°)	北纬/(°)	东经/(°)	北侧 / (m/s)	南侧 / (m/s)
㊳ 9月16~17日												
(S1438)日德-当雄，Ride-Dangxiong												
9	16	20	35.3	101.1	32.2	98.2	33.5	100.7	30.8	91.2	14	12
	17	08	31.8	102.9	31.0	100.2			30.2	97.2	8	12
消失												
㊴ 9月30日~10月1日												
(S1439)治多-当雄，Zhiduo-Dangxiong												
9	30	08	34.4	95.2	32.0	94.0			30.4	90.9	8	12
		20	32.6	98.7	30.9	94.9			29.3	91.1	12	10
10	1	08	29.3	99.7	28.5	95.5			28.2	90.8	8	12
消失												
㊵ 10月18日												
(S1440)久治-那曲，Jiuzhi-Naqu												
10	18	20	33.3	100.9	32.1	96.6			31.0	91.8	10	12
消失												
㊶ 10月22日												
(S1441)德格-锋当，Dege-Fengdang												
10	22	08	32.3	99.1	30.3	95.3			28.3	92.3	6	8
消失												

高原切变线位置资料表(续-12)

月	日	时	起点位置		中点位置		拐点位置		终点位置		切变线两侧最大风速	
			北纬/(°)	东经/(°)	北纬/(°)	东经/(°)	北纬/(°)	东经/(°)	北纬/(°)	东经/(°)	北侧 / (m/s)	南侧 / (m/s)
㊷ 12月15日												
（S1442）石渠–安多，Shiqu–Anduo												
12	15	08	32.9	97.8	32.1	94.7			32.0	92.0	18	18
消失												
㊸ 12月16日												
（S1443）红原–昂欠，Hongyuan–Angqian												
12	16	08	32.4	102.9	31.9	99.9			32.0	96.9	12	18
消失												

AN
SU

Wolters Kluwer | Lip
Health